KB006907

낮은 시선 느린 발걸음 거북

마니아를 위한 PET CARE 시리즈
|06

낮은 **시선** 느린 **발걸음**

거북

이태원·박성준 지음

씨밀레북스

사랑하면 알게 되고 알게 되면 보이나니,
그때 보이는 것은 전과 같지 아니하리라

상당히 오랜 시간을 파충류라는 동물과 함께해 왔습니다. 교감도 없고 별다른 의지도 되지 않는 동물이지만, 그 독특한 매력에 빠져 헤어 나오지 못하고 있습니다. 남들이 다 싫어하는 파충류가 저는 왜 좋은지 모르겠습니다. 어쩌면 왜 좋은지를 알기 위해서 좋아하는지도 모르겠네요. 누군가 말하기를 "이유 없이 좋은 것이 진짜 좋아하는 거다"라고 하더군요. 그러나 제가 그런 것처럼 보통의 사람들에게도 아무런 이유 없이 파충류를 좋아해 달라고 할 수는 없는 일이겠지요. 그래서 거북이 왜 좋은지, 제가 왜 파충류를 좋아하는지 스스로도 한번 정리해 보고, 그 이유를 여러분들과 함께 나누기 위해 이 책을 쓰게 됐습니다.

욕심이 많아서인지 책을 쓰며 안타까운 것들이 참 많았습니다. 여러 가지 다른 내용들을 거북이라는 하나의 주제 아래 정리하자니 부족한 부분도 많았던 것 같고, 좀 더 좋은 자료와 다양한 정보, 더 양질의 사진들을 넣고 싶었지만, 국내 여건상 구하지 못했거나 어렵게 구했지만 화질 등의 이유로 사용하지 못했던 것들이 많았습니다. 국내에 처음으로 선보이는 '거북 전문 사육서'라는 생각에 조금이라도 더 많은 정보를 넣으려다 보니, 기술이 기대하신 만큼 매끄럽지 않은 점 역시 너그러운 마음으로 이해해 주시기 바랍니다. 현재 저의 역량이 닿는 한 나름대로 최선의 자료와 사진을 구해 넣었습니다만, 보시는 분에 따라서는 아쉬운 점도 많을 것으로 생각됩니다. 독자분들의 많은 질책과 관심 부탁드립니다.

출판을 앞둔 지금 많은 아쉬움이 남지만, 지금 가지고 있는 저의 이 모든 아쉬움을 향후 거북 책을 쓰시는 분들께서 말끔하게 덜어주시리라는 기대를 위안으로 삼으려 합니다. 돌아보면 참으로 힘든 1년이었는데, 부족한 책이지만 독자분들께 조금이나마 도움이 됐으면 합니다. 책을 쓰면서 몇 가지 기대한 것이 있습니다. 먼저 열악한 환경에서 죽어가거나 부적절한 환경을 견디며 살아가는 많은 양서·파충류가 좀 더 나은 환경에서 살아가도록 하는 데 이 책이 조금이라도 도움이 되는 자료가 되기를 바랍니다. 거북을 주제로 서술한 내용이기는 합니다만 다른 파충류나 양서류, 나아가 관상어류의 사육에도 적용할 수 있는 내용들이 조금씩은 담겨 있으니, 다소나마 도움이 되지 않을까 기대해 봅니다. 그러나 그보다 깊이 바라는 점이 있다면 사람들이 조금이라도 더 거북이라는, 나아가 파충류라는 동물에 대해 관심을 가지게 됐으면 좋겠다는 것입니다. 물론 이 책 한 권으로 여러분들이 당장 파충류를 사랑하도록 만드는 것은 어려운 일이겠지요. 하지만 파충류에 대해 무관심한 사람들에게 아주 잠깐의 호기심과 관심만이라도 불러일으킬 수 있다면, 나중에는 파충류를 사랑하게 되는 사람도 한두 명쯤은 생기게 될 것이라고 기대해 봅니다. 지금 이 책을 읽는 여러분들이 그 주인공이 됐으면 좋겠습니다. 새로운 세상을 만나기 위해서는 많은 사랑과 애정이 필요하지만, 그 사랑은 아주 작은 관심에서 시작되는 경우가 많으니까요.

프롤로그의 마지막은 감사의 인사로 채워야 할 것 같습니다. 동물사진이라고 하는 것이 내가 필요할 때 꼭 필요로 하는 내용을 찍는다는 게 거의 불가능하기 때문에, 이 책을 쓰면서 불가피하게 많은 분들을 귀찮게 해드린 것 같습니다. 그럼에도 불구하고, 귀찮다 하지 않으시고 흔쾌히 도움을 주신 많은 분들께 진심으로 감사드립니다. 가깝게는 서울에서부터 멀리는 리비아, 이집트에서까지 관심을 보내주신 여러분들의 도움이 없었다면 아마 이 책은 만들어지기 어려웠을 것입니다. 보잘것없는 책입니다만, 우리나라에서 처음 나온 거북 전문 사육서에 여러분들의 관심과 애정이 담겨 있다는 사실에 대해 조금은 자부심을 가지셔도 될 것 같다는 생각을 해봅니다. 저 역시 이 책을 쓰는 동안 많은 친절하신 분들과의 만남이 있어 즐겁고 행복했습니다. 이 자리를 빌려 거듭 감사의 말씀을 드립니다.

또한, 저에게 이렇게 의미 있는 일 년을 보내도록 기회를 주신 〈씨밀레북스〉 김애경 편집장님, 글 솜씨 없는 부족한 원고 손질해 주시느라 고생 많으셨을 편집부 여러분들께도 깊은 감사를 드립니다. 정말 고맙습니다. 다음에 더 좋은 내용의 책으로 찾아뵙겠습니다.

2011년 1월 새로운 봄을 기다리며

이태원·박성준

Special thanks to • 낯선 길을 가는 아들을 언제나 믿고 지지해 주시는 부모님께 이 책을 바칩니다. 언제나 사랑하고 존경합니다. - **이태원** • 책을 준비하는 지난 1년 동안 곁에서 도와준 집사람과 우리 곁에 태어나 준 사랑하는 아들 찬운이, 늘 저를 응원해 주는 가족과 지인분들께 감사를 전합니다. - **박성준**

contents

Chapter 01

거북의 생물학적 특성

거북의 진화적 기원과 역사에 대해 간략하게 살펴보고, 거북의 신체구조 및 각각의 기능에 대해 알아본다.

거북의 역사와
진화, 기원

척색동물문(脊索動物門, Chordata) 척추동물아문(脊椎動物亞門, Vertebrata) 파충강(爬蟲綱, Reptilia; 파충류) 거북목(-目, Testudines)에 속하는 거북(turtle/tortoise)은 현존하는 파충류 가운데 가장 오래전부터 존재해 온 동물이다. 최초의 포유류가 모습을 드러낸 약 2억 2000만 년 전 중생대 트라이아스기(Triassic Period; 중생대를 셋으로 나눈 것 중 첫 번째 기간) 후기에 지구상에 출현해 현재에 이르기까지, 별다른 외형의 변화 없이 장구한 시간을 인류와 더불어 생존해 왔다. 그러나 이처럼 오랜 역사에 비해 그 진화의 과정은 그다지 자세하게 알려져 있지 않다.

갑(甲)의 진화에 대한 가설
현재까지 발견된 거북 화석의 형태로 미뤄봤을 때 거북은 2억 2000만 년이 넘는 오랜 시간 동안 외형의 변화가 거의 없이 살아온 동물인 만큼, '거북의 진화'에 대한 이야기는 곧 '거북 갑(甲; 딱딱한 껍데기. 배갑과 복갑)의 발생과 형성과정에 대한 이야기라고 할 수 있다. 현재 갑의 진화에 대해서는 두 가지의 가설이 있다. 하나는 늑골(肋骨)이 신장돼 복갑이 먼저 형성된 후 표피 사이에 묻히게 됐고, 이것이 골화(骨化)돼 딱딱한 골판(骨板)을 형성하게 됐다는 가설이

사람들의 관심과는 별개로 거북은 인간과 오랜 시간을 함께해 온 동물이다.

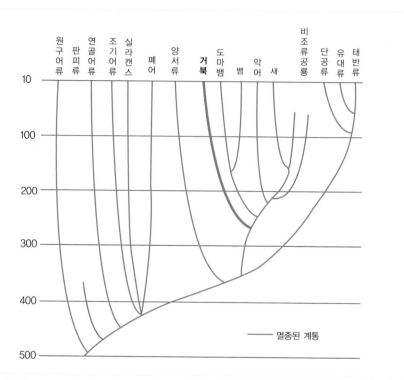

파충류의 진화계통도(출처: http://evolution.berteley.edu)

다. 다른 하나는 거북의 조상은 피골(皮骨, 뼈피부)이라고 하는 작은 골판을 가지고 있었는데, 이것이 확장돼 일종의 '피부판'을 이루게 됐고, 그 피부판이 오랜 시간이 지나면서 점차 확장 돼 다른 골판과 융합되고 늑골과도 서로 붙어 전체적인 골판이 형성됐다는 가설이다.

전자의 이론을 지지하는 과학자들은, 거북의 배아발생과정에서 배갑(背甲, carapace)이 아니 라 복갑(腹甲, plastron)이 먼저 생성되는 것으로 보아 진화상에서도 등 쪽보다는 배 쪽에서 갑이 먼저 발생했을 것이라고 추측하고 있었다. 그러나 이러한 추측을 뒷받침할 만한 증 거는 오랫동안 발견되지 않고 있었다. 독일에서 발견된 그리고 이전까지 가장 오래된 거 북의 화석이라고 생각됐던, 약 2억 1000만 년 전의 화석종 프로가노켈리스(*Proganochelys quenstedti*; 최초의 거북이라는 의미)가 이미 배갑과 복갑이 모두 완전하게 발달한 상태의 거북이 었기 때문에 갑의 진화에 대해 아무런 단서를 제공해 주지 못했다.

갑의 진화 설명하는 새로운 화석

하지만 2008년, 거북의 진화를 설명해 주는 중요한 화석 하나가 확보됨으로써 새로운 단서가 생겼다. 2억 2000만 년 전에 살았던 오돈토켈리스 세미테스타케아(Odontochelys semitestacea; 이빨과 절반의 껍데기를 가진 거북이라는 의미)가 중국 남부의 귀주성에서 발견된 것이다. 새로 발견된 오돈토켈리스는 앞서 발견된 프로가노켈리스와는 달리, 배갑은 완전하게 발달하지 못한 데 비해 늑골이 확장돼 융합된 것처럼 보이는 불완전하게 발달된 복갑을 가지고 있었다.

현재까지 발견된 거북 화석 가운데 가장 오래전 것으로 판명된 오돈토켈리스의 발굴로, 거북의 갑이 '늑골이 변형된 것'이라는 전자의 가설이 힘을 얻게 됐다. 또 이 화석에서 나타난, 가장 오래된 거북의 갑이 '등 쪽이 아니라 배 쪽에서부터 발생됐다'는 단서를 통해 거북의 갑이 배 부분의 공격을 방어하기 위한 목적으로 진화한 것으로 추측할 수 있고, 이것은 곧 거북의 조상이 육지에서가 아니라 물에서 태어났음을 의미한다고도 생각해 볼 수 있다.

참고로 2008년 오돈토켈리스 세미테스타케아가 발견되기 전까지는, 거북의 조상이 2억 6000만 년 전 살았던 것으로 추정되는 에우노토사우루스 아프리카누스(Eunotosaurus africanus)로 알려져 있었다. 현재도 인터넷을 포함한 상당수의 자료들을 살펴보면, 에우노토사우루스 아프리카누스가 거북의 조상으로 기록돼 있는 것을 확인할 수 있다.

남아프리카의 페름기(Permian Period; 고생대 6기 중 마지막기) 중기 퇴적층에서 발견된 에우노토사우루스 아프리카누스는 현재의 거북처럼 완전한 갑을 가지고 있지 않았지만, 거북과 마찬가지로 척추에 있는 척추골의 수가 적고, 8쌍의 매우 넓은 늑골이 서로 거의 맞닿아 둥그스름하게 몸을 둘러싸고 있는 특이한 구조를 가지고 있었기 때문에 거북의 조상일 것으로 추측됐다. 그러나 현재 에우노토사우루스 아프리카누스는 거북으로 분류되지는 않는다.

오돈토켈리스 세미테스타케아(Odontochelys semi-testacea)의 복원도. 오돈토켈리스 세미테스타케아는 현생종과는 달리 긴 주둥이와 꼬리, 날카로운 이빨을 가지고 있었고, 목을 갑 안으로 집어넣을 수가 없었다. © Field Museum

진화에 대한 논쟁은 여전히 진행 중

다른 학설을 지지하는 과학자들 역시 자신들의 학설을 뒷받침하는 중요한 증거를 찾아냈다. 2009년 뉴멕시코에서 약 2억 1500만 년 전(트라이아스 후기)에 생존했던 킨레켈리스 테네르테스타(Chinlechelys tenertesta)를 발굴한 것이다. 킨레켈리스 테네르테스타는 목에 피골로 된 가시와 같은 구조물을 가지고 있었고, 현생종 거북과 같이 늑골과 완전히 융합되지는 않은 약 1~3mm의 얇은 배갑을 가지고 있었다. 이는 앞의 가설과는 반대로, 피부갑옷이 확장되면서 늑골 및 척추와 융합돼 배갑을 형성하게 됐다는 학설의 증거가 되는 것이다.

어쨌거나 현재로서는 거북 갑의 기원에 대한 정보뿐만 아니라 거북 자체의 진화에 대한 정보도 충분치 않은 상태이며, 그런 이유로 논쟁은 계속되고 있다. 하지만 이러한 진화상의 논쟁을 차치하고 한 가지 흥미로운 것은, 중국에서 발견된 거북(오돈토켈리스)은 수생거북이었고 미국에서 발견된 거북(킨레켈리스)은 육지거북이었다는 사실이다. 서식환경이 다른 두 동물이 공통적으로 갑이라는 도구를 발달시켰다는 점은, 거북의 골판이 다양한 환경에 효과적으로 잘 대응할 수 있는 유용한 도구였다는 것을 의미한다고 할 수 있다. 또한, 거북의 갑이 스스로에게 있어서 상당히 효율적인 방어기재였기 때문에 2억 년이 넘는 장구한 시간 동안 별다른 변화 없이 그 형태를 유지해 오고 있다고도 생각해 볼 수 있다.

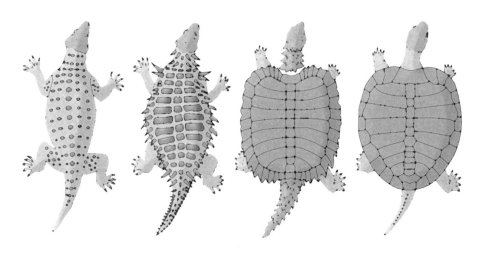

피골(皮骨)이 골판으로 변화됐다는 학설에서 나타내는 진화상상도. 오른쪽에서 두 번째가 킨레켈리스 테네르테스타(Chinlechelys tenertesta)다. 이미지 출처: http://paleonews.files.worldpress.com

지질연대표(geologic time scale)

대(Era)	기(Period)		절대연대	생물의 출현
신생대 (Cenozoic)	제4기	홀로세(Holocene)	00.1	현생인류 출현
		플라이스토세(Recent Pleistocene)	1.6~0.01	가장 최근의 빙하기
	제3기	플라이오세(Pliocene)	5.3~1.6	원시인류 출현
		마이오세(Miocene)	23.7~5.3	포유류와 조류의 분화
		올리고세(Oligocene)	36.6-23.7	포유류의 진화와 확산
		에오세(Eocene)	57.8~36.6	현생 포유류 분화
		팔레오세(Paleocene)	66.4~57.8	포유류 등장
중생대 (Mesozoic)	백악기(Cretaceous)		144~66.4	공룡의 번성과 멸종
	쥐라기(Jurassic)		208~144	도마뱀, 시조새 등장
	트라이아스기(Triassic)		245~208	**포유류 출현, 거북 출현**
고생대 (Paleozoic)	페름기(Permian)		286~245	대멸종
	석탄기(Carboniferous)		360-286	최초의 파충류 출현
	데본기(Devonian)		408~360	폐어, 양서류, 곤충류 출현
	실루리아기(Silurian)		438~408	절족동물이 바다를 이탈
	오르도비스기(Ordovician)		506~438	초기 어류 출현
	캄브리아기(Cambrian)		570~506	삼엽충 출현, 무척추동물 번성
원생대(Proterozoic)			2500-570	해조류, 박테리아 출현
시생대(Archaeozoic)			3800~2500	단세포생물

다른 시각에서 보자면, 거북에게 있어서 스스로를 보호하기 위한 최선의 선택이었던 갑은 종의 다양한 진화를 가로막는 커다란 장애물이기도 했다. 이 갑의 존재로 인해 다른 동물에게서 볼 수 있는 것과 같이 달리거나, 날거나, 나무를 타거나, 도약하는 등의 다양한 양상으로 진화할 수 없었기 때문이다. 그러나 이와 같은 신체구조의 제약에도 불구하고, 각기 상이한 서식환경으로 인해 완만한 적응방산(適應放散, adaptive radiation)[1]이 일어났고, 종마다 각각의 서식환경에 적응한 독특한 형태로 진화해 현재까지 이르고 있다.

---

1 같은 조상을 가진 생물의 한 분류군이 환경에 적응해 나가는 과정에서 식성이나 생활방식 등에 따라 형태적·기능적으로 다양하게 진화해 여러 종으로 나뉘는 현상을 말한다. 진화의 경로에서 볼 수 있는 주요한 경향성으로서, 대표적인 예로 오스트레일리아대륙에서는 원시적인 유대류가 적응방산해 주머니쥐, 주머니곰, 주머니두더지, 꼬마주머니청설모, 코알라 등이 여러 가지 생태적 지위를 얻은 것을 들 수 있다.

02
section

거북의 신체구조

거북의 몸은 머리, 목, 몸통, 사지, 꼬리로 나눠볼 수 있다. 몸에 피모나 깃털, 유선이 존재하지 않는 것은 다른 파충류와 같지만, 몸 전체가 비늘로 덮여 있지 않고 특수한 피부와 갑(甲, shell, 껍데기, 딱지)을 가지고 있다는 점에서 다른 파충류와는 확연하게 구분된다.

갑(甲)

다른 동물과 거북을 구별 짓는 가장 중요한 특징은 누가 뭐라 해도 거북만이 지니고 있는 갑이라고 할 수 있다. 거북의 신체 가운데 가장 특징적인 기관인 이 갑은 갈비뼈, 쇄골, 등뼈 그리고 어깨뼈와 엉덩이뼈의 일부가 융합된 것으로 모두 59~61개의 뼈로 이뤄져 있다. 갑은 등을 덮는 배갑(背甲, carapace)과 배를 덮는 복갑(腹甲, plastron)으로 구성돼 있는데, 이 두 부분은 외부적으로는 몸의 측면에서 복갑이 확장된 골교(骨橋, bridge)에 의해 서로 연결돼 있으며(자라의 경우는 인대로 연결돼 있다), 내부적으로는 흉대(胸帶, 가슴뼈, pectoral girdle)와 요대(腰帶, 허리뼈, pelvic girdle)에 의해 연결돼 있다. 종에 따라 형태에 있어서 조금씩 차이가 나타나기는 하지만, 갑의 기본적인 구조는 모든 거북에 있어서 동일하다.

같은 거북만의 고유한 특징이다. 사진은 마다가스카르방사거북(Radiated tortoise, *Astrochelys radiata*)

■**배갑**(背甲, carapace; 등 쪽의 껍데기) : 트위스트넥 터틀(Twist-necked turtle, *Platemys platycephala*)과 같은 일부 종을 제외하고는 대부분 아치형의 배갑을 가지고 있다. 뼈 자체의 강도와 아치형 구조 때문에 거북의 배갑은 물리적 충격에 매우 강하다. 상자거북(Box turtle)의 경우 20cm 내외의 작은 크기임에도 불구하고 100kg의 무게를 버티기도 한다. 하지만 갑작스럽게 가해지는 충격에는 파손되는 경우가 생기기도 하므로 핸들링 시 항상 주의를 기울여야 한다.

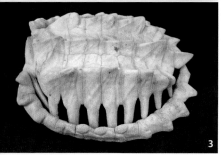

1. 레오파드육지거북의 배갑　2. 세발가락상자거북의 경첩이 달린 배갑　3. 일부 수생거북에서 볼 수 있는 폰타넬(fontanelle; 숫구멍, 정문-頂門)

서식환경에 따라 배갑의 높이에도 차이가 나타난다. 팬케이크육지거북(Pancake tortoise, *Malacochersus tornieri*)과 같은 몇몇 특별한 경우를 제외하고, 대부분의 육지거북의 배갑은 높은 아치형인 데 비해 완전수생의 경향이 강할수록 배갑의 높이가 낮아지는 것을 볼 수 있다. 체고에 있어서 이와 같은 차이가 나타나는 이유는, 수생거북의 경우 물의 저항을 줄이고 빨리 헤엄치기 위해서, 육지거북은 육식동물의 위험으로부터 벗어나기 위해서라고 알려져 있다(일부 반수생종의 경우 서식지를 공유하는 천적인 악어의 공격으로부터 스스로를 보호하기 위해 배갑이 융기돼 있다).

체고의 차이가 나타나는 이유에 대해 다르게 주장하는 학설도 있다. 육지거북은 초식성으로서 위가 매우 크고 풀을 소화시키기 위해 상대적으로 장의 길이가 길어서 체고가 높으며, 수생거북은 육식성이 많아 장의 길이가 짧기 때문에 납작한 체형에도 충분히 수용할 수 있어서 체고가 낮다는 견해다.

배갑의 형태는 원형이나 타원형이며, 가장자리는 대부분의 거북이 대체로 둥그스름한 형태를 띤다. 그러나 일부 종의 경우 어릴 때 배갑 가장자리에 돌출된 가시 형태의 돌기가 발달돼 적으로부터 스스로를 보호하게끔 진화돼 있기도 하다.

🐢 거북의 갑을 이르는 말

- **등갑** : 배갑을 의미하기도 하고, 딱지(껍데기) 전체를 통칭하는 의미로 사용되기도 한다.
- **등갑**(한글 등+한자 甲) : 딱지 전체를 의미하기도 하고, 등 쪽의 둥근 부분(배갑)을 말하기도 한다.
- **갑** : 딱지 전체를 의미한다.
- **등껍데기** : 보통은 딱지 전체를 통칭하는 의미로 사용된다.
- **배갑**(한글 배+한자 甲) : 배딱지, 배 쪽에 보이는 평평한 부분의 딱지
- **배갑**(한자 背+한자 甲) : 등 쪽에 보이는 둥근 부분의 딱지
- **복갑**(한자 腹+한자 甲) : 배 쪽에 보이는 평평한 부분의 딱지

흔히 간단하게 등 쪽에 있으니까 '등갑', 배 쪽에 있으니까 '배갑'이라고들 하는데, 정확한 명칭인 '배갑(背甲)'은 한자로 '등 背', 즉 등 쪽의 둥근 면을 가리킨다. 배에 있는 갑은 '배 腹' 자를 써서 '복갑(腹甲)'이라고 해야 한다. 이러한 용어의 혼란은 여기저기 거북을 언급하는 부분에서 자주 보이므로 문맥과 말의 앞뒤를 잘 살펴 이해해야 한다.

본서에서는 이와 같은 용어의 혼란을 피하기 위해 거북의 딱지 전체는 '갑', 등 쪽에 보이는 둥근 부분의 딱지는 '배갑', 배 쪽에 보이는 평평한 부분의 딱지는 '복갑'이라는 명칭을 사용하도록 하겠다.

＊거북의 신체 측정 : 거북의 신체를 측정할 때는 체고(몸의 높이), 갑장(배갑의 직선 길이. 일반적으로 동물의 체장은 머리에서 꼬리까지의 길이를 의미하지만, 거북은 체장 대신 갑장을 측정한다), 체중(거북의 몸무게)을 확인한다.

수생거북 중 일부는 배갑의 골격에 '폰타넬(fontanelle; 숫구멍, 정문)'이라고 불리는 텅빈 공간을 가진 종도 있다. 수생거북에게 있어서 이러한 구조는 전체적인 체중을 줄여 부력을 증가시킴으로써 이동 시에 소요되는 에너지를 줄여주는 역할을 한다. 폰타넬은 바다거북이나 자라와 같은 완전수생거북에서 두드러지게 나타나며, 육지거북 중에는 독특한 신체구조를 가진 팬케이크육지거북(Pancake tortoise, *Malacochersus tornieri*)에서 관찰할 수 있다.

■**복갑**(腹甲, plastron; 배 쪽의 껍데기) : 복갑의 형태와 크기는 거북마다 다르다. 대부분의 거북은 전체적으로 평평한 형태를 지니고 있지만, 일부 종의 수컷은 안쪽으로 함몰돼 있거나 그 크기가 암컷보다 작아서 교미 시에 암컷 등에 쉽게 올라가도록 특수하게 진화돼 있다. 또한, 상자거북(Box turtle)이나 사향거북(Musk turtle) 같은 종의 복갑은 1개 혹은 2개의 관절로 접을 수 있어서, 체내의 수분증발을 억제하고 적의 위협으로부터 스스로를 더 완벽하게 보호하도록 진화돼 있다(이러한 경첩구조를 가지고 있는 거북 가운데 완전수생종은 현재까지 알려져 있지 않다).

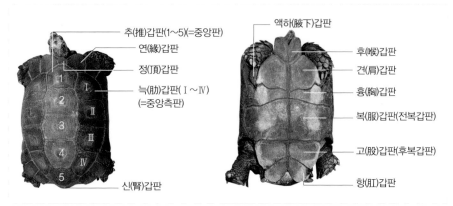

추(推)갑판(1~5)(=중앙판)
연(緣)갑판
정(頂)갑판
늑(肋)갑판(I~IV)
(=중앙측판)
신(腎)갑판

액하(腋下)갑판
후(喉)갑판
견(肩)갑판
흉(胸)갑판
복(腹)갑판(전복갑판)
고(股)갑판(후복갑판)
항(肛)갑판

거북의 신체 외부 명칭

일부 종의 경우 완전히 배갑에 붙일 수 없고 약간의 유동성을 띠는, 부분적인 경첩구조의 복갑을 가지고 있다. 이러한 구조를 갖게 된 이유는, 어떤 종에 있어서는 고정된 갑을 통과할 수 없는 크고 단단한 알을 낳는 데 도움을 주기 위해서, 어떤 종에 있어서는 입을 벌린 채 머리를 갑 안으로 집어넣어 좀 더 적극적인 방어행동을 하기 위해서인 것으로 추측되고 있다.

각질판

자라(Softshell turtle, *Trionyx sinensis*)의 경우는 갑이 부드러운 진피층으로 덮여 있는 데 비해 보통 거북의 골판 위는 피부의 진피층이 변한 얇은 케라틴질의 각질판으로 덮여 있다. 이 각질판은 아래쪽에 있는 골판보다 두께가 얇다. 거북의 인갑(scute)을 구성하는 각질판은 뼈에 완전히 붙어 있기 때문에 살아 있는 동안 저절로 떨어지는 일은 전혀 없으며, 외부의 충격으로 상처가 생겼을 경우 인갑의 아래쪽으로 거북의 골격을 바로 확인할 수 있다.

거북의 배갑이 견고한 이유는 외부로부터의 충격에 강한 아치형 구조를 갖고 있기 때문이기도 하지만, 또 다른 이유는 그 결합구조에 있다. 각질판의 형태와 배열은 그 아래의 골판과 비슷하지만, 크기와 수가 다르고 각질판이 합쳐진 자리가 골판의 합쳐진 곳과 어긋나 있어 구조적으로 매우 튼튼하다. 각 종에게서 나타나는 여러 가지 다양한 무늬는 곧 골판을 덮고 있는 각질판의 무늬이며, 종마다 나타나는 이러한 독특한 무늬는 다른 동물과 마찬가지로 거북에 있어서도 원서식지에서 효과적인 보호색으로 작용하고 있다.

다리

거북은 전체적으로 외형이 유사해 보이지만, 서식지에 따라 다리의 형태에 있어서 상당한 차이가 나타난다. 바다거북(Sea turtle, Chelonioidea)이나 돼지코거북(Pig-nosed turtle, *Carettochelys insculpta*)의 다리는 완전한 노의 형태로서 완전수생생활에 적합하도록 특화돼 있고, 반수생거북의 다리를 보면 발가락 사이에 물갈퀴가 잘 발달돼 있다. 반수생거북보다 육상에서 생활하는 빈도가 상대적으로 높은 상자거북(Box turtle)의 경우는 물갈퀴의 발달이 미약한 데 반해 발톱이 비교적 잘 발달돼 있다. 완전육상생활을 하는 종의 다리는 코끼리다리와 같은 형태를 가지고 있다. 이처럼 다리는 서식환경에 따라 형태적 차이가 확연하게 드러나는 부위기 때문에 그 차이를 관찰함으로써 대략적인 서식환경까지도 파악할 수 있다.

완전수생거북의 다리　　　　　　반수생거북의 다리　　　　　　육지거북의 다리

눈

모든 거북의 눈에는 눈꺼풀이 있으며, 시력도 다른 동물에 비해 그다지 나쁘지 않은 편이다. 먹이를 사냥할 때 시력에 의존하는 종일수록 눈의 크기가 크고 시력이 상대적으로 잘 발달돼 있으며, 일부 종의 경우는 홍채의 색깔을 관찰해 암수를 구별할 수도 있다.

코

일반적인 거북의 경우는 두 개의 구멍만 가지고 있을 뿐이지만, 돼지코거북(Pig-nosed turtle, *Carettochelys insculpta*)이나 마타마타거북(Matamata turtle or Matamata, *Chelus fimbriata*), 자라류는 물속에서도 콧구멍만 내놓고 숨을 쉴 수 있도록 스노클(snorkel) 모양으로 변형된 독특한 형태의 코를 가지고 있다. 그러나 다른 감각에 비해 후각은 그다지 발달돼 있지는 않다.

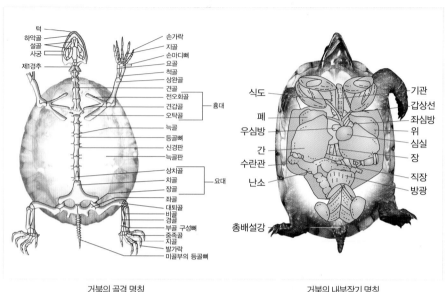

거북의 골격 명칭

거북의 내부장기 명칭

입

모든 거북은 이빨이 없지만, 끝이 날카롭고 단단한 턱 부분의 외피가 이빨을 대신하고 있다. 마치 인간이 사용하는 틀니처럼 거북의 턱뼈를 덮고 있는 이 외피는 위아래가 정확하게 맞물리도록 설계돼 있다. 이빨이 없는 거북은 먹이를 씹을 수 없기 때문에 이 단단한 외피를 이용해 먹이를 잘라서 그대로 식도로 넘긴다. 육식성 거북의 경우 턱의 외피는 마치 맹금류의 부리처럼 끝이 날카로워 먹이를 자르며, 초식성 거북은 외피의 가장자리가 톱니처럼 날카로워 질긴 식물을 끊을 수 있다. 이와 같이 독특한 형태로 인해 거북에게 제대로 물리면 상당히 큰 상처가 남게 되므로 핸들링 시 각별히 주의해야 한다.

혀

대부분 거북의 혀는 두껍고 고정돼 있어서 다른 동물의 혀처럼 음식물을 삼키는 데 도움을 주지 못한다. 그래서 상당수의 물거북이 물 밖에서 먹이를 먹을 수 없다. 하지만 친척 간인 다른 파충류의 혀가 공기 중의 냄새입자를 효과적으로 모으는 후각기관의 역할을 하는 것처럼, 입 밖으로 나오는 경우는 거의 없지만 거북의 혀도 이와 동일한 기능을 수행한다.

🐢 Tip 거북과 자라의 차이

일반적으로 갑이 딱딱한 것을 거북이라 하고, 물렁물렁한 것을 자라라고 구분한다. 크게 보면 자라도 거북의 한 종류라고 할 수 있지만, 거북과 자라는 다음과 같이 여러 가지 면에서 서로 비교되는 특징을 갖고 있다(돼지코거북은 거북목 자라사촌과로 거북과 자라 양쪽의 특징을 모두 가진 종이다).

	거북	자라
한자 명칭	거북 구(龜), 거북 귀(龜)	자라 별(鼈)
영어 명칭	turtle, tortoise	Softshell turtle
서식지	육지, 담수, 해수 등 다양	담수에만 서식
서식형태	육생, 반수생, 수생 등 다양	완전수생
배갑의 경도	딱딱함	물렁물렁함
갑	각진 형태의 비늘	무늬만 있는 피부
배갑과 복갑의 연결	골교(骨橋)라는 뼈로 연결	인대조직으로 연결
체형	다양	아주 납작
물갈퀴	발달형태가 다양	확실하게 발달
목을 숨기는 방식	곡경형, 잠경형 등 다양	잠경형(100%)
몸을 숨기는 방식	보통 직접 구멍을 파지 않고 틈을 이용	모래나 진흙 바닥을 파고들어 몸을 숨김
입	딱딱한 각질	부드러운 육질
성격	온순한 종부터 사나운 종까지 다양	물 밖에서 공격적으로 변함
식성	육식성, 초식성, 잡식성 등 다양	거의 완전한 육식성
코	다양한 형태	대롱 형태

설카타육지거북의 부리(각질)

자라의 부리(육질)

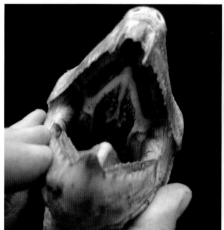 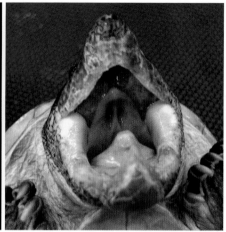

설카타육지거북(Sulcata tortoise)의 야콥슨기관　　　멕시코큰사향거북(Mexican giant musk turtle)의 야콥슨기관

거북 역시 입천장에 있는 야콥슨기관(Jacobson' Organ)이라는 감각기관으로 공기나 수중의 화학물질을 감지하는데, 혀가 공기 중이나 수중의 냄새입자를 수집하는 역할을 한다.

귀

거북은 귓바퀴가 없고 고막은 얇은 피부판으로 덮여 있는데, 이 피부판이 저주파와 진동을 전달해 소리를 구분함으로써 적의 움직임을 감지하고 천적으로부터 몸을 보호하게 된다. 진동으로 구분하기 때문에 아무래도 다른 동물에 비해 청각기능은 떨어지는 편이다.

총배설강(總排池腔, cloaca)

총배설강이란 소화관과 비뇨생식계가 따로 분리되지 않고 외부로 드러난 하나의 구멍으로서 소화, 배설, 생식의 기능을 동시에 수행하는 기관을 말한다. 물론 총배설강 안에는 항문, 요도구, 생식기가 분리돼 있다. 이러한 형태는 항문과 생식기능이 분리돼 있는 포유류에 비해 진화가 덜 된 조류나 파충류에서 주로 발견된다. 거북 역시 파충류의 일원으로서 다른 파충류와 마찬가지로 총배설강을 통해 소화, 배설, 생식의 기능을 수행한다. 포유류 가운데는 알을 낳는 단공류(單孔類, Monotremata)인 오리너구리(Platypus, *Ornithorhynchus anatinus*)나 바늘두더지(Echidna or Spiny anteater, *Tachyglossus*)가 총배설강을 가지고 있다.

생식기

암수 모두 생식기는 체내에 자리 잡고 있다. 일반적으로 파충류 수컷은 음경의 끝이 두 갈래로 갈라진 한 쌍의 반음경(半陰莖, hemipenis)을 가지고 있는데, 보통의 파충류와는 달리 수컷 거북은 하나의 생식기를 가지고 있다. 교미할 때를 제외하고는 꼬리 아래쪽으로 뒤집힌 채로 몸속으로 들어가 있기 때문에 성숙한 개체는 꼬리의 굵기로 암수의 구별이 가능하다. 평소에는 다른 파충류처럼 뒤집어서 몸 안쪽에 넣어뒀다가 교미 시에 밖으로 돌출시키는데, 그 특이한 형태 때문에 처음 보는 사람은 간혹 탈장(脫腸)으로 오해하기도 한다.

거북은 체내수정을 하는 동물로서, 교미를 하는 동안 수컷은 암컷의 꼬리 아래로 자신의 꼬리를 말아 넣어 암컷의 총배설강 안에 생식기를 삽입한 후 정자를 암컷의 체내로 흘려보낸다. 종에 따라서는 암컷이 한 번의 교미로 받은 수컷의 정자를 수년간 몸속에 저장하는 능력을 가지고 있기 때문에 추가적인 교미 없이도 유정란을 생산하기도 한다.

꼬리

모든 거북은 꼬리를 가지고 있으며, 종에 따라 그 길이와 형태에 있어서 차이가 나타난다. 보통은 비늘로 덮여 있는 매끈한 막대기 형태를 띠지만, 악어거북(Alligator snapping turtle, *Macrochelys temminckii*)이나 늑대거북(Common snapping turtle, *Chelydra serpentina*)과 같이 특별하게 돌기가 발달한 종도 있다. 다른 동물처럼 몸의 균형을 잡거나, 무기로 사용되거나, 영양분을 저장하는 등의 특정한 역할을 하지는 않으며, 도마뱀처럼 잘린 부위가 재생되지도 않는다. 다만 성별에 따른 굵기 차이가 있어 이를 비교해 암수를 구분할 수 있다.

돌기가 발달한 늑대거북의 꼬리

등갑가시거북(Spiny turtle, *Heosemys spinosa*)의 꼬리

03
section

거북의 생태

지금까지 거북의 신체구조와 그 특성에 대해 간략하게 살펴봤다. 이번 섹션에서는 거북의 성장, 식성과 먹이활동, 수명, 번식 등 일반적인 생태에 대해 알아보도록 하자.

성장

다른 파충류와 마찬가지로, 거북 또한 평생 동안 성장한다. 하지만 성장속도는 같이 부화된 새끼들이라 하더라도 서식환경이나 온도, 먹이의 양, 강우량, 일조량, 성별 등 여러 가지 조건에 따라 상당한 차이를 보이는 것을 확인할 수 있다. 일반적으로 거북은 태어나서 성성숙에 도달할 때까지는 급격하게 성장하는 경향을 보이지만, 일단 성성숙에 도달한 이후부터는 성장속도가 점차 둔화된다. 또 소형종 거북의 경우 완성체가 되면 성장이 거의 멈추게 되지만, 대형종 거북의 경우는 수명이 다할 때까지 지속적으로 성장한다.

대부분 거북류의 갑장(배갑의 직선 길이)은 13cm 이상이다. 노란점박이거북(Spotted turtle, *Clemmys guttata*), 사향거북(Musk turtle, *Sternotherus spp.*), 미국늪거북(Bog turtle, *Glyptemys muhlenbergii*)은 배갑의 최대 길이가 12cm 이하로 세계에서 가장 작은 거북에 속한다. 반대로 현생종 거북 중에서

사막거북(Desert tortoise, *Gopherus agassizii*)

가장 덩치가 큰 종은 바다에 사는 장수거북(Leatherback sea turtle, *Dermochelys coriacea*)으로 갑장이 180cm 내외, 몸무게가 680~800kg, 전체 몸길이 약 2.7m까지 성장한다. 담수거북으로 가장 크게 성장하는 종은 악어거북(Alligator snapping turtle, *Macrochelys temminckii*)이며, 최대 80cm에 100kg 내외로 성장한다고 알려져 있다. 자라 가운데 가장 큰 종은 줄무늬목작은머리자라(Striped narrow-headed softshell turtle, *Chitra chitra*)로 갑장이 130cm에 150kg까지 성장한다.

그 외에 대형종으로는 큰가로목거북(Podocnemididae)이 90cm에 90kg, 돼지코거북은 60cm 까지 성장한다. 육상생활을 하는 거북 중에는 255kg까지 성장하는 갈라파고스코끼리거북

(Galápagos tortoise, *Chelonoidis niger*)이 가장 큰 종이며, 알다브라코끼리거북(Aldabra giant tortoise, *Aldabrachelys gigantea*), 설카타육지거북(Sulcata tortoise or African spurred tortoise, *Centrochelys sulcata*) 등도 갑장이 1m 가까이 성장하는 대형 육지거북종에 속한다.

거북이 매우 오래 사는 동물이기는 하지만, 성장하는 데는 그리 오랜 시간이 걸리지 않는다. 거북은 자라면서 배갑에 나무의 나이테와 같은 성장륜(成長輪, growth layer)이 나타나는데, 많은 수의 거북에서 인갑에 이렇게 성장의 정도가 기록되기 때문에 다른 파충류에 비해 비교적 쉽게 성장상태를 파악할 수 있다.

성장륜은 거북의 서식환경과 강수량, 일조량, 먹이의 종류와 양, 온도 등의 외적 요인에 따라 성장의 속도가 달라져 생기는 것이다. 사육자나 거북 연구자들은 이 성장륜을 확인함으로써 거북의 성장속도나 연령을 추정할 수 있게 된다. 그러나 성장륜 1개가 정확하게 1년을 의미하는 것은 아니기 때문에 이것으로 연령을 확실하게 파악하기는 상당히 힘들다. 또한, 수생거북의 경우 정기적으로 각질판의 탈피가 이뤄지기 때문에 나이를 추정하기가 더욱 어렵다.

1. 별거북의 성장륜 2. 설카타육지거북의 성장륜 3. 쿠터거북의 배갑. 각질판의 주기적인 탈피로 인해 반수생거북의 성장륜은 확인할 수 없다.

📖 거북의 명칭

크기에 따른 명칭

- **해츨링**(hatchling) : 유체. 갓 태어났거나 조그마한 새끼거북을 의미
- **주버나일**(juvenile, JV, sub adult) : 준성체, 아성체. 어느 정도 성장한, 성성숙에 도달하지 않은 청년기의 거북
- **어덜트**(adult, AD) : 완성체. 성성숙에 도달하고 완전히 성장한 거북

영어 명칭

- **turtle** : 거북을 통칭하거나 반수생종 거북(sub-aquatic turtle)을 의미하는 명칭이다.
- **tortoise** : 땅거북과(Testudinidae)에 속하는 육지에 서식하는 거북. 일반적으로 육지거북을 말하지만, 영국에 서는 바다거북을 제외하고는 모두 tortoise라고 부르기도 한다.
- **terrapin** : 식용거북이라는 의미로 많이 사용된다. 보통 미국 동부지역에 서식하는 다이아몬드백 테라핀 (Diamondback terrapin, *Malaclemys terrapin*)을 의미하는 경우가 많다.
- **cooter** : 'coot'은 물닭류의 조류를 의미하는데, 물속에 있는 거북의 등이 북미산 검둥오리(Black scoter, *Melanitta americana*)나 유럽산 큰물닭(Giant coot, *Fulica gigantea*)의 몸통과 비슷하게 보이는 데서 유래한 명칭이다.
- **slider** : 반수생종 거북이 물속으로 미끄러지는 모습을 표현한 명칭이다. ex) Red-eared slider
- **snapper** : snap은 '낚아채다'라는 의미로 먹이를 빠른 속도로 낚아채는 모습을 표현한 명칭이다.
- **sideneck** : 곡경목. 목을 갑 안으로 집어넣지 못하고 옆으로 붙이는 종을 의미하는 명칭이다.

수명

잘 알려진 대로 거북은 다른 동물에 비해 훨씬 오래 사는 동물이다. 100년 이상 사는 종도 있으며, 모든 척추동물 가운데 가장 장수하는 무리라고 할 수 있다. 야생상태에서 수생거 북의 수명은 40~75년 정도로 추정되고 있다. 뱀목거북(Snake-necked turtle, *Chelodina spp.*)이 40년 내외, 악어거북은 60년 내외, 남생이(Chinese three-keeled pond turtle, *Mauremys reevesii*) 가 25년 내외, 바다거북은 30년 내외로 산다고 알려져 있으며, 거북 가운데 가장 오래 사는 것은 코끼리거북으로 수명이 180년 정도 된다. 현재까지 거북의 최고장수기록은 마다가스 카르방사거북(Madagascar radiated tortoise, *Astrochelys radiata*)이 가지고 있는 188세다.

식성 및 먹이활동

거북의 서식지는 광범위하기 때문에 그들이 섭취하는 먹이 역시 다양한 것을 볼 수 있다. 육상생활을 하는 거북은 대부분 초식성의 식성을 갖지만 일부 잡식 성향을 나타내는 종 이 있기도 하며, 수생생활을 하는 종의 식성은 바다거북, 악어거북, 마타마타거북(Matamata turtle, *Chelus fimbriata*)과 같은 완전한 육식성부터 육식성에 가까운 잡식성, 초식성에 가까운

초식성 식성을 지닌 설카타육지거북의 입. 표면에 돋아난 돌기는 식물의 억센 줄기를 자르는 데 도움을 주는 역할을 한다.

잡식성 등 상당히 다양한 양상을 보인다. 붉은귀거북(Red-eared slider, *Trachemys scripta elegans*)과 같은 일부 반수생종의 경우는 성장함에 따라 식성이 초식 성향으로 변하기도 한다.

거북은 이빨이 없기 때문에 먹이를 씹을 수 없다. 그 대신, 위아래 턱에 각질화(角質化)된 돌기(자라의 경우는 육질로 이뤄진)가 1개씩 자리 잡고 있어서 먹이를 잘라 통째로 삼킬 수 있다. 한입에 삼키기 힘든 크기의 먹이는 힘센 턱과 강한 앞발톱을 이용해 작은 크기로 잘라서 먹는다. 사육 면에서 생각해 본다면, 이처럼 먹이를 잘라먹는 과정에서 거북의 운동량이 늘고 사육하에서 받는 스트레스가 줄어든다는 장점도 있지만, 수생거북을 기를 때는 이 과정에서 사육수조의 수질이 악화되는 경우가 많기 때문에 가급적이면 한입에 삼킬 수 있는 크기의 먹이를 급여하는 것이 좋겠다.

대부분의 거북은 행동이 느려 재빠르게 움직이는 먹잇감을 사냥하기가 매우 어렵기 때문에 식물 혹은 움직임이 느린 곤충이나 연체동물 등을 주된 먹이로 삼는다. 잡식성의 식성을 지닌 종은 성장에 따라 식성이 변하게 되는 경우가 많은데, 어릴 때는 곤충을 선호하는 육식 성향의 잡식성을 띠다가 자라면서 초식 성향의 잡식성으로 바뀌는 경우를 흔히 볼 수 있다. 대개의 경우 거북은 먹이를 직접 찾아다니지만, 악어거북처럼 마치 지렁이같이 생긴 혀를 이용해 제자리에서 먹이를 유인하거나, 마타마타거북처럼 진공효과를 이용해 순식간에 먹이를 빨아들이는 등의 독특한 사냥법을 발달시킨 종도 볼 수 있다.

호흡

거북 역시 2개의 폐로 폐호흡을 하는 동물이지만, 횡격막이 없고 배갑과 복갑이 이어져 있어 확장이 불가능하므로 다른 파충류처럼 흉부를 크게 늘리는 방식으로 호흡을 할 수는 없다. 복부의 근육이 갈비뼈의 역할을 대신하는데, 폐 옆에 있는 1쌍의 근육으로 폐강(肺腔)을 넓혀 숨을 들이쉬고, 배에 있는 1쌍의 근육을 이용해 내장을 폐 쪽으로 밀면서 숨을 토해낸다. 이렇게 복잡한 방식으로 호흡을 하기 때문에 거북은 호흡기질환에 매우 취약하다.

이와 같은 호흡법 외에도, 많은 거북은 목구멍으로 공기를 끌어당긴 다음 폐 속으로 보내는 호흡법인 '굴라 펌핑(gular pumping; 목호흡. 목 전체를 리드미컬하게 확장 및 수축시켜서 호흡하는 방법)'을 이용하기도 한다. 거북을 관찰하다 보면 마치 개구리처럼 목 아랫부분을 움직이는 것을 확인할 수 있는데, 이것이 바로 굴라 펌핑을 하고 있는 모습이다. 또한, 수생거북은 피부나 인후점막(咽喉粘膜)으로 피부호흡도 하며, 뱀목거북이나 늑대거북류 등은 총배설강 안의 맹낭(盲囊)이라는 주머니의 얇은 벽을 통해 산소를 교환하기도 한다. 맹낭은 급류에 서식하는 거북에게 특히 잘 발달돼 있는데, 뱀목거북의 경우 용존산소량이 많은 계곡물 속에서 총배설강을 자주 열어 맹낭으로 호흡하면서 수면 위로 올라오지 않고도 생활할 수 있다.

수중에서 거북이 견딜 수 있는 시간은 종, 수온, 용존산소량 등에 따라 다르지만, 물속에서 월동하는 종은 피부호흡과 맹낭호흡을 이용해 필요한 산소량을 효율적으로 관리하면서 수면 위로 거의 나오지 않고도 동면하는 것이 가능하다. 거북은 순수질소 안에서 20시간이나 생존한 예가 있을 만큼, 저산소상태에서도 강한 생명력을 보여주는 동물이다.

순환

거북은 2개의 심방과 2개의 심실을 가지고 있는데, 심실을 나누는 부분이 완전히 분리돼 있지 않기 때문에 '2심방 불완전 2심실'이라 칭한다. 이러한 구조에서는 피가 순환하면서 정맥혈(이산화탄소가 많고 산소가 적은 암적색의 피)과 동맥혈(산소가 많고 이산화탄소가 적은 선홍색의 피)이 일부 섞이게 되는데, 이는 다음과 같이 나름의 장점을 가지고 있다.

운동을 격하게 할 경우에는 폐동맥으로 향하는 혈류량을 늘리고 그렇지 않을 때는 저항을 늘림으로써 혈액의 공급을 줄이는데, 그 결과 상대적으로 더 적은 에너지를 소비하게 된다. 따라서 거북은 2심방 2심실을 가진 포유류에 비해 활동을 하지 않고도 오래 버틸 수 있는 것이다. 그러나 반대로 운동할 때 쉽게 지치고, 휴식 없이 오랜 시간 동안 운동하는 것이 상대적으로 어렵다는 단점도 있다.

우심방
좌심방
심실
격벽이 완전하지 않아 동맥혈과 정맥혈이 섞인다.

거북의 심장

🐢 거북 기네스

- **가장 빠른 거북** : 태평양의 바다거북이 놀란 상태에서 시속 35km의 속도로 헤엄친 사례가 거북이 가장 빨리 움직인 기록으로 남아 있다.
- **가장 깊이 잠수한 거북** : 1987년 5월, 서인도 버진섬 근해에서 스코트 에커트(Scott Eckert) 박사가 장수거북에 게 수압감지계를 붙이고 실험한 결과, 수심 1200m까지 잠수하는 것으로 확인됐다.
- **가장 큰 육상거북** : 현존하는 가장 큰 육상거북은 갈라파고스코끼리거북(Galápagos tortoise, *Chelonoidis niger*) 으로 '골리앗'이라는 이름을 가지고 있으며, 1960년 이후로 미국 플로리다 세스너에 위치한 조류보호구역에 서 살고 있다. 이 거북은 체장 135.5cm, 체폭 102cm, 체고 68.5cm, 몸무게는 385kg이다.
- **가장 작은 거북** : 사향거북, 노란점박이거북 등이 가장 작은 종에 속한다. 일반적으로 몸길이 약 11cm, 몸무게는 65g 정도다. 육지거북 가운데서는 북아프리카에 서식하는 이집트육지거북이 성체 14~15cm로 가장 작다.
- **가장 큰 거북** : 현존하는 거북 가운데 가장 크게 성장하는 종은 바다에 서식하는 장수거북(Leatherback sea turtle, *Dermochelys coriacea*)으로, 머리에서 꼬리까지의 길이가 평균 1.8~2.1m에 체중 450kg까지 성장한다. 1988년 영국 귀네드, 할레크 해안에서 죽은 채 발견된 수컷 장수거북은 갑장이 2.91m, 체중 961.1kg으로 기 록돼 있다. 가끔 우리나라 해안에서도 북상한 개체가 목격되는 경우를 볼 수 있다.

속도

느림은 거북의 상징이다. 육지거북은 초당 0.47m로 아주 느리게 움직인다. 찰스 다윈은 갈 라파고스코끼리거북(Galápagos tortoise, *Chelonoidis niger*)이 하루에 6.4km를 움직인다는 사 실을 관찰한 기록을 남긴 바 있다. 하지만 이처럼 느린 속도는 육지거북의 특징일 뿐, 수생 거북의 경우는 인간이 달리는 속도보다 훨씬 빠른 속도로 헤엄치는 것이 가능하다.

바다거북은 단거리에서는 32km/h의 속도로 헤엄치며, 평균 유영속도가 20km/h에 이를 정도로 빠른 속도로 움직인다. 참고로, '1970 방콕 아시안게임' 자유형 400m 금메달리스트 인 故 조오련 선수의 유영속도는 5.53km/h였으며, '2008 베이징 올림픽' 자유형 400m 금메 달리스트인 박태환 선수의 유영속도는 6.49km/h였다. 이는 바다거북의 경우 평균 유영속 도로 비교해 봤을 때 박태환 선수보다 세 배 이상 빨리 헤엄칠 수 있다는 말이 된다.

번식

거북은 체내수정을 하고, 모두 난생(卵生, oviparity)의 번식방법을 통해 번식한다. 완전수생 종이나 해양성인 바다거북까지도 모두 육지에서 산란한다. 서식지 근처에서 산란하는 것

상자거북(Box turtle)

이 일반적인데, 일부 바다거북처럼 산란을 위해 자신이 태어난 바다를 찾아 4500km 이상 이동하는 종도 볼 수 있다. 모든 종이 해마다 번식을 하는 것은 아니지만, 산란은 해마다 일정한 계절에 이뤄진다. 보통 온대지역에 서식하는 거북의 경우 동면을 마친 봄에 교미와 산란이 이뤄지며, 열대지역의 거북은 대개 우기나 건기 중 한쪽을 택해 번식한다.

소형종 거북의 경우 한 번에 1~4개, 일반적으로 한 클러치(clutch; 한배에 낳은 알무더기)에 10~30개 정도의 알을 낳으며, 바다거북이 100~200개 정도로 산란 수가 가장 많다. 산란은 1회에 그치는 것이 아니라 대부분의 종에 있어서 산란기에 2회 이상 산란하는 것을 볼 수 있다. 또한, 각각 독립적으로 산란하는 종이 있는가 하면, 바다거북을 포함한 몇몇 종은 알의 생존율을 높이기 위해 거대한 무리를 이뤄 집단으로 산란하는 모습을 볼 수 있다.

거북알의 형태는 완전한 구형과 타원형의 두 가지를 볼 수 있다. 대체로 산란 수가 많은 종이나 육지거북의 경우에 구형의 알을 낳는 경향이 있는데, 이는 원형일 때 한정된 공간에 가장 많은 알을 보호할 수 있고, 부피에 대한 표면적의 비율이 가장 낮아 알이 건조해지는 것을 방지하는 데도 도움이 되기 때문이다. 알의 질감 역시 단단한 각질로 덮여 있는 것과 눌렀을 때 탄력이 느껴질 정도의 부드러운 껍데기로 덮여 있는 것 두 가지 타입이 있다. 부

드러운 껍데기로 덮여 있는 알의 발생이 좀 더 빠르기 때문에 환경변화가 심한 곳에 서식하는 종 혹은 성장하는 시기가 한정돼 있는 지역에 서식하는 종은 껍데기가 부드러운 알을 산란하는 경우가 많다.

산란한 알은 산란지의 습도와 온도에 따라 1~4개월 지나면 부화한다. 일반적으로 온대지역에 서식하는 종의 부화기간은 2개월 정도지만, 열대지역에 서식하는 거북 중에는 4개월에서 1년까지의 부화기간이 필요한 종도 볼 수 있다. 다른 파충류와 마찬가지로, 거북 역시 부화 시의 온도에 따라 부화기간과 개체의 성별이 결정되는 특징이 있다. 보통 온도가 높으면 암컷이, 낮으면 수컷이 더 많이 태어난다. 그러나 온도가 심하게 낮을 경우에는 암컷이 더 많이 태어난다.

1. 원형인 자라의 알 2. 타원형인 쿠터거북의 알

Chapter 02

거북 사육의 역사

신화와 설화 속 거북을 통해 인간과 거북의 관계를
고찰해 보고, 국내 거북 사육의 역사와 현황에 대해
살펴본다.

인간과 거북

거북은 야생동물이면서도 유사 이래로 인간과 상당히 특이한 관계를 유지해 온 생명체라
고 할 수 있다. 친척 관계에 있는 뱀, 도마뱀, 악어 등 대부분의 파충류가 인간에게 혐오와
공포의 대상이었던 데 비해 유독 거북만은 유구한 시간 동안 인간과 비교적 우호적인 관계
를 유지해 왔다. 거북이 인간에게 피해를 끼치지 않는 평화적인 동물이라는 것도 이러한
관계를 이어올 수 있었던 이유들 중 하나가 될 수는 있겠지만, 거북과 인간 사이에는 단순
히 그 사실만으로 설명하기에는 조금 더 복잡 미묘한 무엇인가가 존재하고 있다.

현재 전 세계적으로 반려동물시장이 확대일로에 있고, 양서·파충류와 같은 비주류 반려동
물시장 역시 급격한 성장을 이루고 있다. 국내에서도 반려동물로서의 양서·파충류는 과거
의 부정적인 시선을 벗어던지고 대중화의 단계에 진입하고 있다고 평가된다. 불과 20년 남
짓한 세월 동안 엄청난 발전을 이룬 한국 양서·파충류시장에서 거북이라는 동물은 양서·파
충류 대중화의 최선봉에서 일반 대중이 지닌 거리감을 좁히는 데 큰 역할을 하고 있다. 거
북 사육의 역사와 현황에 대해 알기 위해서는 먼저 유사 이래로 인간에게 거북은 어떤 존
재였으며, 현재는 어떤 의미를 가진 동물인지 살펴보는 것이 좋겠다.

쟁기거북(Madagascar ploughshare tortoise, *Astrochelys vniphora*)

갈색거북(Brown tortoise or Asian forest tortoise, *Manouria emys*)

신화와 설화 속의 거북

세계 각국에서 개나 고양이 혹은 코끼리, 소 등 다른 많은 동물과 관련된 여러 가지 이야기들이 전해 내려오지만, 거북과 관련된 이야기만큼의 무게감을 갖지는 못한다. 다른 동물의 이야기가 단순한 설화나 옛날이야기 수준에 그친다면, 거북과 관련된 이야기는 신화의 영역으로까지 범위가 확장되기 때문이다. 거북과 관련된 신화와 전설은 우리나라를 포함한 아시아 각국은 물론 유럽, 아메리카, 아프리카의 세계 여러 나라에서도 현재까지 면면히 이어져 내려오고 있다. 친척 관계에 있는 뱀 정도를 제외한다면, 현생종의 어떠한 동물도 이렇게 광범위한 지역에서, 이렇게 오래전부터 전해 내려온 이야기의 주인공인 경우는 없다. 그 이야기들 속에 나타난 거북의 공통적인 이미지를 몇 가지 알아보도록 하자.

■**거북은 세상의 기둥이다** : 거북과 관련돼 전해 내려오는 이야기 가운데 가장 많은 내용은 거북이 세상을 떠받치고 있다는 인식이다. 중국에서는 물의 신 '공공(共工)'과 불의 신 '축융(祝融)'의 싸움으로 인해 세상을 지탱하는 기둥이 무너지자 창조의 신 '여와(女媧)'가 거북의 다리를 잘라 기울어지는 세상을 괴었다는 전설이 있으며, 힌두교에도 이 세상을 거북이 떠받치고 있다는 믿음이 있다. 몽골도 황금거북이 세상의 중심에 놓인 산을 떠받치고 있다고 생

각했고, 일본 역시 우주산과 도교의 신선이 사는 곳을 거북이 받치고 있다고 믿었다. 거북이 세상의 기둥이라는 이러한 인식은 단순히 동양에 국한된 것이 아니라 서양의 아메리카 인디언에 이르기까지 전 세계적으로 널리 퍼져 있다. 이것이 증명하듯이, 거북은 여러 나라 및 민족의 기원과 관련돼 세상만물의 원천이자 영원한 기초의 상징으로 인식되고 있다. 또한, 이러한 전통적인 인식은 현재 세계 여러 나라에서 '건축물의 기초, 혹은 비석이나 기념물의 지지대로 거북의 형상을 만드는 작업'으로 이어져 내려오고 있다.

■**거북은 인간과 신의 매개자다** : 다른 의미로 거북은 삼재(三才; 天, 地, 人) 혹은 전 우주를 나타낸다는 믿음이 있다. 이러한 인식은 동양의 여러 나라를 포함해 힌두교에서도 보이는데, 둥근 형태의 배갑(背甲)은 하늘을, 평평한 복갑(腹甲)은 땅을, 머리(龜頭)는 남근(男根; 음경)의 특정한 부분이라 생각해 인간에 해당된다고 여겼다(거북의 머리는 대기-大氣-라고 생각되기도 했다).
다른 동물과 차별되는 이러한 독특한 형태로 인해 거북은 하늘과 땅, 신과 인간을 잇는 중재자로 생각됐고, 곧 지식과 예언의 힘을 가진 신령스런 동물로 여겨졌다. 고대에는 거북의 등껍데기를 불에 태워 갈라지는 금을 보고 점을 치는 귀복(龜卜)을 중요시했는데, 동양에서 신과 하늘의 소통을 위한 행위인 점(占)의 주요 수단으로 다른 동물이 아니라 거북이 선택된 것은 거북에 대한 이러한 전통적인 믿음 때문이라고 할수 있다. [1] 거북이 귀해지자 거북 대신 대나무를 이용했는데, 이러한 관습은 현재까지도 전해져 내려오고 있다. [2]

■**거북은 우주 그 자체를 상징한다** : 거북은 귀갑문(龜甲文)·귀쇄문(龜鎖文)이라고 불리는, 다른 동물에서는 전혀 찾아볼 수 없는 육각형의 독특한 무늬를 등에 지니고 있다. 이 육각형의 무늬는 눈의 결정이나 벌집, 곤충의 눈, 잠자리 날개 등을 포함한 자연계의 많은 곳에서 볼 수 있는 바와 같이 견고하고 튼튼하기 때문에 가장 완전하면서 안정적인 구조라는 의미를 가지고 있으며, 우주를 의미하기도 한다. 따라서 이처럼 우주를 뜻하는 육각형의 무늬를 몸에 지니고 있는 거북은 곧 우주 그 자체를 상징한다고 여겨지기도 했다.

1　우리가 현재 부르는 거북이라는 이름은 이 '귀복(龜卜)'이라는 말이 변화돼 만들어졌다. 일설에는 점(점칠 占)자가 거북의 등에 막대기를 꽂고 그 방향을 가리키는 형상이라고도 한다.　2　요즘도 점치는 곳에 가면 산가지가 든 '산통'이라는 대나무 통을 흔들어 빠져나온 것으로 점을 치는 모습을 어렵지 않게 볼 수 있다.

■거북은 신령스러운 동물이다 : 중국의 〈예기(禮記)〉에 거북은 장수를 상징하는 신화와 전설상의 신령스러운 동물로 여겨 봉황(鳳凰), 용(龍), 기린(麒麟)과 함께 사령(四靈, 신성하다고 하는 네 가지 동물)으로 기록돼 있다. 이 중 거북을 제외한 세 가지 동물이 현실 세계에 실존하지 않지만, 거북은 실제 존재하고 있는 동물이므로 사람들에게 그 의미가 남다르다고 할 수 있다.

우리나라에서도 거북에 대한 이야기는 가락국 김수로왕의 탄생설화부터 〈별주부전〉에 이르기까지 다양한 자료에서 발견되며, 다른 나라와 마찬가지로 영물(靈物), 장수(長壽), 길상(吉祥), 수신(水神), 신의 사자, 인간과 신의 매개자 등을 상징하고 있다. 잡귀를 쫓고 무병장수를 비는 신앙의 대상으로 떠받드는 이러한 인식은 현재까지 이어져 내려오고 있다.

현재도 간혹 바다거북이 그물에 걸리면 잡아먹거나 해를 입히지 않고 물고기를 많이 몰고 오라는 의미로 막걸리를 먹여 바다로 돌려보내거나, 죽은 거북을 발견하면 함부로 취급하지 않고 고사를 지내고 매장하는 풍습이 해안지방에 여전히 남아 있다. 우리나라뿐만 아니라 다른 나라의 경우를 보더라도, 거북은 인간의 친척이라든가 부족의 조상이라는 전설이 전해 내려와 거북을 경외시하는 관습을 가진 곳이 상당히 많다.

■거북은 장수의 상징이다 : 거북이 가진 대표적인 또 다른 이미지는, 중국의 신선사상에서 유래된 십장생(十長生; 해, 산, 물, 돌, 소나무, 달, 불로초, 학, 사슴, 거북)의 하나로 장수를 상징하는 동물이라는 것이다. 실제로도 거북은 다른 동물에 비해 상당히 오래 사는 생물이기 때문에 장수의 상징으로 숭배됐을 만하다. 중국 청나라 때의 〈연감유함(淵鑑類函)〉에 따르면, '1000살 먹은 거북은 사람과 이야기를 할 수 있고 털이 나며, 5000살 먹은 거북은 신귀(神龜)라 하고, 1만 살 먹은 거북은 영귀(靈龜)라고 했다'고 기록돼 있으며, 장수하는 사람을 경하하고 더욱 만수무강하기를 빌 때 '귀령학수(龜齡鶴壽)'라는 글귀를 써서 보내기도 한다. 이외에도 장수의 상징으로 거북의 이미지를 이용하는 사례는 현재도 무수하게 많이 볼 수 있다.

이렇듯 거북은 단순히 '동물'로만 치부하기는 어려운 복합적인 이미지를 가진 생물이라고 할 수 있다. 그리고 어떻게 보면 거북에 대한 이러한 전통적인 인식이 현재 우리나라에서 거북 사육의 대중화를 더디게 하는 한 가지 이유가 될 수도 있겠다. 필자의 경험에 비춰보더라도, 처음 거북 사육을 시작하던 때 집안 어르신들로부터 '거북은 사람이 길러서는 안 되는 동물'이라는 요지의 말씀을 들은 기억이 있다. 집에 살고 있는 구렁이를 '업'이라고 해

십장생도(18C 후반, 호암미술관 소장; 불로장생을 기원하며 이를 상징하는 상징물을 소재로 그린 그림)

서 함부로 잡지 않고 신성시하던 것과 마찬가지의 이유로 거북 역시 함부로 대해서는 안 되는 신령한 생물이라는 인식이 현재까지도 이어져 내려오고 있는데, 나이 지긋하신 어르신들 가운데 거북 사육을 반대하는 분들의 경우도 거북에 대한 이러한 전통적인 가치관의 영향을 받았기 때문일 것이다. 그러나 사회가 급속도로 발달하면서 거북에 대한 전통적인 가치관들이 많이 퇴색돼 가고 있는 것 또한 사실이다.

거북의 경제적 이용

앞서도 언급했듯이, 거북은 시대와 지역에 따라 신의 사자, 신과 인간의 매개자 혹은 인간의 구원자로 숭배받기도 하고, 우주의 상징 또는 장수를 상징하는 신령스러운 동물로 소중하게 다뤄지기도 했다. 그러나 단순히 실용적인 측면에서 살펴보자면, 거북은 일부 지역에서 알과 고기가 중요한 단백질 공급원으로 취급되기도 하고, 어떤 문화권에서는 악기나 공예품 및 약제의 재료로 사용되기도 한다. 이와 같은 전통적인 방식의 이용 외에도, 최근에는 여러 나라에서 반려동물로도 많은 수가 길러지고 있는 것을 볼 수 있다.

■**전통적인 이용** : 꽤 많은 수의 나라에서 거북과 거북의 알은 아주 오래전부터 중요한 단백질 공급원으로 취급돼 왔다. 특히 자라나 바다거북은 덩치가 크고 잡기도 쉬우며 알도 상당히 많이 낳기 때문에, 그 알과 고기가 현재까지도 식용으로 널리 이용되고 있는 실정이다. 자라나 바다거북은 산란 패턴이 단순해서 언제나 큰 무리로 동일한 지역에 나타나므로 인간이나 다른 포식자들에게 쉽게 포획되는, 매우 손쉬운 사냥감이 됐기 때문이다.

전통적으로 거북을 많이 소비해 온 아시아뿐만 아니라 멀리 북아메리카에서도 다이아몬드백 테라핀(Diamondback terrapin, *Malaclemys terrapin*)이 식용을 목적으로 오랜 기간 남획된 결과 거의 멸종되다시피 한 예가 있다. 또한, 전 세계 바다에서 번성하던 바다거북 역시 고기와 알을 얻기 위해 남획되고, 환경오염과 지구온난화 가속 등의 요인이 더해져 현재는 개체 수가 90% 이상 감소했다. 이러한 이유로 세계 각지에서 거북의 개체 수 회복을 위한 인공 번식프로그램이 활발하게 진행 중이며, 최근에는 멸종위기의 바다거북을 보호하기 위해 남미 원주민들의 전통적인 식습관을 바꾸게 하는 등 다양한 노력을 기울이고 있다.

우리나라를 포함한 많은 나라에서는 단순한 단백질 공급원으로서뿐만 아니라 거북의 고기나 껍데기 및 오줌, 자라(Softshell turtle, *Trionyx sinensis*)의 등껍데기와 피 등은 전통적으로 귀한 약재로도 취급돼 왔다. 지금도 한약재전문시장을 방문하면 귀갑(龜甲)과 같은 거북 소재의 한약재를 어렵지 않게 구할 수 있을 것이다. 종에 따라서는 이렇게 약용으로 이용하기 위해 남획되는 거북의 양이 전체 개체 수 감소에 상당한 영향을 미치기도 한다.

식용과 약용으로 쓰이는 것 외에도, 거북은 여러 가지 공예품의 재료로 다양하게 이용되고 있다. 페루나 모로코 등 일부 국가에서는 전통악기의 재료가 되기도 하고, 아시아나 동남아시아의 많은 나라에서는 바다거북인 대모(玳瑁, Hawksbill sea turtle, *Eretmochelys imbricata*; 매

거북 껍데기를 이용해 만든 공예품

부리바다거북)의 껍데기를 이용해 빗이나 담뱃갑, 가구장식 및 기타 공예품을 만들어 판매하기도 한다. 바다거북류는 현재 전 종이 멸종위기에 처해 보호종으로 보호받고 있기 때문에 그 부산물까지도 국제적 거래가 불가능하게 돼 있으나, 지금도 바다거북으로 만든 여러 가지 기념품의 유통량은 상당히 많다. 몇몇 나라에서 거북이 경외의 대상으로서 사육이 금기시됐다면, 이렇듯 흔해서 오래전부터 상업적으로 이용해 왔던 나라에 있어서 거북은 단순히 경제동물(인간 생활에 도움을 주는 경제적 가치가 있는 동물)이라는 개념으로 인식돼 굳이 반려동물로 기를 필요성이 없었기 때문에 거북 사육의 역사 역시 짧을 수밖에 없었을 것이다.

■**현대사회에서의 거북의 이용** : 지금도 거북은 매우 많은 수가 식용 혹은 약용으로 쓰이고 있지만, 그 외에도 현대사회의 여러 분야에서 다양하게 이용되는 것을 볼 수 있다. 그러나 다행스럽게도 현재 상당수가 법률로써 보호되고 있기 때문에, 예전처럼 거북 그 자체를 소비하는 것이 아니라 전통적인 거북의 이미지를 경제적으로 이용하는 경우가 많다(식용을 위해 자라를 양식하는 경우를 제외하고는, 거북 자체를 이용하는 경우는 현재는 거의 없다. 적어도 합법적으로는).

많은 종이 멸종위기에 처해 있는 것이 거북의 현실이지만, 현대사회의 여러 가지 광고물에서 거북의 모습을 접하는 것은 그리 어려운 일이 아니다. '신앙의 대상'으로서의 동물 혹은 튼튼한 껍데기를 가진 동물 혹은 '느리고 신중하며 부지런한 생명체'라는, 거북이 갖는 여러 가지 다양한 이미지들이 각종 매체를 통해 일반 대중들에게 전달됨으로써 거북을 좀 더 친근한 동물로 여기고 쉽게 다가설 수 있도록 만들어 주고 있다.

거북의 보호

앞서 언급한 바와 같이, 현재 거북은 환경오염과 서식지파괴로 급격하게 멸종돼 가고 있다. 그러나 이러한 환경적인 영향 외에도 근래에는 반려동물로서의 거북의 가치가 부각되면서 반려용 분양을 목적으로 남획하는 종이 많아지면서 멸종을 더욱 부채질하고 있는 실정이다. 거북은 성장이 더디고 번식률이 낮으며, 어린 개체의 사망률이 높기 때문에 한번 고갈된 개체군이 복원되는 데는 상당히 오랜 시간이 소요된다. 이 때문에 세계 각지에서 거북의 개체 수를 보호하기 위해 법률을 제정하고 인공번식프로그램을 실행하는 등 다양한 노력을 펼치고 있지만, 개체 수의 유지와 보전은 쉽지 않은 상황이다.

국내 거북 사육의
역사와 현황

우리나라에서 반려동물로서의 거북의 가치가 알려진 것은 얼마 되지 않은 최근의 일이다. 반려동물로서의 거북이 우리나라에 처음으로 알려지게 된 것은 아마도 1970년대 후반 붉은귀거북(Red-eared slider, *Trachemys scripta elegans*)이 최초로 소개된 때였을 것이다.

붉은귀거북 수입을 계기로 반려동물로 인식

우리나라는 1970년대 중반부터 이뤄진 급속한 경제성장에 힘입어 생활수준이 향상되고 어느 정도 경제적인 여유가 생기게 되면서, 사람들이 조금씩 취미생활에 관심을 가지기 시작했다. 그와 더불어 국내 반려동물시장도 본격적으로 태동하기 시작했고, 이와 때를 같이해 붉은귀거북이라는 새로운 반려동물이 소개됐다. 붉은귀거북의 등장은 우리나라 반려동물 역사에 있어서 상당히 충격적인 사건 가운데 하나였다고 할 수 있다. 그전까지 보아온 자라나 남생이 등의 국내산 거북에 비해 색깔이 아름답고, 체질이 튼튼해서 손쉽게 사육이 가능했으며, 무엇보다 이제까지 알려지지 않은 새로운 형태의 반려동물이었기 때문에 일반 대중이나 애호가들로부터 많은 관심을 받은 것 또한 사실이다.

대표적인 반려육지거북인 설카타육지거북(Sulcata tortoise, *Centrochelys sulcata*)

페인티드 터틀(Painted turtle, *Chrysemys picta*)

앞서도 언급했듯이, 이전까지 우리나라 사람들에게 거북이란 단순히 '민간신앙적인 측면에서의 경외의 대상' 혹은 '부족한 기를 보충해 주는 고급 보신음식'으로서의 가치를 지니고 있었을 뿐, 가정에서 반려동물로 기른다는 것에 대해서는 전혀 관심 밖의 일이었다. 그러나 붉은귀거북이 국내에 소개되면서 세상에는 이렇게 특별한 종류의 거북도 있으며, 거북도 집에서 사육할 만한 가치가 충분히 있는 동물이라는 점을 느끼게 됐던 것이다.

붉은귀거북은 현재 환경위해종이라는 평가를 받고 수입조차 금지돼 있는 종이다. 그러나 단순히 '반려동물'이라는 측면에서만 생각해 본다면, 파충류인 거북을 반려동물로 기른다는 사실에 대한 일반인들의 거부감을 줄여주고 낯선 동물에 대한 호기심을 자극해, 국내에 반려파충류시장이 자리 잡도록 터전을 마련해 준 공로가 지대하다고 할 수 있겠다.

2001년 이후 다양한 종 도입

붉은귀거북이라는 낯선 반려파충류가 우리나라에 소개됐지만, 상당히 오랜 기간 반려동물로서의 거북은 대중화의 길을 걷지 못했다. 도입 첫해 이후 매년 평균 100만 마리씩(96년 191만 마리, 98년 90만 마리, 99년 93만 마리, 2000년 78만 마리-환경부 보도자료), 수입이 금지되던 2001년까지 총 650만 마리라는 엄청난 개체 수가 수입됐지만, 대부분 반려용 분양을 위한 것이 아니라 '부처님 오신 날'의 방생을 목적으로 들여온 것이었기 때문이다(현재 국내 자연에는 1000만 마리 이상의 붉은귀거북이 서식하고 있는 것으로 추정되지만, 대부분이 방생한 야생개체다). 물론 반려동물로 기르는 사람도 상당히 늘었지만, 성장하면서 냄새가 나며 관리가 힘들다는 사실이 알려지고 또 그런 이유로 야외에 방생된 거북이 국내 생태계를 교란하게 되면서, 덩달아 반려거북에 대한 인기도 시들해져 거북은 단순히 값싼 애완동물 정도로 인식되기에 이르렀다.

이렇게 한동안 답보상태를 유지하던 반려거북시장은 2001년 '뱀의 해' 이후로 다양한 종의 반려거북들이 국내에 도입되기 시작하면서 다시 조금씩 활기를 띠게 됐다. 그러다가 양서·파충류시장이 폭발적으로 성장하고 파충류 숍의 숫자가 증가하며, 동시에 신문과 잡지, 방송 등 각종 매체에서 파충류를 반려동물로 기르는 사육자들의 이야기가 자주 소개되면서 반려동물로서의 거북의 매력이 대중에게 점차 확산되고 있다.

반려거북의 대중화

처음 거북 책을 쓸 당시 이 단락의 제목은 '아직은 대중적이지 않은 반려동물'이었고, '전체적으로 몇 마리 정도나 되는지는 정확한 통계가 없어 확인하기 어렵지만, 필자가 본서를 쓰면서 대략 헤아려 본 결과 80여 종의 거북이 국내에 소개된 듯하다'라고 시작해 '앞으로 양서·파충류시장의 규모가 커지고 생활수준도 좀 더 나아지면 반려동물로서의 거북의 가치를 알아줄 사람들이 조금씩 늘어나리라 본다'라는 기대의 말로 끝을 맺었었다.

그렇다면 과연, 우리나라 반려거북계에는 그동안 어떠한 변화가 일어났을까. 일단 개정판을 내는 2023년 현재 우리나라에서 사육되고 있는 거북의 종류는 190여 종(아종 포함)으로, 과거보다 약 2배 이상 많은 종류의 거북이 국내에 소개됐다. 현생종 거북의 전체 종수가 14개 과 97속 360종(아종 포함 482개 종)으로 알려져 있으니, 전체 종수의 절반이 넘는 숫자의 거북종이 반려용으로 소개됐다고 하겠다. 아직 도입되지 않은 종도 여전히 많기 때문에 앞으로 더욱 다양한 종류의 반려거북을 국내에서 만나게 될 수 있을 것으로 확신한다.

또 하나의 괄목할 만한 변화는, 모든 개체를 전적으로 수입에 의존했던 과거에 비해 지금은 여러 가지 종의 국내 번식이 아주 활발하게 이뤄져 분양되고 있다는 점이다. 많은 애호가가 사랑으로 거북을 기르고 있고, 브리딩 기술의 대중화 및 브리딩 장비의 발달이 과거

Tip **거북과 관련된 속담**

- **귀배괄모**(龜背刮毛, 거북의 잔등이에 털을 긁는다) - 구해도 얻지 못할 일을 하는 어리석은 행동을 이르는 말
- **귀모토각**(龜毛鬼角, 거북의 털과 토끼의 뿔) - 세상에 없는 것, 얻을 수 없는 물건. 허무맹랑한 거짓말
- **산 진 거북이며 돌 진 가재** - 큰 세력을 믿고 버틸 때, 남의 힘에 의지하려는 사람을 이르는 말
- **거북은 아무도 몰래 수천 개의 알을 낳지만, 암탉이 알을 하나 낳을 때면 온 동네가 다 안다** - 말레이시아 속담으로 겸손을 의미하는 말
- **거북도 제 살던 바윗돌을 떠나면 오래 살지 못한다** - 사람은 제가 나서 자란 고향을 등지면 제명대로 살아 가기가 힘듦을 비유적으로 이르는 말
- **남생이 줄 서듯 하다** - 사람이나 사물들이 많이 모여 있다.
- **남생이 등에 활쏘기** - 매우 어려운 일을 하려고 한다.
- **말하는 남생이** - 믿지 못할 말이나 못 알아들을 소리
- **자라보고 놀란 가슴 솥뚜껑 보고 놀란다** - 무언가에 한번 놀라면 그와 비슷한 것을 봐도 놀란다는 말

***거북의 날** : 잘 알려져 있지 않지만 거북에게도 생일이 있다. 식물과 동물의 분류법을 과학적으로 정립한 스웨덴의 식물학자이자 분류학자 칼 린네(1707~1778)의 생일인 5월 23일이 '세계 거북의 날'로 정해져 있다.

보다는 많이 이뤄진 결과라고 하겠다. 또한, 다양한 종이 소개되고 번식에도 성공하면서, 분양가가 저렴한 물거북으로 거북 사육에 입문하던 과거에 비해 바로 육지거북 사육을 시작하는 경우도 일반화되고 있다. 하지만 이처럼 긍정적인 면만 있었던 것은 아니다. 과거에 행해졌던, 방생을 빙자한 대량 유기가 지금은 사실상 거의 사라진 상황이기는 하지만, 국내에 유입되는 거북의 종류가 많아지면서 사육하던 개체가 야외에서 발견되는 사례가 증가하고 있고 또 그 종도 차츰 다양해지고 있다는 점도 주목할 만한 현상이라고 하겠다.

그 결과 2001년 전체 속이 '생태계교란종'으로 지정된 붉은귀거북에 이어 플로리다 레드벨리 쿠터(Florida red-bellied cooter, *Pseudemys nelsoni*), 리버 쿠터(River cooter, *Pseudemys concinna*), 중국줄무늬목거북, 늑대거북과 악어거북이 생태계교란종으로 지정됐고, 아프리칸 헬멧티드 터틀(African helmeted turtle, *Pelomedusa subrufa*)을 포함한 8종의 거북은 '유입주의생물'로 지정돼 수입이 규제되고 있다. 우리나라 사회 전반에 걸쳐 있는 '붉은귀거북의 트라우마'로 인해 야생에서 발견되는 물거북에 대해서는 관련 기관에서 좀 지나치다 싶을 정도로 과잉 대응하는 경우가 많은 실정이다. 따라서 본인이 현재 사육하는 개체가 외부로 유출되는 일이 절대 발생하지 않도록 양서·파충류 사육자들은 스스로 각별히 주의할 필요가 있다.

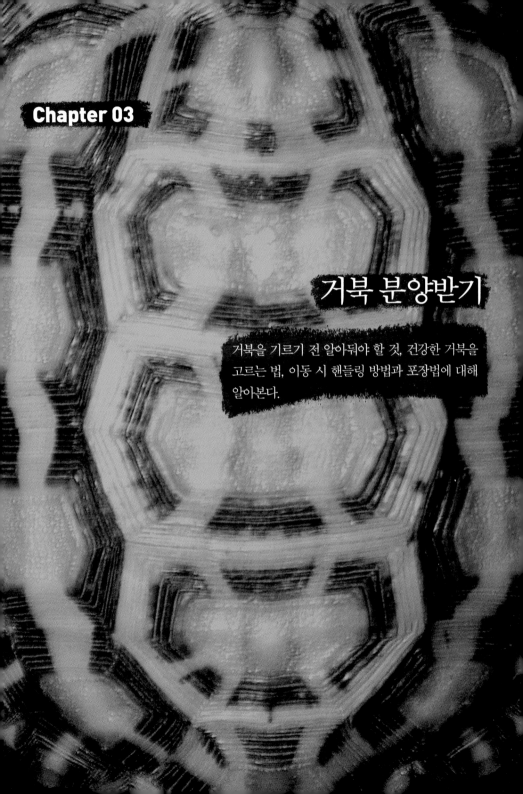

Chapter 03

거북 분양받기

거북을 기르기 전 알아둬야 할 것, 건강한 거북을 고르는 법, 이동 시 핸들링 방법과 포장법에 대해 알아본다.

반려동물로서의
거북

우리나라 사람들에게 '거북'하면 떠오르는 이미지는 무엇일까. 대부분의 경우 토끼와 거북, 딱딱한 껍데기, 목을 숨기는 습성, 오랜 수명 정도 아닐지 생각된다. 조금 더 나아가면 한국 토종 거북 남생이, 붉은귀거북으로 인한 환경파괴 정도일 것이며, 그 외의 무엇을 떠올리는 데는 시간이 좀 걸릴 것이다. 그만큼 거북이라는 동물에 대해 알고 있는 것이 별로 없다는 뜻이다. 이번 섹션에서는 반려동물로서의 거북이 지닌 매력에 대해 알아본다.

사육에 이상적인 조건을 갖춘 반려동물

야생동물인 거북은 현재 전 세계에 360여 종이 살고 있으며, 종이 다양한 만큼 외형부터 최대성장 크기, 생태적 특징, 먹이, 서식환경 등이 전부 제각각이다. 하지만 그럼에도 불구하고, 개나 고양이처럼 대중적인 반려동물이 아니기 때문에 거북을 공부하고 사육하는 것은 생소한 일에 대한 도전이 되고, 당연히 사육 중에 많은 시행착오를 겪을 수밖에 없다.

그러나 단순히 '사육의 난이도'라는 관점에서 잠시 벗어나 '이상적인 반려동물의 조건'이라는 측면에서 본다면, 거북은 다양화·개인화·개성화돼 가는 현대사회에서 사육에 상당히 유

리한 조건을 많이 가지고 있는 이상적인 반려동물이라고 할 수 있다. 대형으로 자라는 몇 몇 종을 제외하면 대부분의 종이 사육하는 데 많은 공간을 필요로 하지 않으며, 사육에 드는 시간이나 비용도 다른 동물에 비해 적은 편이다. 사육주가 이런저런 사정으로 장시간 혼자 두게 되더라도 외로움을 타지 않고, 짖거나 울어 이웃집에 피해를 주는 일도 없다. 사육자에게 질병을 옮기는 경우도 극히 드물고 알레르기도 일으키지 않으며, 놀아달라고 사육자를 귀찮게 하는 일 역시 없다. 그뿐만 아니라 파충류라는 독특한 반려동물로서 개성을 중시하는 요즘 시대에 사육자를 돋보이게 하는 역할까지도 할 수 있다.

감정표현은 없지만 매력적인 동물

반려동물로서 가지고 있는 여러 가지 장점에도 불구하고, 거북은 아직 그다지 대중적인 반려동물은 아니다. 파충류에 대한 본능적인 거부감으로 쉽사리 사육을 시도하지 못하는 점은 차치하더라도, 많은 가정에서 한 번은 길러봤을 법한 동물이지만 반려동물로서 몇십 년 길렀다는 경우는 정말 드문 것 또한 사실이다. 필자도 오랜 기간 거북을 길러왔지만, 주위에서 거북을 기른 지 10년 이상 됐다는 이야기는 이제까지 몇 번 듣지 못했다. 나머지는 충동적으로 입양했다가 1년도 되지 않아 사육에 싫증을 느끼고 포기하는 경우가 대부분이었다. 그렇다면 왜 거북은 다른 동물에 비해 중도에 사육을 포기하는 경우가 많은 것일까. 여기서 질문을 하나 할까 한다. 동물을 기르지 않는 사람들이 동물(개 이외의)을 기르는 사람에게 가장 많이 하는 질문 가운데 하나가 무엇일까? 그동안 여러 종류의 동물을 사육하면서 경험한 바에 의하면, '이거 뭐예요(이 동물은 뭔가요도 아니고)?'라는 원초적인 질문 다음으로 많았던 질문은 '이 동물은 주인을 알아봐요?'라는 것이었다. 그만큼 우리나라 사람들에게는 그 동물의 습성이 무엇인지, 얼마나 크는지와 같은 사실보다 '주인을 알아보느냐, 주인과 교감을 하느냐'가 반려동물을 선택하는 데 있어서 가장 중요한 고려사항이라는 것이다.

결론만 말하자면, 거북은 오랜 사육기간 동안 반복되는 관리 중에 쌓이는 어느 정도의 신뢰에 일정한 본능이 합쳐져 인간에게 순응하는 것일 뿐, 반려견처럼 주인을 알아보고 따라다니며 응석을 부리는 동물은 아니다. 물론 반수생거북의 경우처럼 냄새와 수질 관리 등의 어려움으로 인해 사육을 포기하는 사례도 많다. 하지만 사육을 포기하게 되는 더 실질적인 이유는, 교감을 중시하는 우리나라 국민들의 정서상 거북은 별다른 감정표현도 없고 사람을 따르지도 않아서 사육에 특별한 재미를 느끼지 못하는 경우가 많기 때문일 것이다.

분양가가 저렴하다는 이유로, 또는 파충류라는 아이템의 특수성 때문에 상당수의 애호가가 호기심과 소유욕을 가지고 충동적으로 거북을 입양하기는 하지만, 위에 언급한 이런저런 이유로 안타깝게도 거북 자체의 매력을 느끼기도 전에 많은 사육자가 사육을 포기하며 재분양 혹은 유기하고 있는 것이 현 실정이다.

현재 그나마 거북을 오랜 시간 사육하고 있는 사람은 이러한 거북의 단점들을 충분히 인식하고 이해하면서도 거북 자체에 매력을 느끼는 소수 마니아 정도로 그 수는 아직 많지 않다. 하지만 그럼에도 불구하고, 거북은 충분히 매력적인 반려동물이다. 이 책이 필자가 느끼는 거북의 매력을 독자 여러분들에게 조금이라도 전해줄 수 있는 계기가 되기를 간절하게 바란다.

설카타육지거북(African spurred tortoise or Sulcata tortoise, *Centrochelys sulcata*)

분양받기 전
고려할 사항

거북을 기르려고 하는 사람들이 저지르는 가장 큰 잘못은 단언컨대 '충동구매'라고 할 수 있다. '거북이나 한 마리 길러볼까?'라는 충동적인 사고는 거북을 사육하면서 발생하는 여러 가지 문제, 즉 부적절한 사육환경과 불균형적인 먹이급여로 인한 성장장애를 비롯해 각종 질병, 폐사 혹은 사육 포기로 인한 유기, 더 나아가 외래종 거북의 무단방사로 인한 토종 생태계의 교란에 이르기까지, 거북과 관련돼 발생하는 모든 문제의 가장 근본적인 원인이라고 할 수 있겠다. 따라서 거북을 사육하고자 마음을 먹었다면, 무작정 거북을 입양하기에 앞서 잠시 시간을 가지고 몇 가지 사항들을 신중하게 생각해 볼 필요가 있을 것 같다.

다음에 언급할 내용들은 필자가 현재까지 여러 종의 파충류를 사육해 오면서 거북을 처음으로 사육하고자 하는 입문자들에게 해줬던 그리고 미처 해주지 못했던 이야기들을 정리한 것이다. 거북의 사육에는 이런저런 문제가 많으니 미리 사육을 포기하라고 권유하려는 의도는 절대 아니다. 고민하고 고려할 사항이 많다고 새로운 일에 무조건 도전하지 않는 것도 문제지만, 동물 사육이란 한 생명을 책임지는 행동이니만큼 편의점에서 과자 한 봉지 사는 행위와는 다른 마음가짐이 필요하다는 생각에 언급하는 것이니 참고하길 바란다.

기를 수 있는 여건이 되는지 생각한다

'다마고치'라는 말을 들어본 사람이 많을 것이다. 1996년 일본의 종합완구회사인 〈반다이〉사가 개발한 휴대용 전자 반려동물 사육기기(다마고치 기르기)다. 직접 이용해 보지는 않았더라도 한때 선풍적인 인기를 구가한 게임기였으니 이 글을 읽는 독자들 가운데서도 다마고치와 관련된 추억 하나둘쯤은 가지고 있는 사람들이 상당히 많을 것이다. 왜 갑자기 뜬금없이 다마고치 이야기를 꺼내느냐 하면, 살아 움직이는 거북을 기르는 것은 다마고치를 기르는 것보다 몇 배나 힘들고 고생스러운 일이기 때문이다.

동물 사육은 하나의 생명을 책임지는 일이므로 확고한 생각이 들 때 사육을 시작하도록 하자.

기계 속 다마고치와는 달리 살아 움직이는 거북을 기르기 위해서는, 동물을 한 번도 길러보지 않은 사람들이 일반적으로 생각하는 것보다 훨씬 많은 시간과 관심, 애정, 책임감, 정신적 여유, 재정능력 등이 요구된다. 더구나 단지 거북을 '소유'하고 싶은 것이 아니라 진정으로 건강하고 멋지게 '기르고' 싶은 사람이라면, 개인생활의 상당히 많은 부분을 거북을 위해 희생해야 하는 경우까지 생길 수 있다. 하지만 좋아하는 동물을 위한 이러한 희생 자체를 기쁨으로 느끼는 경우가 아니라면, 대부분 개인생활에 대한 '구속'이나 '걸림돌'이 되기 쉽다.

살아 있는 거북과 기계 속의 다마고치가 다른 결정적인 차이점은, 거북은 더 이상의 사육이 귀찮다고 해서 다마고치처럼 간단하게 전원을 OFF 할 수도 없다는 것이다. 따라서 '거북이나 한 마리 길러볼까?'가 아니라 '거북을 한번 길러봐야겠다!'라는 확고한 생각이 들 때 사육을 시작하는 것이 바람직하다. 충동적으로 거북을 입양했다가 얼마 지나지 않아 재분양한다거나 자연에 방사해 버리는 일이 생기지 않도록 신중하게 사육 여부를 결정해야 하며, 그것이 사육자로서 가장 기본적으로 가져야 할 마음가짐이라고 할 수 있다.

어떤 종을 기를 것인지 신중하게 선택한다

현재 국내에 도입돼 있는 거북의 종류는 200여 종에 육박한다. 이왕 거북을 기르기로 마음을 먹은 이상 '종에 상관없이 거북의 형태를 띠고 있는 동물'보다는, '내 마음에 드는 종'을 구해서 즐거운 마음으로 사육하는 것이 바람직하므로 사육자는 그 수많은 종 가운데 과연 어떤 종을 기를 것인지 먼저 결정해야 한다. 학문적으로 거북을 분류하는 방법은 목을 넣는 방식에 따라 잠경목과 곡경목의 두 가지로 나누는 분류법뿐이다. 그러나 실제로 거북을 사육하는 입장에서는 육지거북, 습지거북, 반수생거북, 완전수생거북 등 서식공간에 따라 분류하는 것이 일반적인데, 각각의 거북은 서식환경에서부터 크기, 활동성, 먹이, 성격 등에 있어서 모두 상당한 차이를 보인다. 따라서 원하는 종을 선택하는 것은 생각보다 쉽지 않다.

거북을 처음 접하게 될 사육자들은 사육하고자 하는 종을 선택할 때 단순히 외형적인 모습, 그러니까 형태나 무늬 등 눈에 보이는 것만을 기준으로 삼아 종을 결정하는 경우가 많다. 그러나 그런 식으로 결정하다 보면 나중에 덩치가 너무 커져 버리거나, 성격이 너무 사나워지거나 하는 등 사육자가 미처 생각지도 못한 문제가 생기기도 한다. 따라서 겉모습만이 아니라 성체가 됐을 때의 크기, 사육의 난이도, 성격, 먹이의 종류 등 거북과 관련된 여러 가지 조건을 종합적으로 고려한 후에 신중하게 사육 대상종을 결정해야 한다.

현재 국내에는 200여 곳이 넘는 양서·파충류 숍과 브리더들이 운영 및 활동을 이어가고 있다. 숍이나 브리더를 직접 방문해 조언을 얻거나, 주기적으로 개최되는 파충류 쇼에서 원하는 개체를 찾아보는 것도 좋다. 또한, 동일한 종을 다양한 업체에서 취급하기도 하므로 최상의 개체를 실제로 어떻게 입수할 수 있는지에 대한 정보도 다방면으로 알아봐야 한다. 인터넷상에 많은 파충류 동호회 혹은 거북 관련 동호회들이 활발하게 운영되고 있으므로 그중 한 곳에 가입해 활동하면서 사육경험자들의 도움을 받는 것도 좋다.

기르고자 하는 종의 단점을 이해할 수 있는지 심사숙고한다

반려동물을 분양받는 사람들을 보면, 그 종을 길렀을 때 자신에게 미칠 긍정적인 효과만을 생각하고 입양을 결정하는 경우가 많다. '애가 외로워하니까 개가 한 마리 있으면 좋을 거야', '혼자 살아 외로운데 고양이를 기르면 내가 퇴근했을 때 문 앞에서 나를 반겨줄 거야', '이 새는 소리가 고우니까 집안 분위기가 좋아질 거야', '집이 건조한데 물고기를 기르면 습도 유지에 도움이 되겠지' 등 여러 가지 실용적인 이유로 반려동물을 집 안에 들인다.

물론 이렇게 집 안에 들인 반려동물이 기대했던 효과를 발휘하는 경우도 많지만, 실제로 반려동물의 사육기간 중에는 그 동물의 장점보다는 단점이 사육자의 실생활에 더 큰 영향

사육자와 어느 정도 교감을 이루기 위해서는 상당한 시간이 필요한 종도 있다.

을 미치게 된다. 그런 단점에도 불구하고, 꾸준히 반려동물을 기르는 사람들은 동물을 기를 때 생기는 여러 가지 문제들까지 이해하고 수용하는 사람들이라고 할 수 있겠다. 거북 입양에 앞서서 이러한 것들에 대해 고민해 보는 시간을 갖도록 하자.

성격이 너무 사나워서 상처를 입을 가능성은 없는지, 먹이비용이 너무 많이 들지는 않을지, 배설물 냄새가 너무 심하게 나지는 않을지, 물갈이를 너무 자주 해야 해서 시간을 많이 뺏기지 않을지 등 스스로 선택한 종이 자신에게 미칠 수 있는 부정적인 영향에 대해서도 생각해 보고, 그것을 이해하고 감당할 수 있을지 고민해 보는 시간을 잠시라도 가져보는 것이 좋다. 이런 시간을 가지게 되면 거북을 입양하는 일 자체에 대해 좀 더 신중하게 고려할 수 있고, 사육 중에 발생하게 되는 문제들에 대해서도 조금은 여유를 가지고 대처할 수 있게 되며, 그러다 보면 자연스럽게 사육을 포기하거나 거북을 내다 버리는 경우도 줄어들게 될 것이기 때문이다.

선택한 종을 과연 정말로 감당할 수 있는지 숙고한다

설카타육지거북(Sulcata tortoise, *Centrochelys sulcata*)처럼 1m 가까이 자라서 아주 넓은 공간이 필요하게 되는 종도 있고, 늑대거북처럼 사나워서 핸들링할 때 위험을 감수해야 하는 종도 있다. 또 아주 귀엽고 멋지게 생겼지만, 사육난이도가 상당히 높은 종도 있다. 반수생종 거북의 경우는 성성숙에 도달하면 참기 어려울 정도로 고약한 냄새를 풍기기도 한다. 거북은 장수의 상징으로 여겨질 만큼 적절한 환경만 제공되면 아주 오래 사는 동물인데, 그 오랜 기간 사육하면서 발생하는 여러 가지 문제들을 감당해 낼 수 있겠는가 다시 한번 고민해 보자.

여담이지만, 동물원이나 전시장에 자신이 기르던 동물을 '기증'하는 사람들을 가끔 볼 수 있다. 물론 교육적 목적을 위해 소중히 기르던 동물을 양도하는 경우가 없는 것은 아니지만, 냉정하게 말하자면 대부분의 기증은 '사육 포기'의 그럴듯한 포장일 뿐이다(자연에 무단으로 유기하는 것보다 낫기는 하지만). 개인적으로 기증이란 용어는 물건에나 쓰여야지 생명체에 사용돼서는 안 된다고 생각한다. '시원섭섭'이라는 말이 있다. 이 말을 기증이라는 행위에 대비해 보자면, 동물을 다른 곳에 맡겼을 때 섭섭하면 기증이고, 시원한 마음이 조금이라도 있다면 유기다. 나중에 기르던 거북을 동물원에 맡기더라도 섭섭한 마음뿐이라면 그동안 진심을 다해 길렀다고 스스로 자부해도 좋겠다. 급변하는 현대사회에서 한번 입양한 동물을 평생 기른다는 것이 사실 쉬운 일은 아니다. 언제, 어떤 변수가 생길지 알 수 없기 때문이다. 특히 거북처럼 인간과의 교감이 어려운 동물이라면 더욱 쉽게 정을 뗄 수 있다.

하지만 세상이 어떻게 변하건, 동물을 충동적으로 입양했다가 쉽게 파양해 버리는 행동은 생명체를 대하는 올바른 마음가짐이라고 볼 수는 없을 것이다. '제8장 거북의 주요 종'에서 다루고 있는 각 거북의 식성과 서식지, 먹이, 최대성장 크기, 성격, 수명 등의 정보들을 정독해서 사육종을 선택하는 데 참고하기를 바란다.

기르고자 하는 종에 대한 사전지식을 갖춘다

여러 가지 숙고할 내용들을 고민하는 단계를 거쳐 사육하고자 하는 종을 결정했으면, 이제 그 종에 대한 기본정보와 실제 사육에 도움이 되는 실질적인 정보를 수집하고 숙지해야 한다. 하지만 이 역시 국내 여건상 쉬운 일은 아니다. 국내에 반려파충류시장이 형성된 것이 그리 오래되지 않아 도움을 받을 정도로 체계적인 사육경험을 축적하고 있는 전문가도 드물뿐더러, 한글로 표기돼 있는 거북 사육서적을 찾기가 어렵기 때문이다. 몇몇 규모가 큰 인터넷 파충류사육동호회에서 자료를 정리해 둬서 초보사육자들이 많은 도움을 얻기도 하는데, 그마저도 희귀한 종의 경우에는 구할 수 있는 자료가 한정돼 있는 형편이다. 따라서 조금이라도 희귀한 종을 기르게 되면 사육방법에 관한 정보를 외국 원서에 상당 부분 의존해야 하고, 외국 파충류동호회 사이트에서 자료를 검색하게 되는 경우가 생긴다.

거북과 같은 특수한 반려동물을 기르는 사람들 가운데는 비싸고 희귀한 종의 사육을 희망하는 경우가 많다. 야생동물의 경우 분양가는 크기나 색깔 등의 조건이 아니라 단 한 가지, 그 종의 희소가치에 따라 결정된다. 희귀하다는 것은 개체 수가 적다는 의미이고, 개체 수가 적다는 것은 번식이 어렵고 사육난이도가 높다는 의미와 상당 부분 관련이 있다. 100% 그런 것은 아니지만, 보통 희귀종은 기르기 까다롭다고 생각하면 된다. 따라서 희소종을 기를 경우에는 다른 종의 거북을 기를 때보다 더 많은 위험부담을 안아야 하고, 훨씬 더 많

핸드 피딩을 하고 있는 모습. 사진은 별거북(Star tortoise, *Geochelone spp.*)

은 공부가 필요하게 된다. 거북을 처음 기르는 초보사육자라면 너무 희귀한 개체보다는 일반적으로 잘 알려져 있는, 사육이 비교적 쉬운 개체부터 시작하는 것이 좋다.

사육 및 관리용품을 미리 준비하고 공급처를 알아둔다

거북의 종마다 각각 필요로 하는 사육장의 넓이와 바닥재의 종류, 열원, 여과방식, 적절한 온·습도 등의 조건에 있어서 상당한 차이를 보이기 때문에 사육장을 세팅하기 전에 사육하고자 하는 종에 대한 기본적인 사육지식을 우선 갖추는 것이 무엇보다도 중요하다고 할 수 있다. 정보수집으로 선택한 종의 사육에 대한 자신감이 어느 정도 생겼다면, 최종적으로 거북을 분양받기 전에 먼저 해당 종에 적합한 사육환경을 완전하게 조성해야 한다.

그러나 많은 사람이 충동적으로 거북을 입양하고, 입양하는 그 자리에서 혹은 거북을 집에 데리고 간 후 사육하면서 느긋하게 사육용품을 하나하나 구비하는 경향이 있다. 그러는 사이 거북은 부적절하게 조성된 사육환경의 영향을 받고 점차 약해지고 있다는 사실을 대부분 알지 못한다. 지금 당장 집으로 데려가 기르고 싶은 마음이야 굴뚝같겠지만, 사육환경이 완비되고 난 다음 가장 나중으로 입양을 미루는 것이 현명한 방법이다.

사육장을 세팅하는 데 필요한 세팅용품이나 사육관리용품들은 영구적으로 사용할 수 있는 것이 아니라 정기적으로 교체해야 하는 소모품이며, 파충류 사육용품은 개나 고양이 용품들과는 달리 판매처가 그리 많지 않기 때문에 거북을 사육하면서 필요하게 될 물품을 어디에서 구할 수 있는지 미리 알아두는 것이 좋다. 다행스럽게도, 요즘은 대형 쇼핑몰 안의 반려동물 코너에서도 파충류용품을 취급하고 있기 때문에 예전처럼 필요한 물품을 구하지 못해 애를 태우는 경우는 드물다. 그러나 다른 종류의 파충류용품에 비해 거북용품은 특히 보유량이 더 적기 때문에, 경제적 여유가 있다면 사용량이 많고 품질이 괜찮다고 판단되는 사육 소모품의 경우 조금씩 여분을 확보해 두는 것이 좋겠다.

지속적인 애정과 관심을 가지고 사육지식을 축적한다

거북을 사육한다는 것은, 단순히 먹을 것을 주고 사육장을 청소해 주는 것만을 의미하지 않는다. 따라서 조금이라도 더 건강하게 기를 수 있도록 사육 중에도 사육정보를 지속적으로 수집해야 한다. 평소에 거북의 상태를 세심하게 관찰하고 사육일지를 작성하거나, 동호회 활동을 하면서 선배 사육자들의 귀중한 경험에 대해 듣고 조언에 귀 기울이는 것도 좋다. 아울러 단순히 거북을 기르면서 혼자 만족감을 느끼는 것이 아니라, 같은 취미를 가진 다른 사육자들과 교류하는 즐거움을 확인하고 거북과 관련된 모든 일들에 관심을 가지게 된다면, 거북을 사육하면서 누릴 수 있는 즐거움이 그만큼 더 늘어나게 될 것이다.

필자는 거북을 사육하는 것 외에 취미로 파충류와 관련된 우표와 피규어를 수집하고 있다. 거북 사육에 있어서 가장 기쁜 때가 기르고 싶던 거북을 분양받는 바로 그 순간일 텐데, 어렵사리 새로운 수집품을 하나 구했을 때는 새로운 종의 거북을 입양했을 때와 맞먹는 기쁨을 느낄 경우도 있다. 거북을 직접적으로 사육하는 일뿐만이 아니라 거북과 관련된 여러 분야로 관심의 폭을 넓혀가면 사육의 즐거움이 점점 더 커지는 것을 느낄 수 있다.

1. 거북 우표 2. 거북 피규어

거북 입양하는
여러 가지 방법

필요한 사육용품까지 완비됐다면 이제 거북을 입양하러 갈 차례다. 일반적으로 거북을 입수하기 위해서는 자연에서의 채집, 개인 분양자나 브리더로부터의 입양, 파충류 분양업체로부터의 입양 등 여러 경로를 거칠 수 있으며, 이 중 각자가 처한 환경에 맞는 방법을 적절하게 선택하면 된다. 이번 섹션에서는 거북을 입양하는 방법에 대해 알아본다.

자연에서의 채집

발품을 조금 팔아야 하겠지만, 자연에서 채집하는 것은 추가적인 비용의 지출 없이 거북을 확보할 수 있는 방법이다. 그러나 아쉽게도 우리나라에 서식하고 있는 거북종은 거북 애호가의 구미를 모두 충족시킬 만큼 다양하지 않다. 국내에는 애호가들 사이에서 인기 있는 육지거북은 한 종도 서식하고 있지 않으며, 토종 거북이라고 해봐야 '남생이'와 '자라' 단 두 종밖에 없다. 그나마 이 두 종류의 거북마저도 남생이의 경우 천연기념물(제453호)로 지정돼 포획·매매·사육이 금지되고 있으며, 자라 역시 '포획금지야생동물'로 지정돼 있는 상황이라 현행법상 자연에 서식하는 개체를 개인이 채집해 사육할 수 없다.

자연상태의 거북

자연상태에서의 개체 수 감소로 인해 자생종 거북이 이렇게 법률로써 보호되고 있기 때문에 우리나라에서 채집해 기를 수 있는 종은 자연에 방사된 붉은귀거북, 중국줄무늬목거북(Chinese stripe-necked turtle, *Mauremys sinensis*), 지도거북(Map turtle, *Graptemys spp.*) 등 외국산 반수생거북 정도다. 상대적으로 가격대가 높은 육지거북은 기르기 전부터 사육을 신중히 고려하고, 높은 가격 때문에라도 사육 도중에 방사하는 경우는 없기 때문에 자연에서 발견되는 일은 드물다. 혹 야외에서 발견된 개체를 야생동물 구조센터에서 구조하더라도 CITES 허가서류 문제로 개인에게 재분양되지는 않는다.

좋은 현상이라고 할 수는 없지만, 국내에는 외래종 반수생거북이 많이 방사돼 우리나라 자연에 적응하며 살아가고 있다. 주로 대도시의 강변이나 큰 사찰 인근의 계곡, 도심 공원 안의 호수, 저수지 등에서 볼 수 있다. 수년 동안 방생용 판매를 목적으로 대량 수입한 것이 '부처님 오신 날'을 즈음해 대규모로 방생되기도 했고, 개인이 입양해 기르다가 덩치가 커지면서 사육을 포기하고 방사한 개체들도 있다. 마음만 있다면 이렇게 자연에 방사된 개체들을 직접 채집해서 기를 수도 있겠다. 거북은 경계심이 워낙 강한 동물이기 때문에 채집이 쉽지는 않겠지만, 적절한 도구와 인내심만 있으면 전혀 불가능한 일은 또 아니다.

자연상태에서의 붉은귀거북의 개체 수 증가로 인한 토종 생태계의 교란을 방지하기 위해 지방자치단체 등에서 대대적으로 포획해 야생동물보호센터에서 보호하고 있는 맹금류의 먹이로 사용하는 경우도 있다. 따라서 야생에 방사된 개체를 채집해서 사육한다면, 사육의 즐거움을 느끼는 것과 더불어 부가적으로 외래종으로 인한 우리나라 생태계의 교란을 줄여주는 긍정적인 역할도 할 수 있다. 불교계의 지속적인 계도활동으로 외래종의 방사가 많이 줄어들긴 했지만, 지금도 반려동물로 입양해 기르다가 사육을 포기하고 몰래 거북을 내다 버리는 경우가 종종 있다. 물론 새로운 주인을 찾아줄 수 있다면 더 좋겠지만, 정말 어쩔 수 없어서 버리는 상황이라면 자연에 방사하지 말고 수족관이나 동물전시장 등에 보내기를 바란다. 가장 좋은 방법은 아예 버리지 않는 것이기는 하나, 최소한 유기함으로써 발생하는 생태계의 교란이라는 또 다른 문제는 방지할 수 있을 것이다.

개인 분양자 혹은 브리더로부터의 입양

야생채집개체보다 인공번식개체가 안정적으로 사육하는 데 유리하다는 것은 이제는 사육자들 사이에서 상식으로 통하고 있다. 거북의 경우는 외국에서 수입되는 개체라도 상당수가 인공 번식된 개체이기 때문에 다른 파충류보다 좀 더 안정적인 사육이 가능하다는 장점이 있다. 또한, 국내에도 파충류 사육인구가 증가함에 따라 거북의 번식과 분양을 전문적으로 하는 전업 브리더가 생겨나고 있으며, 인공 번식시킨 개체를 분양하고 있다.

반려거북을 구하고 있다면, 개인적으로는 국내의 개인 번식가로부터 번식된 개체를 입양하는 것을 가장 추천하고 싶다. 달걀과는 달리 거북알을 부화시키는 것은 쉬운 일이 아니다. 직접 부화까지 시킬 정도의 사육자라면 보유하고 있는 종에 대한 관심과 애정이 많은 사람이며, 사육 전반에 대한 전문지식과 노하우를 어느 정도 보유하고 있다고 볼 수 있다. 최고의 브리더는 곧 최고의 사육자일 수밖에 없다. 따라서 분양자와 지속적인 관계를 유지한다면 거북을 입양한 이후에도 사육 전반에 걸쳐 많은 도움을 받을 수도 있을 것이다.

대부분의 거북은 이처럼 숍이나 브리더를 통해 구할 수 있다. 그러나 그 가운데서도 극히 희귀한 종은 좀 더 입수하기 곤란한 경우가 생길 수 있다. 국내에서 모든 거북의 인공번식이 이뤄지고 있는 것은 당연히 아니기 때문이다. 아직도 희귀종들은 번식이 가능할 정도 크기의 완전한 성체가 국내에 몇 마리 없는 종도 있고, 번식한 개체라도 아직 일반 사육자에게까지 분양할 정도로 숫자가 많지 않거나, 아주 고가여서 선뜻 분양받기 어려운 경우도 있다. 이와 같은 이유로 희망하는 종의 국내 번식개체를 구하려고 해도 분양받기가 어려울 수 있다. 거북은 닭처럼 매일 알을 낳는 동물이 아니므로, 자신이 구하려는 개체가 희귀종이라면 브리더가 운영하는 카페와 SNS를 지속적으로 모니터링하며 관심을 가질 필요가 있다.

카페나 동호회에서 기르던 개체를 재분양하는 경우도 찾아볼 수 있다. 보통은 흔한 종들이 주로 올라오지만, 간혹 보기 드문 개체(정말 도저히 어찌할 수 없는 사정으로 내놓은)가 올라오는 사례도 있기 때문에 지속적으로 카페의 분양 코너 등을 모니터링하는 것이 좋겠다. 희귀한 개체는 구하고자 하는 사람도 많기 때문에 부지런한 사람이 새 주인이 될 수 있다.

재분양 개체를 입양할 경우에는 브리더나 매장을 통해 입양할 때보다 좀 더 꼼꼼하게 거북의 상태를 확인할 필요가 있다. 입대나 유학 등 정말 부득이한 사유로 눈물을 머금고 분양을 결심하는 경우가 아니라 단순히 사육개체에 흥미가 떨어져 분양하는 경우라면, 거북에게 관심을 잃고 새로운 입양자가 나타날 때까지 사육장에 마냥 방치하는 사례도 적지 않다. 따라서 재분양의 경우 관리가 잘됐는지 거북의 상태를 꼼꼼하게 살펴야 만족할 만한 개체를 들일 수 있을 것이다. 재분양하는 개체는 사정상 급하게 내놓은 경우가 많기 때문에 파충류 숍에서 입양할 때보다 저렴한 가격으로 들이는 것이 가능하지만, 다른 시각으로 본다면 개인 분양이 늘게 되면 국내에 반려거북시장이 자리 잡기 힘들게 된다는 부작용도 있다. 따라서 정말 부득이한 사정이 아니라면 가급적 재분양하지 말고 끝까지 기르는 것이 좋겠다.

파충류 분양업체로부터의 입양

양서·파충류시장이 제대로 활성화된 것은 약 20년 남짓이지만, 현재 우리나라에는 숍과 브리더를 포함해 200여 개의 양서·파충류업체가 운영되고 있다. 주로 서울, 대전, 부산, 인천 등 대도시에 밀집돼 있기 때문에 타지에서 직접 거북의 상태를 눈으로 확인하고 입양하기는 어렵지만, 파충류 숍의 대부분이 인터넷 쇼핑몰을 함께 운영하고 있으므로 매장의 동물 수입시기만 잘 맞춘다면 원하는 개체를 입양할 수 있다. 그러나 한 번에 몇 천 마리씩 수입되는 일부 반수생거북종을 제외하면, 대부분의 거북은 다른 파충류에 비해 수입량이 많지 않고 수입시기도 부정기적이며, 한 번 수입될 때 들어오는 개체 수도 그다지 많지 않기 때문에 내가 원하는 종을 그것도 상태까지 좋은 개체를 구하기가 쉬운 일은 아니다.

또한, 파충류 분양업체를 통해 거북을 분양받는 경우에는 한 가지 딜레마가 있다. 생물의 특성상 같은 종이라도 외형이나 건강상태에 차이가 있을 수밖에 없기 때문에 좋은 개체를 선점하려면 수입된 상자를 개봉하자마자 제일 양호한 개체를 고르는 것이 좋다. 거북을 선택하는 데 있어서 사육자의 관점이란 별다른 차이가 없어서 아무래도 좋은 개체를 먼저 선택하기 때문에 시간이 지체되면 지체될수록 원하는 종은 있더라도 선뜻 분양받을 만한 상태가 아닌 경우가 많아지게 된다. 그러나 막 수입된 개체는 국내에서 충분한 적응기를 거치지 않았기 때문에 그만큼 폐사의 위험이 높다는 단점이 있다. 나름대로 최선의 판단을 해서 선별했지만, 입양한 지 얼마 되지 않아 허망하게 돌연사하는 경우가 생기는 것이다.

사실 사육자 입장에서만 봤을 때 거북을 입양하는 가장 좋은 방법은, 마음에 드는 개체를 선택해 놓고 충분한 시간이 흐른 뒤 폐사하지 않을 정도로 안정됐다고 판단되면 데려오는 것이지만, 이는 그야말로 이상적인 방법일 뿐 실현 가능한 것은 아니다. 따라서 실현 가능한 방법 가운데 가장 확실한 방법은, 사육자 스스로가 건강한 거북을 선별하는 법에 대한 지식을 충분히 축적해서 후회하지 않을 선택을 하는 것뿐이다. 아직 혼자서 거북의 상태를 파악할 수 있는 정도가 되지 않는다면, 친분이 있는 파충류 숍을 이용하거나 사육경험이 많은 마니아들의 도움을 받아 개체를 선택하는 것도 좋다.

파충류 숍에서 분양받는 경우는 가급적이면 거북에 대한 전문지식이 있는 사주가 운영하는 곳에서 선택하는 것이 좋다. 거북을 자체적으로 직수입하는 곳이 아니라면 보통 수입업체에서 수입한 거북을 선별해서

거북 수입 시의 포장상태. 사진은 설카타육지거북

들여오게 되는데, 사주가 거북에 대해 잘 알면 알수록 당연히 수입된 개체들 가운데 가장 예쁘고 상태가 좋은 최상의 개체들을 우선적으로 선별해 오기 때문이다. 국내 파충류 전문 숍 사주들 중에는 처음부터 이윤을 목적으로 동물장사를 시작한 것이 아니라, 오랫동안의 취미활동이 직업이 돼서 숍을 운영하게 된 분들이 있다. 이런 사람들은 본인이 파충류와 거북에 대한 관심이 많다 보니, 과연 이 종이 팔릴 것인지 신경 쓰지 않고 자신이 직접 눈으로 보고 싶다는 욕심에 잘 알려지지도 않은 희귀한 개체를 수입하는 경우도 있다.

장사꾼으로서는 치명적인 결점이지만, 국내에서 외국 못지않게 다양한 개체들을 볼 수 있는 것은 이런 마니아적 마인드를 가진 사주들의 노력도 크게 한몫을 하고 있다고 생각한다. 그러니 가급적이면 이런 열정이 있는 사주가 운영하는 매장을 이용하길 바란다. 또한, 거북을 입양할 때 인터넷으로 주문하고 택배로 받는 것보다는 매장을 직접 방문해 거북의 축양상태와 건강상태를 꼼꼼하게 파악하고 안정된 상태로 이동해 오는 것이 좋다.

마지막으로, 파충류 숍이 서울, 부산 등 대도시 인근에 밀집돼 있어 지방에서 부득이하게 배송을 통해 거북을 분양받는 경우가 많은데, 이런 경우 다음날 도착하는 택배보다는 배송 당일 받아볼 수 있는 고속버스나 KTX 택배를 이용하는 것을 추천한다. 특히 한여름이나 기온이 영하로 내려가는 겨울에 택배를 이용하면 이중으로 포장하거나 온열팩을 사용하더라도 폐사한 채로 도착할 우려가 있고, 운 좋게 살아 있더라도 온도쇼크를 받아 회복되기 어려운 경우가 있기 때문이다. 배송한 당일 받아볼 수 있다면 그만큼 이러한 위험에 적게 노출된다.

거북 사육에 있어서의
법률적 문제

야생동물인 거북을 사육할 때는 개나 고양이와는 달리 한 가지 더 고려해야 할 중요한 사항이 있다. 바로 법률적인 문제다. 전 세계적으로 자연상태의 거북은 환경오염과 서식지파괴, 남획 등에 따른 급격한 개체 수 감소로 많은 종이 자국 내에서 혹은 국제협약에 의해 멸종위기종으로 지정돼 법률로써 보호받고 있다. 우리가 반려동물로 기르기 위해 수입하는 개체들 역시 예외가 아니므로 이와 관련된 내용을 잘 확인해 숙지하고 있어야 한다.

CITES와 자연환경보전법

국내법상 남생이는 천연기념물, 자라는 포획금지종으로 지정돼 있어 야생개체의 개인적인 사육이 금지돼 있다. 바다거북 전 종과 수입에 의존하는 다양한 종의 육지거북들도 사이테스(CITES, Convention on International Trade in Endangered Species of Wild Fauna and Flora; 멸종위기에 처한 야생동·식물 국제거래에 관한 협약)협약으로 국가 간의 거래가 제한되는 종이 대부분이고, 반수생거북도 많은 종이 이에 해당된다. 따라서 거북을 입양하기 전에 내가 기르고 싶은 거북이 보호종 목록에 포함돼 있는지 여부를 알아보는 과정이 필요하다.

개인적인 사육이 금지돼 있는 칼라파고스코끼리거북 (Galapagos tortoise, *Chelonoidis niger*)

현지에서 남획되고 있는 거북

법적 보호종에 포함돼 있지 않다면 일반적인 다른 동물들처럼 그냥 입양해서 기르면 되지만, 보호종 리스트에 올라와 있는 경우라면 입양할 때 확인해야 할 서류와 재분양하거나 폐사했을 때의 신고절차 등에 대해 미리 알아두는 것이 좋다. 멸종위기종이라 하더라도 무조건적으로 거래가 규제되는 것은 아니고, 그 가운데 인공적으로 번식된 개체들에 한해 반려용으로 수입 및 매매가 가능하다(법적인 절차를 밟아야 한다). 따라서 정식으로 절차를 밟아 들여온 개체라면 사육 중에 별다른 법적 문제는 생기지 않는다. 문제가 되는 것은, 밀수와 같이 합법적인 경로를 거치지 않고 국내에 몰래 들여온 개체를 기르게 됐을 경우다.

희귀종을 기르고 싶은 욕심이 아무리 크다 해도, 개인적인 즐거움을 충족시키기 위해 법을 어기면서까지 몰래 입양해 기르는 일은 없도록 하자. 법을 어기는 것 자체도 문제지만, 불법적인 개체를 구하려는 수요가 있음으로써 자연상태의 거북을 남획하게 만들고 멸종을 촉진시키는 결과로 이어지게 되는 것이 어찌 보면 더 큰 문제이기 때문이다. 더불어 밀수된 개체를 입양하거나 개인적으로 몰래 국내에 들여오는 행위는 크게 보아 우리나라 반려거북시장의 확대에 부정적인 영향을 끼칠 수 있다는 점을 기억하도록 하자.

CITES(사이테스)란

사이테스(CITES, Convention on International Trade in Endangered Species of Wild Fauna and Flora)란 '멸종위기에 처한 야생동·식물 국제거래에 관한 협약으로서 과도하게 이뤄지는 국제거래 때문에 많은 야생동·식물이 멸종위기에 처함에 따라 일어난 국제적인 환경보호 노력의 일환이라고 할 수 있다. 멸종위기에 처한 야생동·식물의 상업적인 국제거래를 규제해 서식지로부터 해당 동·식물의 무분별한 포획과 채취를 방지함으로써 생태계를 보호하자는 취지로 전 세계 81개국이 1973년 3월3일 미국 워싱턴에서 맺은 국제협약을 말한다.

일명 '워싱턴협약'이라고도 하며, 1975년 정식으로 발효됐다. 현재 전 세계적으로 175개국(2010년 11월 현재)이 가입돼 있으며, 우리나라는 국제적 추세에 동참하고 아울러 우리나라의 우수한 동·식물자원을 보호하기 위해 1993년 7월10일 120번째로 이 협약에 가입했다. 사이테스협약은 국제적으로 보호되는 동·식물종을 지정하고, 수출입증명서 확인 등 국제거래에 일정한 요건과 절차를 거치게 함으로써 수출입을 제한하고 있다. 회원국은 수출입허가부서, 수출입허가확인부서(세관 등), 단속부서(세관, 경찰 등)로 협약을 운용하고 있다.

🛈 CITES 지정 대상

CITES에 의해 규제되고 있는 동·식물은 약 3만 7000종이며, 이들은 보존의 시급성과 중요도에 따라 부속서 Ⅰ, Ⅱ, Ⅲ으로 분류되고 있다. CITES종이란 멸종위기에 처한 야생동·식물종의 국제거래에 관한 협약에 의해 국제거래가 규제되는 다음 부속서의 각 목에 해당하는 동·식물로서 환경부장관이 고시하는 종을 말한다.

부속서 Ⅰ: 멸종위험의 정도가 가장 높은 종이다. 멸종위기에 처한 종 중 국제거래로 그 영향을 받거나 받을 수 있는 종으로서 멸종위기종 국제거래협약의 부속서 Ⅰ에서 정한 것이다. 상업적 용도의 수입 자체가 금지되며, 거래 또한 금지대상이다. 대표적으로 방사거북, 이집트육지거북, 바다거북 등이 포함돼 있다.

부속서 Ⅱ: 현재 멸종위기에 처한 것은 아니지만, 그 거래를 엄격하게 규제하지 않으면 멸종위기에 처할 가능성이 있는 종과 그 멸종위기에 처한 종의 거래를 효과적으로 통제하기 위해 규제를 해야 하는 그 밖의 종이다. 수입허가가 반드시 필요하고, 그 이후의 거래에 대해서는 허가가 가능한 종이다. 돼지코거북이나 대부분의 육지거북들이 해당된다.

부속서 Ⅲ: 멸종위기종 국제거래협약의 당사국이 이용을 제한할 목적으로 자기 나라의 관할권 안에서 규제를 받아야 하는 것으로 확인하고, 국제거래 규제를 위해 다른 당사국의 협력이 필요하다고 판단한 종으로서 멸종위기종 국제거래 협약의 부속서 Ⅲ에서 정한 것이다.

방사거북(Madagascar radiated tortoise or Radiated tortoise, *Astrochelys radiata*)

예를 들어, 세관은 멸종위기에 처한 야생 동·식물 수출입 시 수출증명서 및 수입허가서 구비를 확인하고, 이를 현품과 대조해 합법을 가장한 밀수 등을 적발하고 처벌함으로써 멸종위기에 처한 야생동·식물의 국제적인 보호에 기여하고 있다.

CITES에 적용되는 야생동·식물 및 허가범위

현재 3만 7000여 종의 야생동·식물이 사이테스에 등재돼 있으며, 이들을 국내외로 반·출입하기 위해서는 적절한 양식과 적법한 절차를 갖춰 정부의 허가를 받아야 한다. 3만 7000여 종 가운데 800여 종은 멸종위험이 특히 더 높기 때문에 비상업적 용도로만 국가 간 거래가 허용되고 있다.

사이테스에 등재된 야생동·식물의 국외반출 및 국내반입 시 허가를 받아야 하는 범위는 죽은 것, 부분품 및 가공품까지 포함된다. 사이테스에 적용되는 부분품은 뿔, 이빨, 털, 깃, 내장, 고기, 혈액, 뼈, 가죽 등을 포함하며 가공품은 박제, 표본, 의류, 지갑, 벨트, 화장품, 의약품, 음식물 등이 포함된다. 사이테스에 등재돼 법적인 제재가 적용되는 거북종은 본서의 부록 마지막 부분에서 소개하고 있으므로 사육할 종을 선택할 때 참고하길 바란다.

위반했을 때의 처벌

사이테스에 등재된 야생동·식물을 허가를 받지 않고 수출, 반출, 수입 또는 반입한 경우에는 '자연환경보전법' 또는 '조수보호 및 수렵에 관한 법률 규정'에 의거해 3년 이하의 징역 또는 1000만원 이하의 벌금형을 받게 된다. 허가를 받지 않고 불법으로 반입한 동물 및 물품은 몰수되며, 허가를 받지 않고 반입한 물품임을 알면서도 이를 매매, 판매 알선, 소유 또는 진열하는 경우에도 1년 이하의 징역 또는 1000만원 이하의 벌금형에 처하게 된다. 좀 더 자세한 정보를 알고 싶으면 대한민국 환경부 홈페이지(http://www.me.go.kr/kor/index.jsp)나, 한국 고유종 DB 및 법정 관리종 정보 홈페이지(http://nre.me.go.kr/meweb/main/index.jsp) 혹은 사이테스의 홈페이지(http://www.cites.org)를 방문해 확인하도록 하자.

쟁기거북(Madagascar angulated tortoise, *Astrochelys yniphora*)

CITES개체 등록법 및 사육시설 등록법

지난 2015년을 기해 우리나라에서는 전 세계 어느 국가에서도 시행하지 않는 CITES개체의 국내등록제도와 일부 대형종에 대한 사육시설을 강제하고 있다. '국제적 멸종위기종'으로 불린다는 이유로, 상업적으로 인공 증식되거나 수출당사국에서 합법적으로 쿼터를 인정해 수출하는 상업적 개체를 다시 법적으로 '보호'하겠다는 것이다. 필자는 왜 이런 제도가 필요한 것인지 이해하기 어렵다. 일반인들은 '국제적 멸종위기종'을 마치 판다처럼 '즉각적으로 절멸이 임박한 종'으로 인식하는 경우가 많은데, 산업적인 측면에서 '국제적 멸종위기종'은 '원서식지 야생에 사는 개체의 숫자가 적다'는 의미이며 '멸종'과는 상당한 거리가 있다. 일례로, 설카타육지거북은 '국제적 멸종위기종'에 속하지만, 수많은 나라에서 인공 증식되고 있는 종이기 때문에 절대 멸종될 일이 없다. 국내종 자라가 '포획금지동물'로 법적으로 보호받고 있지만, 자라농장에서 수천만 마리의 자라가 인공 증식돼 팔리고 있는 것과 마찬가지다.

백이면 백 마리 모두 똑같이 생긴 거북들을 구별할 수조차 없을뿐더러, 이렇게 누적된 자료를 사용할 곳도 마땅히 없는 상황이다. 환경부에서 상업적 거래를 허가한 동물을 다시 법으로 보호하겠다는 것은 쓸데없는 행정력 낭비일 뿐이며, 사육자들에게도 불필요한 법적 절차를 강요하는 것에 불과하므로 필자는 하루라도 빨리 CITES 등록제도가 없어져야 한다고 생각한다. 아울러 악어거북 등 대형 거북 몇몇 종에 있어서 갓 태어난 새끼에게 완전히 성장한 성체에게나 필요한 정도의 사육장을 구비하도록 하는 사육시설 등록법이 강제되고 있는데, 이 역시 오히려 안정적인 사육을 방해해 동물을 죽음으로 내모는 잘못된 법이다. 갓 태어난 아기를 요람이 아닌 성인용 침대에서 기르는 부모는 없다는 사실을 아는 사람이라면, 이제 막 부화한 어린 거북을 온·습도 관리도 어려운 크기의 사육장에서 기르는 것이 얼마나 위험한 행동인지 자연스럽게 이해할 수 있을 것이라고 생각한다.

법안의 폐지를 위해 많은 노력을 하고 있지만, 어쨌거나 아직 해당 법안이 효력을 유지하고 있기 때문에 현재 우리나라에서 CITES 등재종 거북을 기르기 위해서는 환경부에 등록해야 한다. 육지거북과 상자거북류는 모두 CITES 등재종으로 신고가 필요하고, 그 외에도 여러 종이 있으므로 자신이 기를 종이 CITES에 등재돼 있는지 반드시 확인하고 신고절차를 밟아야 한다. 또한, 돼지코거북과 남생이는 사육시설 등록을 해야 한다(가장 큰 개체의 배갑 길이의 3배 되는 길이, 배갑너비의 2배 되는 너비의 사육시설. 한 마리 추가될 때마다 25%의 넓이가 증가된다).

🏠 생태교란종과 위해우려종

붉은귀거북 이래로 다음과 같은 동물은 '생태교란종'으로 지정돼 있다. 생태계교란 생물은 생태계 위해성 평가에서 생태계 등에 미치는 위해가 큰 것으로 판단돼 환경부장관이 지정·고시하는 생물종을 지칭하는데, 생태계교란 생물로 지정되면 학술연구, 교육, 전시, 식용 등의 목적으로 지방(유역)환경청의 허가를 받은 경우를 제외하고는 수입, 반입, 사육, 재배, 양도, 양수, 보관, 운반 또는 유통(이하 수입 등)이 전면 금지되며, 이를 위반할 경우 2년 이하의 징역에 처하거나 2000만 원 이하의 벌금이 부과된다.

생태교란종					
붉은귀거북속 전체	리버 쿠터	중국 줄무늬목거북	악어거북	플로리다 레드벨리 쿠터	늑대거북
Trachemys spp.	Pseudemys concinna	Mauremys sinensis	Macrochelys temminckii	Pseudemys nelsoni	Chelydra serpentina
2001. 12. 24 지정	2020. 03. 30 지정	2020. 03. 30 지정	2020. 12. 30 지정	2020. 12. 30 지정	2022. 10. 01 지정

🏠 유입주의생물

'유입주의생물'은 국내에 아직 도입되지 않은 외래생물 가운데 유입될 경우 생태계에 위해를 가할 우려가 있는 생물을 지칭한다. 세계자연보전연맹(IUCN)에서 지정한 악성 침입외래종, 해외 피해유발 사례가 있는 종, 기존 '생태계교란 생물'과 생태적·유전적 특성이 유사한 종 등으로 구성되며, 우리나라에서는 지난 2019년부터 국립생태원 등의 조언을 받아 환경부에서 매년 추가 지정하고 있다. 이들 생물을 국내로 들여오려면 지역 환경청장의 승인과 위해성 평가를 거쳐야 하며, 불법 수입하는 경우 2년 이하의 징역에 처하거나 2천만 원 이하의 벌금형에 처해진다. 거북의 경우 현재 아래 종들이 유입주의생물로 지정돼 있다.

학명	한국명
Graptemys pseudogeographica	가짜지도거북
Pelomedusa subrufa	아프리카헬멧거북
Mauremys mutica	노랑늪거북
Graptemys geographica	북미지도거북
Mauremys caspica	카스피민물거북
Mauremys mutica kami	류쿠노랑늪거북
Mauremys sinensis x Mauremys reevesii	중국줄무늬목거북 x 남생이
Mauremys japonica x Mauremys reevesii	일본돌거북 x 남생이

건강한 거북
선별하는 법

거북을 맞이할 마음가짐도 갖췄고 법률적인 문제까지 확인해 봤다면, 이제 본격적으로 거
북을 입양할 차례다. 나와 오랜 세월 동안 함께할 새로운 식구를 맞이하는 시간으로 거북
을 사육하면서 가장 가슴이 두근거리는 순간이기도 하다. 우리나라는 IT강국답게 반려동
물 분야에서도 인터넷 쇼핑몰이 활성화돼 있기는 하지만, 거북을 입양할 때는 조금 번거롭
더라도 가급적 매장을 방문해 개체의 상태를 꼼꼼하게 살펴보고 분양받는 것이 좋겠다. 여
러 종류의 거북을 직접 눈으로 볼 수 있을 뿐만 아니라, 매장을 방문하는 자체만으로도 거
북 사육에 대해 상당히 많은 부분을 배울 수 있는 좋은 기회가 될 것이기 때문이다.

매장에 가면 보통 여러 마리의 거북이 비좁은 사육장에 합사돼 주인을 기다리고 있을 것이
다. 그럼, 이제 실제로 거북 사육을 시작하면서 하게 되는 여러 가지 선택 가운데 가장 중요
하고도 어려운 선택을 해야 한다. 그 많은 거북들 가운데 집으로 데리고 갈 단 한 마리를 골
라내야 하는 것이다. 거북만은 아니지만, 필자는 현재도 간혹 동물을 입양하는 경우가 있
다. 그때마다 주의에 또 주의를 기울이고 나름 세심하게 살펴본다고는 하지만, 요즘도 가
끔씩 선별 때 이상을 발견하지 못하는 경우가 생기기도 한다.

동물을 사육한 지 꽤 오래됐지만, 실수하는 빈도가 줄어들었을 뿐 선별할 때는 항상 긴장이 된다. 그리고 사육자로서 그런 긴장은 당연히 해야만 한다. '시작이 반'이기 때문이다. 신경 써서 건강상 이상이 없는 튼튼한 개체를 선별하는 것만으로도 앞으로 사육을 하면서 일어날 수 있는 수많은 문제들과 그로 인한 정신적 고통, 시간적·경제적 지출을 상당 부분 줄일 수 있다. 동물을 선별하는 것은 쉬운 일이 아니지만, 거북을 선별할 때 물어보고 살펴봐야 할 내용들을 소개하니 참고해서 후회가 남지 않을 최선의 선택을 하도록 하자.

사육환경에 대한 기본정보 확인

분양받고자 할 때는 가장 한가한 시간에 분양처에 들르는 것이 좋다. 마음에 드는 거북을 보유하고 있는 분양처에 대해 정보를 얻고 매장을 방문하면, 시간을 충분히 두고 거북의 상태를 찬찬히 살펴보면서 분양자와 되도록 많은 이야기를 나눠야 한다. 가끔 숍에서 거북을 입양하는 모습을 지켜보면, 분양자와 이야기를 나누는 시간의 대부분을 가격 흥정을 하는 데 보내는 경우가 많다. 물론 마음에 드는 개체를 저렴한 가격에 입양하는 것도 중요하지만, 현재 내가 비용을 지불하는 대상이 물건이 아니라 살아 있는 생물이라는 사실을 생각하면 그보다 훨씬 많은 시간을 생물 자체에 대한 정보를 얻는 데 할애하는 것이 옳다고 생각한다. 그리고 분양처에서 귀찮아 할 정도로 물어볼 질문들이 엄청나게 많다.

■**정식수입개체 여부 확인** : 앞서 언급했다시피, 야생에서 채집된 보호종이거나 밀수 등 적법한 절차를 거치지 않고 국내에 도입된 개체를 입양해 사육하는 경우에는 나중에라도 여러 가지 문제가 생길 가능성이 다분하다는 점을 명심해야 한다. 입양자 입장에서 해당 개체가 보호종인지 밀수된 동물인지 전혀 몰랐다고 하더라도, 차후 개인 사육이 불가능한 개체로 판명될 경우에는 오랫동안 정을 주고 기른 거북이 압수돼 보호종 관리가 가능한 동물원에 맡겨지거나, 최악의 경우 밀수품으로 압수돼 소각처리되고 막대한 벌금을 지불해야 할 수도 있다. 이와 같이 안타까운 일이 생기지 않도록 하기 위해서는 분양처로부터 합법적으로 수입된 개체임을 확인받고 항상 영수증을 보관해 두는 것이 좋다. [1]

---

1 법적으로는 보호종을 매매할 경우 여러 가지 관련 서류를 작성하고 보관해야 하는 것이 정석이지만, 사실 그렇게까지 하는 경우는 드물다.

수입된 그리스육지거북(Greek tortoise, *Testudo graeca*; 좌)과 붉은다리거북(Red-footed tortoise, *Chelonoidis carbonarius*; 우)

사실 현실적으로는 국내외를 오가는 개인 장사치들이 불법적으로 외국에서 가져와서 국내 반려동물 숍 등에 팔기도 하고, 이런저런 동물과 같이 섞여서 들어오기도 하며, 분양자가 어떤 종인지 확실히 모른 채 분양하기도 하는 등 분양처에서조차 출처를 명확하게 알지 못하는 경우도 더러 있다. 그러나 원칙적으로는 합법적으로 수입서류를 갖춰 통관된 개체들만 국내 유통이 가능하기 때문에, 차후 발생할 수 있는 법률적 문제로부터 자유롭기 위해서는 이러한 사실을 꼼꼼하게 확인하는 것이 매우 중요하다.

■**수입일자 혹은 사육기간 확인** : 입양하고자 하는 개체가 언제 국내에 수입됐는지, 매장에 도착한 이후 며칠이나 지났는지 알아보는 것도 중요하다. 국내에 도착한 직후 이동 중 스트레스로 인한 돌연사 등이 발생할 수도 있기 때문에 수입된 지 며칠 안 된 개체를 바로 입양해 가는 것은 그다지 현명한 선택이라고 할 수 없다. 또 이와는 반대로 다른 개체들이 다 분양될 때까지 너무 오래 매장에 남아 있는 개체 역시 먼저 선택되지 못한 이유가 있을 테니 선별 시에 한 번 더 살펴보는 것이 좋겠다. 선천적 기형 혹은 다리나 꼬리의 일부가 잘렸다거나, 외형은 멀쩡해도 건강상태가 그다지 좋지 않을 수도 있기 때문이다.

갑작스러운 행동으로 인한 추락을 방지하기 위해 거북을 핸들링할 때는 항상 두 손을 사용하도록 하자.

사람의 눈이란 것이 그다지 다를 게 없어서 아무래도 같이 수입된 개체들 가운데 가장 예쁘고 상태가 좋은 거북부터 주인을 찾아가게 마련이다. 국내에 두 번 다시 수입되지 않을 것 같다는 생각이 드는 개체라면 모르겠지만, 남아 있는 개체들 가운데 마음에 드는 개체가 없다면 다음에 다시 수입될 때를 느긋하게 기다리는 것도 나쁘지 않다.

■**CB, WC 여부 확인** : 거북에 대한 사육정보와 관련 지식을 얻기 위해 동호회 활동을 하다 보면, 'CB개체' 혹은 'WC개체'라는 용어를 심심치 않게 접하게 되고 또 스스로도 사용하게 될 것이다. 이 용어는 해당 동물의 출처를 나타내는 것인데, 'CB'는 영어 'captive breed 혹은 captive born'의 약자로 '인공적으로 번식된 개체(인공번식개체)'를 의미하는 말이고, 'WC'는 반대로 'wild caught', 즉 '야생에서 채집된 개체(야생채집개체)'를 의미하는 말이다.
같은 크기의 동일한 종이라 할지라도 분양가에서부터 사육난이도에 이르기까지 이 둘의 차이는 실로 엄청나다고 할 수 있기 때문에 거북을 입양할 때 반드시 확인해야 할 사항 중 하나다. 결론부터 말하자면, 거북을 고를 때 WC개체보다는 CB개체를 선택하는 것이 좋다. WC개체는 말 그대로 원서식지에서 자유롭게 살던 개체를 판매하기 위한 목적으로 채집한 것이기 때문에 야생에서 살아가면서 발생할 수 있는 기생충감염과 각종 질병, 상처, 꼬리 및 다리의 부절 등 반려동물로서의 결격사유가 되는 여러 가지 문제를 가지고 있는 경우가 많다. 개체의 성격도 CB개체에 비해 좀 더 예민하고 사나우며, 사육하에서 인공사료에 먹이붙임을 하기가 용이하지 않은 등 실제로 사육을 하게 될 경우 여러 가지 면에서 적응에 실패할 가능성이 있기 때문에 당연히 사육난이도가 CB개체보다 높을 수밖에 없다.

따라서 동일한 크기라면 CB개체의 상태가 상대적으로 더 양호하며, 당연히 가격도 훨씬 더 비싸다. 그러나 그만큼 상태가 좋고 사육이 용이하기 때문에 비용에 대한 부담이 조금 있더라도 가급적이면 WC개체보다는 CB개체를 선택하는 것이 좋다. 특히 거북을 처음 기르는 초보사육자라면, 가격이 저렴하고 크기가 크다고 WC개체에 현혹되는 일이 없기를 바란다. 하지만 국내에 도입되는 거북을 보면, 동일한 종에 있어서 CB개체와 WC개체가 함께 수입되는 경우는 극히 드물기 때문에 사실 선택의 폭은 좁다고 할 수 있겠다.

그럼에도 불구하고 이 사실을 반드시 확인해야 하는 이유는, 혹시 수입된 개체 전체가 WC개체라 하더라도 사전에 미리 그 점을 알고 있다면 이를 감안해 사육환경을 조절하고 사양관리를 하게 될 것이며, 그렇게 함으로써 아무런 사전정보가 없는 상태에서 사육할 때보다 폐사를 조금은 줄일 수 있기 때문이다. 예를 들어, 용골등상자거북(Keeled box turtle, *Cuora mouhotii*)처럼 종에 따라 WC개체라 하더라도 구충만 해서 사육한다면 별다른 건강상의 문제없이 오래오래 잘 기를 수 있는 경우도 있다. 그러나 WC라는 사실을 모르고 사육하게 되면 구충에 대한 필요성도 못 느낄 것이고, 어느 날 돌연사해 버리는 경우가 생길 수 있다. 따라서 이와 같은 황당한 일을 겪지 않기 위해서라도 CB, WC 여부를 꼭 확인하자.

동물 표기법(약 부호)

- **CF**(captive farmed) : 야생채집개체를 일정 기간 농장이나 사육장에서 관리해 성장시킨 개체. **CR**(captive raised)이라고 불리기도 한다.
- **FH or CH**(farm hatched 또는 captive hatched) : 자연에서 산란한 알을 부화시킨 개체 혹은 임신한 암컷 개체를 채집해 번식장 내에서 그 암컷이 산란한 알을 부화시킨 개체(어미는 야생이지만 알을 인공적으로 부화시킨 개체)
- **FB**(farm breed), **CR**(captive raised), **FR**(farm raised) : 완전한 자연상태나 실내가 아니라 농장 내의 자연상태와 유사한 넓은 야외공간에서 스스로 번식된 개체, 양식종. 이구아나(Iguana, *Iguana spp.*), 붉은귀거북(Red-eared slider, *Trachemys scripta elegans*)과 같은 경우로 완전하게 인공사육한 CB개체라고 할 수는 없다.

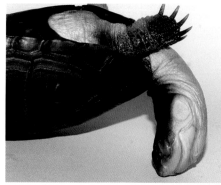

뒤집어진 거북이 자세를 바로잡으려 애쓰는 모습

■**개체의 성격 및 독특한 행동 패턴 확인** : 거북은 규격화된 공산품이 아니기 때문에 같은 종, 같은 크기라 할지라도 성격이 제각각 다르다. 조그만 녀석들이 다르면 얼마나 다를까 싶겠지만, 관심을 가지고 관찰하면 개체만의 독특한 특징이 하나둘씩 눈에 보이게 된다. 필자가 기르는 거북 가운데 어떤 물거북은 물에서 꺼내면 왼쪽 뒷다리만 계속 바둥거리는 행동을 보이기도 하고, 특정 먹이에 집착하거나 먹이를 주면 꼭 같은 장소로 물고 가서 먹는 개체도 있다. 이처럼 다른 거북과는 다른 내 거북만의 독특한 특징을 조금씩 알아가게 되는 것도 거북을 사육하면서 느낄 수 있는 소소한 즐거움 가운데 하나라고 할 수 있겠다.

입양하고 싶은 개체가 활동적인지 소심한지, 물을 좋아하는지 은신처에 숨기를 좋아하는지, 어떤 먹이를 선호하는지 확인하자. 해당 개체가 지닌 고유의 정보들은 차후 사육장을 세팅하거나 사양 관리를 하는 데 참고가 된다. 한 사육장에 여러 마리가 함께 있는 매장에서는 사주가 각 개체의 중요한 성격을 파악하기는 힘들지만, 매장에서 보유하고 있는 종의 숫자가 그다지 많지 않고 보유하고 있는 거북에 대해 관심을 가지고 있는 사주라면 개체 하나하나의 성격까지 파악하고 있는 경우가 있으므로 물어서 확인해 보는 것이 좋다.

■**분양처에서의 사양 관리 내용 확인** : 매장에서 주로 급여한 사료의 종류와 해당 개체가 특히 좋아하는 먹이, 매장에 있는 동안의 구충 내역 및 건강 관리 내역 등에 대한 이야기를 자세하게 나눠봐야 한다. 새로운 환경으로 옮겨서 생소한 먹이를 급여했을 경우 활동성이 둔화되거나 먹이를 거부하는 등의 증상이 나타나는 개체도 있기 때문이다. 이전에 어떤 먹이를

먹었고 급여했던 먹이 가운데 어떤 것을 선호하는지, 온욕은 일주일에 몇 번이나 시켰는지 등을 알면 새로운 사육장에 좀 더 빨리 적응시킬 수 있다. 특히 먹이가 같은 경우는 분양처에서 급여하던 것을 조금 얻어오거나 동일한 먹이를 구입하는 방법도 괜찮다.

이상 언급한 내용 외에도 거북 자체에 대한 이야기를 많이 나누는 것이 좋다. 사육경험이라든지, 관리 노하우 등 분양자의 여건만 허락한다면 다양한 이야기를 나누며 최대한 많은 정보를 얻어내도록 하자. 매장에서 거북을 입양하는 경우 나중에 먹이나 다른 소모품을 구입하기 위해 다시 들르게 되는 일이 생긴다. 따라서 이야기를 나누며 친분을 쌓아둔다면 차후에도 거북 사육 전반에 걸쳐 많은 도움을 받을 수 있을 것이다.

크기 및 행동 확인

분양자와 기본적인 내용에 대해 이야기를 충분히 나눴다면, 이제 실제로 거북을 살펴보면서 여러 가지 조건을 확인해 봐야 한다. 일단 눈으로 거북의 크기나 행동을 확인한 다음, 직접 들어 올려 건강상태를 파악하고, 최종적으로 반응상태를 확인하도록 한다.

■**크기가 지나치게 작지는 않은지 확인** : 물거북은 한 번에 수입될 때 수천 마리씩 들어오고 그 크기도 비슷하기 때문에 무리 가운데 좀 큰 개체를 선택하면 되지만, 적은 수가 들어오는 종류의 거북은 크기가 제각각인 경우가 있다. 이럴 때 보통은 덩치가 큰 개체보다 작은 개체가 아무래도 훨씬 귀여워서 눈에 들어오게 되는데, 유혹을 꾹 참고 가급적 큰 개체를 선택하길 바란다. 무리 중에 특별히 작은 개체들은 일단 제외하고 선별을 시작하는 것이 좋다. 크기가 작은 개체는 귀엽기는 하지만 당연히 큰 개체보다 면역력이 떨어지기 때문에 세심한 관리가 필요하고, 그럼에도 불구하고 돌연사할 가능성이 크기 때문이다.
다른 개체보다 크기가 작은 개체라 하더라도, 큰 개체들의 상태가 안 좋은 경우 혹은 스탠더드에 부합되고 정말 놓치기 아까운 개체일 경우 필자도 모험을 하기도 하는데, 그럴 경우 아무래도 큰 개체들보다 마음이 놓일 정도로 성장할 때까지 훨씬 신경이 많이 쓰이게 된다. 어느 정도 사육경험이 있다면 마음에 쏙 드는 개체를 입양하기 위해 모험을 해봐도 좋지만, 그렇지 않다면 일단 크기가 큰 개체를 선택하는 것이 안전한 방법이다.

외형과 행동, 반응을 꼼꼼하게 잘 살펴본 후 선택해야 건강한 거북을 입양할 수 있다.

■무리 중 활발한 개체인지 확인 : 질병이 있거나 상태가 좋지 않은 개체의 경우 제일 먼저 나타나는 증상이 활동성 둔화로, 움직이지 않고 먹지도 않는다. 이와 반대로 사육장 안을 활발하게 돌아다니고 있다는 것은 건강에 별다른 문제가 없는 상태라고 볼 수 있다. 어느 동물이건 간에 무리 가운데 활동성이 가장 뛰어난 개체를 선별하는 것이 반려동물 선별의 기본이다. 따라서 제일 부산스럽게 사육장 안을 휘젓고 다니는 거북을 선택하도록 하자.

하지만 이렇게 활동성을 기준으로 개체를 선별할 때 한 가지 주의해야 할 점은, 활발한 움직임이 질병의 증상이 아니어야 한다는 것이다. 일부 질병의 경우 일시적으로 활동성이 증대되는 현상이 나타나기도 하기 때문이다. 따라서 활발한 개체를 고르되, 같은 행동을 반복하는 등의 이상 증상은 활발함과 확실히 구별할 수 있어야 한다. 당연히 지나치게 움직임이 없거나, 사지와 목을 힘없이 늘어뜨리고 있는 개체는 일단 후보선상에서 제외하는 것이 나중에 있을지도 모르는 후회를 줄이는 길이라고 하겠다.

■걸음걸이나 헤엄치는 모습은 정상인지 확인 : 육지거북이라면 걷는 모습을 확인하고, 수생거

북이라면 헤엄치는 모습을 살펴보는 것이 좋다. 다리를 절거나 걷기 힘들어하는 경우, 한쪽 다리로만 헤엄치거나 헤엄칠 때 목을 갑 밖으로 내놓지 않는 경우, 또는 같은 자리를 돌거나 하는 등의 증상이 나타나면 신경계나 관절 혹은 골격에 이상이 있다는 의미이므로 선별에서 제외해야 한다. 특히 이러한 증상을 보이는 개체의 경우 치료가 거의 불가능하기 때문에 외관상 보이는 증상을 가볍게 생각하고 입양하는 일이 있어서는 안 된다.

또한, 수생거북의 경우에는 헤엄칠 때 잠수를 잘해야 하고, 물결에 따라 힘없이 둥둥 떠다니는 모습이 보여서는 안 된다. 부화한 지 얼마 되지 않은 어린 수생거북이라면 부력을 이용하는 방법을 터득하지 못해 수면 가까이서 지내는 경우도 있지만, 어느 정도 자란 개체가 잠수를 못한다면 어딘가에 문제가 있는 것이다. 자신의 서식공간 내에서 이상 없이 움직이는 개체가 기본적으로 건강한 개체라는 점을 기억하도록 하자.

■물거북의 경우 물에 잘 들어가는지 확인 : 반수생거북의 경우 몸 상태가 좋지 못하면 육지에 올라와 있는 시간이 많고, 물에 잘 들어가려고 하지 않는 행동을 보인다. 강제로 물에 넣어도 다시 육지로 올라와 기력 없이 늘어져 있는 모습을 관찰할 수 있다. 일광욕을 하기 위해 스스로 물 위로 올라오는 경우가 아니라면, 물 밖으로 나와 물속으로 들어가는 것을 꺼리는 행동은 건강상 이상이 있음을 나타내는 증상이라고 할 수 있다.

■앞발로 눈을 비비는 행동을 하는지 확인 : 앞발로 눈을 비비는 것은 눈병의 초기에 나타나는 증상이다. 건강한 거북은 눈에 앞발을 가져다 대는 경우가 거의 없다. 이런 행동을 보이는 거북의 눈을 자세히 살펴보면, 눈동자가 또렷하지 못하고 하얀 막이 끼어 있거나 눈이 부어 있는 경우가 많다. 치료가 가능하기는 하지만, 증상이 진행됐다면 이미 몸이 쇠약해져 있는 경우가 많으므로 처음부터 증상이 나타나지 않은 개체를 선별해야 한다. 분양처의 현재 사육장 상태가 눈병이 생길 만큼 좋지 못한 환경이라는 것을 의미하기 때문에, 같은 사육장에 합사된 개체 중에서 건강한 개체를 선별해 갔다 하더라도 사육환경을 청결하게 유지하고 항생제연고를 준비하는 등 감염에 대한 예방조치를 취하는 것이 좋다.

■콧물을 흘리거나 호흡음이 거친지 확인 : 콧물을 흘리거나 호흡음이 거친 것은 호흡기질환의

증상이다. 반수생거북의 경우는 보기 드물고, 육지거북의 경우에는 간혹 볼 수 있다. 코에 콧물이 맺혀 있거나 분비물로 콧구멍이 막혀 있는 경우도 있고, 호흡할 때 거친 호흡음을 낸다. 호흡기질환 역시 전염성 질병이기 때문에 증상이 보이는 개체와 같은 사육장에 있던 개체를 입양하는 경우 당분간 격리해서 관리할 필요가 있다. 신체특성상 거북은 호흡기질환에 매우 취약하기 때문에 일단 호흡기질환에 걸린 개체를 치료하는 데는 상당한 시간과 노력이 필요하다. 따라서 질병의 증상이 없는 건강한 개체를 입양하는 것이 좋다.

외형 확인

앞서 언급한 조건에 맞는 개체를 여러 마리 선별한 다음, 아래 조건에 맞춰 다시 꼼꼼하게 2차 확인에 들어가도록 한다. 크기나 행동을 살펴서 적당한 개체가 몇 마리 선택되면, 한 마리씩 들어 올려 좀 더 자세히 살펴보도록 하자. 다시 한번 강조하지만, 거북을 선택할 때 움직임이나 무늬만을 보고 선별을 끝내서는 안 된다. 거북의 건강상태를 나타내는 중요한 지표인 체중과 복갑의 상태, 갑의 단단한 정도와 같은 요소들은 직접 손으로 들어보지 않고서는 절대 알 수 없다. 선택한 개체들이 전부 비슷한 크기라고 한다면, 손으로 들어 올렸을 때 무거운 개체일수록 건강한 상태라고 판단할 수 있다.

■갑 확인 : 우선 갑이 단단한지 확인해야 한다. 자라 종류나 팬케이크육지거북(Pancake tortoise, *Malacochersus tornieri*)처럼 종 자체가 부드러운 갑을 가진 거북이거나 부화한 지 얼마 안 된 어린 거북을 제외한다면, 거북의 갑은 살짝 눌러봤을 때 단단할수록 좋다. 어느 정도 자란 개체인데도 갑이 말랑말랑하다면 칼슘부족으로 인한 갑연화증을 의심해 볼 수 있다.

어느 방향에서 보든 좌우가 대칭돼야 한다 거북을 안전하게 들어 올린 다음 위와 아래, 앞과 뒤에서 체형을 살펴본다. 거북의 몸 정중앙을 세로로 지나는 가상선을 세우고 좌우가 완전하게 대칭이 되는지를 확인해야 한다. 일반적으로는 거의 대부분 대칭을 이루고 있지만, 선천적인 기형이나 사육 중 불균형적인 영양공급에 따른 성장이상으로 좌우가 비대칭인 개체가 생기기도 하기 때문에 이와 같은 확인은 반드시 필요하다. 거북의 선별에 있어서 좌우대칭을 중요하게 생각하는 이유는 단순히 미적인 관점 때문만은 아니다.

물론 외형적인 아름다움도 중요하지만, 비대칭적인 체형은 눈으로는 보이지 않는 유전적 결함이 있거나 성장과정에서 어떠한 문제가 있었음을 의미하는 것이기 때문이다. 따라서 가급적이면 좌우가 완벽하게 대칭되는 개체를 선택하는 것이 좋다. 그뿐만 아니라 동물은 본능적으로 좌우대칭이 잘 맞는 배우자를 선호하는 경향이 있기 때문에 번식까지 고려하고 있다면 이 부분을 좀 더 신경 써서 살펴봐야 한다.

거북을 선별할 때는 갑을 살짝 눌러 단단한지 여부를 반드시 확인하도록 한다.

일본의 대형 반려동물 숍의 경우에는 수입국 현지에 직원을 파견해 개체를 선별한 다음 일본으로 보내기도 한다. 반면 우리나라는 거의 현지 거래처에서 보내주는 대로 동물을 받기 때문에, 일부 비양심적인 거래처는 반려동물로서의 가치가 없는 기형의 생물을 보내는 경우도 있다. 따라서 입양하는 사람 스스로가 건강한 동물을 선별하는 눈을 기르고 꼼꼼하게 살펴보는 것이 중요하다고 하겠다.

심각한 정도로 지나친 피라미딩이 있어서는 안 된다 피라미딩(pyramiding)[2]이란 배갑기형의 한 증상으로서 배갑이 마치 피라미드처럼 비정상적으로 융기한 형태를 의미한다. 부화한 지 얼마 지나지 않은 유체에서는 나타나지 않기 때문에 어느 정도 성장한 개체를 선별할 때 살펴볼 사항이기는 하지만, 피라미딩의 유무나 융기의 정도를 유의해서 살펴봐야 한다.
별거북(Star tortoise, *Geochelone spp.*)이나 방사거북(Radiated tortoise or Madagascar radiated tortoise, *Astrochelys radiata*)처럼 어느 정도의 피라미딩이 허용되는 종도 있지만, 이 경우라도 외관상 보기에 심각할 정도로 증상이 극심한 개체를 선택하는 것은 바람직하지 않다. 특히 피라미딩이 허용되지 않는 종임에도 불구하고 증상이 나타난 개체라면, 더욱더 선택해서는 안 된다. 피라미딩의 주원인은 부적절한 사육환경과 영양불균형이며, 그중에서도 특히 영양불균형은 거북에게 나타나는 다른 많은 질병의 주요한 원인이 되기 때문이다.

---

2   육지거북의 배갑이 피라미드처럼 위로 솟아오르는 현상을 말한다. 별거북이나 거미거북 등 일부 종에서는 유전적으로 나타나기도 하지만, 일반적인 경우 부적절한 사육장 습도나 불균형적인 영양공급이 주원인으로 작용해 발생한다.

피라미딩 증상이 초기인 경우라면 지속적인 영양 관리로 어느 정도 완화시킬 수도 있지만, 장기적으로 세심하게 영양 관리를 한다는 것이 말처럼 쉬운 일은 아니기 때문에 역시 처음부터 증상이 나타나지 않은 개체를 선별해 입양하는 것이 좋겠다.

갑에 균열이나 외상, 부서짐이 없어야 한다 WC개체일 경우에는 야생에서 서식하면서 발생할 수 있는 여러 가지 사고로 갑에 외상을 가진 개체가 섞여 있는 사례가 있으므로 특히 더 세심하게 선별해야 한다. CB개체일 경우에는 외상이 그다지 흔하지는 않지만, 관리자의 부주의한 취급이나 사고로 갑에 균열이 생기는 사례가 간혹 있으므로 역시 주의해서 살펴봐야 한다. 상처나 균열은 감염되기 쉽고, 나중에 생존과 관계있는 큰 문제가 될 수도 있다.
건강한 거북의 갑은 상당히 튼튼한 편이기 때문에 균열이 발생한 개체는 보기가 쉽지 않은데, 지금까지 국내에 들어온 거북들 가운데서는 육지거북 성체급과 돼지코거북 정도에서 갑 손상을 관찰했던 적이 있다. 육지거북 성체의 경우는 농장이긴 하지만 외국에서 거의 자연상태 그대로 사육되므로 상처가 생길 여지가 많기 때문인 것으로 생각된다.
국내에서 길러지고 있던 종 가운데서는 다른 거북에 비해 유독 돼지코거북에서 균열이 생긴 경우를 자주 접한 편이다. 이는 돼지코거북이 완전수생종으로서 갑에 이끼가 끼기 쉽고 미끄러운 데다가, 물 밖으로 끄집어냈을 때 몸부림을 치는 경향이 있어서 적절하게 핸들링을 하지 못할 경우 바닥에 떨어뜨리는 일이 자주 발생하기 때문이다. 완전수생종의 경우 대부분 물 밖으로 꺼냈을 때 극심한 거부반응을 보이기 때문에 수조 내에서 안전하게 파지한 후, 놓치지 않겠다 싶을 때 물 밖으로 꺼내야 추락으로 인한 외상을 방지할 수 있다.
생명에 지장이 없을 정도의 균열이나 외상은 치료가 가능하지만, 상처가 심각하고 깊은 경우 응급처치만으로는 이차적인 감염을 완벽하게 차단하기 어렵다. 따라서 갑에 심각한 수준의 균열이 생긴 개체는 선별 시 우선적으로 제외하는 것이 바람직하다.

윤기가 있고 탈색이 없어야 한다 모든 동물은 서식지에서 스스로를 보호하기 위한 가장 기본적인 수단으로 보호색을 가지고 있으며, 이는 거북도 예외가 아니다. 다른 동물들과 마찬가지로 거북도 종마다 고유의 체색을 지니고 있으며, 무늬가 있는 종은 다른 종과 구별되면서 개체마다 차이가 나타나는 나름의 독특한 무늬를 가지고 있는 것을 볼 수 있다.

복갑이 감염된 거북의 모습

부리가 손상된 거북의 모습

거북이 가지고 있는 이러한 고유의 체색과 무늬는 거북의 원서식지에서 효과적인 보호색으로 작용한다. 따라서 갑의 상태가 건강하고 종 고유의 무늬를 유지하고 있는 개체를 선별하는 것이 좋겠다. 거북을 입양해 사육을 하다 보면, 사육자에 따라서는 종 혹은 그 개체만의 독특한 무늬에 매료됨으로써 사육에 더욱더 애정을 쏟는 경우도 있기 때문에 처음 선별할 때부터 건강하고 아름다운 무늬를 가진 개체를 선택하는 것이 바람직하다.

이와는 반대로, 일부 마니아의 경우는 알비노(albino, 백색변이) 혹은 흑화 등의 색채변이개체나 갑 무늬에 있어서의 변이개체를 선호해 이러한 변이종의 수집과 사육에 관심을 기울이는 사람도 있다. 그러나 아쉽게도 우리나라에 들어와 있는 변이개체는 그 숫자가 극히 적기 때문에 가격도 상당히 비싸며 구하기도 힘들다. 무엇보다 이러한 변이개체는 평범한 개체보다 사육난이도가 높다. 생각해 보면 간단한 이치다. 만약 알비노 개체가 자연환경에서 생존하기에 적합했다면, 자연계의 대부분을 알비노 개체가 차지하고 있을 것이다.

변이개체는 자연상태에서는 도태되기 쉽고, 말 그대로 '일반적'이지 않은 개체들이기 때문에 보통의 개체들에서 나타나기 힘든 증상들이 나타날 수 있으며, 그만큼 사육 시에 신경써야 할 것들이 많다. 희귀동물에 관심을 가지다 보면 변이개체에도 자연스럽게 눈길이 가게 되지만, 이런 개체의 사육은 어느 정도 사육기술이 축적된 후에 시도하는 것이 좋다.

■눈 확인 : 사정상 거북을 살펴볼 시간이 충분하지 않은 경우, 건강상태를 최단시간에 파악

체구가 작은 거북은 더욱 세심하게 선별해야 한다.

하기 위해서는 눈을 확인하면 된다. 눈은 다른 어떤 기관보다도 현재의 건강상태를 잘 나타내 주는 기관이기 때문이다. 평소 자신이 기르는 거북에게 애정을 가지기 위해서도 그렇지만, 건강상태를 파악하기 위해 거북의 눈을 자주 들여다보는 습관을 가지도록 하자.
건강한 거북의 눈은 눈동자가 맑고, 분비물 없이 깨끗하다. 눈이 부어 있거나 뜨지 못하고 있다면, 기생충감염이나 영양결핍과 같은 건강상의 문제가 발생한 개체라고 할 수 있다. 눈에 하얀색 막이 보이거나 눈을 깜빡이기 힘들어하는 경우 눈병의 초기증상일 수 있고, 눈이 움푹 들어가 있으면 탈수나 영양실조를 의심해 볼 수 있다.

■코 확인 : 거북이 호흡기질환을 앓고 있다면 코 부분에서 그 증상을 확인할 수 있다. 분비물로 콧구멍이 막혀 있는 경우도 있고, 완전히 막히지는 않더라도 점액이나 콧물이 발견되기도 한다. 같은 사육장에 있는 개체 가운데 한 마리라도 증상을 보이고 있다면, 아직 증상이 나타나진 않았더라도 합사 중인 개체 전체에게 감염됐을 수도 있다. 따라서 육안으로 건강해 보이는 개체를 선별했다 하더라도, 기존에 집에서 기르고 있던 개체와 바로 합사하

지 말고 별도의 공간에서 축양하면서 한동안 상태를 좀 더 세심하게 확인해야 한다. 거북은 횡격막(橫膈膜)이 없기 때문에 다른 어떤 질병보다도 호흡기질환에 매우 취약한 편이고, 치료하기도 어렵다. 더구나 사육경험이 적은 사육자의 경우 상태를 호전시키지 못하고 폐사시키는 사례도 많으므로 증상이 보이는 개체는 입양하지 않는 것이 좋다.

■**입 확인** : 가끔씩 청계천의 반려동물거리 같은 곳에 가서 사람들이 반수생거북을 고르는 모습을 지켜보면 공통점이 하나 발견된다. 거북을 입양하고자 하는 많은 사람들이 단순히 위쪽에서 배갑의 무늬나 상태만 보고 개체를 선택하려 한다는 것이다. 거북을 선별할 때는 반드시 들어 올려 뒤집어서 입과 복갑 등 거북의 아래쪽 부분까지 확인해야 한다.

사실 입 주위에 이상이 있는 개체는 아주 드물기 때문에 사육경험이 많은 사육자도 새로운 개체를 선택할 때 이 부분을 간과하는 경우가 있다. 그러나 입은 먹이섭취라는, 생존과 직결된 중요한 일을 하는 기관이므로 선별할 때 정상 여부를 반드시 확인해야 한다. 위아래 턱이 부정교합 없이 정확하게 맞물려 있는지, 부리가 깨지거나 손상된 곳이 없는지 등의 외형적인 상태뿐만 아니라, 입을 벌려 호흡하고 있지는 않은지 등 호흡기질환 증상의 유무나 구강 내의 종양으로 혀가 부어 있지 않은지 등을 함께 확인하도록 하자.

■**귀 확인** : 입에 이어 귀 부분의 상태도 확인하도록 한다. 거북의 고막은 개구리나 도마뱀처럼 밖으로 노출돼 있는데, 고막에 상처가 없이 잘 닫혀 있는지 확인해야 한다. 사실 고막 부분이 찢겨 있거나 훼손된 개체는 보기 드물지만, 귀 부분이 부어올라 있는 개체가 일부 나타날 수 있으므로 특히 잘 확인해야 한다. 귀 한쪽이나 양쪽이 부어올라 있는 것처럼 보이는 경우는 사육장환경이 청결하지 못할 때 발생하는 중이염의 증상으로, 간혹 귀 안쪽에 고름이 차오르는 것을 볼 수 있다. 외과적 처치로 치료가 가능하지만, 심한 경우에는 폐사에 이르기도 하므로 증상이 있는 개체는 입양을 피하는 것이 좋겠다.

■**목, 피부 확인** : 우선 피부가 주름져 있거나 탄력이 없지는 않은지 확인한다. 너무 마른 상태거나, 피부를 살짝 꼬집어봤을 때 회복되는 속도가 느린 경우 탈수나 영양실조를 의심해 볼 수 있다. 단단한 갑에 비해 부드러운 피부는 외상이 생기기 쉽다. 농포나 상처, 외상 후

감염, 피부병(반점이나 변색 및 탈색된 부분) 등이 없어야 피부상태가 건강하다고 판단할 수 있다. 그 밖에 손으로 만져지는 종양이나 눈으로 확인되는 내부기생충 증상이 있는지도 살펴보도록 한다. 이와 같은 증상은 역시 합사 중인 물거북의 경우에 많이 나타나기 때문에 육지거북보다는 수생거북을 선별할 때 좀 더 자세히 관찰해야 한다.

■사지와 꼬리 확인 : 거북의 사지와 꼬리는 이상 없이 완전해야 한다. 선천적 기형이나 골절, 마비증상, 합사로 인해 부절된 곳 등은 없는지 확인하도록 한다. 반수생거북의 경우 대개 한 장소에서 대량으로 사육되다가 분양이 이뤄지는데, 육지거북에 비해 식탐이 강하고 성격도 활발하다 보니 합사 시에 동료의 다리나 꼬리를 물어뜯는 일이 자주 발생하는 편이다. 특히 늑대거북(Common snapping turtle, *Chelydra serpentina*)이나 악어거북(Alligator snapping turtle, *Macrochelys temminckii*)과 같이 무는 힘이 좋은 스내퍼(snapper)의 경우 꼬리에 골절이나 부절이 발생한 개체가 많기 때문에 사지와 꼬리가 온전한지 반드시 확인해야 한다.

이와 더불어 발가락과 발톱이 정상적으로 모두 있는지도 확인해야 한다. 거북의 발톱은 부러지거나 닳으면 재생이 되지만, 빠져버리면 보통 다시 자라 나오지 않는다. 성장기의 어린 반수생거북의 경우 재생되는 사례가 없는 것은 아니지만, 특히 어느 정도 성장한 개체의 경우라면 발톱이 있던 자리에 굳은살만 박이게 된다. 이러한 부절은 외관상 보기에도 좋지 않지만, 완전히 치료되지 않았을 경우 2차 감염이 발생할 수도 있기 때문에 가급적이면 부절이 없는 완전한 개체를 선택하는 것이 바람직하다고 하겠다.

■총배설강 확인 : 거북은 소화, 배설 및 생식까지 모두 총배설강(總排泄腔, cloaca; 배설기관과 생식기관을 겸하고 있는 구멍을 이름)이라고 불리는 하나의 구멍에서 해결한다. 총배설강을 관찰함으로써 소화와 배설 관련 질병의 증상을 알 수 있기 때문에 역시 관심 있게 살펴야 한다. 총배설강은 상태가 깨끗하고 잘 닫혀 있어야 하며, 설사나 분비물이 묻어 있지 않아야 한다.

수생거북의 경우 수용성 물질을 배설하기 때문에 배설물의 상태를 확인하기는 어렵지만, 육지거북의 경우는 배설물이 건조하므로 쉽게 확인할 수 있다. 보통은 건조한 덩어리로 배설되므로 상태와 냄새가 정상적인지 살펴보는 것이 좋다. 소화기계통의 질병이 있을 경우 변이 묽거나 냄새가 심하게 나고, 간혹 변에서 기생충이 발견되기도 한다.

지면을 향해 수직으로 들었을 때 적극적으로 방어행동이나 회피행동을 보이는 것이 정상적인 반응이다.

마지막으로, 총배설강의 안쪽이 튀어나왔거나 몸 밖으로 돌출된 탈장, 혹은 탈항(脫肛; 곧창자 점막 또는 곧창자 벽이 항문으로 빠지는 증상) 증상이 있는지도 확인하도록 한다.

반응상태 확인

움직임, 냄새, 소리, 진동, 접촉 등의 자극요인에 정상적으로 반응하고, 그 속도가 빠를수록 건강한 개체라고 볼 수 있다. 먹잇감 등의 긍정적인 자극에는 호기심을 보이고, 위협이나 위험 등의 부정적인 자극에는 신속하게 방어행동이나 공격행동을 나타내는 것이 정상적인 반응이다. 여러 가지 가벼운 자극을 줌으로써 거북의 반응상태를 확인할 수 있다.

거북을 선별할 때 머리나 다리를 건드리는 자극에 대한 반응속도가 신속한지를 확인하는데, 머리와 다리를 갑 안으로 숨기는 속도가 빠르면 빠를수록 건강한 상태라고 판단할 수 있다. 거북을 집어 들고 앞발이나 뒷발을 살짝 눌렀을 때 힘 있게 밀어내는지, 다리를 잡아당겼을 때 벗어나려는 거부반응을 강하게 보이는지, 몸을 뒤집어 놨을 때 능동적으로 자세를 바로잡으려고 하는지, 거북을 수직으로 세워서 들었을 경우 거부반응을 보이는지, 먹이반응이 좋은지 등을 꼼꼼하게 확인하도록 한다.

질병 및 내·외부기생충 확인

이렇게 외형과 반응상태를 확인하고 나면, 마지막으로 기생충이나 질병상태를 확인한다.

외부기생충 틱(tick)에 감염된 거북의 모습

먼저 육안으로 식별 가능한 내·외부기생충이 없는지 꼼꼼하게 확인해야 한다. 보통 반려파충류를 괴롭히는 외부기생충은 대표적으로 틱(Tick, Ixodida)과 마이트(Mite, Arthropods) 두 가지 종류를 들 수 있다. 필자는 거북 외에 다른 파충류도 몇 마리 기르고 있는데, 이들에게서 외부기생충을 구제하는 것은 정말 힘들고도 귀찮은 일이다. 그러나 오랫동안 거북, 특히 수생거북을 접하면서 외부기생충에 감염된 증상이 나타난 개체는 거의 보지 못했던 것 같다. 마이트나 틱도 호흡을 해야 하므로 물에서 생활하는 거북에게는 쉽게 발생하지 않기 때문일 것이다.

육상생활을 하는 종이라 하더라도 마찬가지다. 보통 외부기생충은 비늘이나 피부가 겹친 부위에 주로 자리를 잡는데, 거북의 몸은 대부분 딱딱한 갑이 차지하고 있기 때문에 주름진 부분이 적어 기생충이 안정적으로 자리를 잡기 힘들다. 그나마 기생이 가능한 피부 쪽의 기생충도 일광욕 등을 통해 거북 스스로 구제할 수 있기 때문에 관찰이 쉽지 않은 듯하다. 오래전 야생종 습지거북이 국내에 수입됐을 때 틱을 목격한 이후로는 현재까지 발생사례를 접한 적이 없다(당시에도 눈 뒤쪽과 겨드랑이 피부가 접히는 곳에서 발견된 것으로 기억한다).

기생충은 완전수생거북이나 육지거북보다는 물에 잘 들어가지 않고 습한 육지환경에 서식하는 종에서 주로 나타나는 것으로 보인다. 따라서 이와 같은 습지형 야생거북을 입양할 때는 기생충감염 상태를 잘 확인해야 한다. 외부기생충은 일차적으로 거북의 피를 빨아먹어 피해를 주고, 부차적으로 청결하지 못한 사육환경에서 피를 뺀 상처 자리가 감염되는 경우도 있다. 특히 입양하고자 하는 개체가 야생채집개체라면 기생충감염 여부를 더욱 세심하게 관찰해야 하고, 입양 후에도 구충을 실시한 뒤 사육하는 것이 바람직하다.

외부기생충과는 달리 내부기생충은 감염증상을 육안으로 파악하기가 상당히 힘들다. 종양 등으로 피부가 돌출된 경우처럼 육안으로 파악이 가능하다면 이미 증상이 심각하게 진행된 상태이므로 입양하지 않는 것이 좋다. 간혹 거북 배설물에서 미세하게 움직이는 내부기생충을 관찰할 수도 있는데, 이런 경우 입양하고자 하는 거북의 상태가 양호하다면 구충해서 사육할 수도 있다. 그러나 거북의 상태가 육안으로 확인해도 나쁘다면 입양하지 않는 것이 좋다. 또한, 한 마리에서만 증상이 나타났다 하더라도 같은 사육장에 합사돼 있는 모든 개체가 감염됐을 가능성이 있으므로 입양 후에는 구충을 실시하는 것이 안전하다.

사육개체 확정, 입양

이상과 같은 선별법을 따라 세심하게 선택하면 폐사 가능성이 낮은 건강한 거북을 입양할 수 있을 것이다. 앞서 언급한 거북의 선별법은 각각의 종의 '스탠더드(standard)'에 가장 근접한 종을 선별함과 동시에 건강상태 역시 최상인 개체를 선별하기 위한 방법이다. 또한, 이와 더불어 사육 중인 거북의 건강상태를 확인하는 기준이 되기도 한다. 그러므로 사육 중에도 수시로 이러한 기준에 맞춰 건강상태를 확인하는 습관을 들이도록 하자.

마지막으로 다시 한번 강조하지만, 거북을 입양할 때는 시간을 충분히 갖고 신중하고 꼼꼼하게 상태를 살펴야 한다. 이렇게 누차 건강한 거북의 선별을 강조하는 이유는, 어느 단계든 일단 한번 관리를 잘못하거나 방치해서 일정 수준 이하의 건강상태로 떨어진 적이 있는 개체들은 사육주가 최선을 다해 관리한다 하더라도 처음부터 건강하게 사육된 개체만큼 회복되기가 쉽지 않기 때문이다. 거북을 선별할 때 단지 비용이 저렴하다는 이유로 덜 건강하거나 상태가 좋지 않은 거북을 선택하고픈 유혹이 들 때는 재차 고민해 보길 바란다.

그러나 한편으로는 거북 자체에 대한 애정을 가지고 있는 사육자라면 건강에 이상이 없는 정도의 가벼운 상처나 배갑기형, 부절 등 반려동물로서의 약간의 결함은 즐겁게 거북을 사육하는 데 별다른 문제가 되지는 않으리라는 것이 개인적인 생각이다. 물론 자신이 기르는 혹은 기르고자 하는 동물이 결점 하나 없이 완벽한 상태라면 더할 나위 없이 좋겠지만, 개체의 완벽한 모습을 보고서야 동물 자체에 대한 애정을 가지기 시작한다면 사육 도중에 이전에는 미처 몰랐던 작은 결점이 발견됐을 때 곧바로 그 개체에 대한 흥미를 잃기 쉽다. 사육자라면 누구나 다른 사람이 기르는 개체보다 조금이라도 나은 개체를 기르기를 원하겠지만, 현재 내가 기르는 거북이 최고라고 여기며 애정을 쌓아가는 것이 중요하리라 생각한다.

탈피 중인 다이아몬드백 테라핀. 수생거북의 탈피는 정상적으로 나타나는 성장행동 중 하나이다.

거북의 이동

기르고자 하는 개체를 선택했으면 이제 집으로 거북을 옮겨야 한다. 처음 거북을 입양할 때뿐만 아니라 거북을 기르다 보면 건강상태를 관찰한다거나 사육장 청소, 온욕이나 일광욕, 분양 등을 위해 핸들링과 패킹(packing)을 해야 할 일이 필연적으로 생긴다. 이럴 경우 '핸들링'은 단순히 거북을 '집어 올리는' 동작이 아니라, '생물에게 스트레스를 가장 적게 주면서 생물과 사육자 모두의 안전을 보장할 수 있는 최적화된 기술'이어야 한다. 이번 섹션에서는 다양한 핸들링 방법과 이동방법을 알아보도록 하겠다.

올바른 핸들링과 이동방법

거북은 네 발이 공중에 뜨는 순간부터 상당히 불안해하거나, 반대로 갑자기 공격적인 성향을 보이는 경우가 대부분이다. 따라서 거북을 지면에서 들어 올리는 순간부터 내려놓는 순간까지 갑작스럽게 나타나는 행동에 항상 대비해야 한다. 사실 핸들링을 하면서 사육주가 의도적으로 거북을 던지거나 떨어뜨리는 경우는 없다. 거북을 들고 잠시 정신을 다른 곳에 파는 사이, 손안에 있는 거북이 배설을 하거나 발버둥 치며 발톱으로 긁는 등 갑작스러

이메리카상자거북(Eastern box turtle, *Terrapene carolina carolina*)

거북은 네 발이 공중에 뜨는 순간부터 상당히 불안해하거나, 반대로 갑자기 공격적인 성향을 보이는 경우가 대부분이다.

운 행동을 하면 사육주가 반사적으로 손을 터는 경우가 있는데, 바로 이럴 때 떨어뜨리기 쉽다. 거북이 바닥에 떨어지면 가볍게는 갑에 상처가 나는 경우부터 겉에는 아무런 상처가 없더라도 치명적인 내부장기의 손상이 생기는 경우까지, 여러 가지 건강상의 악영향을 미치게 되므로 핸들링할 때 절대로 떨어뜨리는 일이 있어서는 안 된다. 스트레스를 줄이고 혹시 있을지도 모를 추락의 가능성을 낮추기 위해 이동시간과 손으로 들고 이동하는 거리는 최소한으로 제한하는 것이 좋다. 핸들링을 할 때는 반드시 두 손을 이용하도록 하고, 감염을 방지하기 위해 거북을 만지기 전과 만진 후에 손을 항상 깨끗이 씻도록 하자.

■**소형 거북의 핸들링** : 앞서도 언급했듯이, 거북은 네 다리가 공중에 떠 있으면 매우 불안해하고, 배설을 하기도 한다. 그러므로 가급적이면 손바닥으로 네 발을 받쳐주고, 다른 손으로 배갑을 덮어 갑작스러운 행동으로 인한 추락에 대비하도록 해야 한다. 손안에 들어갈 정도 크기의 온순한 소형 거북을 핸들링할 때 사용하는 방법이다.

■**중형 물거북의 핸들링** : '이러한 방법으로 잡아야 한다'고 의식적으로 생각하고 형태를 잡은

것은 아니지만, 필자가 그동안 다양한 거북을 사육해 오면서 한 손으로 파지가 가능한 크기의 거북은 자연스럽게 옆의 사진과 같은 방법으로 핸들링을 하게 됐다. 거북의 뒷다리 사이에 손을 넣어 엄지는 배갑을 누르고, 검지를 제외한 나머지 손가락은 복갑을 누른 다음, 복갑을 누르고 있는 오른손의 검지를 거북의 오른쪽 뒷발이 시작되는 부분으로 넣어 단단하게 잡는 방법이다.

머리에서 가장 먼 부분을 잡는 방식이기 때문에 뱀목거북(Snake-necked turtle, *Chelodina spp.*)처럼 특별히 머리가 긴 종류라 하더라도 손까지는 거북의 입이 닿지 않아 물릴 위험이 없고, 두 다리 사이에 손을 넣기 때문에 발버둥 치는 다리에 상처를 입히는 경우도 거의 없다. 배갑만 잡는 것보다 좀 더 안정적으로 거북을 잡을 수 있어 떨어뜨릴 가능성이 작다는 것이 가장 큰 장점이다.

■**사나운 개체의 핸들링** : 완전수생거북인 악어거북이나 늑대거북, 자라류 등의 경우에는 물속에서 보이는 성격과 물 밖에서 나타나는 성격에 상당한 차이가 있다. 비교적 얌전한 행동을 보이는 물속에서와는 달리, 일단 수면을 벗어나는 순간부터 굉장히 공격적으로 변하고 사나워지기 때문에 다른 어떤 종보다 핸들링에 주의를 기울여야 한다. 사육자가 적절하게 핸들링을 하지 못하면 날카로운 부리와 발톱, 큰 덩치에서 비롯되는 엄청난 힘으로 인해 심각한 상처를 입을 수 있기 때문이다.

동물을 오랫동안 다뤄온 필자도 팔에 상처자국이 몇 군데 있다. 동물에게 물리거나 긁힌 상처는 칼에 베인 상처처럼 피부조직이 깔끔하게 잘리는 것이 아니라 뜯겨

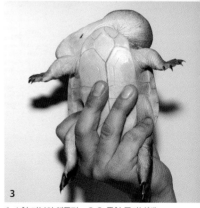

1. 소형 거북의 핸들링 2, 3. 중형 물거북(뱀목거북)의 핸들링. 머리가 닿지 않는 뒤쪽을 단단히 파지한다. 엄지로는 배갑을 누르고, 검지는 거북의 오른쪽 뒷발이 시작되는 부분으로 넣어 단단하게 잡는다.

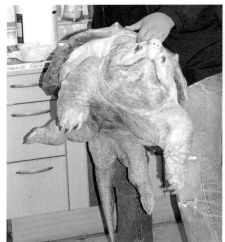

사나운 개체의 경우 수면을 벗어나는 순간부터 굉장히 공격적으로 변하고 사나워지기 때문에 핸들링에 주의를 기울여야 한다. 악어 거북같이 크고 사나운 개체를 핸들링할 때는 양손을 이용해 단단하게 파지한다. 한 손은 목뒤를 잡고, 한 손은 뒤쪽을 보정한다.

져 나가는 것이기 때문에, 나중에 상처가 아물더라도 외관상 심한 흉터가 오랫동안 남는 경우가 많다. 따라서 사전에 미리 주의해 상처가 생기지 않도록 하는 것이 최선이라고 하겠다. 특히 물거북은 물때나 이끼 등으로 인해 갑이 미끄러운 경우가 있으므로 물속에서 놓치지 않을 만큼 단단히 잡았다고 생각될 때 물 밖으로 들어내도록 하자.

■**스내퍼의 핸들링** : 이 방법은 일반적인 거북 관련 매뉴얼에 안전한 핸들링 방법으로 기술된 것이다. 물론 사육자의 입장에서만 본다면 가장 안전한 방법이라는 데는 이견이 없지만, 거북의 골격에 무리를 줄 수 있다는 이유로 요즘 이런 방식의 핸들링은 자제하는 추세다. 가급적이면 사용하지 않도록 하되, 이동거리가 짧거나 거북이 크고 사나운 경우 혹은 일반적인 핸들링 방법으로는 사육자의 안전을 확보할 수 없는 상황이라면 이와 같은 방법을 사용할 수도 있겠다. 꼬리만을 잡는 방법이라 쥐는 힘이 많이 필요하고, 거북이 무거울 때는 놓치는 경우가 생길 수 있다. 따라서 이 방법을 사용해 핸들링을 할 때는 거북을 지면에서 최소한의 높이만 들어 올려 최단시간 내에 이동시키는 것이 안전하다.

■**자라의 핸들링** : 자라류는 핸들링이 가장 어려운 거북 가운데 하나다. 우선 자라류는 갑이

안정적으로 파지할 수 있을 만큼 단단하지 않은 데다가 행동이 재빠르다. 또한, 완전수생동물로서 물이끼 등 때문에 미끄러워서 잡기가 힘들다. 또 어렵게 잡았다 하더라도 목이 길고 유연해 자칫하면 물릴 가능성이 크다. 특히 물속에서는 공격하기보다는 도망가는 쪽을 택하는 편이지만, 일단 잡혀서 물 밖으로 나오면 공격적으로 돌변하는 경우가 많다. 다행히 물속에서는 공격성이 떨어지므로 자라를 핸들링할 때는 물속에서 배갑의 뒤쪽을 두 손으로 단단히 파지한 후에 물 밖으로 들어내는 것이 안전하다.

■**수조 안의 물거북을 잡는 법** : 수조 안에서 빠른 속도로 헤엄치고 있는 중형 크기의 거북을 잡기란 쉬운 일이 아니다. 수조 안의 거북을 잡을 경우에는 거북의 입으로부터 거리가 멀어 물릴 위험이 가장 적은 뒷다리 앞쪽의 파인 부분을 우선 잡아 움직임을 봉쇄해야 한다. 그런 다음 좀 더 안정적으로 파지하고, 놓치지 않을 만큼 확실하게 잡았다고 생각될 때 물 밖으로 끄집어내면 된다. 배갑의 옆쪽을 잡거나 너무 앞쪽을 잡으면, 수면을 벗어나는 순간 공격당하는 경우가 있으므로 각별히 주의해야 한다.

1. 스내퍼를 핸들링할 때는 추락에 주의해야 한다.
2. 수조 안의 물거북을 잡는 법

■**거북에게 물렸을 때** : 거북은 체구가 작음에도 불구하고 무는 힘이 상당히 강한 데다가, 부리의 아래위가 완벽하게 맞물리는 형태로 설계돼 있기 때문에 제대로 물리면 쉽게 살점이 떨어져 나간다. 그러므로 핸들링할 때는 사전에 주의하는 것이 최선이다. 최대한 조심했음에도 불구하고 혹 불행하게도 거북에게 물렸다면, 강제로 입을 벌리려 하지 말고 물고 있는 상태 그대로 물속에 집어넣어 거북이 스스로 입을 벌릴 때까지 기다리는 것이 좋다.

강제로 거북의 입을 벌리게 하기도 힘들 뿐만 아니라, 억지로 입을 여는 과정에서 물린 부위의 상처가 커질 수 있기 때문에 조금 아프더라도 이와 같은 방법을 사용하는 것이 좀 더 안전하다. 거북이 사람을 물 때는 대부분 도망이 불가능한 상황에서 스스로를 보호하기 위해 공격하는 것이기 때문에, 환경만 갖춰지면 공격하기보다는 도망가는 것을 택하는 경우가 많다. 따라서 물에 넣으면 대부분 물린 부위를 놓고 도망칠 것이다.

이동 시 포장방법

거북을 이동시킬 일이 자주 생길 경우 별도의 이동용 상자를 만들어 두고 사용하면 이동 시에 발생할 가능성이 있는 여러 가지 문제들을 미연에 방지할 수 있다. 거북을 이동시키는 기본적인 포장방법은 일차적으로 천으로 된 자루 안에 거북을 넣은 다음, 그 자루를 상자 안에 넣어 포장하는 것이다. 이렇게 이중으로 포장하는 이유는 동물이 안정감을 느끼는 특별한 조건이 있기 때문인데, 모든 동물은 어두운 상태에서 몸이 은신처의 벽면에 밀착됐을 때 좀 더 안정감을 느낀다. 따라서 거북을 일단 천으로 덮어씌워 직접적으로 몸에 접촉을 줌으로써 안정감을 느끼도록 해주기 위해 일차적으로 자루 안에 넣는 것이다.

상자만 이용해 포장할 경우에도 위와 같은 이유로 지나치게 큰 상자는 피하고, 충진재 등을 넣어 내부를 채워주는 것이 좋다. 이동용 상자는 호흡을 위해 완전히 밀폐돼 있어서는 안 되며, 날씨가 차가울 경우 바닥이나 벽면에 보온팩을 설치하면 체온을 유지하는 데 도

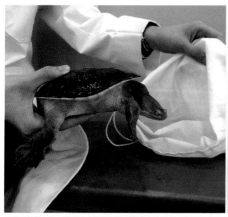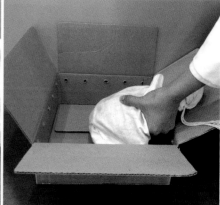

조금 번거롭기는 하지만, 기본적인 포장방법은 우선 자루에 넣은 다음 그 자루를 다시 이동용 상자에 넣는 것이 이상적이다.

더운 지방에 서식하는 종의 거북은 특히 겨울철에 이송할 때 주의해야 한다.

움을 줄 수 있다. 그러나 시중에서 판매되는 보온팩은 보기보다 온도가 많이 올라가므로 이동상자 안에 보온팩을 같이 넣을 경우에는 그 위에 수건 등을 깔아서 거북과 보온팩이 직접적으로 닿지 않도록 해줘야 화상이나 온도쇼크가 발생하는 것을 방지할 수 있다.

바다거북이나 돼지코거북처럼 물에서 생활하는 완전수생거북종이라고 할지라도 이동 시에 굳이 물을 같이 포장해서 운송할 필요는 없다. 거북은 폐호흡을 하는 동물이므로 일시적으로 물이 없다고 해도 크게 문제가 되지 않을 뿐더러, 물을 채워 이동하게 되면 오히려 이동 중에 상자 벽면에 부딪혀 상처를 입을 수도 있다. 특히 겨울에는 이동상자 안에 채운 물의 온도가 떨어지는데, 장기간 실외에 방치될 경우 물과 함께 거북까지 얼어버려 더 위험할 수 있기 때문에 물거북이라 하더라도 물이 없는 상태로 이송하는 것이 좋겠다.

이송 후에는 최대한 빨리 이동상자에서 거북을 꺼내 안정된 환경으로 옮겨줘야 하며, 오랫동안 상자 안에 방치하는 일이 없도록 각별히 주의해야 한다. 특히 높은 온도로 인한 돌연사는 순식간에 일어난다는 점을 기억해야 하며, 무더운 여름철에 거북을 이동하는 경우 잠시동안이라도 이동상자를 차 안에 방치하는 등의 일이 있어서는 안 된다.

거북 사육에 대한
10가지 당부

━━━━━

이번 섹션에서는 거북을 기르면서 사육자로서 가져야 할 마음가짐과 사육방침에 대해 이야기해 보도록 하겠다. 필자가 오랫동안 거북을 사육해 오면서 경험을 통해 느낀 점들을 정리한 것이며, 특히 거북을 처음 사육하는 초보사육자들에게 당부하고 싶은 내용이다.

결과보다는 과정을 즐겨라

어쩌면 이 책 전체의 내용을 한 문장으로 줄이라고 한다면 '결과보다는 과정을 즐겨라'라는 말이 될지도 모르겠다. 사실 이 말은 거북뿐만 아니라 반려동물을 사육하고자 하는, 혹은 현재 사육하고 있는 모든 애호가에게 필자가 전하고 싶은 이야기의 핵심이기도 하다. 많은 이들이 동물 사육의 즐거움은 동물을 입양한 이후부터 시작된다고 생각하는 것 같다. 물론 필자도 예외는 아니었다. 지금 와서 돌이켜 보면 매우 부끄럽지만, 동물을 기르는 일을 직업으로 삼기 오래전부터 필자가 생각하는 동물 사육의 궁극적인 목표는 '원하는 종을 수중에 넣는 것'이었다. 마음에 드는 동물이 내 손에 들어왔을 때의 그 즐거움이 너무나 컸기 때문에 다른 쪽에는 그다지 마음을 쓰지 않았던 것이다.

그리스육지거북(Greek tortoise, *Testudo graeca*)

'동물 사육에 취미를 갖는다'는 것이 말 그대로 단순히 그 동물을 소유하고 먹이고 관리하는 행동에 그치는 일이 아니라, 사육을 준비하는 과정에서부터 입양 후 건강하게 기르기 위해 자료를 모으고 공부하는 시간 그리고 주위에 같은 취미를 가진 사람과 활발하게 교류하는 등의 모든 활동을 포함하는 광범위한 작업이라는 점을 깨닫기까지는 정말 오랜 시간이 걸렸던 것 같다.

동물을 소유한다는 것 자체는 정말 아무 의미도 아니라는 점을 조금만 더 일찍 알았더라면, 동물을 입수하기 전까지의 쓸데없이 힘들고 지루하게만 느껴졌던 많은 시간이 훨씬 더 소중하게 생각됐을 것이다. 동물 사육의 즐거움은 평범하고 지루한 일상에서 문득 '어떤 동물을 길러보고 싶다'라고 마음을 먹는 바로 그 순간부터 시작된다는 것을 이 책을 읽는 분들이 일찍 깨닫게 되기를 바란다.

차이점을 인정하라

인간은 인간이고 거북은 거북이다. 이 둘은 완전히 다른 생명체다. 그러나 사육자들은 이러한 사실을 간혹 잊어버린다. 독자들에게 이런 충고를 하는 필자도 가끔씩 이러한 사실을 간과하는 경우가 있다. 온욕을 시킬 때 '뭐 이 정도 온도면 대충 괜찮겠지', '이 정도 높이에서 떨어졌는데 설마 별일 있겠어?', '가벼운 콧물 정도인데 곧 낫겠지 뭐', '크기도 비슷한데 합사해도 괜찮을 거야', '먹이를 이렇게 작게 잘라줘야 먹기가 쉬울 거야' 등 인간인 내가 생각하는 최적의 사육환경이 실제로 거북에게는 그렇지 않을 수도 있다는 사실을 잊어버리는 경우가 간혹 있다. 반려동물을 기르는 일은 사람을 대하는 것과 마찬가지로 어쩌면 나와는 다른 상황, 다른 의견을 이해해 가는 과정일지도 모른다.

컬렉터(collector)나 호더(hoarder)가 되지 말라

동물 사육자들을 많이 접하는 필자의 입장에서는, 자신이 가진 부와 능력을 과시하기 위한 수단으로 동물을 사육하는 것이 가장 나쁜 경우라고 생각한다. 파충류동호회에 가입해 활동하는 사람들 가운데는 마치 자동차나 보석을 모으듯이 생명체인 동물을 '수집(collect)'하는 이들이 더러 있다. 유사 이래로 집에서 기르는 동물은 부의 상징물이나 사회적 신분을 나타내는 척도였다. 그 영향인지는 모르겠지만, 반려동물까지도 그렇게 보는 시각이 아직도 존재하는 경향이 있어서 '반려동물 = 주인'이라는 생각을 가지고 있는 것 같다.

거북도 예외는 아니어서 희귀하다면 특유의 소유욕이 발동하는 사람들이 있다. 물론 살아 있는 동물을 물건처럼 수집하는 행위가 나쁘다는 견해는 인간의 입장에서 본 것일 뿐, 입양된 동물들이 더할 나위 없이 완벽한 사육환경하에서 길러지고 있다면 사육되는 거북의 입장에서는 그다지 나쁜 일이 아닐 수도 있다. 그러나 그런 사람들의 상당수가 희귀동물 자체에만 욕심을 가지고 있을 뿐 그 동물을 기르는 사육환경에는 그다지 관심을 보이지 않는 경우가 많고, 또한 점점 호더화돼 가는 경우가 많기 때문에 문제가 되는 것이다.

컬렉터보다 더 좋지 않은 것이 호더(hoarder)라고 볼 수 있다. 애니멀 호더(animal hoarder), 즉 '과승다수사육자(過乘多數飼育者)'라고 번역되는 이 용어는 일반적으로 개인이 사육할 수 있는 동물의 마릿수를 훨씬 초과해 사육함으로써 귀찮아하고, 소유한 동물들을 방치함으로써 사육자의 책임과 의무를 다하지 못하고 게을러져 버리는 행위를 지칭한다. 거북을 진심으로 사랑하는 사육자가 아니면서, 단지 과시를 위해 소유하는 개체가 많아지면 자연스럽게 사육 태만으로 이어지게 된다. 이러한 행위는 소유한 각각의 동물에게 필요한 보살핌과 배려는 고사하고 생명을 유지하기 위한 최소한의 관리조차 하지 않는 등 장기간에 걸쳐 사육동물을 고통스럽게 하는, 가장 잔인한 동물 학대의 한 형태라고 할 수 있겠다.

오랫동안 동물을 사육하는 사람을 보면, 실제로 기르고 있는 개체는 몇 마리 되지 않는 경우가 많다. 소유하고 있는 반려동물의 수는 적으면 적을수록 좋다. 기르는 반려동물의 수가 적다고 더 적은 즐거움을 주는 것은 아니기 때문이다. 법을 어기면서까지 온갖 종류의 희귀한 거북을 다수 보유하고 있는 사람보다는, 흔하디흔한 붉은귀거북 한 마리라도 오랜 시간 동안 정성 들여 기른 사육자가 더 높이 평가돼야 마땅하다고 본다.

많이 주고 적게 기대하라

요즘은 펫(pet)이나 애완동물이라는 말보다는, '인간의 유희를 위한 살아 있는 장난감'이 아니라 '주인과 서로 교감을 나누는 동물'이라는 의미로 '반려동물'이라는 용어를 많이 사용하

암보이나상자거북(Amboina box turtle or Southeast Asian box turtle, *Cuora amboinensis*)

고 있다.[1] 그러나 사실 거북은 주인과의 교감이 어려운 동물이기 때문에 진정한 의미의 반려동물이 되기는 어렵다. 정신적 위안이나 다른 동물이 자연스럽게 인간에게 주는 교감들을 거북 사육자는 '의도적으로' 느끼려고 노력해야 하기 때문이다.

보통 반려견이 사육주에게 줄 수 있는 심리적·신체적 안정감을 거북에게 바라면 안 된다. 거북과 개는 다른 종이다. 소금과 설탕이 다른데 소금에서 설탕과 같은 단맛을 기대하는 사람은 없다. 대가 없이 주는 연습을 하고, 거북이 보이는 작은 행동에서 기쁨을 스스로 찾도록 해야 한다. 그렇기 때문에 거북을 기르는 것은 좀 더 고차원적인 사육활동이라고 할 수 있겠다.

부지런해져라

반려동물을 기르면서 일어나는 우리 몸의 긍정적인 변화 가운데 가장 큰 변화는 부지런함이 몸에 배는 것이다. 처음에는 먹이급여와 사육장 청소를 부지런하게 하는 것에서부터 시작해 나중에는 삶 자체를 좀 더 부지런하게 살도록 자신을 훈련할 수 있다. 어린 학생들의 경우 처음 며칠 동안은 애정을 가지고 스스로 사육장 관리를 하지만, 조금 지나면 그것이 부모님의 일이 되는 경우가 많다. 따라서 동물 사육은 그 동물에 대한 기본적인 관리만이라도 전적으로 책임질 수 있을 정도의 나이대에 시작하는 것이 좋으며, 자녀가 귀찮아하더라도 스스로 사육개체를 돌보도록 유도하는 것이 올바른 길이다.

기록을 생활화하라

매달 체중과 체장, 체고의 변화를 기록하도록 하자. 거북의 상태를 이해하고 건강한 사육을 할 수 있게 해주는 중요한 자료가 될 것이다. 자신에게뿐만 아니라 아직은 초기단계인 우리나라 반려거북계에서 여러분의 기록이 다른 사람에게 소중한 자료가 될 수 있다.

---

1 애완동물의 사전적 의미를 보면 '좋아해서 가까이 두고 귀여워하며 기르는 동물'로 개념상 사용에 별 무리는 없다는 입장이지만, 현재 반려동물이라는 용어를 기본적으로 사용하는 추세이므로 본서에서도 이와 같은 용어를 사용함을 밝힌다. - 편집자 주

기르고 있는 거북을 직접 그려보라

필자가 생각하기에 자신이 기르는 거북에게 애정이 생기도록 하는 여러 가지 방법 가운데 가장 좋은 방법은 직접 그림으로 그려보는 것이다. 필자처럼 그림에 소질이 전혀 없는 사람이더라도 시간을 두고 천천히 직접 그려보면, 자신이 기르는 거북에 대해 알고 있다고 생각하는 것보다 훨씬 더 많은 부분을 알게 될 것이다. 거북이라는 종의 특징뿐만 아니라 동종의 다른 거북과는 다른 '내가 기르는 내 거북'만의 독특한 특징을 파악할 기회가 될 것이다. 반드시 여유를 내서 한 번씩 그려보기를 권한다.

디지털보다는 아날로그 방식을 지향하라

반려동물시장이 커지면서 동물 사육에 도움이 되는 각종 편의장치가 시판되고 있다. 디지털온도계부터 자동먹이급여기, 자동온도조절장치, 타이머 등 종류도 다양하다. 바쁜 생활 속에서 거북을 사육하면서 이런 장치들이 많은 도움이 되는 것은 부인할 수 없는 사실이다. 하지만 사육에 있어서는 한 번이라도 손과 눈이 더 가는 아날로그 방식을 지향하라고 말하고 싶다. 반려동물은 사육자의 관심을 먹고 성장하고, 애정을 보인 만큼 반응한다. 또 그 과정에서 일어나는 교감이 반려동물을 기르는 궁극적인 목적이기도 하다.

최상을 생각하고 최악을 준비하라

가능한 범위 내에서 최상의 사육환경을 지향하고, 발생 가능성이 있는 최악의 상황에 대비하도록 하자. 필자가 생각하는 최상의 사육환경은 거북이 생활하기에만 완벽한 환경이 아니라 사육자에게도 즐거움을 줄 수 있는 환경이다. 거북도 생물이다 보니 질병에 걸리거나 죽을 수도 있다. 필자가 읽은 책 가운데 반려동물 사육의 필요성을 설명하면서 '사육자에게 탄생과 번식, 사고, 죽음 등 인생에 대한 가르침을 준다'는 내용이 실린 책이 있다.

사육 중에 접하게 되는 모든 경험이 사육자를 좀 더 성숙하게 만드는 밑거름이 될 수 있다. 누구나 한 번쯤은 좋아하던 동물이 죽는 경험을 한다. 그리고 반려동물의 죽음을 통해 죽음이라는 현상을 받아들이고, 제대로 이별하는 법과 슬픔을 이겨내는 법을 배우게 된다. 병을 예방하기 위해 관련 예방접종을 하듯이, 마음에 대한 예방접종을 해둔다면 언젠가 닥칠 반려동물의 죽음과 이별에 아픈 마음을 조금은 덜 수 있을 것이다.

기르던 거북이 죽었을 때

사육서인 본서에 이 내용을 써야 할지 말아야 할지 고민을 많이 했지만 결국 쓰기로 했다. 초보사육자뿐만 아니라 앞으로 거북을 전문적으로 사육하고자 하는 사람도 이 책을 읽을 수 있을 것이고, 동물을 기르는 목적과 관점은 사람마다 제각각이리라 생각하기 때문이다. 기르던 거북이 죽었을 때 앞으로 다시는 거북을 기르지 않을 생각이면 소중하게 묻어주고 슬퍼하는 것이 좋다. 하지만 이미 한 마리를 폐사시켜 슬픔을 경험했음에도 불구하고, 다시 거북 사육을 시작할 생각이라면 죽음의 원인을 반드시 알아내도록 애를 쓰자. 사육서적을 찾아보고, 주위 사람들의 조언을 구하고, 쉽지 않은 일이지만 해부를 해보거나 골격 표본을 만들어 보는 것도 좋다. 그 과정에서 거북이라는 생물에 대해 조금 더 많이 알게 될 것이고, 그로 인해 다음번 사육에 실패할 가능성이 조금은 줄어들게 되기 때문이다.

현재 필자는 반려 목적으로 거북을 기르지는 않는다. 동물을 기르는 일이 직업의 일부가 되면서 동물을 대하는 시각에 변화가 생긴 것도 사실이다. 필자 역시 다른 사람들처럼 처음으로 기르던 거북의 죽음을 접했을 때는 너무 충격적이었다. 자책감과 상실감으로 하루 종일 마음이 안 좋았던 기억이 난다. 하지만 동물 사육이 직업이 된 지금은 가끔씩 반려동물 숍을 돌면서 폐사한 동물들을 모아오곤 한다. 그리고 시간이 날 때마다 해부해 죽음의 원인을 찾고 골격을 맞춰본다. 처음 해부를 할 때는 너무 떨리고 무엇이 폐인지 간인지도 몰랐지만, 현재는 우리나라에 있는 어느 누구보다 많이 거북을 접해봤다고 생각한다. 그리

거북 골격의 표본작업을 하고 있는 모습

고 그 과정에서 얻은 것 역시 많았다고 생각한다.

폐사한 거북은 무엇인가 문제가 있기 때문에 죽은 것이므로 책으로만 알던 질병의 증상을 좀 더 자세하게 알 수 있었다. 단순히 책으로만 지식을 얻는 것보다 칼슘 결핍이 거북에게 얼마나 치명적인 영향을 미치는지, 감기에 걸리면 폐에 어떤 증상이 생기는지 직접 내 눈으로 확인한 만큼 현재 기르고 있는 살아 있는 거북을 대할 때 좀 더 조심스럽고 더 많은 주의를 기울이게 된다. 단순한 사육경험을 넘어 전문사육자나 수의사를 지망하는 사람이라면 꼭 한번 도전해 보기를 권한다.

Chapter 04

거북 사육장의 조성

거북을 기르는 데 꼭 필요한 용품 및 장비에 대해
자세히 살펴보고, 서식환경별 사육장 조성에 대해
알아본다.

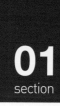
거북 사육용품

거북 사육에서 범하는 첫 번째 과오(過誤; 부주의나 태만 따위에서 비롯된 잘못)가 충동적인 입양이라고 한다면, 처음 거북을 입양하는 초보사육자들의 두 번째 과오는, 거북을 분양하는 곳에서 자신이 입양하고자 하는 종의 기본적인 정보와 해당 거북의 사육환경에 대한 정확한 정보를 제공해 주리라 믿고 또 그 정보에 상당 부분 의지한다는 사실이다. 이를 과오라고 하는 이유는, 국내 반려동물 숍(혹은 파충류 숍)의 모든 사주가 자신이 분양하는 거북과 그 거북의 사육에 필요한 사육용품에 대해 정확한 정보를 숙지하고 이를 입양자에게 명확하게 전달해 줄 수 있다면 좋겠지만, 아쉽게도 그렇지 못한 경우가 상당히 많기 때문이다.

현재 우리나라에는 200개에 가까운 파충류 숍이 운영되고 있지만, 그중에서 거북만을 전문적으로 취급하는(위에서 언급한 서비스가 가능할 정도로) 숍은 몇 군데밖에 되지 않는다. 보통 양서·파충류 숍에서는 다양한 종을 취급하는데, 상업적으로 다뤄지는 양서·파충류의 종이 워낙 방대하고, 거북만 해도 그 종류가 너무나 많기 때문에 모든 종에 대한 정보를 정확하게 파악하고 있기란 쉽지 않은 것이 사실이다. 따라서 사육자 스스로 자신이 기르는 종, 혹은 기르려는 종에 대해 더 많이 알고자 노력하는 자세가 필요하다고 하겠다.

거북을 기르는 데 필요한 기본 도구

	육지거북/습지거북	수생거북/반수생거북
사육장	전면개폐식의 파충류 전용 사육장 선호	상면개폐식의 어류 사육용 수조 선호
	여건에 따라 호환 가능	
바닥재	바크, 파충류 모래, 건초	자갈, 모래
조명, 열원	조명등, UVB등, 상부열원(주간등, 야간등, 세라믹등)	
	+하부열원(열판, 필름 히터, 락 히터)	+수중히터
케이지 퍼니처	물그릇, 먹이그릇, 목욕통, 은신처	여과기, 히터, 돌, 인공육지
케이지 데코	환풍기, 백스크린, 생화, 유목, 장식용 조화(선택사항)	
관리용품	가습기, 저울, 온도계, 습도계, 자동온도조절기, 핀셋, 발톱깎이	
	분무기	수질안정제, 이끼제거제, 유리청소용 스펀지, 환수용 호스, 사이펀 등
먹이, 약품	생먹이, 인공사료, 영양제, 칼슘제, 구충제, 진드기제거제, 케이지소독제 외 구급약품 등	

관상어나 포유류를 취급하면서 잘 나가는 물거북 몇 종류를 구비해 분양하는 숍에서는 특히나 사주가 자신의 전문 분야가 아닌 거북의 정보까지 하나하나 숙지하고 있는 경우는 매우 드물며, 당연히 입양자에게 각 종에 적합한 사육환경보다는 물거북이나 육지거북 전 종에 대한 대략적인 사육환경 정보를 제공해 주는 데 그치는 경우가 많다. 이럴 경우 입양자에게 전해지는 정보는 '하루에 한 번, 머리 크기 정도 양의 먹이만 주면 돼요', '물만 잘 갈아주면 안 죽어요', '감마루스 먹이면 돼요' 등 불확실하고 일반적인 것이 대부분이다.

그러나 거북은 살아 있는 생물이고, 또 생물을 사육하는 데는 여러 가지 변수가 많이 따르기 때문에 이처럼 포괄적인 정보만으로 사육을 시작하면 사육 중에 예상치 못한 문제들이 필연적으로 발생하게 된다. 따라서 사육에 관한 조언을 충분히 수렴하는 것도 물론 매우 중요하지만, 개인적으로도 여러 가지 자료를 수집하고 비교해서 선택한 종의 이상적인 사육환경 조성에 대한 나름의 기준을 세울 수 있어야 어느 정도 사육준비가 됐다고 하겠다.

여기서 말하는 '이상적인 사육환경'이란 단순히 관상적 가치가 높은, 아름답게 꾸며진 사육장을 의미하는 것이 아니라 '사육하고자 하는 각 종의 원서식지 환경에 가장 근접한 서식조건이 제공되도록 조성된 사육공간'을 의미한다. 사육자는 거북을 입양하기 전에 사육장부터 관리용품에 이르기까지 사육에 필요한 모든 조건을 구비하고, 이 모든 것이 준비된 후 가장 나중에 거북을 분양받는 것이 바람직하다. 하지만 상당수의 사람에게 거북은 아직 생소한 반려동물이다 보니, 사육에 어떤 물품들이 필요한지에 대한 정보조차 구하기 어려운 경우가 많은 것 또한 사실이다. 이번 장에서는 초보사육자들을 위해 거북을 사육하고 관리하는 데 필요한 용품과 사육장을 조성하는 방법에 대해서 자세하게 알아보도록 하겠다. 우선 거북을 기르기 위해 필요한 대략적인 사육용품들을 살펴보면 다음과 같다.

사육장

거북을 사육하기 위해 제일 먼저 해야 할 일은 기르고자 하는 거북에게 맞는 적당한 크기와 형태의 사육장을 준비하는 것이다. 반려동물 선진국에서는 대규모로 사육할 때 별도의 사육장을 마련하지 않고 야외에 울타리만 설치해 풀어 기르는 경우도 있지만, 그런 사례는 외국에서도 흔히 볼 수는 없다. 실외사육은 실내사육에 비해 많은 변수와 위험이 도사리고 있기 때문에 이와 같은 방사사육은, 특히 개인 사육자의 경우 섣불리 시도하기는 힘들다.

■**설치장소에 따른 분류 :** 어쨌거나 거북의 사육장을 어떠한 장소에 설치하느냐에 따라 분류하면, 다음과 같이 크게 야외방사장과 실내사육장의 두 가지로 나눠볼 수 있겠다.

야외방사장의 설치와 관리 야외방사장을 이용한 자연사육은 주어진 자연환경과 사계절의 기후조건을 최대한 이용해 거북을 사육하는 방법이다. 하지만 온·습도에 민감한 변온동물이라는 거북의 생리적 특성과 사계절의 기후변화가 뚜렷한 우리나라의 계절적 특성을 모두 고려한다면, 사실 우리나라는 거북을 방사사육하는 데 유리한 환경을 갖추고 있다고 할 수는 없다.

테라스에 설치한 육지거북의 야외방사장

탈출방지 펜스만 두르고 설치한 현지의 야외방사장

오랫동안 거북을 길러온 사육자 가운데 상당수가 널찍한 야외방사장을 꿈꾼다. 하지만 사육자가 살고 있는 곳이 도시라면, 게다가 사는 집이 혼자 쓸 수 있는 마당을 갖춘 단독주택이 아니라면, 집 안에 야외방사장을 꾸민다는 것이 쉬운 일은 아니다. 그러나 공간적 여건만 허락된다면 실외에 방사장을 조성해 거북을 사육하는 방법은 여러모로 권장할 만하다. 거북에게 필요한 충분한 일광욕이 가능하고, 넓은 사육공간으로 운동량이 증가하며, 그로 인해 식욕과 성장이 촉진되는 등 여러 가지 긍정적인 효과를 기대할 수 있기 때문이다.

필자의 경우도 현재 도시생활을 하고 있는데, 공간적인 여유가 그다지 많지 않기 때문에 처음 파충류를 사육한 이후로 쭉 실내사육만 해왔다. 따라서 상당히 오랜 시간 동안 그럴듯한 야외방사장은 희망사항일 뿐이었는데, 근래 들어 베란다와 건물 옥상 일부에 간단하게나마 방사장을 만들어 가끔 거북을 풀어 기르고 있다. 이렇게 야외에 풀어 기르니 실내사육장에 비해 거북에게 제공해 줄 수 있는 공간도 훨씬 넓고, 무엇보다 실내에서는 부족하기 쉬운 일광욕도 마음껏 시킬 수 있기 때문에 거북에게도 나쁘지 않은 것 같다.

단점이라면 한여름에 온도 관리가 어렵다는 것, 활동량이 실내에서보다 월등히 많아져 육지거북의 경우 복갑이 약간 마모된다는 것, 가끔씩 새들이 와서 거북의 배갑에 실례를 하고 간다는 것 정도이고, 현재까지는 그 밖에 별다른 문제는 없는 것 같다. 앞으로도 여건만 충분하다면 실외에 사육장을 제대로 꾸며서 온도가 허락되는 한 필자가 기르는 거북을 모두 야외방사장에 풀어서 기르고 싶을 정도로 실외사육은 상당히 매력적인 사육방법이다. 단독주택이 아니라면 필자처럼 베란다의 여유 공간을 이용하면 되고, 단독주택에 거주한다면 마당에 울타리를 설치하거나 벽돌을 쌓거나 작게라도 연못을 만들어 주면 된다. 약간 번거로운 과정일지도 모르지만, 그럴 만한 가치는 충분히 있는 일이라고 생각한다.

야외방사장이 여러모로 매력적인 것은 사실이지만, 그렇다고 항상 좋은 점만 있는 것은 아니다. 실내사육장보다 사육환경을 통제하기 어려워 사육장 관리에 있어서 실내사육 때보다 훨씬 더 많은 주의를 기울여야 하기 때문이다. 쉽게 말하자면, 야외사육을 할 경우 상대적으로 변수가 많다는 것이다. 잔디나 조경수에 뿌려둔 농약 때문에 거북이 폐사하는 사례도 있고, 작은 거북의 경우는 길고양이나 까치가 물어가 버리거나 다치게 하기도 하며, 바람에 날려온 비닐과 스티로폼을 먹고 폐사하기도 하는 등 실내사육에서는 일어나지 않는 여러 가지 문제들이 발생하기 때문에 항상 이러한 돌발적인 변수에 대비하는 마음가짐을 가져야 한다.

이와 같은 이유로 야외방사장을 설치하는 공간은 사육자가 주로 생활하는 공간에서 멀지 않은 곳을 택하는 것이 좋다. 가까이 있으면 아무래도 자주 눈과 발길이 가게 되므로 관리가 용이하고, 이상이 생겼을 때 신속하게 파악할 수 있기 때문이다.

또한, 야외방사장이 설치되는 공간은 소음이나 진동으로 인한 문제가 발생하지 않을 만한 조용한 곳이 좋고, 방향은 정남향이나 동남향의 양지바르고 평탄한 곳이 좋다. 거북은 변온동물이고 야외방사장 설치의 주된 목적 중 하나가 충분한 일광욕을 시키는 데 있으므로 항상 그늘져 있거나 햇볕을 가리는 장애물이 있는 곳은 좋지 않다.

1. 대형 고무통을 이용해 마련한 야외방사장 2. 수생 거북을 위한 야외방사장

1. 햇볕이 잘 드는, 동남향 또는 정남향의 양지바르고 평탄한 곳
2. 거북의 탈출 및 천적의 침입을 방지하기 위한 구조물을 설치하기가 용이한 곳
3. 소음 및 진동으로 인한 문제가 발생하지 않는 곳
4. 수원지와 가깝고, 배수가 용이한 곳
5. 집중호우로 인해 사육장이 유실될 우려가 없는 곳
6. 폐수나 생활하수, 농약 등의 요인으로 인한 오염이 발생하지 않는 곳

다만 직사광선을 하루 종일 받으면 일사병의 위험이 있으므로 체온조절을 위한 은신처를 군데군데 설치해야 한다. 또한, 거북은 넓은 베란다나 마당에서도 신기하게 구석진 은신처를 잘 찾으므로 한쪽 구석에 제대로 쉴 수 있는 은신처를 만들어 주는 것이 좋다.

마당이나 야외에 방사장을 설치할 경우 방사장 자체의 턱은 그리 높게 설정할 필요는 없다. 거북은 벽을 타고 올라가기 어려운 신체구조를 가지고 있기 때문에 사육장 턱의 높이가 거북의 체고보다 5~10cm 정도만 위로 올라가도 탈출을 방지하는 데는 별다른 무리가 없다. 하지만 방사장 바닥이 부드러운 흙으로 조성돼 있다면, 거북이 땅을 파서 그 구멍을 통해 사육장을 이탈하는 경우도 있기 때문에 그에 대비한 조치를 고려해야 한다.

야외에 방사해 사육할 때는 무엇보다도 개나 고양이, 족제비, 너구리, 대형 맹금류 등 천적 동물의 침입에 대해서도 철저하게 대비해야 한다. 따라서 방사장을 만들 때부터 탈출 및 천적동물의 침입을 방지하기 위한 구조물의 설치가 용이한 곳을 골라 설치위치를 잡는 것이 좋다. 특히 천적동물의 침입이 있을 경우 덩치가 큰 거북도 위험하지만, 작은 거북이라면 아예 물어가 버리거나, 잡아먹지는 못하더라도 치명적인 상처를 남길 수 있기 때문에 철망으로 방사장의 덮개를 만들거나 별도의 안전장치를 설치하는 것이 필요하다.

거북을 사육할 때는 급수와 청소 등 물을 사용하는 일이 빈번하게 생기기 때문에 수원지가 가깝고 배수가 원활한 곳에 야외방사장의 위치를 잡는 것이 좋다. 야외사육을 하다 보면, 거북의 대사활동이 활발해져서 식성도 좋아지고 배설량도 그만큼 늘어나므로 실내사육 때보다 청소를 좀 더 자주 해줄 필요가 있다. 또 수생거북의 경우라도 야외에서는 수족관에서처럼 여과기를 설치해 주기 힘들기 때문에 거의 완전하게 물을 교체하는 방식으로 수질을 유지하게 된다. 따라서 급수용 호스와 멀리 떨어져 있지 않고 오염된 물을 쉽게 버릴 수 있도록, 배수구와 가까운 곳에 위치를 잡아 설치하는 것이 좋다.

마지막으로 한 가지 더 덧붙이자면, 집중호우로 인해 사육장이 유실될 우려가 있는 곳은 피해야 하며, 폐수나 생활하수 그리고 농약 등으로 인한 오염이 발생하지 않는 곳이 좋다. 이와 같은 여러 가지 조건을 검토해 최적의 방사조건을 갖춘 야외방사장을 설치했다 하더라도, 야외방사 시에는 무엇보다도 온도 관리에 많은 관심을 기울여야 한다. 우리나라는 온도변화가 심하고, 특히 야외에는 열원을 충분히 설치해 주기 힘들기 때문에 날씨가 추워지면 바로 거북을 따뜻한 실내로 옮겨서 호흡기질환에 걸리는 일이 없도록 해야 한다.

실내사육장의 설치 위치 일반적으로 거북 사육장은 대부분 실내에 마련하게 된다. 이때 보통 집 안에서 이용 가능한 공간의 크기를 우선 고려한 뒤, 그에 맞도록 사육장의 크기를 정하는 경우가 대부분일 것이다. 그러나 안정된 장소에 사육장을 설치할 위치를 잡는 단순한 행동만으로도 사육 중에 발생할 수 있는 여러 가지 문제들을 사전에 막을 수 있기 때문에, 사육자는 거북 사육장의 설치위치를 정하는 일을 절대 가볍게 생각해서는 안 된다.

'눈에서 멀어지면 마음도 멀어진다'는 속담은 사람 사이에만 적용되는 것이 아니다. 사육장의 위치는 사육자의 눈에 제일 잘 띄는 장소가 좋으며, 그러면서도 따뜻하고 통풍과 환기가 원활한 곳이면 더욱 좋다. 참고로 통풍이 잘되더라도 사육자가 완벽하게 환기를 조절할 수 있어야 한다. 틈이 있어서 겨울철에 외부의 차가운 바람이 새어 들어오거나 하는 경우가 생기면 거북에게 좋지 않기 때문이다. 따뜻한 곳이라 하더라도 직사광선이 직접적으로 내리쬐는 창가 근처는 피해야 하며, 출입문 옆이나 복도 등 사람들의 왕래가 잦아 거북에게 스트레스를 줄 만한 곳 역시 피하는 것이 좋다.

또한, 거북은 진동에 민감하므로 TV나 오디오 스피커 등 진동이 많이 발생하는 가전제품 옆에 사육장을 위치시키는 것은 좋지 않다. 거북은 소리에 그다지 민감하지 않은 듯 보이지만, 필자의 경험에 비춰보면 갑작스러운 소음이나 지속적인 진동이 발생하는 곳에서는 거식이나 식욕부진 등의 증상을 보이는 개체가 많았다. 돼지코거북의 경우

페인티드 터틀(Painted turtle, *Chrysemys picta*)

는 갑자기 큰 소리가 나거나 사육장을 두드리는 것과 같이 강한 진동이 느껴지면, 반사적으로 피하려다가 사육장 유리면에 심하게 머리를 부딪치는 사례도 자주 볼 수 있었다. 심한 경우는 이때의 충돌로 인해 아래턱이 부서지는 사례까지도 목격한 적이 있다. 따라서 오디오 스피커 등 갑자기 큰 소리가 나는 곳 옆에는 사육장을 설치하면 절대 안 된다.

마지막으로 중요한 것은, 설치된 사육장의 위치가 너무 낮거나 높아서 관리에 어려움이 있어서는 안 된다는 점이다. 조금이라도 관리가 번거롭다고 느껴지면 사육장을 돌보는 시간이 점점 줄어들게 되고, 이는 자연스럽게 거북에게도 좋지 않은 영향을 미치게 된다. 사육자의 신장을 고려해 관상과 관리가 제일 적합할 정도의 높이에 설치하는 것이 좋다.

적절한 사육장의 조건 현재 거북 사육장은 다양한 재질과 형태로 제작되고 있다. 파충류 사육용품 전문회사에서 생산되는 기성품도 다양한 종류가 수입되고 있고, 사육자가 희망하는 대로 국내에서 주문 제작되기도 한다. 어떠한 소재와 형태, 구조로 제작됐다 하더라도 옆 페이지에 있는 표의 조건을 많이 충족시키면 시킬수록 좋은 사육장이라고 할 수 있다. 다른 파충류와 달리 거북은 상하운동이 극히 제한적이기 때문에 사육장은 보통 세로로 긴 형태보다 넓고 낮은 사각 형태가 주로 사용된다.

사육장의 크기는 무조건 크다고 좋은 것은 아니다. 물론 좁은 것보다 나쁘지는 않지만, 사육장이 넓어질수록 세팅하고 관리하는 데 들어가는 비용도 상대적으로 많이 들고 관리하는 것도 어렵기 때문이다. 사육장의 크기는 사육하는 거북의 크기와 활동성 및 사용공간과 경제적 상황을 고려해 지나치게 크지 않은 선에서 결정하면 된다.

사실 100% 거북 전용으로 나온 기성품 사육장은 국내에서 시판되는 것이 없다. 일반적인 파충류 겸용이나 어류 사육 수조를 사용하고 있는 실정으로, 여유만 된다면 현재 기르는 거북의 특징과 크기를 고려해 자신만의 사육장을 디자인하거나 직

설카타육지거북(Sulcata tortoise, *Centrochelys sulcata*)

Tip 적절한 사육장의 조건

- 사육 동물의 성장 크기에 맞는 적절한 공간을 제공해 줄 수 있어야 한다.
- 직사각형보다는 정사각형에 가까운 것이 좋다.
- 서식환경과 유사하게 세팅 가능한 구조여야 한다.
- 온도편차 형성이 가능한 넓이와 구조여야 한다.
- 오픈형일 경우 탈출이 불가능할 정도의 높이를 갖추고 있어야 한다.
- 온도, 습도, 조명의 조절이 가능해야 한다.
- 내부건 외부건 열원의 설치가 가능해야 한다.
- 환기가 원활하게 이뤄져야 한다.
- 물을 채워도 누수될 염려가 없어야 한다.
- 사육장 안쪽에 배선이 돼 있을 경우 전선은 잘 감춰져야 하며, 감전의 위험이 없어야 한다.
- 화재의 위험이 없는 절연체일수록 좋다.
- 부식돼 거북에게 해를 줘서는 안 된다.
- 쉽게 내부를 청소할 수 있는 구조여야 한다.
- 쉽게 파손되지 않아야 한다.
- 삼면이 막혀 있는 것이 좋다.

접 제작해 보는 것도 거북의 사육에 있어서 상당히 인상적인 경험이 될 것이다. 마땅한 사육장이 없다고 좁은 사육장에 너무 많은 거북을 합사하거나, 작은 어항에 너무 큰 거북을 기르는 것은 사육자로서의 도리가 아니다. 거북을 단순히 '보관'하려는 것이 아니라 진정으로 '사육'하고자 한다면, 가장 먼저 적절한 사육공간부터 확보해 주도록 하자.

■**구조에 따른 사육장의 분류** : 일반적으로 파충류용 사육장은 그 구조에 따라 사육장의 전면을 개방해 관리가 가능한 형태인지, 상부를 개방해 관리가 가능한 형태인지를 기준으로 크게 상면개폐식 사육장과 전면개폐식 사육장으로 나눠볼 수 있겠다.

상면개폐식 열대어를 사육할 때 사용되는 일반적인 수조 형태의 사육장으로 덮개가 위쪽에 설치돼 있다. 유리 수조는 수조와 일체형으로 위쪽 덮개에 조명이 설치돼 있는 경우가 많고, 이와는 다르게 오픈식으로 상단에 별도의 조명을 거치할 수 있게 제작돼 있는 경우도 있다. 원래 물고기를 사육하기 위한 용도로 제작된 만큼 완벽하게 방수가 되기 때문에 거북의 경우에는 물을 채울 필요가 있는 수생거북을 사육할 때 많이 사용되고 있다.

기성품의 경우 처음부터 거북 사육을 목적으로 제작된 것이 아니기 때문에 거북용으로 사용하다 보면 몇 가지 문제점을 발견하게 된다. 대표적인 문제는, 어린 개체일 때는 별 어려움 없이 사육할 수 있지만, 대부분 한 면이 긴 직사각 형태를 띠고 있기 때문에 거북이 어느 정도 자라면 상대적으로 사육장이 좁게 느껴지는 경우가 많다는 점이다. 또 수조의 높이가 거북을 관리하기에는 조금 높은 감이 있다는 것도 단점으로 작용한다.

아마존노랑점거북(Yellow-spotted river turtle or Yellow-spotted Amazon river turtle, *Podocnemis unifilis*)

돼지코거북처럼 높은 수위가 필요한 경우라면 모르겠지만, 일반적인 육지거북이나 반수생거북을 기를 경우 탈출만 불가능하다고 한다면 가능한 한 높이가 지나치게 높지 않은 사육장이 관리나 관상적인 면에서 더 좋다고 할 수 있다.

또 다른 단점은, 일반적으로 반수생거북을 사육할 때 물을 절반 정도 채우고 사육장을 세팅하게 되는데, 히터를 사용하게 되면 덮개를 덮어둘 경우 유리면에 습기가 많이 맺혀 거북의 관상이 힘들어진다는 것이다. 이와 같은 이유로 보통은 육지거북처럼 온도 관리가 필요한 상황이 아니라면 덮개를 제거하고 사용하는 경우가 많다.

거북 사육장으로 사용하기에 몇 가지 아쉬운 점이 있기는 하지만, 이러한 수조 형태는 인터넷 쇼핑몰이나 수족관 등지에서 손쉽게 구할 수 있고 가격 역시 저렴해서 가장 많이 사용된다. 형태가 단순하고 제작이 용이해 주문 제작을 하더라도 제작비용이 상대적으로 저렴하기 때문에 사육자 중에는 자신이 기르는 거북의 크기에 맞춰 주문 제작하거나 자작해 사용하는 경우도 많다. 형태가 단순해 MDF나 포맥스 등의 다른 소재로도 이런 상자 형태의 사육장을 많이 제작하는데, 이 경우 보통 전면에는 유리를 붙여서 제작한다. 유리 재질 이외의 재질로 제작된 사육장은 수생거북보다는 육지거북의 사육에 주로 사용된다.

전면개폐식 전면여닫이나 전면미닫이 형태의 양서·파충류 전용 사육장으로 보통 위쪽은 철망으로 처리해 환기가 용이하도록 제작돼 있으며, 제품에 따라 옆면까지 망으로 처리된 것도 있다. 물을 많이 채울 수 없기 때문에 주로 육상생활을 하는 거북 또는 물을 많이 채우지 않아도 되는 반수생종 어린 개체를 사육할 때 사용된다. 전면이 열리는 구조로 제작돼 있기 때문에 관리가 용이하다는 것이 가장 큰 장점이다. 그러나 준성체 이상의 거북을 사육할 만한 크기의 전면개폐식 사육장은 많이 수입되지 않기 때문에, 이런 형태의 사육장은 크기가 큰 기성제품을 구하기 어렵다는 단점이 있다.

이와 같은 이유로 보통 전면개폐식 사육장을 선호하는 사육자는 직접 주문 제작해 사용하는 경우가 많다. 어느 정도 사육경험을 가지고 있는 마니아 사육자들 사이에서는 포맥스와 같이 가공이 용이한 재질로 직접 만들어 사용하는 경우도 있다.

터치 풀(touch pool) **혹은 철망 형태** 여기서 말하는 터치 풀은, 전체적으로 플라스틱으로 돼 있고 윗면은 철망으로 처리된 상자형의 사육장을 말한다. 가볍고 위쪽이 거의 열려 있어 환기가 잘되며 이동 및 청소가 용이하다는 장점이 있지만, 거북 사육에 있어서 중요한 온·습도 관리가 힘들기 때문에 많이 사용되지는 않는다. 필자의 경우에는 기온이 허락되는 기간에 큰 크기의 터치 풀을 야외에 설치하고 야외방사장으로 사용하고 있다. 무엇보다도 철망으로 밀폐돼 있기 때문에 천적동물의 위협으로부터 안전하다는 점이 가장 좋은 것 같다.

철망 형태의 사육장은 바닥에 배설물판이 설치된 토끼장과 같은 형태의 사육장을 의미하는데, 거북의 경우에는 잘 사용되지 않는다. 분양용 거북을 격리하기 위해 일부 매장에서 사용하고 있는 것을 볼 수 있기는 하지만, 미관상 좋지 않은 것은 물론이고 관리 면에서도 어려운 점이 많기 때문에 거북 사육에 적합한 사육장이라고 할 수는 없다.

야외방사장 야외에서 사육할 수 있도록 외부에 설치한 방사장을 말하며, 우리나라에서는 보통 봄부터 가을까지 사용할 수 있다. 그러나 일부 마니아는 동면하는 종일 경우 야외방사장 내에 동면공간을 마련해 연중 실외에서 사육하기도 한다. 야외방사장은 대부분 자작(自作)으로 그 형태가 제각각이며, 실내사육장보다 공간이 상대적으로 넓은 편이다.

손쉽게 구할 수 있는 김장용의 넓은 고무통을 사용하기도 하고, 직접 땅을 파서 연못을 만들기도 하는 등 제작하는 소재에 별다른 제약은 없다. 우리나라 기후가 야외방사장을 설치하기에 적합하지 않기 때문인지는 모르겠지만, 아직 국내에는 야외방사장을 설치하는 사육자들이 드물다. 앞으로 개성 있는 야외방사장을 많이 볼 수 있었으면 한다.

■재질에 따른 사육장의 분류 : 사육장 제작에 사용되는 소재는 크게 유리, 플라스틱, 목재로 나눠볼 수 있다. 각각의 소재마다 나름의 장단점을 가지고 있으므로 개인적인 선호도나 경제적 여건 등을 감안해서 자유롭게 선택해 사용하도록 하자.

유리 사육장 사육장을 제작하는 가장 일반적인 소재로 긁힘이 적고 청소가 용이하며, 투명도가 높아 가시성 또한 좋다. 시중에 다양한 규격의 기성제품이 출시돼 있어서 어디서든 손쉽게 구입할 수 있기 때문에 거북을 기를 때도 가장 많이 사용되는 사육장이다. 단점이라면 무게가 무겁고 파손됐을 때 위험할 수 있다는 것, 보통 실리콘으로 접착돼 있기 때문

다양한 종류의 유리 수조

에 힘센 물거북의 경우 구석으로 파고들면서 수조 가장자리 부분의 실리콘을 발톱으로 긁어 파손되는 사례를 간혹 볼 수 있다는 것 정도다.

웬만한 수족관에서는 대부분 수조제작업체와 친분을 가지고 있기 때문에 필요한 경우 원하는 크기대로 주문 제작하는 것도 용이하다. 사육장 제작에 관심이 많은 사육자는 유리를 재단해 와서 직접 제작하는 경우도 있는데, 스스로 만족할 만한 수준의 사육장을 만들기 위해서는 어느 정도의 시행착오와 많은 경험이 필요한 작업이다.

아크릴 사육장 가볍고 막 구입했을 때는 투명도가 괜찮지만, 긁힘에 취약하기 때문에 장기간 사용하다 보면 표면에 흠집이 생겨 가시성이 떨어지는 경우가 많다. 아크릴 수조를 청소할 때는 반드시 부드러운 스펀지를 사용해야 표면에 흠집이 생기는 것을 방지할 수 있다. 또한, 직사광선에 장기간 노출됐을 경우에는 색상이 변할 수도 있으므로 가급적이면 햇볕이 내리쬐는 곳은 피해서 사육장을 설치하는 것이 좋다.

아크릴 수조

거북의 크기가 작을 경우 쉽게 구할 수 있는 채집통을 구입해 이용하는 것도 좋다. 다만 보통 크기가 작아 열원이나 여과기 및 히터를 설치하기 어려우므로 온도 관리에 신경 써야 하고, 특히 물거북의 경우 수질 관리에 주의해야 한다. 반려동물 숍에서는 어디든 취급하고 있고, 저렴한 가격에 손쉽게 구입해서 쓸 수 있다는 것이 가장 큰 장점이라고 할 수 있다. 하지만 앞서 언급했듯이, 시판되는 채집통은 대부분 크기가 작기 때문에 큰 개체를 사육하기에는 무리가 있다.

ABS 사육장 수산시장이나 횟집에서 흔히 볼 수 있는 파란색 또는 흰색 활어용 수조의 재질을 떠올리면 이해가 쉬울 것이다. 아크릴로니트릴(Aciylonitrile; 인공수지의 원료), 부타디엔(Butadiene; 탄화수소의 일종), 스티렌(Styrene; 합성수지·합성고무 원료) 등의 성분으로 돼 있는 일종의 내충격 열가소성 수지의 총칭으로, 이 세 가지 성분의 첫 글자를 따서 ABS(강화플라스틱)라고 한다.

가볍고 견고하며, 흠집도 잘 생기지 않아 개인적으로 사육장을 제작하는 데 가장 적합한 재질 중 하나라고 생각한다. 그러나 성형하는 데 전문공구와 특수한 기술이 필요하기 때문에 개인이 자작하기는 어렵다. 기성품으로 대량 생산되지 않고 보통은 소량으로 주문 제작되는데, 다른 소재보다 제작비가 상대적으로 비싸 거북 사육에 흔하게 이용되지는 않는다.

ABS 수지는 투명한 제품도 생산되기는 하지만, 색상을 넣어 불투명하게 만든 제품이 많기 때문에 압축 PVC 발포시트(PVC 발포시트; 소위 포맥스라 통칭하는 것) 사육장의 경우처럼 보통은 전면에 유리를 덧붙여 사육장을 제작하는 것이 일반적이다. 악어거북이나 늑대거북 같은 대형 수생거북은 일반 유리 수조에서 사육할 경우 가장자리의 실리콘을 긁어 수조를 파손시키기도 하기 때문에 이를 방지하기 위해 ABS 재질로 수조를 주문 제작하기도 한다. ABS 수지는 유리 수조를 제작할 때처럼 접착제로 실리콘을 사용하는 것이 아니라, 모서리를 처리할 때 플라스틱 자체를 휘어지게 하거나 동일한 강화플라스틱 재질로 용접하는 방식으로 만들어진다. 따라서 덩치가 어지간히 큰 거북이라 할지라도 발톱으로 긁어서 파열시키는 경우는 없다. 일반적인 수족관에서는 판매하고 있지 않으며, 활어용 수조를 전문으로 제작하는 업체에 디자인을 주고 제작을 의뢰할 수 있다.

압축 PVC 발포시트 사육장 정식 명칭은 'PVC 발포시트'지만, 마니아들 사이에서는 흔히 국내 기업이 개발한 제품명인 '포맥스(Formax)'로 통칭한다. 가격이 비교적 저렴하고 구하기 쉬우며, 무게가 가벼워 이동이 용이하고, 간단한 공구로도 성형이 가능한 것 등 여러 가지 장점이 많기 때문에 사육장 자작을 처음 시도하는 사육자들 사이에서 많이 이용된다.

외형상으로는 아크릴같이 단단해 보이지만, 아크릴처럼 쉽게 깨지지는 않는다. 색상은 빨강, 노랑, 파랑, 흰색, 녹색, 회색, 검은색, 투명한 것과 베이지색이 있으나 투명 포맥스는 시중에서 구하기 힘들다. 입수 가능한 것은 거의 불투명한 재질이라 보통은 원하는 위치에 유리를 덧붙여서 사육장을 제작하게 된다. 가격이 상대적으로 저렴하고 가공이 손쉬운 재료지만, 강도가 약하기 때문에 물을 필요로 하지 않는 육지거북 또는 습지거북의 사육장 소재로 많이 사용되고 있다. 수생거북 사육장으로 사용할 경우 물을 많이 담지 않아도 되는 소형 개체나 낮은 물높이에서 기를 수 있는 종을 사육하는 데 주로 선택된다.

다른 소재로 된 사육장과는 달리 압축 PVC 발포시트로 된 사육장을 사용할 때는 특별히 주의할 점이 한 가지 있다. 소재의 특성상 사육장이 길어지거나 높아질수록 더 쉽게 휘어지고 약해지기 때문에 사육장 내용물이 세팅된 채로, 특히 물을 담은 채로 사육장을 이동시키면 파열되는 사례가 자주 발생한다는 점이다. 따라서 이동 시에는 조금 번거롭더라도 반드시 사육장에 세팅된 내용물을 제거하고 가벼운 상태로 움직이는 것이 좋다. 또 하나의 단점은 소재의 특성상 열에 상당히 약하고 쉽게 변형이 일어난다는 것인데, 수중히터가 닿거나 스폿램프가 잠시 가까이 닿는 정도만으로도 쉽게 변형된다. 따라서 포맥스 사육장에서 열원을 사용할 때는 무엇보다도 화재예방에 특히 관심을 기울여야 한다.

압축 PVC 발포시트는 자와 칼, 접착제만 있으면 언제든지 사육장 제작이 가능할 정도로 다른 어떤 소재보다도 성형이 용이한 재료라고 할 수 있겠다. 필자 역시 한때 이 재료를 이용해 머릿속으로만 구상하던 여러 가지 새로운 형태의 사육장을 제작하는 데 푹 빠졌던 적이 있었다. 그 가운데 마음에 들었던 몇 개의 디자인은 필요한 경우 현재도 가끔씩 제작해서 사용하기도 한다.

강화플라스틱 사육장

한동안 거북을 사육하다 보면 기성품 사육장의 단점들이 점점 크게 느껴지고, 자신이 기르는 거북에게 적당한 사육장을 직접 제작하고자 하는 욕구가 커지게 된다. 이럴 때 꼭 실물 크기의 완성품은 아니더라도 축소모형 정도를 직접 제작해 본다면, 스스로 이상적이라고 생각하는 사육장의 형태를 구체화하는 데 많은 도움이 될 수 있을 것이다. 거북 애호가의 입장에서 보면, 자신이 기르는 거북에게 꼭 맞는 사육장을 사육자의 손으로 직접 만들어주는 것도 거북 사육에서 빼놓을 수 없는 즐거움 가운데 하나라고 하겠다.

목재 사육장 중밀도 섬유판(MDF, medium density fiberboard) 및 원목 사육장을 들 수 있겠다. MDF는 목질재료를 주원료로 해서 얻은 목섬유를 합성수지 접착제로 결합해 성형 및 열압해 만든 판상의 제품을 말하며, 흔히 주방가구 등을 제작하는 데 많이 사용되는 소재다. MDF를 이용해 거북 사육장을 만들 때는 사육장을 디자인해서 제조업체에 제작을 의뢰하는 경우도 있고, 크기대로 재단만 해와서 사육자가 직접 조립하는 경우도 볼 수 있다.
보통 업체에서 가구는 많이 만들지만, 동물 사육장을 제작해 본 경험은 전혀 없는 경우가 대부분이다. 따라서 업체에 주문할 때는 정확한 디자인과 크기를 확실하게 알려줘야만 나중에 만족할 만한 결과물을 얻을 수 있다. 필자도 예전에 MDF 소재의 사육장을 사용했을 때 처음에는 전적으로 업체에 제작을 의뢰했었지만, 결과물들이 미세하게 규격이 틀리는 경우가 많아서 나중에는 나무만 재단해 와서 정확한 크기로 직접 조립해 사용했던 기억이 있다. 그러나 꼼꼼한 성격을 지닌 제작자에게 의뢰하는 경우, 제작상의 주의점만 정확하게 알려준다면 나름대로 괜찮은 결과물을 받아볼 수 있을 것이다.

원목 소재로 된 사육장

목재 사육장의 장점은 소재의 특성상 사육장 내부의 온도유지가 용이하고 원하는 형태로 제작할 수 있다는 것이며, 단점은 대체로 무겁고 습기와 열에 약하다는 것이다. 주방가구를 만드는 업체에서 주문 제작이 가능하지만, 익숙지 않은 물건이라 제작을 꺼리는 곳도 많다.

바닥재

거북 사육자들이 고민을 많이 하는 것 가운데 하나가 '적절한 바닥재'에 관한 내용이다. 거북 애호가들이 많이 활동하고 있는 인터넷 동호회에 들어가 보면, 바닥재 문제에 대해 지속적으로 많은 논의와 논쟁이 오가는 것을 볼 수 있다. 그 근본적인 이유를 한마디로 요약하자면, 모든 면에서 '완벽한' 바닥재라는 것이 존재하지 않기 때문이라고 할 수 있다.

완벽한 바닥재라는 것이 존재해서 선택의 여지가 전혀 없게 된다면, 고민거리가 줄어들게 될 것이고 거북 사육의 대중화에도 상당한 도움이 될 수 있을 것이다. 바닥재는 단순히 사육장 바닥을 덮는 소재로서가 아니라 분진으로 인한 호흡기질환과 눈병, 걸을 때의 충격을 흡수하지 못해 일어나는 관절계통의 이상, 미관상의 문제, 청소의 용이성, 사육장의 온·습도 유지, 바닥재를 먹음으로써 발생하는 소화기계통의 질병, 배설물 냄새, 수조 내 pH의 변화 등 사육 중에 부딪히게 되는 수많은 문제와 밀접하게 관련돼 있기 때문이다.

그러나 앞서 언급했다시피 당장은 모든 문제를 해결해 줄 만한 완벽한 바닥재라는 것이 존재하지 않고 또 당분간은 개발되기도 어려울 것으로 보이기 때문에, 현재로서는 시판되고 있는 각 소재들이 가지고 있는 장단점을 잘 파악해 장점이 가장 많다고 판단되는 바닥재를 선택하거나 두 가지 이상의 바닥재를 혼합해 사용하는 것이 최선이라고 할 수 있다.

시중에는 여러 가지 종류의 바닥재가 판매되고 있다. 파충류용으로 만들어진 것도 있고, 다른 동물용 바닥재를 거북용으로 응용해서 사용하는 것도 가능하다. 사전적 의미의 '바닥재'는 사육장 바닥을 덮는 소재라는 뜻이므로 소재에 특별한 제한이 있는 것은 아니지만, 가능한 한 다음 표의 조건을 충족시키는 소재가 바닥재로서 적합하다고 볼 수 있다.

- 원서식지의 서식환경과 비슷한 환경을 조성해 줄 수 있는가.
- 미관상 자연스러운가.
- 거북에게 심리적 안정감을 줄 수 있으며, 사육 하의 스트레스를 줄이는 데 도움이 되는가.
- 걸을 때의 충격을 흡수하지 못해 관절에 부담을 주지는 않는가.
- 흡수성이 좋은가 - 배설물이나 냄새를 일정 수준 흡수할 수 있는가.
- 입자가 날카롭거나 거칠지 않은가 - 상처를 입히거나 섭취했을 때 체내 상해의 원인이 되는가.
- 지나친 분진을 발생시키지는 않는가 - 호흡기질환 및 안과질환의 우려가 있는가.
- 사육하는 거북의 크기를 고려할 때 입자의 크기는 적당한가 - 바닥재로 인해 움직임에 어려움이 있어서는 안 되며 섭취 시 안전성을 고려해야 한다.
- 사육장의 온도유지와 열전도에 도움이 되는가.
- 거북에게 필요로 하는 습도를 유지시킬 수 있는가.
- 부식돼 거북에게 해롭지는 않은가.
- 섭취했을 경우 해롭지 않은가 - 장에 축적되거나 유해한 화학적 성분이 함유돼 있지 않은가.
- 청소나 교환, 소독이 용이한가 - 2차 감염 방지
- 수조 내의 적절한 pH를 유지시키는 데 도움이 되는가.
- 가격이 저렴하고 공급이 안정적인가.

■**바닥재의 구분** : 수생거북에 있어서 바닥재의 필요성에 대해서는 사육자마다 의견이 다르다. 완전수생종(또는 반수생종이라 하더라도) 거북은 바닥재 없이 기르는 경우도 많다. 그러나 땅에 발을 딛고 사는 육지거북이나 습지거북의 경우에는 그 중요성을 간과할 수 없는 것이 또한 바닥재이기도 하다. 현재 여러 가지 소재와 색상의 제품이 시판되고 있고, 가격대도 상당히 다양하므로 각각의 장단점을 잘 살펴 적절한 것을 선택하도록 하자.

배어 탱크 타입(bare tank type) 일체의 바닥재를 사용하지 않는 가장 단순한 형태로서 늑대거북이나 악어거북과 같은 대형 수생거북종을 사육할 때 많이 적용된다. 수생거북, 특히 사육하는 거북의 크기가 커서 일반적인 여과방식으로는 안정적으로 수질을 유지하기 어려울 경우와 그로 인해 여과보다는 환수로써 수조 내의 수질을 유지하는 경우에 주로 많이 사용되는 편이다. 반면에 육지거북의 경우에는 거의 적용되지 않는 형태이기도 하다.

바닥재를 사용하지 않는 형태이기 때문에 분진이나 섭취로 인한 건강이상 등과 같은 문제로부터는 자유롭지만, 육상거북 사육장에 적용할 경우 거북이 걸을 때 발생하는 충격을 완충해 주지 못하기 때문에 장기간 바닥재 없이 사육하면 관절이 붓거나 마모되는 사례가 간

시판되고 있는 여러 가지 파충류용 바닥재

혹 보고되고 있다. 또한, 관상적인 측면에서도 그리 좋은 형태는 아니다. 더구나 바닥이 매끄러운 사육장이라면 거북이 완벽하게 몸을 지지하는 데 어려움이 따르기 때문에 다리가 휘거나 변형되는 경우도 있으며, 그로 인한 스트레스 역시 발생할 가능성이 있다. 따라서 육지거북을 사육할 때는 반드시 바닥재를 깔아 세팅하는 것이 여러모로 바람직하다.

매트 타입(mat type) 신문지, 파충류용 매트 혹은 반려견용 배변 패드 등 간단하게 깔아주는 소재의 바닥재로서 주로 육지거북의 사육장에 사용된다. 사육장 바닥을 덮을 정도의 깔판을 사용하기 때문에 배설물 청소가 용이하지만, 배어 탱크 타입의 사육장과 별다른 차이 없이 걸을 때 완충작용을 충분히 하지 못하기 때문에 역시 거북의 관절에 부담을 줄 수 있다. 아주 어린 개체의 경우 짧은 기간 동안 매트를 깔아 사육하기도 하지만, 역시 사육자의 편의를 이유로 매트 타입의 사육장에서 장기간 사육한다는 것은 조금 고민해 볼 문제다.

인조잔디는 거북이 뜯어 먹는 경우도 있고 완벽한 청소가 어렵다는 단점이 있다. 또한, 반려견용 배변 패드의 경우 푹신푹신하고 흡수성이 좋지만, 가격이 만만치 않아 장기간 사용하기에는 경제적 부담이 따른다. 신문지는 가장 손쉽게 구할 수 있는 소재로 뱀의 사육에는 많이 이용되지만, 거북 사육에는 그다지 적합한 소재라고는 할 수 없다.

샌드, 소일 타입(sand, soil type) 살균된 파충류용 모래 재질이나 피트모스 및 상토 등 흙 재질의 바닥재로서 사막이나 습계에 서식하는 종의 사육장에 사용된다. 근래에는 칼슘을 가공해 모래 형태로 제조한 제품도 시판되고 있다. 기성품으로 판매되는 바닥재 소재들 가운데 종류가 가장 다양하다. 많은 제조사에서 파충류용 흙과 모래를 생산하고 있는데, 제조사별로 성분과 색상, 입자의 크기, 양, 가격 등에 있어서 상당한 차이를 보이므로 꼼꼼하게 비교해 보고 자신의 거북에게 가장 적합한 것을 선택해 사용하도록 하자.

모래입자가 너무 굵을 경우 거북이 섭취했을 때 장을 막게 되는 등의 문제가 생기고, 반대로 너무 입자가 고운 것 역시 분진이 많이 생기기 때문에 호흡기나 눈 관련 질병을 유발할 수 있고 역시 섭취 시 장에 침착되는 경우가 있다. 모래 소재는 서식지 형태에 상관없이 사용된다.

이렇게 모래나 흙, 자갈을 바닥재로 사용할 경우 지나치게 밝은색은 피하는 것이 좋다. 특히 사육장 위쪽에 조명이 달려 있을 경우 빛이 반사돼 거북의 눈을 피로하게 만들고, 그것이 스트레스를 유발하는 요인이 될 수 있기 때문이다.

흙 재질의 바닥재로는 보통 피트모스와 같은 것을 벽돌 형태로 압축해 둔 제품이 많이 판매된다. 이러한 제품은 단단히 뭉쳐져 있는 상태로 그냥 사용하는 것이 아니라, 물에 불려 부드럽게 푼 다음 적당히 물기를 제거해서 사용한다.

여러 가지 재료를 바닥재로 이용한 사육장의 모습. 위부터 번호 순대로 신문지, 강아지 배변패드, 모래, 바크

흙 재질의 바닥재는 사육장의 습도를 유지할 필요가 있을 경우 사용하면 특히 유용하다. 거북의 알을 부화시킬 때 보통은 버미큘라이트를 많이 이용하지만, 버미큘라이트를 구하기 어려울 경우 흙 재질의 제품을 소독해서 산란상자나 부화상자의 바닥재로 사용하기도 한다. 모래나 흙 형태의 소재들은 사육장에 단독으로 사용되는 경우도 있지만, 일반적으로 두 가지 종류 이상 혼합해서 사용하는 경우가 많다.

바크 타입(bark type) 흙 재질의 바닥재와 마찬가지로, 사육장의 습도를 유지할 필요가 있을 경우 바크 소재 바닥재를 사용한다. 숲, 들판, 초원, 삼림에 서식하는 거북종의 사육장에 사용되는데, 습도유지가 용이하고 나무 소재라 자연스러운 분위기의 연출이 가능하다는 장점이 있다.

파충류용으로 살균 소독돼 시판되는 제품이 있지만, 가격이 싼 편은 아니며 공급량도 그리 많지는 않기 때문에 어느 정도 자란 크기의 거북의 경우 화훼용 바크를 사용하기도 한다. 건강상 심각한 문제가 발생하는 사례는 드물지만, 소독되지 않은 제품이라 간혹 벌레가 생기거나 돌 또는 이물질이 섞여 있는 등 품질의 편차가 크고 냄새가 심한 경우도 있으며, 시기에 따라 수급에 어려움을 겪기도 하는 등의 단점이 있다.

화훼용 바크는 가격이 저렴하고 양이 많지만, 향이 자극적이거나 송진 등 거북에게 해로운 물질

1. 피트모스 바닥재 2. 건초 바닥재 3. 건초+모래 바닥재 4. 건초+자갈 바닥재

이 나오는 경우도 있기 때문에 사용할 때마다 매번 상태를 주의 깊게 확인해야 하며, 가급적이면 사육난이도가 높은 거북에게 사용하는 것은 지양하는 편이 바람직하다.

칩 타입(chip type) 칩 재질은 성냥개비를 잘라둔 것과 같은 형태의 바닥재라고 생각하면 이해하기 쉬울 것이다. 나무의 내피나 옥수수 조각 등을 잘게 가공해 제품화되며, 건조한 지역에 서식하는 종의 사육장에 사용된다. 사육장 바닥에 깔았을 때 자연스럽지 못하고, 습기를 잘 빨아들여 사육장 내 습도를 유지하기가 어려운 편이며, 색상이 밝아 배설물이 쉽게 표시 나는 등 여러 가지 단점을 지니고 있어서 국내에서 그리 선호되는 소재는 아니다.

모스 타입(moss type) 열대우림에 서식하는 이끼를 건조한 형태의 바닥재로, 수생거북 및 습지거북의 사육장에 사용된다. 사육장의 습도를 유지하는 데는 좋으나 부스러기가 많은 편이며, 거북의 크기가 작을 경우는 움직이는 데 어려움이 있다. 사육자에 따라 잘게 잘라서 다른 소재와 섞어 사용하는 것을 볼 수는 있지만, 단독으로 사용되는 경우는 드물다.

1. 모래 2. 건초 3. 칩. 건조한 지역에 서식하는 거북용 4. 피트모스 5. 물이끼 6. 바크. 사육장의 습도를 유지시키는 바닥재

펄프 타입(pulp type) 폐종이를 압착해서 덩어리로 만든 펠릿 형태의 바닥재로, 회색이나 밝은 갈색을 띠고 있다. 종이를 원료로 만들다 보니 소변의 흡수가 빠른 장점이 있으나, 반대로 한번 흡수한 소변이 잘 증발되지 않고 냄새제거효과도 그다지 뛰어나지 않다. 또한, 다른 소재보다 입자가 큰 편이라 크기가 작은 거북의 경우 움직임에 어려움이 있다. 건조한 지역에 서식하는 대형 거북용으로 생산되는 것 같지만, 국내에서 많이 사용되지는 않는다.

건초 타입(hay type) 사육자에 따라 사육장 내에 건초를 충분히 깔아 바닥재를 대신하기도 한다. 필자의 경우는 현재 야외방사장에서 바닥재로 사용하고 있는데, 보기에도 자연스럽고 완충작용도 하면서, 가끔은 먹기도 하고 스스로 파고들어 은신처로도 사용하는 등 여러모로 유용하다. 실내사육장에서도 비슷한 효과를 기대할 수 있을 것으로 생각되지만, 건초 특유의 냄새와 분진이 발생하기 때문에 실내사육장에서는 다른 소재를 사용하고 있다.
품질이 좋지 않은 건초인 경우에는 절단면이 굵고 날카로우면서 분진이 많아 사용하기에 좀 꺼려지기도 하지만, 양호한 품질의 건초를 바닥재로 사용하는 것은 한번 시도해 볼 만하다. 하지만 말린 풀이기 때문에 사육장 내의 습기를 흡수하는 효과가 있어서 사육장 내에 원하는 습도를 유지하려면 주기적으로 습도 관리를 해줘야 한다.

조명과 UVB등
사육장에 설치하는 등은 세 종류가 있다. 하나는 사육 중인 거북을 관상하고 사육장 내의 거북에게 광주기를 제공해 주기 위한 조명용 등이고, 다른 하나는 거북의 칼슘대사를 자극하기 위해 설치해 주는 UVB등이며, 나머지 하나는 거북에게 열을 제공해 주기 위한 열등이다. 열원에서 나오는 빛은 열을 발생시키는 과정에서 부가적으로 얻어지는 것이므로 나중에 다루기로 하고, 여기서는 조명과 UVB에 대해서 알아보도록 하겠다.

■**조명** : 앞서 언급했듯이, 사육장 내에 조명을 설치하는 목적은 크게 두 가지다. 사육자의 입장에서 본다면 사육 중인 거북을 효과적으로 관상하기 위해 설치하고, 거북의 입장에서 보면 대사에 필요한 생체사이클의 안정을 목적으로 광주기를 안정적으로 제공해 주기 위해 설치한다. 보통 사육장 조명으로는 백열등이나 형광등을 많이 사용하는데, 이 등은 사

1. 형광등 형태의 UVB램프   2. 콤팩트 형광등 형태의 UVB램프   3. 수은등 형태의 UVB램프

육장을 밝히는 용도에 덧붙여 완벽하게는 아니지만 거북에게 어느 정도의 UVA와 열기를 제공하는 역할도 하게 된다. 그러나 거북에 있어서 중요한 빛인 UVB는 나오지 않기 때문에 육지거북을 사육하기 위해서는 조명과는 별도로 UVB등을 설치해 줄 필요가 있다.

조명용 등은 광주기를 제공해 주는데, 단독으로 사용되거나 UVB등으로 조명을 대체하는 경우도 있으며 두 개를 함께 사용하는 경우도 있다. 사용에 별다른 규칙이나 제한이 있는 것은 아니므로 사육장의 형태와 크기, 일광욕 실시 유무 등 사육환경과 사육자의 주관에 따라 선택적으로 사용하면 된다. 거북에게 규칙적인 광주기를 제공해 주기 위해서는 타이머를 설치해 정해진 시간에 등이 켜지고 꺼지도록 설정하는 것이 좋다.

■UVB : 다른 어떤 동물보다도 거북에 있어서 UVB가 중요한 이유는(특히 초식을 하는 거북에게), UVB광선이 거북에게 꼭 필요한 '칼슘대사를 위한 비타민D3의 생성'을 자극하는 역할을 하기 때문이다. UVB조사를 위한 전용등이 판매되고 있기는 하지만, 두말할 것도 없이 최적의 UVB공급원은 태양이다. 필터링되지 않은 태양의 직사광선이야말로 거북에게 가장 좋은 UVB공급원이라고 할 수 있겠다. 하지만 실내에서 사육할 경우에는 가끔씩 실시하는 일광욕 시간을 제외하고는 특수하게 만들어진 UVB등에 의존할 수밖에 없다.

Tip **거북에 따른 UVB램프 의존도**

- -

사막에 서식하는 종(이집트육지거북, 그리스육지거북) 〉 **사바나 지역에 서식하는 종**(설카타육지거북, 레오파드육지거북, 팬
케이크육지거북) 〉 **열대우림에 서식하는 종**(붉은다리거북, 노란다리거북) 〉 **상자거북**(박스 터틀류-Box turtle) 〉 **반수생
종**(슬라이더, 쿠터류) 〉 **완전수생종**(바다거북, 악어거북, 돼지코거북)

＊사육하에서는 개체의 초식 경향이 강할수록 일광욕이나 UVB램프에 대한 의존도를 높여야 한다.

보통 UVB광선은 유리를 통과할 수 없지만, 시판되는 UVB램프는 특수한 유리를 사용해
UVB를 방출할 수 있도록 제작돼 있다. 일반적으로 긴 형광등 형태부터 콤팩트 형광등 형
태, 수은전구 형태까지 다양한 제품이 시판되고 있으며, 제품별로 상이한 크기와 조사강도
를 지니고 있다. 형광등 형태나 콤팩트 형광등 형태의 UVB등은 보통 와트 수가 낮아서 열
원의 역할까지 병행하기는 어렵지만, 수은등 형태로 제작되는 UVB등은 UVB광선의 조사
와 더불어 열원의 역할까지도 병행할 수 있다. 하지만 수은등 형태의 UVB등은 상당히 많
은 열을 내기 때문에, 작은 크기의 사육장에 사용할 경우에는 사육장이 과열되지 않도록
하기 위해 특별한 조치를 취해야 한다. 'UVB + 스폿등'은 열, UVB, UVA가 함께 방출되는 램
프로 스폿램프(spot lamp)와 UVB램프의 역할을 동시에 수행한다.

열원

생물이 생장하기 위해서는 여러 가지 요건들이 필요하다. 그중에서도 특히 온도는 성비,
부화기간, 돌연변이, 성장, 활동, 생존, 동면과 분포 등 거북의 삶의 모든 부분과 밀접하게
관련된 아주 중요한 요소라고 할 수 있다. 온혈동물인 조류나 포유류는 물질대사에 의해
발생하는 열로 체온을 항상 일정하게 유지할 수 있다. 이와는 달리 변온동물인 거북은 대
사율이 매우 낮을 뿐만 아니라, 거북의 비늘은 온혈동물의 깃털이나 모피와는 달리 효과적
인 단열재가 되지 못하기 때문에 대사열 만으로는 체온을 조절하는 데 어려움이 따른다.
따라서 인공사육하에서는 반드시 적절한 열원을 설치해야 할 필요가 있는 것이다.

사육장에 설치되는 열원은 주간용 등과 야간용 등 및 세라믹등을 포함하는 상부열원과 열
선, 히팅 패드, 히팅 필름, 히팅 락 및 수중히터를 포함하는 하부열원으로 나눌 수 있다. 이
외에 열원의 역할과 UVB조사의 두 가지 역할을 하도록 만들어진 UVB등도 있다. 육지거북

은 2차 전도열보다는 공기 중의 온도로 체온을 유지하므로 상부열원을 주열원으로 사용하고, 하부열원은 보조열원으로 설치하거나 생략하는 것이 일반적이다. 단, 수생거북의 경우는 주로 히터를 주열원으로 하고, 상부열원을 보조열원으로 사용한다.

■열원 설치 시 주의점 : 열원을 설치할 때 특별히 유의해야 할 점은, 사육장 내에 온도가 높은 핫 스폿(hot spot) 지역과 온도가 낮은 은신처 지역의 온도차를 설정해 주기 위해 열원을 사육장 중앙이 아니라 왼쪽 혹은 오른쪽 한곳에 집중해 설치해야 한다는 것이다. 파충류 숍에서 판매되고 있는 기성품 사육장 중에는 간혹 사육장 한가운데에 열원용 소켓이 설치돼 있는 것을 볼 수가 있는데, 이렇게 만들어진 사육장은 사육장 내에 온도차를 형성하는 것이 어렵기 때문에 소켓의 위치를 옮겨서 다는 작업을 한 후에 사용하는 것이 좋다.

온도편차를 제공하기 위해서는 사육장의 크기가 최소 60cm는 넘어야 한다. 작은 사육장에 스폿을 설치하면 환기가 원활하지 않은 경우 사육장 전체가 찜통이 될 수도 있으므로 반드시 온도를 체크해야 한다. 거기에 하나 덧붙여서, 가능하다면 사육장 내 공간에 따른 온도편차 조성과 더불어 자연상태와 같이 주간과 야간의 온도편차도 제공해 주면 더욱 좋다.

같은 와트 수로 주간등과 야간등을 24시간 가동하기보다는, 야간에는 열원을 제공하지 않거나 주간등보다 낮은 와트 수의 야간등을 사용함으로써 밤낮의 온도차를 형성하는 것이 가능하다. 사육장 내의 이러한 약간의 온도변화는 질병에 대한 저항력과 면역력을 길러주고, 좁은 활동공간으로부터 오는 스트레스를 감소시키는 효과가 있는 것으로 알려져 있다.

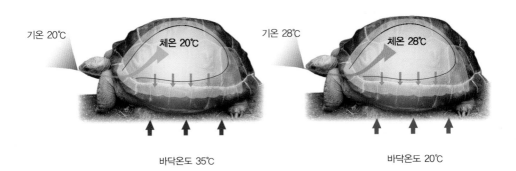

거북의 체온유지를 돕기 위해서는 하부열원보다는 상부열원을 사용해 사육장 내의 기온을 높여주는 것이 좋다.

■**상부열원** : 상부열원을 설치할 때는 전용소켓을 사용함과 동시에 소켓의 허용 와트 수를 반드시 확인해야 한다. 화재를 예방하는 것은 물론이고, 전구의 수명을 늘리는 효과까지 기대할 수 있기 때문이다. 플라스틱 재질보다 가급적이면 도자기 재질의 소켓을 사용하는 것이 좋고, 열원을 가동할 때는 매우 뜨거우므로 취급 시 화상에 특히 주의해야 한다. 무엇보다도, 습도유지를 위해 사육장에 분무를 할 경우 달궈진 열원에 절대 물이 닿게 해서는 안 된다는 점을 명심하자. 급격한 온도차이로 파열돼 위험한 상황이 발생할 수 있다.

주간등(스폿등) 주간등은 낮 시간에 주로 사용하는 열원으로 거북에게 열을 제공하는 동시에 조명효과까지 볼 수 있다. 거북뿐만 아니라 대부분의 파충류 사육에 있어서 가장 기본이 되는 상부열원이다. 거북의 대사작용에 필요한 열을 공급하고, 번식과 소화 및 건강유지에 필수적인 UVA를 방출한다. 열등 가운데 가장 다양한 종류가 시판되고 있다.

야간등 야간등은 열은 그대로 공급하되 수면과 안정에 방해가 되지 않도록 만들어진, 밤시간에 사용할 수 있는 등을 말한다. 거북의 수면에 방해가 되는 밝은 빛을 방출하지 않도록 붉은색이나 푸른색 등 여러 가지의 색깔 있는 유리를 이용해 제작된다. 적외선 파장을 방출하기 때문에 야간에 열원으로 사용된다.

세라믹등 세라믹등은 도자기 재질로 제작된 등으로 빛은 완전히 배제하고 열만을 공급하기 위해 만들어졌으며, 주야에 상관없이 사용할 수 있다. 열발산기로서 열효율이 우수하면서도 수명이 길고, 아무런 빛도 발산하지 않기 때문에 야간에 사용하더라도 거북의 수면을 방해하지 않는다는 장점을 가지고 있다. 동물의 근육에까지 침투하는 강력한 적외선을 방출하며, 가격은 다른 열원에 비해 조금 비싼 편이다.

1. 색유리를 이용한 야간용 등   **2.** 세라믹등

주간용 스폿램프

■**하부열원** : 히팅 패드나 히팅 필름, 열선 등과 같은 하부열원은 주변 공기를 잘 데우지 못하기 때문에 거북 사육에 있어서 그다지 큰 효과를 발휘하지 못한다. 또한, 앞서도 언급했듯이, 다른 파충류가 체온을 유지하기 위해 태양으로부터 달궈진 바닥의 2차 전도열을 이용하는 데 비해 보통 거북은 강한 태양빛을 직접적으로 쬠으로써 대사에 필요한 열을 얻기 때문에, 하부열원을 이용하는 것은 거북의 자연적인 행동양식과도 어긋나는 일이라고 할 수 있다. 따라서 파충류용으로 시판되고 있는 히팅 락과 같은 제품 역시 뱀이나 도마뱀에게는 열원으로서 좋은 사육용품이지만, 거북에게는 그다지 효율적인 제품이라고 할 수는 없다. 이와 같은 이유로 하부열원은 보조열원 정도로만 사용하는 것이 바람직하다.

하부열원 사용에 신중해야 하는 또 다른 이유는 화상의 위험 때문이다. 거북은 단지 몇몇 세포의 말단 부분만이 복갑에 위치해 있기 때문에 화상을 입을 정도의 온도에도 아랑곳하지 않고 장시간 저면열원 위에 자리를 잡고 앉아 있는 경우가 있다. 이와 같은 이유로도 히팅 락과 같은 제품을 거북 사육장 내부에 설치하는 것은 피하는 것이 좋다.

히팅 필름, 열판 그리스육지거북이나 힌지백육지거북과 같이 사막지역에 서식하는 몇몇 종은 소화를 돕기 위해 2차 전도열을 이용하는 경우가 있다. 사육하에서도 이와 같은 종에게 히팅 패드나 히팅 필름을 설치해 주면 건강하게 성장하는 데 많은 도움이 된다. 저면열원을 설치할 경우에도 상부열원의 경우와 마찬가지로 사육장 한쪽으로 치우치게 설치해야 한다. 열판을 사육장 저면 전체에 깔아주는 것이 아니라 바닥의 절반 정도에만 설치해 거

다양한 형태의 열판

북이 이동하면서 스스로 온도를 조절할 수 있도록 해주는 것이 좋다. 이때 거북이 바닥재를 파헤치고 설치한 저면열원을 노출시키거나 배선을 물어뜯는 경우가 있으므로 바닥재 아래가 아니라 사육장 아래에 설치해야 한다. 또한, 설치 이후 바닥의 온도가 너무 올라가지는 않는지 반드시 측정해 봐야 한다. 저온이라도 장시간 접촉되면 저온화상을 입을 우려가 있기 때문이다. 마지막으로 히터를 제외한 대부분의 저면열원은 별도의 온도조절장치가 부착돼 있지 않기 때문에 자동온도조절기를 부착해 사용하는 것이 안전하다.

사막종이 아님에도 불구하고 개인적인 사육여건상 저면열원을 사용해야 할 필요가 있는 경우에는, 말 그대로 최소한의 온도를 유지해 주는 용도 정도로 사용하기를 권한다. 상부열원의 작동이 멈췄을 때 폐사에 이르지 않을 정도의 온도를 제공해 주도록 설정하고, 실질적으로 대사에 필요한 온도는 상부열원을 이용해 제공하는 것이 좋다.

수중히터 히터는 수생거북의 사육환경을 조성하는 데 있어서 주열원으로 사용된다. 수온이 많이 올라가는 여름철에는 별로 사용되지 않지만, 동면을 시키지 않는 한 적어도 늦가을에서 초봄까지는 필수적으로 사용되는 사육장비라고 할 수 있다. 따라서 수생거북 사육자는 반드시 구입해야 하고, 차후 파손을 감안해 여유분을 보유하고 있는 것이 좋겠다.

히터는 온도를 감지하는 방법에 따라 히터 몸체와 자동온도조절기부가 함께 붙어 있는 '바이메탈식' 히터, 온도표시부와 히터 몸체가 따로 분리돼 있는 '전자식' 히터의 두 가지로 나눌 수 있다. 보통 수족관 등에서 구입할 수 있는 히터는 대부분 바이메탈식이다. 바이메탈식 히터는 설치와 조작이 불편하고 고장의 위험이 높으며, 전원이 작동하고 있을 때 공기 중에 노출되면 유리관이 파열됨으로써 문제가 발생하는 경우가 많다. 하지만 가격이 비교적 저렴하고 온도설정이 쉬우며, 대용량의 제품을 쉽게 구할 수 있다는 장점 등이 있기 때문에 보편적으로 많이 사용되는 편이다. 수위가 낮은 사육장에서 바이메탈식 히터를 사용할 경우 가로로 눕혀서 완전히 잠기게끔 설치하기도 하지만, 히터의 머리 부분은 수면 위로 나오게 하고 나머지 유리관 부분은 물속에 잠기도록 설치하는 것이 정석이다.

바이메탈식 히터는 대부분 헤드 부분의 작은 나사를 돌려 온도를 설정하도록 제작돼 있다. 서머스텟(thermostat; 온도조절장치)을 부착해 사육자가 원하는 온도를 설정할 수 있도록 구성돼 있는데, 제품에 따라 히터에 설정한 온도와 실제 수온이 차이가 나는 경우가 있기 때문에 온도설정 후 정확한 다른 온도계로 수온을 체크해서 다시 조정하는 것이 좋다.

바이메탈식 히터의 경우 대부분 발열 상태에서 물 밖으로 꺼내면 파열되지만, 전자식 히터는 특수유리나 티타늄 등 일반 유리와는 다른 재질로 제작돼 있기 때문에 물 밖으로 꺼내도 파열되는 일이 없다. 대형 거북이 물어서 히터가 파손되는 경우도 드물다. 또한, 오작동의 위험이 적고 온도조절 편차가 바이메탈식보다는 좀 더 적으며, 바이메탈식 히터보다 히팅 속도가 빠르다는 장점을 가지고 있다. 그러나 장점이 많은 만큼 가격은 바이메탈식보다 조금 더 비싼 편이다.

앞서도 언급했듯이, 온도는 거북의 생명을 좌우하는 가장 중요한 요소이기 때문에 다른 것은 몰라도 히터만큼은 본인의 경제적 사정이 허락하는 한 가장 품질이 좋은 제품을 이용할 것을 적극 권장한다. 불량품을 사용했다가 원하는 온도대를 설정해 주지 못해 결국 질병이 발생하는 경우도 있고, 히터가 파열돼 누전되면서 거북이 감전사하거나 수조 내 수온이 과열돼 폐사하는 경우도 생기기 때문이다. 히터 불량으로 인한 폐사는 거북사육동호회 사이트에 심심치 않게 올라오는 사례이기도 하다.

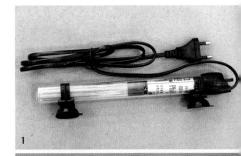

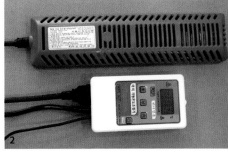

1. 바이메탈식 히터 2. 전자식 히터

구석에 숨기를 좋아하는 거북의 습성 때문에 적절히 처리하지 않으면 여과기나 히터를 수면 위로 밀어 올려 고장 내는 경우가 잦다.

좋은 품질의 제품을 사용하는 것과 더불어 히터는 반드시 '제대로' 설치해야 한다는 점을 명심하자. 히터가 고장 나거나 거북이 히터를 물어 깨뜨림으로써 폐사하는 사례도 있지만, 많은 경우 히터로 인한 거북의 폐사는 사육자가 히터를 올바르게 설치하지 않았기 때문에 발생한 것이다. 물거북은 좁은 장소에 몸을 숨기는 것을 좋아하는 습성이 있는데, 수위가 낮을 경우 히터와 바닥재 사이의 빈 곳을 파고드는 과정에서 배갑으로 히터를 물 밖으로 밀어 올려 공기 중에 노출되면서 과열로 파열되는 사례가 많이 발생한다. 낮은 수위에서 사육하는 늑대거북이나 악어거북의 경우 특히 이러한 일이 자주 일어나므로 이런 종류의 거북 사육장에 측면여과기나 히터를 설치할 때는 좀 더 주의를 기울여야 한다.

히터를 설치할 때는 이와 같은 거북의 습성을 감안해 히터를 벽면이나 바닥에 단단하게 고정해야 하며, 유목이나 돌로 안전하게 눌러 거북의 접근을 완전히 차단하는 것이 좋다. 히터를 밀어 올리지는 않더라도 거북이 틈새를 파고들면서 히터에 몸을 붙이고 있는 경우가 더러 있는데, 이런 경우 물속이라 하더라도 화상을 입을 수 있으므로 이를 방지하기 위해 가급적이면 히터 커버가 있는 제품을 사용하는 것이 바람직하다. 히터 커버를 구하는 것이 여의치 않은 경우 PVC관을 가공해 직접 보호덮개를 만들어 사용해도 좋겠다.

수조 내의 물 용량 계산법

수조 내의 물 용량을 산출하기 위해서는 우선 수조 내 물이 담기는 부분까지의 가로, 세로, 높이를 cm 단위로
곱하고, 거기서 나온 값을 1000(1ℓ = 1000cm³이므로)으로 나눈다.

ex) 가로 60cm X 세로 45cm X 높이 45cm = 121,500 ÷ 1,000 = 121ℓ

덧붙이자면, 실온에서 물 1ℓ는 거의 1kg이다. 여기에 바닥재, 유목 등의 세팅 자재의 대략적인 용적을 제외
하면 그것이 곧 수조 내 물의 용량이 된다.

히터를 제대로 설치해야 하는 두 번째 이유는 감전 때문이다. 물속에 설치하는 히터나 여과
기 등 전기기구의 전선은 최소한의 길이만 물속에 잠겨 있어야 하며, 반드시 깔끔하게 마무
리돼 있어야 한다. 활동적인 거북의 경우 히터의 선이 물속으로 늘어져 있으면 물어뜯는 사
례가 있는데, 이는 매우 위험하다. 사육장을 청소하기 위해 물속에 손을 넣을 때 전기가 흐
르는 것을 감지하고 히터나 여과기를 교체하는 운 좋은 경우도 있지만, 최악의 경우에는 전
선 내부의 구리선이 완전히 노출되면서 물속에 있는 거북이 감전사하는 일도 있다. 이런 경
우는 죽은 거북을 꺼내려다 사육자도 감전될 수 있기 때문에 특히 더 조심해야 한다. 수생거
북이 돌연사했다면 무조건 물에 손을 넣지 말고 물속 전선의 훼손 여부를 먼저 확인하고, 여
과기와 히터의 전원을 완전히 끄고 난 뒤에 거북의 상태를 살피는 것이 안전하다.

거북 사육 시 수온을 어느 정도로 맞춰야 하는지 궁금하다는 질문을 많이 받는다. 저온을
선호하는 몇몇 종을 제외하고는 성체의 경우 24~26℃, 질병에서 회복 중인 개체나 부화한
지 얼마 되지 않은 해츨링은 이보다 조금 높은 27~29℃로 설정해 주면 질병의 예방과 빠른
성장을 기대할 수 있다. 참고로 수조 내에 설치하는 히터의 와트 수는 수조 내의 물 용량에
따라 결정한다. 일반적으로는 1갤런(약 3.78리터)당 3~5와트가 적정하다고 알려져 있다.

여과기

동물을 사육하는 수조의 수질을 안정적으로 유지하고 관리하는 데 꼭 필요한 장비가 바로
여과기다. 여과기는 수생거북을 사육할 때 수조 내에서 발생하는 각종 오염물질을 분해해
거북에게 안전한 상태로 수질을 관리해 주는 장치라고 할 수 있다. 여과기는 여과박테리아
가 부착돼 살 수 있는 환경을 제공하고, 물의 흐름을 생성해 각종 침전물이나 암모니아 및
아질산염이 여과박테리아에 잘 접근하게끔 만드는 역할을 한다.

■여과기의 성능 : 여과기의 성능은 다음과 같이 여과기 안에 들어가는 여과재의 종류, 여과재의 용적량, 여과재의 여과량(토크-torque) 등 세 가지 조건에 따라 좌우된다고 볼 수 있다.

여과재의 종류 여과기 내부를 충전하는 여러 가지 소재들을 여과재라고 하며, 현재 매우 다양한 형태의 제품들이 시판되고 있다. 제품별로 그 기능을 명확하게 구분하는 것이 어렵기는 하지만, 기대할 수 있는 효과에 따라 크게 '물리적 여과재', '생물학적 여과재', '화학적 여과재'로 나눌 수 있다. 각각의 여과재의 특징과 그 기능을 정리하면 다음과 같다.

물리적 여과재는 수조 내의 찌꺼기를 잘게 부수고 이를 저장하는 공간을 제공한다. 물리적 여과재는 보통 링 형태를 띠고 있는 것을 볼 수 있는데, 생물학적 여과를 병행하는 경우도 많다. 거북 사육 수조 내에 자잘한 부유물들이 많이 발생해 고민스러운 사육자라면, 사용하고 있는 여과기 내에 링 형태의 여과재를 채워 가동하면 상당 부분 고민이 해결될 수 있을 것이다. 흔하게 사용되는 측면여과기 안에 채워져 있는 스펀지나 솜도 물리적 여과를 어느 정도 기대할 수 있는데, 이 경우 조직이 엉성할수록 물리적 여과 기능이 강해진다. 링 형태의 여과재를 구하기 어려울 때는 사용 중인 측면여과기를 분해해 내부의 스펀지를 조금 엉성한 제품으로 교체한 뒤 가동하는 것만으로도 제법 큰 효과를 볼 수 있다.

생물학적 여과재는 여과의 핵심 기능을 담당하는 소재로, 가장 큰 역할은 여과박테리아가 서식할 수 있는 공간을 제공해 주는 것이다. 스펀지, 솜, 섭스(subs. 제품명; substrate) 등 대부분의 여과재가 이 역할을 수행한다. 여과재에 자리를 잡은 여과박테리아는 거북에게 유해한 암모니아를 덜 해로운 질산염으로 바꿔주는 역할을 한다. 보통 물을 머금기 전과 후의 무게 차이가 크게 날수록 좋은 여과재라고 평가되는데, 이는 곧 미생물이 활착할 수 있는 공간이 많다는 것을 의미하기 때문이다.

여과 스펀지의 비교. 조직이 엉성할수록 물리적 여과의 기능이 강해진다.

화학적 여과재는 물속의 화학성분을 흡착하거나 특수한 성분을 분출하기 위해 사용하는 여과재로, 카본(carbon)이나 블랙 피트(black peat) 등이 여기에 속한다. 일반 수조에서 사용하는 경우는 드물지만, 거북이 선호하는 특정 pH를 제공해 줄 필요가 있을 때 사용하기도 한다.

여과재의 용적량 여과기 안에 여과재가 얼마나 많이 들어 있는지를 말한다. 여과재의 양이 많다고 해서 여과성능이 무한대로 증가하는 것은 아니지만, 여과기 성능의 절반 이상은 여과재의 부피에 달려 있다고 해도 과언이 아니다. 외부여과기가 측면여과기에 비해 여과력이 더 뛰어난 이유는, 전자의 경우 여과재가 들어갈 수 있는 공간이 충분하기 때문이다.

그러나 여과재의 용적량을 늘린다고 여과능력이 무한정 늘어나는 것은 아니기 때문에 무작정 비싸고 좋은 여과재를 대량으로 사용할 필요까지는 없다(총 여과량 가운데 여과필터 내부의 박테리아가 담당하는 여과는 15% 미만 정도라고 알려져 있다). 일반적으로 많이 사용하는 측면여과기를 분해해 보면 검은색의 스펀지가 들어 있는 것을 확인할 수 있다. 스펀지 대신 공극이 좀 더 많은 소재인 섭스 같은 제품으로 교체해 넣는 것만으로도 여과량은 상당히 개선된다.

물고기를 사육하는 경우라면 수질안정을 위해 여과재를 교체하는 것도 대안이 될 수 있겠지만, 거북의 경우는 배설물이나 오염물의 양에 있어서 물고기와는 비교할 수 없을 정도로 큰 차이가 있기 때문에 여과재보다는 여과방식을 개선하는 편이 더 효과적이라는 것이 개인적인 판단이다. 사정상 여과방식을 개선하기 힘들거나 약간의 여과효율 상승 정도를 필요로 하는 경우라면 여과재를 교체하는 것으로 어느 정도 효과를 볼 수 있다.

출력량(토크-torque) 출력량이란 물이 순환되는 양을 말하며, 시간당 여과기를 통과하는 물의 양(ℓ/h)으로 표시된다. 여과기 안에 좋은 여과재가 아무리 많이 채워져 있다 하더라도 물의 순환이 일어나지 않는다면 아무런 소용이 없다. 그러나 물이 너무 빠르게 순환되는 것 역시 여과효율을 떨어뜨리는 원인이 되기 때문에 무조건 강한 토크를 선호하는 것도 바람직하지는 않다. 특히 완제품 여과기를 그대로 사용하는 것이 아니라 내부에 채워 넣은 여과재를 다른 소재로 교체해서 사용할 경우에는 모터의 출력량을 고려할 필요가 있다.

수조 내의 수질을 유지하기 위해 사용되는 다양한 여과방식이 존재하고, 시판되는 여과기 역시 형태와 크기 및 여과량 등 여러 가지 조건에서 많은 차이를 보인다. 따라서 현재 보유하고 있는 수조의 크기, 사육하는 거북의 크기 및 마릿수, 사용하고 있는 바닥재의 종류 등 사육수조의 각종 상황을 고려해 최적의 여과방식을 선택하는 것이 바람직하다.

■**여과기의 종류** : 인근의 수족관이나 인터넷 쇼핑몰을 이용하면 다양한 여과기들을 어렵지 않게 구할 수 있다. 현재 자신이 사육하고 있는 거북의 크기와 마릿수, 보유하고 있는 수조의 크기 등을 충분히 고려해 가장 효율적인 형태의 여과기를 선택하도록 하자.

저면여과기(UGF, undergravel filter) 기포기를 연결한 저면여과판을 수조의 바닥에 설치하고, 그 위에 여과재 역할을 하는 솜과 모래를 깐 다음 기포기를 가동해 저면여과판에 수직으로 설치한 관 속으로 기포를 넣어주면, 거품이 관을 통해 올라가면서 물을 밀어올리고 이 순환으로 바닥재를 통해 물을 빨아들여 배출하는 방식으로 여과가 이뤄진다. 일부 사육자는 물의 순환 양을 증가시키기 위해 수중펌프를 저면판에 부착해서 사용하기도 한다.

가격은 가장 저렴하지만, 수조 전체에 깔린 바닥재가 여과재 역할을 하므로 여과효율이 일반적으로 생각하는 것보다는 상당히 좋은 편이다. 물이 저면을 통해 서서히 흐름으로써 박테리아가 생성되기 좋은 조건을 제공하기 때문에 특히 생물학적 여과 기능이 뛰어나다. 하지만 바닥재 아래쪽에 여과판을 설치하는 방식이라 거북이 바닥을 파헤치면서 여과판이나 여과솜이 노출되는 경우가 있고, 여과솜을 먹어서 문제가 생기는 경우도 있다. 또 가끔 청소를 하기 위해 바닥 전체를 뒤집어야 하는 경우도 생길 수 있다. 그러나 크기가 그다지 크지 않은 거북을 사육 중이라면, 비용 대비 효율이 매우 높으므로 사용해 보는 것도 나쁘지 않다.

배갑의 상태가 좋지 않은 거북의 모습. 수질은 거북의 배갑, 피부의 건강상태와 밀접한 관련이 있다.

스펀지식 측면여과기(sponge filter) 기포기와 연결해 공기 방울의 부력을 이용, 스펀지를 통해 물을 빨아들여 순환시키면서 여과하는 방식의 여과기로 생물학적 여과에 특화돼 있다. 저렴하고 효과적이지만, 부피가 커서 수조를 좁게 만들기도 하고, 특히 거북이 훼손시킬 우려가 커서 거북 사육에는 많이 이용되지 않는다. 여과능력은 우수한 편이지만, 물리적 여과능력이 떨어지기 때문에 수조 내 찌꺼기는 다른 방법으로 제거해야 한다. 가격은 상당히 저렴한 편이고, 운용하기 위해서는 저면여과기와 마찬가지로 산소공급기가 필요하다.

모터식 측면여과기(power filter) 여과기 상단에 설치된 모터로 물을 빨아들여 여과재를 통과시킨 후 다시 배출하는 방식의 여과기로 일반적으로 가장 많이 사용된다. 소음이 적고 물리적 여과 기능이 뛰어나지만, 여과재가 들어가는 공간이 좁아 생물학적 여과 능력이 떨어지기 때문에 단독으로 사용할 때보다는 다른 여과기와 병행해 사용할 때 효과가 배가된다. 보통은 몸체 부분에 검은색의 스펀지가 들어 있는데, 사육자에 따라 내부의 스펀지를 제거하고 여과효율이 뛰어난 다른 소재로 교체해 사용하는 경우도 있다.

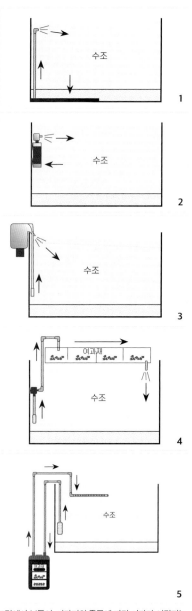

작은 크기에 비해 출수구로 나오는 물살이 생각보다 세기 때문에, 물살의 방향을 조절하는 등의 적절한 조치를 취하지 않으면 소형 개체나 느린 수류를 선호하는 거북의 경우에는 스트레스 요인이 될 수 있으므로 주의를 요한다.

단지여과기/간단한 여과통(corner filter) 물속에 넣을 수 있는 투명한 플라스틱 상자 형태의 여과기로, 기포기에 연결해 바닥에 있는 찌꺼기를 걸러내는 물리적 여과에 특화돼 있다. 주로 보조여과기로 사용하며, 기존 여과기의 성능이 뛰어나다면 굳이 설치해 줄 필요는 없겠다.

외부여과기(canister filter) 어항에 걸쳐놓는 걸이식여과기와 유사한 방식의 여과기지만, 보다 강력한 기계적 여과를 제공하도록 설계돼 있다. 수조 외부에 모터와 여과재를 조합하고, 입수라인과 출수라인을 통해 물을 수조의 외부로 순환시켜 여과조를 통과시키면서 여과가 이뤄진다.

여과조가 커서 많은 양의 여과재를 넣을 수 있고, 여과기 내부에 칸이 나뉘어져 있어 물리적 여과재와 생물학적 여과재를 적절히 배치할 수 있으므로 여과효율이 월등하게 좋아진다. 따라서 수조의 크기가 클 경우나 사육 중인 거북이 발생시키는 불순물의 양이 많아서 강력한 여과가 필요할 경우에 사용된다. 여과효율은 최고라고 할 수 있지만, 다른 여과기에 비해 상대적으

그림에서 보듯이, 여과기의 종류에 따라 여과가 이뤄지는 방식은 다양하다. 위부터 번호 순대로 저면여과기, 측면여과기, 걸이식여과기, 상면여과기, 외부여과기

로 가격이 비싸기 때문에 비싼 돈을 들여 외부여과기를 구입하기보다는 여과방식을 개선하는 경우가 많다. 그러나 여과기 안에 들어가는 여과재의 양이 많은 만큼 여과능력이 뛰어나므로 대형 수조에서 적은 수의 물거북을 기를 경우에 사용하는 것은 추천할 만하다.

상면여과기(slider filter) 수조의 상단에 걸쳐서 사용하는 여과기이며, 긴 직사각형상자 형태에 여과재를 넣고 한쪽에서 모터로 물을 끌어올려 여과재를 통과시킨 후 수조로 배출하는 방식으로 여과가 이뤄진다. 여과기 내에 들어가는 여과재의 양이 많기 때문에 여과효과 또한 상당히 뛰어난 편이다. 다만 출수구가 적절하게 처리되지 않았을 경우 배수될 때 소음이 심하게 나는 편이고, 물이 많이 튈 수 있다. 그러나 청소를 할 때 수조를 건드리지 않고 상면의 여과기를 세척하면 되기 때문에 청소작업이 간편하며, 여과기 안에 구역을 나눠 번갈아가면서 청소하면 여과사이클이 깨지는 것을 방지할 수 있다는 장점을 가지고 있다.
시중에 기성품이 판매되고 있기도 하지만, 자신이 보유하고 있는 수조에 딱 맞는 것을 찾기는 어렵기 때문에 보통은 직접 만들어서 사용한다. 대략적인 구조와 원리만 알면 모터 하나와 주위에서 쉽게 구할 수 있는 플라스틱 통 정도만으로도 비교적 어렵지 않게 만들 수 있으므로 자작에 도전해 보는 것도 여과의 원리를 이해하는 데 좋은 경험이 될 수 있을 것이라고 생각한다. 워낙 많은 사람들이 자작하기 때문에 인터넷을 검색하면 갖가지 독특한 소재와 형태 및 구조의 상면여과기 제작에 관련된 자료를 쉽게 얻을 수 있다.

걸이식여과기/동력여과기(hang-on filter) 수조 상단 벽면에 걸어 사용하는 여과기로, 수중모터로 끌어올린 물을 내부의 여과재를 통과시켜 다시 수조로 보내는 방식으로 여과가 이뤄진다. 측면여과기가 수조의 내부에 설치되는 데 반해 걸이식여과기는 수조의 바깥쪽에 설치해 사용하는데, 여과기의 본체가 수조 밖에 설치돼 수조 내의 공간을 차지하지 않기 때문에 주로 60cm 이내의 소형 어항에서 많이 사용된다. 여과기 안에 필터를 넣는 공간이 있어서 그곳에서 박테리아 활성이 가능하기 때문에 물리적 여과뿐만 아니라 생물학적 여과 능력도 뛰어나다.

케이지 퍼니처(cage furniture)
케이지 퍼니처는 거북 사육 시 기본적으로 갖춰야 할 사육용품인 사육장과 바닥재 및 광원

1. 열원집게 **2.** 다양한 형태의 온도계

과 열원을 제외한 나머지 온·습도계, 은신처, 일광욕장, 물그릇, 먹이그릇, 온욕통 등 케이지 내부에 설치되는 여러 가지 사육용품을 말한다.

사육자마다 각자 생각의 차이는 있겠지만, 다양한 종류의 케이지 퍼니처 가운데서도 가장 중요한 것을 꼽으라면 온·습도계와 은신처라고 할 수 있겠다. 그런 만큼 사정상 다른 용품들은 설치하기 어렵더라도 사육장 내에 이 두 가지는 반드시 설치해 주는 것이 좋다. 개인적으로 수준 있는 파충류 숍 및 애정 있는 사육자를 판단할 때 사육장 내에 이 두 가지가 설치돼 있는가, 어떤 종류의 온도계를 사용하고 있는가를 살펴볼 정도로 거북 사육에 있어서 필수적인 용품들이라고 할 수 있다.

케이지 퍼니처는 거북의 동선을 고려해 위치를 잡고 적절한 장소에 설치하는 것이 무엇보다도 중요하다. 또한, 소재에 별다른 제한은 없지만, 반사되는 영상을 자신보다 우위에 있는 동종으로 여겨 공격하거나 그로 인해 지속적으로 스트레스를 받을 수 있기 때문에 사육하는 거북이 비칠 정도의 반사면을 가진 재질로 된 제품만큼은 피하는 것이 좋다.

■**은신처** : 자연상태에서 은신처는 야간에는 열손실을 막아주고 주간에는 직사광선을 피할 공간을 제공하며, 악천후나 비 및 바람과 같은 열악한 자연조건 또는 포식자와 같은 여러 가지 위험요인들로부터 거북을 안전하게 지켜주는 다양한 환경요소를 의미한다. 자연상태에서 거북은 일광욕을 할 때나 먹이활동을 할 때를 제외하고는, 굴이나 바위 틈새 등의 안전한 은신처에서 대부분의 시간을 보낸다. 그러므로 사육하에서도 거북이 적절하게 휴식을 취하고 심리적으로 안정을 찾을 수 있도록 반드시 은신처를 설치해 줘야 한다.

종을 막론하고 거북은 좁고 어두운 은신처 안에서 벽면에 몸이 밀착되는 상태일 때 심리적 안정감을 느낀다. 따라서 은신처는 크기가 지나치게 크거나 거북의 체고에 비해 높이가 너무 높아서는 안 되며, 사육자가 생각하기에 조금 좁아 보이는 듯한 것이 오히려 좋다.

은신처에서 쉬고 있는 거북의 모습

은신처 안에서 몸을 돌릴 수 있을 정도의 크기면 되고, 아무리 크더라도 거북 몸 크기의 3배를 넘지 않는 것이 바람직하다. 파충류용 은신처로 기성품이 몇 종류 시판되고 있기는 하지만, 대부분 뱀 혹은 도마뱀용이라서 높이가 너무 낮고 입구가 작다. 따라서 거북이 사용하기에는 적당하지 않기 때문에 많은 사육자들이 자작해 사용하고 있는 실정이다.

수생거북의 경우 돌이나 유목을 많이 넣어주면 은신처로 이용하는 모습을 볼 수 있고, 육지거북의 은신처는 MDF나 합판 같은 소재를 사용하거나 주위에서 쉽게 구할 수 있는 소재들을 이용해 직접 만들어서 제공하면 된다. 전면과 바닥면이 없이 막힌 가장 단순한 형태의 구조물이라도 충분히 은신처의 역할을 할 수 있기 때문에 자작하는 것을 너무 어렵게 생각하지 않았으면 한다. 상자 형태의 경우 바닥면까지 만들기도 하는데, 거북이 은신처 안에서 배설을 하는 경우도 있으므로 바닥면은 없는 편이 낫다고 하겠다.

■**일광욕장** : 수생거북의 경우 몸을 말릴 수 있도록 하기 위해 수조 내에 설치해 주는 구조물이다. 일광욕은 신체의 소독과 골격 및 면역체계의 강화, 신진대사의 활성화와 영양의 흡수를 위해 반드시 구비해야 한다. 거북의 건강을 유지하기 위한 필수적인 과정이므로 모든 반수생거북의 사육장에는 반드시 몸을 완전히 말릴 수 있는 육지를 만들어 주는 것이 좋다.

Tip **은신처의 조건**
- 세척과 소독을 위해 쉽게 이동시킬 수 있는 무게여야 한다.
- 외부의 가벼운 자극 정도로도 움직일 만큼 가벼워서는 안 된다.
- 세척이 손쉬운 구조여야 한다.
- 재질이나 성분이 거북에게 무해해야 한다.
- 외부의 빛을 차단할 수 있는 불투명한 소재여야 한다.
- 거북이 비칠 만큼 반짝거리는 재질이어서는 안 된다.

일광욕장의 효과는 육안으로도 쉽게 확인할 수 있다. 오랫동안 몸을 말리지 못하는 환경에서 사육되는 반수생거북의 경우 갑의 상태가 좋지 않은 것을 볼 수 있다. 특히 반수생거북은 육지거북과는 달리 주기적으로 탈피를 하는데, 이때 일광욕은 탈피를 안정적으로 할 수 있게 돕는 역할을 한다. 따라서 건강하고 윤기 있는 갑과 종 고유의 선명한 무늬를 감상하고 싶다면 일광욕장을 반드시 설치해 탈피를 원활하게 하도록 도와주는 것이 좋다.

수조 내에 일광욕장을 설치할 여건이 전혀 안 된다면, 주기적으로 거북을 꺼내 별도의 공간에서 몸을 완전히 말리는 시간을 제공하는 것으로 일정 부분 일광욕을 대신할 수 있다. 일광욕장은 어떠한 형태이건 상관은 없지만, 거북이 쉽게 물에서 나올 수 있는 구조여야 한다. 또한, 거북이 타고 오르기 어려울 만큼 지나치게 매끄러운 재질이어서는 안 되고, 반대로 복갑에 상처를 낼 정도로 거칠거나 날카로워서도 안 된다. 무엇보다도 거북이 일광욕장 위에 올라가 움직이더라도 무너지지 않을 정도로 단단하게 고정돼 있어야 한다.

현재 다양한 형태의 기성품이 시판되고 있으므로 이를 구입해서 설치하면 되고, 기성품을 구입하지 않고 유목이나 돌, 루바 등을 이용해 직접 제작해서 제공해 주는 것도 좋다. 별도의 구조물을 설치하지 않고 수위를 낮춰 바닥재나 유목을 수면 위로 노출하는 방법도 있지만, 물의 양이 줄어들 경우 수질악화가 가속화되기 때문에 그다지 좋은 방법은 아니다. 설치위치 역시 사육장 내의 어디를 선택하든 별다른 제한은 없지만, 어린 거북은 벽면을 따라 헤엄치는 경우가 많으므로 벽 쪽에 붙여서 설치해 주는 것이 바람직하다.

■**먹이그릇** : 수생거북은 바로 수면에 먹이를 떨어뜨려 공급하기 때문에 별도의 먹이그릇은 필요하지 않다. 그러나 육상생활을 하는 거북의 경우에는 먹이와 함께 바닥재를 섭취하는

육상생활을 하는 거북의 경우 바닥재를 먹는 것을 방지하기 위해 먹이그릇을 사용하는 것이 좋다.

것을 방지하기 위해 사육장 내에 그릇을 비치해 주는 것이 좋다. 건초처럼 먹어도 괜찮은 바닥재를 제외하면 먹이와 함께 집어 먹은 바닥재가 장을 막는 사례가 간혹 보고되고 있기 때문이다. 물그릇과 마찬가지로 낮고 평평한 형태가 좋으며, 지나치게 가벼워서는 안 된다. 일부 사육자는 먹이를 급여할 때 바닥재 위에 필름 형태의 얇은 깔판을 깔고 그 위에 먹이를 놔주거나, 아예 거북을 바닥재가 없는 곳으로 옮긴 뒤 급여하는 방식으로 바닥재를 섭취하는 빈도를 줄이기도 한다. 그러나 환경변화에 민감한 종은 이 방법으로 먹이를 급여하면 먹이반응이 떨어지는 경우도 있기 때문에 거북의 상태를 살펴 가면서 시도하는 것이 좋다.

■**물그릇** : 수생거북이 아니더라도 거북은 물을 먹는 것을 즐기며 목욕을 좋아한다. 따라서 사육장 내에 언제든 원할 때 수분을 섭취하고 몸도 담글 수 있도록 충분한 크기의 물그릇을 비치해 주는 것이 좋다. 물그릇은 높이가 낮고 널찍한 형태의 용기로 준비하면 되며, 거북이 들어갈 수 있을 정도의 크기가 적당하다. 실제로 거북을 사육하고 있는 입장에서 생각한다면, 사육장 안에 물그릇을 비치하고 또 항상 청결하게 유지한다는 것이 사실상 쉬운 일은 아니다. 보통 손이 많이 가는 것이 아니기 때문이다. 거북이 물그릇을 들락거리면서

편평한등거미거북(Flat-backed spider tortoise, *Pyxis planicauda*)의 사육장

물이 넘쳐 바닥재가 젖기 때문에 바닥재를 자주 교체해 줘야 하고, 여름에는 조금만 시간이 지나도 초파리가 생기는 것을 볼 수 있다. 젖은 바닥재와 배설물이 섞여서 냄새도 많이나게 되고, 결과적으로는 청결하지 못한 환경 때문에 거북이 질병에 걸릴 확률도 높아진다. 이러한 문제점들 때문에 보통은 사육장에 물그릇을 비치하기보다 주기적으로 거북을 사육장 밖으로 꺼내 온욕을 시키면서 필요한 수분을 함께 공급하는 방식을 선호한다. 그러나 사육자가 필요하다고 생각할 때가 아니라 실제로 거북이 필요로 할 때 수분을 공급하기위해서는, 다소 귀찮더라도 사육장 내에 물그릇을 비치해 주는 것이 바람직하다.

물그릇은 여러 가지 재질의 다양한 제품이 시판되고 있지만, 지금까지 사용해 본 결과 세라믹 재질의 제품이 가장 좋은 것 같다. 무게가 상대적으로 많이 나가기 때문에 거북이 뒤집을 우려가 작고, 소독제의 영향을 많이 받지 않아 세척과 소독이 용이하다. 예전에 방문한 적이 있는 어느 사육자의 집에서 화분 받침대와 장독 뚜껑을 물그릇으로 사용하는 모습을 본 적이 있는데, 이러한 물건을 이용하는 것도 나름대로 괜찮은 아이디어인 듯하다.

■**온·습도계** : 사육장 내부의 온·습도를 점검하기 위해 설치하는 용품이다. 온·습도계는 좀

지나치다 싶을 정도로 자주 확인할수록 좋다. 누차 강조하는 말이지만, 온도는 거북의 생존과 곧바로 이어지는 요인이기 때문에 온도계만큼은 저가의 제품보다는 정확하고 믿을 수 있는 고급제품을 이용해야 한다. 최고 최저 온도를 확인할 수 있으면 더욱 좋다.

온·습도계는 스티커형부터 디지털식까지 다양한 제품이 시판되고 있지만, 가격 대비 성능을 생각한다면 일반적으로 볼 수 있는 막대형의 수은온도계(알코올계 온도계)를 사육장 안쪽에 부착하는 것이 가장 좋은 방법이다. 다만 정확한 온도와는 차이가 있으므로 수조에 설치한 것과는 별도로 기준이 되는 확실한 온도계를 하나 더 보유하고 있는 것이 좋다. 필자의 경우 거북 사육 초기에 상당히 고가의 디지털온도계를 구입해서 수조에 설치한 적이 있는데, 하루 만에 거북이 수조 안에 부착해 둔 온도센서를 잘라먹어 버리는 바람에 무용지물이 된 경험이 있다. 이처럼 경우에 따라 거북이 깨물어서 파손시키는 사례도 자주 발생하기 때문에 지나치게 비싼 제품을 설치하는 것도 그리 경제적인 일은 아닌 듯하다.

또 한 가지 거북 사육 초기에 많이 사용하는, 수족관 바깥쪽 유리면에 부착하는 스티커형 온도계는 보기에는 좋고 공간도 적게 차지하지만, 온도를 정확하게 파악하기 힘들기 때문에 그다지 실용적이지는 못한 제품이다. 사육장에 설치되는 온도계는 조금 과장하면 많으면 많을수록 좋다고 할 수 있다. 보유하고 있는 사육장이 넓은 경우라면 스폿 지역과 은신처 지역에 각각 따로 온도계를 설치해 수시로 확인하도록 하자.

케이지 데코(cage deco)

아름답게 잘 레이아웃된 파충류 사육장은 사육주의 입장에서는 보기에도 좋으며, 거북의 입장에서는 활동성을 높여주고 심리적인 안정감까지도 줄 수 있다. 이와 같은 목적으로 사용되는 케이지 데코용 자재들은 사육장을 아름답고 실용적으로 꾸미기 위한 백스크린, 살아 있는 식물과 각종 조화, 유목과 바위, 코르크판 및 기타 장식품들을 포함한다.

사육장을 꾸미는 데는 가급적이면 자연물을 이용하는 것이 좋은데, 단면이 너무 날카로워 거북에게 상처를 주는 구조물은 피하는 것이 좋고, 기성품의 경우라면 거북에게 해가 되는 화학물질로 제조된 제품은 사용하지 않는 것이 좋다. 일부 사육자는 사육장 레이아웃에 살아 있는 식물을 이용하기도 한다. 이 경우 거북이 먹어도 해가 되지 않는 식물을 선별하고, 혹시라도 거북이 먹어버리는 일이 없도록 세팅 위치를 신중하게 결정해야 한다.

사육자에 따라서는 사육장을 전혀 꾸미지 않고 최소한의 용품만 단순하게 세팅해 사육하는 경우도 많으므로 케이지 데코는 거북 사육에 있어서 필수사항은 아니라고 할 수 있다. 사육장을 조성하는 데 필요한 거북종의 특성 그리고 사육장 세팅용품 선택 시 반드시 고려해야 할 거북의 행동 패턴, 먹이의 종류, 온·습도의 제공방법 등에 대한 지식은 깡그리 무시한 채 단순히 사육장을 '아름답게' 꾸미기만 하는 것은 올바른 사육자의 자세라고 볼 수 없다. 그러나 거북 사육에 있어서 최적의 효과를 낼 수 있도록 세팅된 사육장이 아름답기까지 하다면 가장 이상적인 세팅이라고 할 수 있을 것이다. 더불어 보기에 아름다운 사육장은 동물 사육의 즐거움을 배가시키는 긍정적인 효과도 있다.

■**백스크린** : 사육장의 뒷면을 자연스럽게 꾸며주기 위해 사용한다. 사육장 외부 뒷면에 부착하는 필름식이 있고, 사육장 내부 뒤쪽에 입체적으로 설치하는 구조물도 있다. 입체형은 스티로폼에 색을 칠한 것부터 좀 더 견고한 플라스틱 재질의 것, 혹은 우레탄 폼과 실리콘을 이용해 자작한 것까지 다양하게 볼 수 있다. 입체형의 경우 설치 시 사육장 내부가 필름식보다 훨씬 자연스러워진다는 장점이 있지만, 요철이 많아 청소가 어렵고, 거북이 이동하면서 파손시키거나 가끔 뜯어 먹는 일도 있어서 필름식보다 관리하기는 더 어렵다.

■**유목**(流木) : 유목의 사전적 의미는 '떠내려온 나무'로, 홍수나 가뭄 혹은 기타 여러 가지 이유로 말라죽은 고사목을 의미한다. 이러한 고사목들 가운데 형태가 아름다운 것들을 채취해 사육장을 세팅하는 데 사용할 수 있다. 일반적으로 동물 사육에 있어서 유목은 '오랜 시간 동안 지하에 묻혀 있어 광물질을 흡수해 석탄이 되기 직전의 나무'를 의미한다. 국내에서는 생산되지 않아 전량 수입되는데, 불에 타지 않으며 물에 넣어도 썩지 않아 열대나 수생거북 사육장 세팅용으로 많이 사용한다. 일부 제품의 경우 물에 넣으면 흡수됐던 타르가 우러

🛢 유목 만들기

1. 적당한 형태의 고사목을 채취한다. 2. 필요 없는 부분을 손질한다. 3. 고사목이 들어갈 크기의 통에 소금물을 넣은 후 끓이고 건조하는 과정을 여러 번 반복하며 형태를 잡는다. 4. 건조 후 육지거북용은 바로 사용 가능하고, 수생거북용으로 선택할 경우에는 한동안 돌로 눌러 물에 완전히 가라앉힌 후 사용한다.

나와 물을 산성화시키지만, 거북에게 필요한 수질을 고려해 적절하게 환수해 주면 큰 영향은 없다. 이유는 잘 모르겠지만, 예전에는 제법 아름다운 형태의 유목들이 자주 눈에 띄었는데 요즘 보이는 것들은 형태가 많이 단조로워진 듯하다. 필자는 인공구조물보다는 자연소재(유목이나 돌 등)를 이용한 세팅을 선호하는 편이라 유목에 관심이 매우 많다. 육지거북용 사육장 세팅에 필요한 유목은 직접 채취하러 가끔씩 야외로 나가기도 하고, 수생거북용으로 사용하기에 적당한 유목이 눈에 띄면 가격이 조금 부담스럽더라도 일단 구입해 두는 편이다.

그러나 굳이 비용을 들여 따로 구입하지 않더라도, 야외에서 구할 수 있는 고사목을 이용해 사육장 세팅에 사용할 만한 유목을 인공적으로 만드는 방법도 있다. 하지만 이 경우 몇 가지 주의해야 할 사항들이 있다. 우선 고사목을 선별할 때는 옻나무나 소나무, 버드나무와 같이 거북에게 유해한 진액이 나오는 수종은 피해야 한다는 점이다. 사육장을 관리하는 중에 사육자에게 묻거나, 혹시라도 거북이 나무 진액을 먹었을 경우 심각한 결과를 초래할 수도 있기 때문이다.

그리고 고사한 지 얼마 되지 않아 껍질이 남아 있는 것이나 반대로 너무 오래돼 부식이 많이 진행된 것은 좋지 않다. 또 가급적이면 직선 모양의 단순한 형태보다는 뿌리 부분처럼 복잡한 형태를 가지고 있는 것이 사육장을 세팅했을 때 시각적으로 훨씬 아름답다.

채취한 고사목은 소금물에 몇 차례 삶고, 무거운 돌을 매달아 물속에 가라앉혀서 나무 속의 진액과 유해성분을 제거한 다음 살균 소독하면, 사육장 세팅에 사용할 수 있다. 다만 이렇게 처리한 고사목은 오랜 시간이 지나면 부식되는 경우가 있기 때문에 영구적으로 사용할 수는 없다는 점을 염두에 두도록 하자.

여러 가지 데코 자재. 번호 순대로 돌, 조화, 유목

아마존노랑점거북(Yellow-spotted river turtle, *Podocnemis unifilis*)

수생거북을 사육하는 경우 물속에 유목을 넣어주면 은신처의 기능과 인테리어 효과를 기대할 수 있다. 또한, 물속의 pH를 안정적으로 유지하고, 블랙 워터로 인해 거북이 안정감을 느끼게 하는 부가적인 효과도 얻을 수 있다. 그러나 돼지코거북처럼 알칼리성 수질을 선호하는 거북의 수조에 유목을 사용하면 피부병을 일으키고, 장기적으로 기타 질병을 유발할 수 있으므로 사육하는 거북이 선호하는 pH를 확인한 뒤 사용을 결정하는 것이 좋다.

참고로, 일반적으로 시클리드류를 제외한 열대어의 경우 중성이나 약산성 물을 선호하기 때문에 보통 수족관에서는 수질을 거의 중성 수준으로 맞춰두는 경향이 있는데, 알칼리성 수질을 좋아하는 돼지코거북이 국내에 처음 수입됐을 때 수질조절을 하지 않고 바로 열대어 수조에 입수시키는 바람에 피부병이 많이 발생해서 폐사율이 높았던 사례가 있다.

■**조화**(artificial flower, artificial plant) : 플라스틱으로 생화 혹은 풀과 유사하게 만든 조경용 인조식물이다. 식욕이 왕성한 거북의 경우 잘라먹기도 하는 사례가 있어서 많이 사용되지는 않지만, 거북이 건드리지 못할 위치에 적절하게 배치하면 사육장의 분위기를 훨씬 더 자연스럽게 만들어 주고 사육 중인 거북에게도 심리적인 안정감을 줄 수 있다. 개인적으로 화려한

꽃 형태보다는 수수한 녹색의 조화가 자연스러운 분위기를 연출하기에는 더 좋은 것 같다. 수조에 사용되는 물풀 형태의 조화는 수족관에서 구입할 수 있지만, 육지거북용으로 사용할 수 있는 육상식물 형태의 조화는 보통 수족관에서는 판매하지 않으므로 조화를 전문으로 취급하는 조화전문 상점을 이용하는 것이 좋다. 서울 인근은 양재동 꽃시장, 서서울 화훼공판장, 고속버스터미널 화훼상가 등지에서 구입할 수 있다.

기타 관리용품

거북의 사양 관리와 사육환경의 유지에 필요한 냉각기, 가습기, 자동온도조절기, 타이머, 핀셋, 발톱깎이, 분무기, 청소용 스펀지, 환수용 호스와 사이펀 등 여러 가지 기구와 물품들을 말한다. 각각의 기구와 물품의 특징 및 기능에 대해 간략하게 알아보자.

■**냉각기, 쿨링팬** : 큰머리거북(Big-headed turtle, *Platysternon megacephalum*) 처럼 저온을 선호하는 거북을 사육할 경우 사육수조에 냉각기나 쿨링팬을 설치해 사용한다. 보통 고온을 선호하는 종보다 저온을 선호하는 종의 사육난이도가 높다고 말하는데, 이는 사육종이 필요로 하는 적절한 수준의 낮은 온도를 일정하게 유지해 주는 일이 생각보다 쉽지 않기 때문이다. 온도를 원하는 수준으로 올리는 것은 히터나 열판, 스폿램프 등의 도구를 이용하면 가능하지만, 일정한 수준까지 내리고 이를 유지하는 것은 생각만큼 쉬운 일이 아니다.

기계를 이용하지 않는, 아날로그 방식으로 수온을 내려주는 방법은 여러 가지가 있다. 얼음을 직접 물에 넣어주거나, 페트병에 물을 담아 얼려서 어항에 넣거나, 차가운 물로 물갈이를 해주거나, 수조 뚜껑을 열어두거나 하는 식이다. 그러나 어떠한 방법을 택하든, 일시적인 수온저하는 기대할 수 있지만 오랜 시간 일정하게 저온을 유지하는 것은 힘들다. 이럴 경우 냉각기를 사용하면 좀 더 용이하게 적정사육온도를 유지할 수 있다. 거북에 있어서는 어느 정도 적응된 고온보다 잦은 온도변화가 오히려 더 위험하기 때문에, 저온을 선호하는 거북을 사육할 때 냉각기가 구비돼 있지 않다면 정상적인 사육이 어렵다.

사육경험이 많은 일부 사육자에 있어서 저온을 선호하는 거북을 고온에 적응시켜 사육하는 사례가 없는 것은 아니지만, 오랫동안 건강하게 잘 사육하는 경우는 극히 드물다. 고온에 적응시키는 과정 또한 오랜 시간과 사육자의 세심한 관심이 필요한 작업이기 때문에 경험이 부족한 사육자가 쉽게 시도할 수 있는 일은 아니다. 또 고온에 적응됐다 하더라도, 이는 말 그대로 '적응'한 것에 불과하므로 원래 서식하던 온도대에서보다 질병이나 돌연사 등 여러 가지 문제가 발생할 확률이 더 높아지기 때문에 사육난이도 또한 높아진다.

기계를 이용해 저온을 유지하는 방법으로는 냉각기를 이용하는 방법과 쿨링팬을 이용하는 방법이 있다. 효과는 쿨링팬보다 냉각기가 월등하게 좋지만, 효율이 뛰어난 반면 가격이 아주 비싸다는 단점이 있다. 이러한 비용 부담 때문에 냉각기 대신 쿨링팬을 사용하는 경우도 있다. 쿨링팬은 사육수조의 수면으로 바람을 불어넣어 그 기화열로 수온을 낮추도록 하는 장치다. 기화열만으로는 사육개체가 필요로 하는 수준까지 수온을 내리기가 쉽지 않기 때문에 냉각기보다는 효율이 많이 떨어지고(보통 2~3℃ 정도 수온을 내리는 효과가 있다), 수분 증발량이 많아 물보충을 자주 해줘야 한다는 단점이 있다. 그러나 냉각기에 비해 상대적으로 가격이 저렴하고 구하기도 용이하기 때문에 필요한 경우 구입해서 설치하면 어느 정도의 효과는 기대할 수 있을 것이다.

■**가습기** : 사육장의 온도를 유지하는 것만큼이나 습도를 유지하는 것 또한 거북의 건강 관리를 위해 아주 중요한 일이다. 특히 겨울철 건조한 시기에 호흡기질환을 예방하는 효과가 크며, 종에 따라서 특별하게 높은 습도를 요하는 경우도 있으므로 가습기를 사용하면 사육에 큰 도움이 될 수 있다. 사육하는 공간 전체의 습도를 조절하는 경우도 있지만, 소형 가습기를 사육장 위쪽이나 내부에 설치해 사육장의 습도만을 조절하기도 한다. 개인적으로 호흡기질환으로 사육 중인 거북을 떠나보낸 경험이 몇 번 있기 때문에 육지거북을 사육할 경우, 특히 겨울철에는 반드시 사용하라고 권하고 싶다.

■**환풍기** : 사육장 내의 공기를 순환시키고 악취를 제거하기 위해 사용한다. 사육장 상단에 부착하는 컴퓨터용 팬 정도의 작은 크기부터 사육공간 내에 설치해 전체적으로 공기를 정화하는 대용량 제품까지 다양하게 시판되고 있으므로 개인의 사육여건에 맞게 선택하자.

■**자동온도조절기** : 사육장 내의 온도를 설정값대로 유지하기 위해 사용한다. 사용하고자 하는 열원이나 광원을 자동온도조절기에 연결하고 조절장치를 전원에 연결하면, 설정해 둔

어린 거북을 돌보기 위해서는 안정된 사육환경을 갖추는 것이 무엇보다 중요하다.

온도에 맞춰 스스로 전원을 연결하고 차단함으로써 사육장의 온도를 일정하게 유지하도록 작동한다. 상당히 편리한 제품이지만, 개인적으로 디지털기기를 이용하는 것보다는 한 번이라도 더 사육장을 확인하는 것이 사육자의 올바른 마음가짐이라고 생각하기 때문에 많이 사용하지는 않는다. 하지만 바쁘게 생활하다 보면, 직접 손으로 열원의 전원을 켜고 끄는 아날로그 방식으로는 사육장의 정확한 온도를 유지하지 못하는 경우가 빈번하게 생기고, 또 그로 인한 문제도 많이 발생하기 마련이다. 그러므로 사용하기에 따라서는 거북 사육에 많은 도움이 되는 아주 유용한 아이템이 될 수 있다.

■**저울** : 거북의 체중을 측정할 때 사용한다. 별로 필요하지 않을 것 같지만, 평소에 주기적으로 거북의 체중을 측정해 기록해 두면 교미 후 임신 여부나 동면 시 이상 유무를 판단할 수 있는 중요한 기준이 되므로 준비해 두고 사육 중에 주기적으로 체중을 확인하도록 하자.

■**핀셋** : 먹이를 집어 급여하거나 수조 내의 배설물 및 먹이찌꺼기를 제거할 때 사용한다. 일반적으로 사용되는 소형 핀셋보다는, 조금 무겁기는 하지만 15~30cm 이상의 대형 핀셋

쿠터(Cooter, *Pseudemys spp.*)

을 사용하는 것이 좀 더 안전하고 편리하다. 수초용으로 시판되는 제품은 길이는 길지만 굵기가 가늘고 약하므로, 의료용품점에서 대형 핀셋을 구입해서 사용할 것을 추천한다. 거북을 사육하는 과정에서 사용빈도가 매우 높은 도구이므로 손에 맞는 적당한 크기의 제품을 구입해 눈에 잘 띄는 곳에 두고 사용하면 상당히 편리할 것이다. 참고로, '핀셋'은 프랑스어 '팽셋(pincette)'에서 유래된 용어이며, 영어의 '트위저(tweezer)'와 같은 의미로 사용된다.

■**뜰채** : 먹이찌꺼기 및 수조 내의 부유물을 제거하거나, 혹은 먹이용 물고기를 잡아 옮길 때 사용한다. 소모품이기 때문에 장기간 사용하다 보면 구멍이 나는 경우가 많으므로 크기별로 여러 개 준비해 두고 적절하게 사용하면 사육장을 관리하는 데 매우 유용할 것이다. 뜰채를 구입할 때는 철사로 된, 뼈대가 너무 가늘지 않은 제품을 선택하는 것이 좋다. 뼈대가 약한 제품의 경우 물속에서 부유물을 걸러낼 때 휘어지는 일이 많다.

■**발톱깎이, 줄** : 발톱이나 부리를 손질할 때 사용한다. 다른 동물과 마찬가지로, 거북의 발톱에도 혈관이 나와 있으므로 손질할 때는 혈관 앞쪽까지 잘라주고 줄로 잘 다듬어 준다. 거

북은 자극이 있을 때 갑 안으로 머리와 다리를 숨기기 때문에 발톱을 깎기가 쉽지 않다. 거북을 지면으로부터 수직으로 들면 균형을 잡기 위해 다리를 밖으로 빼게 되는데(약간 스트레스를 주는 방법이므로 주의를 요한다), 이때 재빨리 깎아주면 된다. 그러나 이 자세는 거북이 상당히 불안해하는 자세이므로 최대한 신속하게 손질을 마쳐야 스트레스를 줄일 수 있다.

■**분무기** : 사육장을 청소하거나 소독할 때 소독약을 희석해 담아서 사용하며, 평상시 사육장 내에 습도를 제공하기 위해서도 사용한다. 역시 사용빈도가 높은 사육장비 가운데 하나이므로 적당한 용량의 제품을 준비해 사육장 가까이에 비치해 두고 사용하자. 우리가 일상생활에서 흔히 사용하는, 손잡이를 당길 때 분무되는 방식의 간단한 제품도 있고, 상단의 압축펌프로 공기를 압축해 사용하는 방식의 제품도 볼 수 있다. 사육개체 수가 많을 경우 대용량 압축식 분무기를 하나 구비해 두면 꽤 오랫동안 잔고장 없이 사용할 수 있다.
살충제를 첨가한 물이 담긴 분무기를 거북에게 사용해 신경계이상(경련과 마비 등의 증상)을 일으킨 사례도 있으므로, 약품을 타서 사용하는 사육장 소독용과 물만 채워서 사용하는 습도유지용은 별도의 표시를 해두고 확실하게 구분해서 사용하는 것이 안전하다.

■**스펀지, 솔 등 사육장 청소용구** : 수조 벽면, 데코 자재에 부착하는 물이끼나 오염을 제거하는 데 사용한다. 유리처럼 매끄러운 재질일 경우 스펀지만으로도 오염을 제거할 수 있지만, 유목 등 굴곡이 많은 세팅 자재는 솔이나 칫솔이 있으면 더 확실하게 세척할 수 있다. 사육장 청소 시에 유리면을 닦는 스펀지는 최대한 부드러운 재질을 사용하는 것이 좋다. 오염을 제거하는 데 힘은 좀 더 들지만, 그만큼 수조 벽면에 흠집을 낼 가능성이 작기 때문이다.
요즘은 자석을 이용해 물에 손을 넣지 않고도 수조 벽면을 닦을 수 있는 제품도 많이 시판되고 있다. 이런 제품은 수조 벽면에 붙여둘 수 있어서 사용하기에는 편리하지만, 개인적으로 권하지는 않는다. 자석 부분 안쪽에 모래나 단단한 이물질이 박힌 것을 완벽하게 제거하지 않은 상태에서 부주의하게 사용하면 유리면에 바로 긁힌 자국이 생겨버리기 때문이다. 본인은 조심한다고 하더라도 다른 사람이 장난삼아 사용하면서 긁힌 자국을 만드는 경우가 있으므로 사용할 때 세심하게 관리하고, 사용 후에는 수조 벽면에 붙여두지 않는 것이 수조를 흠집 없이 좀 더 오래 사용할 수 있는 방법이라고 할 수 있다.

■**사이펀, 환수용 호스** : 사이펀은 높은 위치에 있는 액체를, 대기압을 이용해 용기를 기울이지 않고 낮은 곳으로 옮기는 연통관(連通管)을 의미한다. 수생거북을 사육할 때 수조 내의 물을 교환하거나 보충하는 데 사용한다. 수조 내에는 보통 여과기가 설치돼 있지만, 여과기만으로는 바닥에 쌓이는 배설물이나 사료찌꺼기 등을 완벽하게 제거하기 힘들기 때문에 직접적으로 제거해 줄 필요가 생기게 된다. 이때 사용하는 것이 사이펀과 호스다.

환수용 사이펀은 수족관이나 파충류 숍에서 손쉽게 구입할 수 있으며, 호스는 가까운 철물점 또는 생활용품점 같은 곳에서 적당한 길이로 잘라 구입해서 사용하면 된다. 사이펀이나 호스를 이용해 수족관 내의 물을 갈아줄 때는 수족관 위쪽의 물보다 찌꺼기가 고여 있는 아래쪽의 물을 찌꺼기와 함께 빨아들여 수조 밖으로 배출하는 것이 좋다.

■**환경정비제** : 수생거북을 사육하다 보면 수조의 환경을 조성하기 위한 수질안정제, 염소제거제, 이끼제거제, pH조절제, 여과박테리아 등과 사육장 내의 유해곤충 구제를 위한 각종 살충제, 사육장의 소독과 청결유지를 위한 케이지소독제, 사육장탈취제 등 여러 가지 용도의 약품들이 필요하게 된다. 이러한 약품들은 사육환경을 사육 중인 거북에 적합하도록 조성하고 사육장을 청결하게 유지하는 데 필요한 것으로서 환경정비제라 통칭한다.

반려동물시장이 지속적으로 성장하면서 좀 더 나은 사육환경 조성을 위한 여러 가지 보조제들이 많이 생산되고 있고 또 수입이 이뤄지고 있다. 이러한 제품들에 관심을 가지고 구입해서 사용하면 사육장 관리에 상당히 많은 도움이 될 것이다. 다만 일부 미생물을 이용한 제품도 있기는 하지만, 대부분 화학적인 방법으로 제조되기 때문에 과다하게 사용하는 것은 피하고 정확한 용량을 지키는 것이 매우 중요하다. 케이지에 사용하는 제품이 거북에게까지 영향을 미치는 일이 없도록 세심한 주의를 기울여야 한다.

사육환경을 청결하게 관리하는 것은 거북의 건강을 유지하기 위한 최선의 방법이다.

■**영양제 및 약품** : 칼슘제, 비타민제와 같은 종합영양제부터 갑보호제, 설파제(sulfa drug; 설폰아미드 화학구조를 가진 합성 살균제), 소독약, 상처치료제, 영양공급을

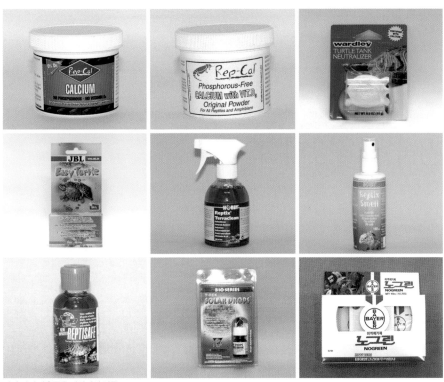
여러 가지 파충류용 영양제와 약품

보조할 만한 보충제와 응급상황 시 사용할 만한 치료제 등은 여유가 된다면 모두 구비해 두는 것이 좋다. 직업 관계상 필자는 매일 동물을 대하기 때문에, 전문적이지는 않아도 기본적으로 사용하는 여러 가지 약품들을 구비해 두고 사용한다. 그러나 구비해 둔 모든 약을 골고루 자주 사용하는 것은 아니고, 육지거북을 위해서는 칼슘제 정도와 합사 중인 물거북을 위해 준비해 둔 외상치료제 정도가 비교적 사용빈도가 높은 편이다.

지금까지 언급한 것들 외에도, 거북을 사육하는 데는 다양한 사육용품들이 이용된다. 사용하는 사육비품을 '시판되는 파충류용 사육용품'에 한정할 것이 아니라, 다른 동물용 사육용품을 거북 사육에 응용해 활용하거나 필요하다 싶은 용품을 스스로 제작해 사용하는 등의 창의적인 사고를 하는 사육자가 유능한 사육자라고 할 수 있겠다.

거북 사육장의 조성

개인적인 취향이나 사육 주관에 따라 사육장을 최대한 자연과 같이 꾸미는 것을 선호하는
사육자가 있는 반면, 사육의 편의성을 최우선 과제로 삼고 관리를 용이하게 하는 데 중점
을 둬 최대한 단순하게 사육장을 세팅하는 사육자도 있다. 이 부분은 각자의 사육 스타일
에 따른 것이므로 제삼자가 어느 것이 옳고 어느 것이 그르다고 따지기는 힘들다.

앞서 거북에게 있어서 최상의 사육환경이란 '거북이 서식하는 원서식지의 자연환경과 가
장 유사한 환경을 조성해 주는 것'이라고 말했지만, 실제로 사육하에서는 거북의 원서식지
와 같이 사육장을 최대한 자연스럽게 세팅하는 것이 무조건 최선이라고 말할 수는 없다.
사육장을 조성할 때의 핵심은 단순히 사육장을 시각적으로 아름답게 꾸미는 데 있는 것이
아니라, 거북 자체가 건강하게 살 수 있는 환경을 제공해 주는 데 있기 때문이다.

늑대거북을 사육할 때 주로 사용하는 '배어 탱크 타입' 사육장을 예로 들어보자. 배어 탱크
타입의 사육장은 보기에는 삭막하더라도 수질 관리가 용이해 거북의 건강에 도움이 되고,
복잡한 내부 세팅자재를 삼키거나 파손시킴으로써 그것을 원인으로 폐사하게 되는 사례
가 적게 발생하는 환경이기 때문에 적합하지 않은 사육장이라고 말할 수는 없는 것이다.

사육장을 조성할 때는 자연상태에 가장 근접하게 꾸미는 것을 지향한다.

그러나 사육자의 편의성과 거북의 복지 두 가지를 두고 선택해야 한다면, 개인적으로는 가급적이면 거북의 복지에 더 무게를 둔 사육장 세팅을 권하고 싶다. 사육자 입장에서 조금 불편하더라도 사육하고 있는 거북에게 좋은 환경이라면, 약간의 번거로움 정도는 감수할 수 있는 마음가짐이 필요하리라 본다. 좀 더 냉정하게 말하자면, 반려동물 사육의 궁극적인 목적은 사육자의 행복이라고 말할 수도 있지만, 다른 한편으로는 사육 중인 거북에게 최상의 환경을 제공해 주는 것이 사육자의 즐거움을 위해 좁은 사육장 안에서 자유를 희생당하는 거북에 대한 최소한의 배려라고 생각되기 때문이다.

사육장 조성의 핵심

천적유입의 방지, 외부자극의 차단 등 사육장을 설치해야 하는 이유인 여러 가지 외부조건을 제외하고, 사육장 내부로 한정해 거북 사육장 조성에 대해 가장 간단하게 표현하면 '사육장 내의 물과 육지의 비율을 조절하는 것'이라고 할 수 있다. 이렇게 조절된 비율을 그대로 유지하면서, 사육장을 최상의 상태로 관리할 수 있도록 여과기 및 열원을 배치하거나

내부 세팅을 배제해 활동공간을 최대한 넓게 만들어 준 완전수생거북의 사육장

은신처의 위치를 선정하는 등의 세팅을 하는 것을 '사육장 조성'이라고 한다. 이처럼 사육
종의 주된 서식활동영역이 수중이냐 육상이냐를 기준으로 사육장을 세팅하게 되는데, 완
전수생거북의 경우에는 100%의 수중환경을, 육지거북의 경우는 거의 100%의 육지환경을
조성해 준다. 이때 각각의 종에 따라 필요로 하는 물과 육지의 비율이 다르므로 해당 종의
특성과 각 개체의 특성을 잘 파악해 물과 육지의 비율을 조절해 주면 된다.

완전수생거북 사육장의 조성

완전수생거북의 사육장은 육지거북이나 반수생거북의 사육장에 비해 조성하기도 쉽고,
관리 역시 용이한 편이다. 열대어 사육장의 경우와 유사하기 때문에 물고기를 길러본 사육
자라면 어렵지 않게 꾸밀 수 있는데, 관리방법 역시 열대어 사육장과 크게 차이가 나지는
않는다. 다만 늑대거북이나 악어거북의 경우는 수영이 그리 능숙하지 못하므로 거북의 크
기에 맞게 물높이를 조절해 줘야 하고, 큰 덩치와 강한 힘으로 내부 세팅을 파손시킬 우려
가 있기 때문에 이 점을 고려해 사육장을 세팅하는 것이 좋겠다.

반수생거북 및 습지거북 사육장의 조성

반수생거북이나 습지거북의 사육장은 육지거북이나 완전수생거북의 사육장보다 조성하기가 다소 어렵다고 알려져 있다. 거북 가운데 반수생종의 숫자가 가장 많고, 각 종에 따라 요구되는 사육장의 형태도 상이하므로 해당 종의 특징을 잘 이해한 후 사육장을 조성해 주는 것이 좋겠다. 상당 시간을 육지에서 생활하는 반수생종의 특성을 고려해 전체 수조에서 육지와 물의 비율 50:50을 기준으로 종과 개체의 특성에 따라 적절하게 조절한다.

특히 많이 사육되는 슬라이더나 쿠터류의 경우 성장함에 따라 선호하는 '물과 육지의 비율'이 달라지기 때문에 사육하고 있는 거북의 성장 정도를 고려해 사육장을 세팅해 주는 것이 좋다. 육상 부분을 별도로 마련하지 않고 물 위에 일광욕을 위한 구조물을 설치해 줄 경우에도 마찬가지로 그 넓이를 조절해 주는 것이 좋다. 반수생거북 사육장의 경우 내부 세팅이 단순하고 물이 많이 들어가지 않으면 한쪽에 받침대를 받쳐 살짝 기울여 두는 것도 괜찮다.

사육장을 조성하는 일만 어려운 것이 아니라 관리 역시 다소 어려운 편이다. 특히 습지거북 사육장의 경우 상대적으로 관리하기가 더욱 어렵다. 거북이 필요로 하는 25℃ 이상의 높은 온도와 높은 습도는 곰팡이와 진드기 및 응애의 번식에도 최적의 조건이 되기 때문에, 적절하게 관리가 이뤄지지 않는다면 그 피해는 고스란히 사육장 내 거북에게 돌아가게 된다. 따라서 번거롭더라도 반드시 주기적으로 관리해 주는 것이 필요하다.

🐢 사육장 내 물과 육지의 비율

100 : 0 - 자라류 외(돼지코거북, 마타마타거북, 늑대거북, 악어거북, 뱀목거북, 자라 등) 완전수생거북의 경우로서 약간의 육지공간을 조성해 주는 것이 좋다.

80 : 20 - 머스크 터틀류(커먼 머스크 터틀, 레이저백 머스크 터틀 등)

70 : 30 - 슬라이더&쿠터류(붉은귀거북, 지도거북, 옐로우-레드 벨리드 터틀, 줄무늬목거북, 페인티드 터틀, 레드밸리 쿠터 등)

50 : 50 - 잎거북류(남생이, 가시거북, 아시아잎거북 등)

10 : 90 - 상자거북류(중국상자거북, 아메리카상자거북 등)

0 : 100 - 육지거북. 사육장 내에는 육상 부분만을 세팅하고, 수분섭취와 온욕을 위한 물그릇을 가끔씩 넣었다가 빼주는 경우가 해당된다. 그러나 0 : 100의 비율로 세팅하는 경우는 드물며, 권장사항도 아니다.

＊종에 따라 어렸을 때는 수생생활을 선호하다가 성장하면서 육상생활의 빈도가 늘어나는 등 유체와 성체 때의 서식환경이 달라지는 경우가 있다. 이럴 경우에는 거북의 성장상태를 감안해 사육장 세팅도 그에 맞게 조절해 주도록 해야 한다.

배어 탱크 타입으로 단순하게 세팅한 반수생거북의 사육장

자연상태에서 수생거북종이나 반수생거북종의 해츨링들은, 수심이 깊은 곳에서 헤엄치다가 숨을 쉬고 싶을 때는 다리로 바닥을 박차고 올라와 호흡을 한다. 이러한 행동은 어린 거북들의 다리근육을 발달시키는 데 많은 도움을 주며, 식욕을 증진하는 효과를 유발해 거북의 성장에 유익하게 작용한다. 따라서 수영이 아주 능숙하지 못한 종만 아니라면, 사육장 내에 어느 정도 수심이 깊은 지역을 마련해 준다 해도 크게 문제가 될 것은 없다.

실례로, 필자가 기르고 있는 늑대거북 해츨링 역시 수위가 낮은 사육장에서 사육했을 때는 그다지 먹이반응이 적극적이지 않은 편이었는데, 수위를 조금 높여주고 난 이후 마치 붉은 귀거북과 같은 적극적인 먹이반응을 보인 바 있다. 그러나 성체 거북의 경우 유체에 비해 부력효과를 이용하는 능력이 다소 떨어지기 때문에 육지 부분을 경사지게 하거나 받침대를 설치하는 등 쉽게 이동할 수 있도록 조치를 취해줘야 한다.

육지거북 사육장의 조성
육지거북은 반수생거북에 비해 크기가 훨씬 크고, 활동량도 상당히 많은 편이기 때문에 반수생종보다 큰 사육장을 제공해 줄 필요가 있다. 육지거북 사육장의 세팅은 바닥재 선택으

바닥재와 은신처, 물그릇 등이 비치된 육지거북의 사육장

로부터 시작된다. 사육장 바닥에 깔리는 바닥재는 사육하는 종의 최적사육습도를 유지할수 있는 것으로 선택한다. 은신처는 반드시 설치돼 있어야 하며, 물그릇도 비치해 거북이원할 때 언제든지 수분을 섭취할 수 있도록 항상 신선한 물로 갈아주는 것이 좋다.

활동성이 많은 거북의 경우 위로 올라갔다가 뒤집어져 몸을 다칠 수도 있으므로 사육장 안에 설치되는 모든 구조물은 거북의 동선을 고려해 안정감 있게 세팅하도록 해야 한다. 특히 열원에 가까운 쪽에는 가급적이면 뒤집어질 만한 구조물을 설치하지 않는 것이 좋다. 뒤집어진 장소가 열등 바로 아래라면 짧은 시간 안에 폐사할 수도 있다. 필자는 거북의 운동량을 늘리기 위해 사육장 바닥에 돌이나 유목 등을 많이 설치하고, 바닥재의 종류도 군데군데 달리해 사육장 내부를 거북이 움직이기 어렵다 싶을 정도로 세팅하는 편이다.

보통 사육자들은 한번 세팅한 사육장을 변화 없이 그대로 유지하려는 경향이 강한데, 사육장 세팅은 가끔 완전히 새로운 스타일로 바꿔주는 것이 바람직하다. 은신처의 위치도 바꿔주고, 내부 세팅도 바꿔줌으로써 새로운 환경에 적응해야 하는 약간의 스트레스를 주는 것도 거북의 건강을 유지하는 데 있어서 나쁜 일은 아니기 때문이다.

Chapter 05

거북의 일반적인 관리

거북을 기르는 데 있어서 기본적으로 관리해야 할
사항에 대해 살펴보고, 사육환경 조성 등에 대해
알아본다.

01
section

기본사양 관리

———

일단 거북을 기르기 시작했다면 매일매일 거르지 말고 사육장을 관리해야 한다. 거북을 사육하면서 '손이 그리 많이 가지 않는 동물'이라는 생각에 사육장 관리를 소홀히 하는 사육자를 의외로 많이 볼 수 있다. 그러나 정기적으로 사육장을 돌보지 않는다면, 어느 날 갑자기 사육장 내에서 죽어 있는 거북을 발견하게 되는 황당한 경우도 생길 것이다.

사육하에서 거북이 폐사하는 경우는 질병으로 인한 것과 사고나 돌연사로 인한 것 두 가지로 나눠볼 수 있다. 질병으로 인한 폐사의 경우 거북이 폐사하기까지는 상당한 시간이 걸리므로 어느 정도 치료할 여유가 있는 반면, 돌연사의 경우는 원인이 발생해 폐사에 이르는 과정이 단시간에 진행되기 때문에 대처할 시간이 충분하지 못할 때가 많다.

사육장 관리를 지속적으로 한다면 폐사의 원인이 되는 사육장 내의 급격한 환경변화가 있거나 거북이 돌연 이상증상을 보일 경우, 바로 그 원인을 제거하고 응급처치를 하면 폐사 확률을 상당히 많이 줄일 수 있다. 그러나 정기적으로 사육장을 돌보지 못하는 상황에서는 그런 조치를 취할 수가 없기 때문에 폐사에 이르게 되는 경우가 많이 발생하는 것이다. 이번 섹션에서는 사육환경을 관리하는 데 있어서 기본적으로 해야 하는 일들을 알아보자.

유영하고 있는 페인티드 터틀(Painted turtle, *Chrysemys picta*)

수조 벽면에 손바닥을 대보는 것으로 수온의 적정 여부를 어느 정도는 파악할 수 있다.

온도와 습도, 수질 체크

사육장을 관리하면서 가장 먼저 해야 할 일은 사육장 내의 온도와 습도 그리고 수생거북일 경우 수온과 수질을 체크하는 것이다. 그중에서도 사육장의 온도를 확인하는 것이 가장 우선이라고 할 수 있다. 본서에서 온도에 대해 계속 언급하게 되는데, 그만큼 변온동물에게 있어서 온도는 절대적인 생존요인이기 때문이다. 습도가 변해도, 수질이 나빠져도, 혹은 영양상태가 좋지 못해도 거북은 상당 기간 생존할 수 있지만, 온도에 급격한 변화가 있으면 순식간에 폐사에 이르게 된다. 그런 만큼 거북 사육에 있어서 온도 관리는 아무리 강조해도 지나치지 않다. 특히 저온보다는 고온이 더 위험하다는 점을 잊지 않도록 하자.

사육장 내에 반드시 정확한 온도계가 설치돼 있어야 함은 두말할 것도 없고, 필자는 그와 더불어 거북 사육장 유리면에 늘 손바닥을 대보는 습관을 들이라고 조언하고 싶다. 사실 손의 감각만으로 사육장 내의 정확한 온도를 파악하는 것은 어려운 일이지만, 거북이 생존하기에 적당한 온도인지 아닌지 정도를 파악하는 데는 수조 바깥에 손바닥을 가볍게 대보는 것만으로도 충분하다(특히 수생거북의 경우는 더욱 알아차리기가 쉽다). 매일 히터를 수조에서 꺼내 점검하거나 온도계가 정상적으로 작동하는지 일일이 확인하는 것은 꽤나 번거로운 일이다. 유리면에 손을 대보고 사육장 온도에 이상이 있다고 판단될 때 좀 더 주의를 기울여 사육장 내부를 살펴보면, 온도문제로 인한 질병이나 폐사는 충분히 예방할 수 있다.

온도와는 달리 습도는 사육자의 감각만으로 파악하기가 어려우므로 적절한 습도 관리를 위해 사육장 내에 습도계를 비치해 두고 사용하는 것이 좋다. 온·습도를 함께 표시하는 제품으로 설치하면 불필요한 공간의 낭비도 줄일 수 있을 것이다. 관리 시에는 바닥재가 머금은 습도 수준이 적정한지 확인하고, 환기를 하거나 분무를 해서 사육장 내부의 적정습도를 유지해 주도록 한다. 특히 건조한 겨울철의 경우 사육장 내의 습도는 호흡기질환 발생과 밀접한 관계가 있으므로 다른 계절보다 조금 더 신경 써서 관리해 줄 필요가 있다.

수생거북을 기르고 있는 경우 적절한 수질 관리를 위해서는 우선적으로 사육수조 내 물의 탁도부터 살펴봐야 한다. 먹이급여량이 많을 때 혹은 수생거북이 배설을 한 직후에 물의 탁도가 급격하게 높아지는 경우가 있는데, 이때 여과기가 정상적으로 작동하고 있다면 크게 걱정할 일은 아니다. 하지만 장기적으로 탁도가 개선되지 않을 때는 여과기를 청소하거나 환수를 하는 등의 조치를 취해 수질을 관리해야 할 필요가 있다.

사육장 내·외부 전기장치의 정상가동 여부 확인

사육장 내·외부에 설치된 모든 전기장치를 수시로 점검해야 한다. 조명기구가 정상적으로 작동하고 있는지, 열원은 교체할 필요가 없는지, 가습기는 이상 없이 잘 작동하는지 등을 확인하도록 한다. 사육장 내·외부에 설치되는 전기장치는 광주기 제공과 대사에 필요한 온·습도 제공에 필수적인 장치들이고, 혹시라도 정상적으로 작동하지 않을 경우 어떤 식으로든 거북에게 문제가 발생하기 때문에 수시로 정상가동 여부를 확인하는 것이 좋다.

전기장치의 가동 여부를 확인하는 일에는 타이머를 걸어뒀을 경우 시간을 조절해 계절에 따른 광주기를 조절하는 것까지 포함된다. 특히 저면열원이나 히터의 경우는 고장이 있어도 외형적으로 크게 표시가 나지 않기 때문에 잘 확인해야 한다. 또한, 수명이 다해 교체가 필요할 경우를 대비해서 히터나 열등 같은 소모품은 여분을 준비해 두는 것이 좋겠다.

활동성이 매우 뛰어난 물거북의 경우 히터나 수은온도계를 물어서 파손시키거나 여과기 및 히터의 전선을 물어뜯어 문제가 생기는 사례도 있다. 따라서 기계 자체의 정상가동 여부뿐만 아니라 배선 부분의 이상 유무까지 꼼꼼하게 확인하는 것이 좋다. 전선에 이빨자국

마타마타거북 사육장의 물을 갈아주는 모습. 뜰채나 호스를 이용해 탈피찌꺼기를 제거해 준다.

이 있거나 많이 물어뜯어 전선 내부의 구리선이 노출돼 있을 경우, 거북이 다시 건드리지 못하도록 조치를 취하거나 안전을 위해 새로운 것으로 교체하는 것이 바람직하다.

오염물의 제거

거북도 생물인지라 대사작용에 따른 여러 가지 오염물이 사육장 내에 필연적으로 발생하게 된다. 이렇게 발생하는 먹이찌꺼기나 탈피허물, 배설물 등의 유기물은 눈에 띄는 대로 즉시 제거해야 한다. 만약 그대로 방치하면 거북이 오염물을 먹어서 건강상 문제가 생기거나, 부패함으로써 사육환경에 문제를 유발하기 때문에 오염물의 처리는 빠르면 빠를수록 좋다. 수생거북 수조는 수조면 및 내부 세팅자재에 발생한 물이끼를 닦거나 정기적으로 환수를 해주고, 수조 내 수분증발량이 많으면 부족해진 물을 보충해 주는 일도 필요하다.

사이펀이나 호스, 핀셋이나 소형 비닐봉지 등 관리에 필요한 도구들을 사육장 가까이에 두고 청결에 힘쓴다면 불결한 사육장으로 인해 발생하게 되는 많은 질병을 예방할 수 있고, 사육자 역시 쾌적한 환경에서 즐겁게 거북을 기를 수 있을 것이다. 가족의 사랑과 관심을 받던 거북이 천덕꾸러기가 되는 것은 사육장의 방치로 인해 발생하는 악취가 그 원인인 경우도 상당히 많으므로 사육장 관리에 항상 관심을 기울이도록 하자.

그리스육지거북(Greek tortoise, *Testudo graeca*)

사육장 세팅의 재정비

거북의 덩치가 클 경우 움직이면서 세팅해 둔 사육장 내부를 어지럽히는 일이 많다. 내부 세팅이 흐트러지면 보기에도 좋지 않을뿐더러, 히터를 물 밖으로 밀어 올려 과열로 파열되기도 하고 측면여과기를 밀어 올려 소음이 생기는 등 여러 가지 문제가 발생하게 된다. 사육장 관리 시에는 이렇게 어지럽혀진 사육장 세팅을 원상 복귀시키는 일 역시 필요하다. 동일한 사육장 내에서 거북은 같은 행동을 반복하므로 흐트러진 세팅을 단순히 원래대로 돌리기만 하면 되는 것이 아니라, 다시 그런 일이 발생하지 않도록 후속조치를 취하는 일 또한 중요하다. '다음에, 다음에' 하면서 대책을 미루다 보면 결국 큰 문제가 발생하게 되므로 주의하자.

먹이급여

사육장 내부 정비가 완료되면 먹이를 급여한다(일상 관리 전에 미리 먹이를 급여하는 경우도 있으며, 관리와 상관없이 급여하는 경우도 있다). 이때 '이 정도면 충분하겠지'라고 생각하는 양이 사실 거북에게는 지나치게 많은 경우가 대부분이다. 사육하에서는 아무래도 자연상태에서보다 운동량이 적으므로 영양과잉이 되기 쉽기 때문이다. 따라서 사육자가 생각하기에 조금 부족하다 싶을 정도의 양을 급여하는 것이 좋다. 수시로 거북을 들어 올려 무게를 측정해 보거나, 외형적으로 나타나는 비만 정도를 확인하면서 먹이급여량을 조절하도록 하자.

천적 및 기생충 관리

거북 이외에 다른 반려동물을 기르고 있다면 거북에게 위해를 가하지 않도록 조치를 취해야 한다. 특히 개보다는 점프력이 좋고 호기심이 많은 고양이를 기르고 있을 경우 문제가 더 많이 생기므로 고양이가 사육장에 들어가지 못하도록 덮개를 잘 점검해야 한다.

필자의 경우 고양이를 두 마리 기르고 있는데, 두 마리 다 성격이 온순해서 평소 다른 반려동물에게 해를 끼치지는 않는다. 눈앞에 거북을 데려다 놔도 오히려 겁을 낼 정도로 소심한 녀석이지만, 거북 사육장에 들어가 바닥재를 화장실모래로 이용하는 경우가 종종 있기 때문에 한밤중에 바닥재를 전부 교체하는 등 가끔 고생스러웠던 적이 있다. 이처럼 직접적으로 거북에게 해를 끼치지는 않더라도 다른 식으로 문제가 생길 수도 있으므로 가급적이면 다른 반려동물과의 접촉을 피하도록 관리에 주의를 기울이는 것이 좋겠다.

거북에게 있어서는 고양이의 호기심이 반갑지만은 않다.

요즘에는 페럿이나 너구리 등 다른 희귀동물도 많이 기르는 추세인데, 특히 이런 육식성 동물들은 가능한 한 거북과 함께 기르지 않는 것이 좋다. 부득이하게 기르게 됐을 경우에는 거북과 확실히 격리하는 것이 불의의 사태를 예방할 수 있는 방법이 될 것이다. 예전에 어떤 거북 사육자가 기르던 너구리가 사육장 문을 열고 탈출해 거북 사육장에서 놀고 있던 고가의 거북을 몇 마리나 먹어버린 일도 있었다. 특히 다른 동물보다 너구리류는 발을 사람의 손처럼 아주 잘 쓰고 호기심과 식탐이 많기 때문에 더욱더 주의가 필요하다.

야외방사장의 경우에는 덮개에 이상이 없는지 먼저 확인하고, 울타리 안팎으로 바닥을 판 흔적이 없는지 살펴본다. 만약 조금이라도 판 흔적이 있을 경우에는 구멍을 돌 등으로 메워 거북의 탈출이나 천적동물의 유입을 차단하도록 한다. 또한, 거북에게 구충을 실시했다 하더라도 사육 중에 외부로부터 진드기가 유입되거나 개미나 바퀴벌레들이 꼬이기도 하고, 더운 여름철에는 먹다 남긴 먹이들이 부패하면서 구더기가 생기는 경우도 있다. 따라서 가끔씩 거북의 몸 구석구석을 살펴보고 사육장 환기를 잘 시키며, 발생하는 오염물을 즉각 제거해 줘야 한다. 이렇게 매일 실시해야 하는 관리 외에도 주기적으로 바닥재를 교체하고, 케이지 내의 구조물과 사육장 전체를 세척하거나 소독하는 일 등이 필요하다.

02
section

사육장 및
사육환경 관리

지금까지 사육환경을 관리하는 데 있어서 기본적으로 해야 하는 일들에 대해 간략하게 알아봤다. 이번 섹션에서는 거북 사육 중에 필수적으로 실시해야 하는 사육환경 관리에 대해 좀 더 자세히 알아보도록 하자. 사육장 내의 온도 관리와 습도 관리, 물 관리(급수 및 수조 내의 수질 관리), 빛 관리, 환기 관리의 다섯 가지 항목으로 나눠 사육하에서 거북이 살아가는 데 필요한 최적의 조건을 조성해 주기 위해 사육자가 알아두면 좋을 내용들을 정리해 봤다.

온도 관리

동물은 체온을 체내의 대사과정에서 발생한 열을 이용해 내온성 조절을 하는 항온동물과, 외부(환경)의 열을 이용해 외온성 조절을 하는 변온동물로 크게 나눌 수 있다. 이 가운데 거북은 대사에 필요한 열을 외부에 의존해야 하는 변온동물에 속한다. 변온동물은 체온을 유지하는 데 에너지를 낭비하지 않아도 되기 때문에 적은 양의 먹이로도 장기간 버틸 수 있다는 장점이 있지만, 모든 활동이 대기온도에 의해 제한을 받는다는 단점도 가지고 있다. 따라서 거북 사육에 있어서는 항온동물보다 훨씬 더 세심한 온도 관리가 필요하다.

자연상태에서의 일광욕은 거북에게 있어서 매우 중요한 일과에 속한다.

거북은 스스로 원하는 온도대의 장소를 찾아 이동한다. 사육장 내에서도 그 선택의 폭을 넓혀주는 것이 좋다.

이렇듯 거북은 대사에 필요한 열을 외부에 의존하는 외온성 동물이기 때문에 각각의 종에 맞는 '적정한 수준의 온도'를 제공해 주는 것은 거북의 일상 관리에 있어서 무엇보다 중요한 일이다. 여기서 말하는 적정한 수준의 온도란 각 종에 따른 '최적온도대(POTZ, preferred optimum temperature zone)'로서, 그 종이 보통 서식하는 서식지의 온도대를 의미한다.

■**최적온도대** : 최적온도대의 범위는 거북이 생육, 번식, 소화, 부화 등과 같은 대사활동을 위해 선호하는 온도대로서 서식지역의 계절, 거북의 연령, 신체상태(질병, 임신, 동면 등)에 따라 다소 차이가 있다. 따라서 사육할 거북이 결정되면 가장 먼저 그 종이 어떤 온도대에서 활동하는지부터 알아보고, 그와 유사한 수준으로 사육장 온도를 설정해 줘야 한다.

사실 거북 사육에 있어서 온도 관리란 말처럼 쉬운 일이 아니다. 몇몇 저온을 선호하는 종을 제외하면, 매뉴얼상 일반적으로 거북이 건강하게 활동하는 온도는 수온 24~28℃, 기온 26~33℃ 선이다. 하지만 거북 사육장의 온도 관리란, 단순히 사육장 전체를 24시간 항상 이와 같은 온도로 유지해 주면 되는 작업이 아니다. 사육장 내의 공간에 따른 온도차와 낮과 밤에 따른 온도차, 거북의 성장 크기에 따른 온도차, 거북의 대사상태에 따른 온도차 등 다양한 온도차를 제공해주는 것이야말로 진정한 의미의 온도 관리라고 할 수 있다.

더구나 이러한 온도차는 모든 거북에서 동일한 것이 아니라 종에 따라 상이하기 때문에 각 종에 적합한 온도대를 파악해야 하며, 사육장이 위치한 사육공간의 온도 역시 고려해 사육장 내부온도를 조절해야 하기 때문에 어찌 보면 꽤 복잡하고 번거로운 일이라고 할 수 있다. 초보사육자의 경우 이 정도로 관심을 기울일 필요까지는 없다고 보이지만, 좀 더 전문적으로 거북 사육을 하고자 하는 사육자라면 관심을 가지지 않을 수 없는 부분이기도 하다.

다시 사육 이야기로 돌아가 보자. 거북을 사육할 때 이렇게 사육장 내에 온도편차를 조성해주는 이유는, 질병이나 스트레스에 대한 저항력을 키우고 체질을 강화하는 데 많은 도움이 되기 때문이다. 특히 어린 거북은 부화 이후 반년 정도까지는 일반적인 성체의 사육온도보다 다소 높은 26~29℃ 정도에서 사육하는 것이 폐사를 줄이는 데 상당한 도움이 된다. 예를 들면, 늑대거북이나 악어거북 및 자라류의 경우 준성체 이상부터는 다른 어떤 종보다 건강하고 튼튼한 거북으로 평가되는 반면 어릴 때는 다른 종에 비해 폐사율이 비교적 높은 편인데, 유체일 때 고온을 유지해 주면 놀라울 정도로 폐사율을 많이 줄일 수 있다.

일반적으로 육지거북의 경우 눈병이나 피부병은 사육장 온도가 25℃대일 때부터 많이 발생한다. 25℃는 세균의 대량번식이 시작되는 데 가장 적당한 온도이기에 여기에 불결한 사육환경이나 과도한 습도 등의 조건이 더해질 경우 세균이 폭발적으로 번식해 질병이 발생하기 쉽기 때문이다. 따라서 거북에게 질병이 발생하면 세균의 번식을 막고 면역력을 높이기 위해 적정습도를 유지하면서 사육장의 온도를 30~35℃ 정도로 올려줘야 한다.

이와 같이 체계적인 온도 관리를 위해서는 사육장 내에 반드시 온도계를 설치해야 한다. 오차가 작은 휴대용 적외선온도계 등이 시판되고 있기는 하지만, 필요할 때마다 찾아서 온도를 재기보다는 언제든 확인할 수 있도록 사육장 내에 비치해 두는 것이 관리 면에서 좋다.

데스 존(Death zone)

사육하에서 거북이 생활하기에 적합하지 않은 온도를 제공하거나 어중간한 온도대를 제공해 주는 것은 매우 위험하다. 이 온도대를 나타내는 개념이 데스 존(Death zone)인데, 이는 해당 종이 생존할 수 있는 온도대보다 너무 낮거나 너무 높은 온도대, 거북이 정상적으로 활동하는 온도영역보다는 낮고 동면온도보다는 높은 어중간한 온도영역을 의미한다. 이 온도대는 거식과 활동성 둔화로 인해 지속적인 쇠약과 질병을 야기하며, 심한 경우 폐사에 이르는 결과를 초래하기도 한다.

야외의 연못에서 일광욕을 하고 있는 수생거북의 모습

■**일광욕 시의 온도 관리** : 일반적인 경우뿐만 아니라 일광욕 시에는 좀 더 세심하게 온도를 관리할 필요가 있다. 장시간 직사광선에 노출될 경우 체온이 급격하게 상승해 열사병으로 돌연사하는 사례가 있기 때문이다. 일광욕은 육지거북에게는 칼슘대사에 필요한 비타민D3를 합성하기 위한 목적으로 주로 실시하며, 물거북에게는 배갑을 살균하고 감염을 방지하기 위해서 실시하는 중요한 일 가운데 하나이므로 여건만 허락된다면 자주 시킬수록 좋다.

야외에서 직접 일광욕을 시킬 때는, 외부 기온이 25℃ 이상이고 바람이 없는 화창한 날씨를 택해 실시하는 것이 좋다. 이렇게 거북을 실외에 내놓고 일광욕을 시킬 때는 탈수를 막기 위해 반드시 부분적으로 그늘을 만들어 줘야 하며, 몸을 담글 만한 온욕통을 설치해 주는 것도 잊지 않도록 해야 한다. 실내수조에서 물거북의 일광욕을 유도하기 위해서는 일광욕 자리의 온도를 수온보다 5℃ 정도 높게 설정해 주는 것이 효과적이다.

습도 관리

사육하에서의 습도 관리는 작게는 사육장 내의 습도를 거북에게 적정하도록 유지 관리하는 것에서부터, 크게는 거북의 탈수를 방지하고 체내의 수분과 전해질 양의 균형을 유지하도록 관리하는 것까지 두 가지를 모두 포함한다고 볼 수 있다.

■**최적의 습도** : 자연상태에서 거북은 지표면, 물가, 나무나 돌이 만든 그늘, 땅속 등 습도가 다양한 공간을 이동하면서 생활한다. 하지만 사육하에서 자연환경에서 기대할 수 있는 다양한 습도차를 제공해 주기란 사실상 불가능에 가깝다. 그래서 대부분의 사육자는 사육도 감이나 인터넷상의 케어시트(care sheet)에서 찾은 정보를 통해 적정습도를 확인하고 그에 준해 사육장 습도를 설정하며, 그 적정습도를 기준으로 사육장을 관리하곤 한다.

그러나 여기에는 한 가지 유의할 점이 있다. 일반적으로 사육주들이 많이 참고하는 거북사 육도감이나 인터넷상의 케어시트에 나와 있는 습도는 완전히 자란 성체 거북에게 요구되는 최적의 사육습도를 표시한 경우가 많으며, 그것조차도 원서식지의 습도가 아니라 원서 식지 내에서 거북이 자거나 휴식을 취하는 공간(미소서식지, microhabitat)의 습도를 의미하는 경우가 많다는 사실이다(보통의 경우 거북은 하루 중 대부분의 시간을 이 미소서식지에서 보낸다).

이 점을 확실하게 인식해야 하는 이유는, 국내에서 분양되는 거북은 태어난 지 얼마 되지 않은 유체이거나 그보다 조금 더 자란 준성체인 경우가 대부분이기 때문이다. 성체 거북 을 입양해 사육하는 경우는 극히 드물기 때문에, 거북도감이나 인터넷상에서 제공되는 정 보를 기준으로 습도를 관리하면 당연히 문제가 생길 수밖에 없는 것이다. 따라서 거북에게 최적의 습도를 맞춰주고자 할 때는, 성체를 기준으로 한 것이 아니라 반드시 현재 자신이 기르고 있는 개체의 크기에 적정한 습도를 파악해 관리할 필요가 있다.

■**습도편차 제공** : 습도로 인한 문제는 과습할 때보다 건조할 경우에 훨씬 더 치명적인 결과 를 초래한다는 사실을 잊지 말자. 거북에 있어서 수분손실은 대부분 호흡을 통해 일어난 다. 덩치가 큰 육지거북은 수분손실률이 낮기 때문에 건조한 환경에서도 비교적 잘 견딜 수 있지만, 어린 개체는 수분손실률이 상대적으로 높기 때문에 유체일 때는 성체일 때보다 습도가 높은 환경에서 사육하는 것이 좀 더 안전하다고 알려져 있다. 성장기 거북을 장기 간 건조한 환경에서 사육하면 신장결석 등의 질환이 나타난다는 연구결과도 있다.

육지거북은 물론이거니와 상당수의 반수생거북의 어린 개체 역시 성체보다 부드러운 피 부를 가지고 있기 때문에 부적절한 습도로 인한 문제도 성체의 경우보다 훨씬 자주 일어나 게 된다. 수생거북도 마찬가지로 유체의 경우 오랫동안 물 밖에 노출되면 탈수로 인한 여 러 가지 문제가 발생하므로 장시간 물 밖에 방치하는 일이 없도록 주의해야 한다.

피부를 꼬집어 보면 탈수 정도를 파악할 수 있다.

습도 관리를 위해서는 기본적으로 바닥재를 신중하게 선택해야 한다. 또한, 은신처 부근은 반드시 최적의 습도를 유지하도록 하고 스폿램프 부분은 건조한 지역을 만들어 줌으로써 사육장 내에 어느 정도의 습도편차를 제공해 주는 것이 좋다(스폿 지역의 습도는 일반적으로 40% 이하 정도로 유지한다).

건조한 지역에서 서식하는 거북을 기를 때 주기적인 분무로 사육장 내의 습도를 조절해 줄 경우가 있는데, 이럴 때는 바닥이 축축해질 정도로 물을 많이 뿌려서는 안 되며 몇 시간 내에 마를 수 있도록 분무량을 조절해야 한다. 또한, 분무 후에는 사육장의 온도를 높여 습도가 올라가도록 해준다. 이와 더불어, 습도가 높아지면 세균의 번식이 활발해지므로 습도를 조절할 때는 바닥재의 교체주기에도 신경을 써야 한다. 식물이나 숯 등 자연소재를 이용해 사육장 내의 습도를 조절하는 방법도 괜찮다. 또 온욕시키는 횟수를 늘려 거북에게 필요한 수분을 유지해 주는 방법도 있다.

물 관리

거북에게 급여하는 먹이 관리의 중요성 못지않게 거북이 섭취하는 음용수의 관리 역시 중요하게 취급돼야 한다. 또한, 육지거북 사육장의 사육환경을 위생적으로 관리하는 것과 마찬가지로 수생거북 수조 내의 수질 역시 청결하게 관리해야 한다는 점을 잊지 말자.

■급수 관리 : 수생거북을 제외하고, 사육장 내의 모든 거북에게는 스스로 원할 때 언제든지 섭취할 수 있는 깨끗한 물이 제공돼야 한다. 사육장 내에는 항시적으로 물그릇을 비치해 두는 것이 좋은데, 이 물그릇은 거북에게 수분 및 온욕을 할 수 있는 공간을 제공하며 사육장 내의 습도를 조절하는 역할을 동시에 할 수 있는 유용한 사육도구이기 때문이다.

그러나 비위생적으로 관리하면 오염원의 증식처가 되는 부작용이 있으므로 급수통은 가급적이면 바닥재로부터의 오염이 덜한 곳에 위치시키고 항상 청결하게 관리해야 한다. 특히

Tip 탈수증

탈수는 수분부족으로 인한 '수분결핍성 탈수'와 전해질부족(특히 나트륨)으로 인한 '전해질결핍성 탈수', '동시에 두 성분을 다 잃는 경우'로 크게 나눌 수 있다(수분이나 염분은 한 쪽 농도가 변화하면 보상 메커니즘에 따라 다른 쪽도 상당히 변화하기 때문에 수분 또는 염분이 단독으로 고갈되는 경우는 드물다). 이러한 증상은 물의 섭취가 극도로 제한되거나 내부장기 질환 등으로 인해 체내에서 수분이 심하게 손실되면 나타난다. 외형적으로 나타나는 증상으로는 피부가 건조해지고 탄력이 없어지며, 눈이 움푹 들어가는 것을 볼 수 있다. 이와 같은 증상과 더불어 피부를 가볍게 꼬집었을 때 즉시 정상상태로 돌아가지 않고 시간이 걸리면 탈수증상으로 판단할 수 있다.

탈수의 치료는 체내에서 빠져나간 수분을 공급하고, 체액 안의 전해질농도와 분포를 정상상태로 되돌려놓는 것을 의미한다. 참고로, 앞서 말했다시피 거북에 있어서 수분손실은 주로 호흡을 통해 일어나기 때문에 사육장의 습도를 높여주면 수분손실을 최소화할 수 있을 것이다.

장시간 집을 비우게 되거나 야외사육장에서 일광욕을 시킬 경우, 어린 개체 또는 새로 도입한 개체로 새로운 환경에 적응이 필요할 경우에는 반드시 항시적으로 물그릇을 비치해 줘야 한다. 물거북은 먹이를 먹을 때 물을 먹이와 함께 조금씩 삼키면서 정기적으로 수분을 섭취한다. 따라서 수조 내의 수질을 항상 청결하게 유지하는 것이 중요하다고 하겠다. 이와는 달리 육지거북은 물그릇에 직접적으로 입을 대고 물을 먹는데, 육지거북이 손쉽게 수분을 섭취할 수 있도록 얕고 엎어지지 않을 정도로 무거운 물그릇을 비치해 줘야 한다.

수분을 직접적으로 공급하는 방법을 대체하는 것 가운데 가장 좋지 않은 방법은 물 대신 채소만 급여하는 것이다. 물그릇을 자주 바꿔주기 귀찮다는 이유로 육지거북에게 수분이 많이 함유된 채소를 급여하는 경우가 있는데, 그러다가 탈수가 심각하게 진행되면 몸속에 쌓이는 요석이 배출되지 않아 거북이 폐사하기도 한다. 특히 겨울철이나 사육장의 습도가 낮을 때는 충분한 수분공급으로 체내의 전해질 균형을 유지해 주는 것이 중요하다.

물을 섭취하는 것과는 별개로 육지거북들은 물그릇에 들어가 있는 것을 좋아한다. 이때 물그릇의 물이 오염돼 있다면 살모넬라나 다른 병원체가 증식하기 좋고, 이로 인해 거북에게 설사와 감염 등을 일으킬 수 있으므로 항상 청결하게 관리해야 한다. 매번 물을 새로 갈아주는 것이 힘든 경우라면 주기적인 온욕으로 수분공급을 대신할 수 있다.

■**수질 관리** : 수생거북의 경우 사육장 내의 수질을 청결하게 관리해 주는 일이 필요하다. 이때 '수질을 관리한다'는 것은 사육수조 내의 물을 깨끗하고 투명하게(보이도록) 유지한다는

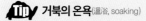 **거북의 온욕**(溫浴, soaking)

온욕이란

자연상태에서 육상에서 생활하는 육지거북은 별도로 온욕을 하지는 않는다. 하지만 사육하에서는 인공사육으로 발생할 수 있는 여러 가지 문제점들을 예방하고 해소하기 위해서 주기적으로 온욕을 시키는 것이 필요하다. 그뿐만 아니라 온욕을 시키면서 육지거북을 사육장에서 꺼내 전체적으로 자세하게 관찰할 수 있으며, 건강상태나 성장의 정도 등을 직접 확인할 수 있으므로 온욕시간은 거북의 사육에 있어서 매우 중요한 시간이라고 할 수 있겠다.

온욕을 위해 강제로 사육장 밖으로 거북을 꺼내는 것보다는 사육장 내에 거북의 몸이 완전히 들어갈 수 있는 적당한 크기의 물그릇을 비치해 거북이 원할 때 자연스럽게 스스로 입수할 수 있도록 하는 것이 가장 좋다. 하지만 그렇게 하기에는 상당한 관심과 수고가 필요하므로 보통은 별도의 온욕통에서 실시하는 경우가 많다.

온욕의 방법

• 바닥이 평평한 용기에 배갑 높이의 1/2~2/3 정도에 해당하는 온수를 담는다. 온수의 온도는 38~40℃ 정도가 적정하며, 이 온도는 온욕시간 중에 항상 일정하게 유지될 수 있도록 주의해야 한다(온욕시간은 개체의 크기나 상태에 따라 차이가 있을 수 있다).

• 온도계를 옆에 두고 수온이 너무 떨어지지 않도록 주의한다. 특히 겨울철에 차가워진 물에 거북을 장시간 방치할 경우 호흡기질환이 생길 수도 있다는 점을 기억하자.

• 물을 먹고 배설을 했는지 확인하고, 배설을 했을 경우 바로 물을 교체해 준다. 가급적이면 개체별로 별도의 공간에서 온욕을 시키는 것이 좋으며, 같은 용기를 사용할 경우에는 혹시 모를 질병의 전염을 막기 위해 확실하게 소독한 뒤 사용하도록 한다.

• 온욕은 대사활동을 활성화시키므로 어린 개체는 성체보다 좀 더 자주 온욕을 실시하는 것이 좋다. 그러나 너무 어린 개체나 약한 개체, 질병이 있는 개체, 장시간 이송된 개체 등은 역효과가 날 수도 있으므로 개체의 상태를 감안해 적절하게 실시하도록 하는 것이 바람직하다.

• 온욕을 마치고 난 다음에는 호흡기질환을 예방하기 위해 빠른 시간 내에 거북을 말려주고, 안정된 사육공간으로 옮겨주는 것이 좋다. 온욕 후에는 체온유지를 위해 사육장의 온도를 조금 높여줘야 한다.

온욕의 효과

수분의 보급 / 장운동 활성화로 배설 촉진(부가적으로 결석의 예방) / 신진대사를 높여 체온을 상승시키고 혈액순환을 촉진 / 운동부족의 해소 / 마이트나 틱 등 외부기생충의 구제 및 여러 가지 감염성 질병 예방 / 번식행동의 유발과 촉진 / 오염의 제거의미만은 아니다. 작게는 물의 오염도를 파악해 여과 박테리아 투입이나 환수 등 적절한 조치를 취하는 것에서부터, 크게는 물의 수소이온농도(pH), 일반경도(GH), 중금속농도, 이산화탄소농도, 탄산경도(KH) 등을 적절하게 조절한다는 의미를 포함하고 있다. 현재 기르고 있는 거북에게 위에 언급한 조건 전체를 가장 적합하게 조절해 준다면 이상적이겠지만, 수생거북은 열대어만큼 수질의 영향을 많이 받지는 않으므로 깨끗한 수질의 유지와 pH 정도에만 신경 써주면 별다른 문제 없이 건강하게 기를 수 있을 것이다.

쿠터(Cooter, *Pseudemys spp.*)

대중화되지 않은 거북에 비해 열대어 사육의 역사는 훨씬 오래됐기 때문에 열대어 사육을 위한 수질 관리 정보들은 여러 곳에서 쉽게 얻을 수 있다. 그러나 물고기와 거북은 완전히 다른 생물이기 때문에 열대어 수조의 수질 관리법을 거북 수조에 그대로 적용하기에는 무리가 있다. 관상어처럼 세심하게 주의해 관리할 필요가 없기는 하지만, 물거북 역시 수질의 영향을 받지 않을 수는 없기 때문에 기본적인 수질 관리법의 숙지는 수생거북 사육에 있어서 필수적인 사항이라고 할 수 있겠다. 기본적인 여과에 대한 개념을 이해한 뒤, 사육하는 거북의 종류와 크기 및 습성에 맞도록 적절하게 조절해 적용하는 것이 좋다.

수질을 청결하게 유지하기 위해서는 우선 여과에 대해 알아둬야 한다. 여과는 수생거북 사육 중 수조 내에서 발생하는 배설물, 먹이찌꺼기, 탈피허물 등 오염물질을 제거·약화하는 일련의 과정으로 크게 '물리적 여과', '화학적 여과', '생물학적 여과'의 세 가지로 나눌 수 있다.

물리적 여과(mechanical filtration) 수조 내에서 발생하는 거북의 배설물, 탈피허물, 사료찌꺼기 등의 유기성 침전물을 물리적으로 걸러주는 것을 '물리적 여과'라고 한다. 여과용 스펀지나 솜, 바닥재 등에 이러한 오염물질이 쌓이면 필터를 세척하거나 교체해 주는 일과, 수조 바닥에 쌓이는 먹이찌꺼기나 배설물 등의 침전물들을 호스나 사이펀 등을 이용해 제거해 주는 것이 물리적 여과에 속한다. 사육자가 수생거북을 기르면서 실시하게 되는 직접적인 수조 관리의 대부분이 이러한 물리적 여과의 범주에 포함된다고 할 수 있겠다.

수생거북을 사육할 경우 수질은 갑 및 피부의 건강상태와 밀접한 관계가 있다.

화학적 여과(chemical filtration) 활성탄이나 이온교환수지 등 여과기 안에 채워진 화학적 여과재로 물속의 불필요한 요소를 분해하는 것을 '화학적 여과'라고 한다. 화학적 여과는 대부분 여과재의 수명에 제한을 받으며, 여과재를 자주 갈아줘야 하는 등 여러 가지 불편이 따르기 때문에 거북의 사육에 있어서 그리 중요하게 취급되지는 않는다. 거북의 경우에서 본다면 화학적 여과를 통해 거북에게 적합한 물의 pH 등을 조절하거나, 약물치료 후 물속에 남아 있는 약물 등을 제거하는 방법으로 사용된다. 그 외에는 해수어 수조를 세팅해 바다거북을 기를 경우가 아니라면 그다지 필요로 하지는 않는다.

생물학적 여과(biological filtration) '생물학적 여과'를 이해하기 위해서는 먼저 '질소순환사이클'에 대해 알아볼 필요가 있겠다. 물거북을 사육하는 수조 내에서는 거북 대사활동의 결과물인 배설물과 탈피허물, 먹이찌꺼기 등이 부패하면서 암모니아와 같이 거북에게 유해한 유독성 물질이 발생하게 된다. 이렇게 발생한 암모니아는 물속에서 암모늄(NH_4)의 형태로 존재하기 때문에 거북에게 그다지 치명적이지는 않지만, 호기성 박테리아인 니트로소모나스(*Nitrosomonas*)의 활동으로 암모니아가 점차 유독한 아질산염으로 바뀌게 된다. 이때 다른 종류의 박테리아인 질화균이 이 아질산염을 질산염으로 변화시킨다.

암모니아에 비해 질산염이 상대적으로 거북에게 덜 유해하기는 하지만, 질산염 역시 과다하게 축적되면 해롭기는 마찬가지다. 그러므로 주기적으로 수조 안의 물을 일정 부분 빼내고 새로운 물을 채워주는 부분 환수를 통해 수조 내에 축적된 질산염을 제거해 줘야 할 필요가 생긴다. 즉 수조 내에서는 여과기 안에 서식하는 여과박테리아에 의해 암모니아를 질산염으로 바꾸는 작용이 일어나야 하고, 사육자는 축적된 질산염을 밖으로 배출해 제거하는 물갈이를 실시해야 하는 것이다. 이렇듯 박테리아에 의해 수조 안의 유독한 암모니아가 독성이 비교적 덜한 질산염으로 바뀌는 일련의 과정을 '질소순환사이클'이라고 하며, 이 사이클을 잡아주는 것이 곧 생물학적 여과라고 할 수 있다.

유기물 -〉 NH3(암모니아) **-〉 NO2**(아질산) **-〉 NO3**(질산염)

이러한 화학물질들이 거북 등 수생생물에게 유해한 정도를 나열하면 다음과 같다.

암모니아, 암모늄(NH3/NH4) **〉 아질산염**(NO2) **〉 질산염**(NO3)

수조의 물을 교환해 주는 환수는 여과사이클이 완전히 깨져 수조를 새로 세팅해야 하는 최악의 경우가 아니고서는 100%까지 실시하는 경우는 드물다. 보통 수조 내의 물을 1/3~1/4 정도 교체하는 부분 물갈이를 실시하는 것이 일반적이다. 물갈이를 할 때는 새로 채우는 물의 온도를 버리는 물의 온도와 거의 비슷하게 맞춰주는 것이 좋다.

🏛️ 환수 시 유의점

- 여과기가 정상적으로 작동하고 있더라도(물이 투명하고 깨끗해 보이더라도) 수조 내에는 질산염이 축적되고 있으므로 반드시 정기적으로 물갈이를 해주는 것이 필요하다.
- 환수 시에는 가급적 사이펀을 이용해 바닥 쪽의 물을 침전물과 함께 빼내도록 한다.
- 환수용 물의 온도는 수조 안의 물의 온도와 비슷할수록 좋다.
- 환수용 물의 pH는 수조 안의 물의 pH와 비슷할수록 좋다.
- 여과박테리아는 염소를 접하면 전부 소멸되므로 여과재는 절대 수돗물로 세척하지 않도록 한다.
- 여과기의 여과재나 스펀지에는 여과박테리아가 서식하고 있으므로 너무 청결하게 세척하지 않도록 주의한다. 많이 씻으면 씻을수록 애써 활성화시킨 여과박테리아가 씻겨 내려가게 되기 때문이다. 수조 안의 물이나 미리 받아둔 물로 표면의 찌꺼기만 세척해 주는 것으로 충분하다. 여과재를 깨끗이 씻으면 씻을수록 수조의 물이 맑아지는 과정이 더뎌지게 된다.

또한, 장기간 염소에 노출된 거북의 갑이 손상됐다는 보고도 있으므로 수돗물을 바로 사용하는 것은 좋지 않다. 하루 정도 묵혀둔 물을 사용하도록 하고, 시간적 여유가 없으면 시중에서 판매되는 염소제거제를 사용하는 것도 괜찮다. 다행스럽게도 거북은 열대어처럼 즉각적인 폐사에 이를 정도의 수준까지 수질의 영향을 받는 경우는 드물지만, 거북을 건강하게 사육하기 위해서는 항상 수질을 청결하게 유지하는 데 관심을 기울여야 한다.

■pH 관리 : pH란 '수소이온농도지수(수소이온농도를 나타내는 지표)'를 의미하며, 수용액의 산성도 혹은 염기성도를 측정하는 것으로 수소지수라고도 한다. 1~14까지의 수치로 표현되며, 1기압 25°C에서 중성인 pH 7을 기준으로 농도를 분류하게 된다. pH가 기준이 되는 7보다 작으면 산성(pH 1~pH 6.9), pH가 7보다 크면 알칼리성(pH 7.1~pH 14)이라고 한다.
어류에게 있어서 pH는 생존과 직결되는 중요한 요소지만, 수생거북은 개체에 적절한 pH와 수조 내의 실제 pH에 상당한 차이가 있더라도 단시간에 목숨을 잃는 경우는 없다. 그럼에도 불구하고 거북 사육에 있어서 pH조절을 가볍게 생각할 수 없는 이유는, 일부 수생거북의 경우 특정한 pH조건의 영향을 받기 때문이다(예를 들어, 마타마타거북의 적정 pH는 4~4.5 정도지만, 돼지코거북의 적정 pH는 8이다). 부적절한 pH는 질병을 일으킬 수 있고 장기적으로 폐사에

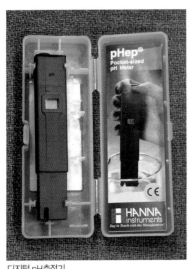

디지털 pH측정기

이르는 요인이 될 수도 있기 때문에, 거북을 건강하게 기르려면 개체가 필요로 하는 적정 pH를 맞춰줘야 한다. 특히 평생을 거의 물속에서 보내는 완전수생거북이나 갑 감염의 위험도가 높은 자라류의 경우에는 더욱 유의할 필요가 있겠다.
시중에 나와 있는 여러 가지 테스트 키트를 사용하면 수조 내의 pH를 손쉽게 측정할 수 있을 것이다. 수조 내의 pH가 적절하지 않을 경우 이를 조절하기 위해 시판되고 있는 여러 가지 제품들을 이용할 수 있으며, 바닥재를 산호사로 바꿔준다거나 (알칼리화) 수조 내에 유목이나 아몬드 잎을 넣어주는(산성화) 방식으로 조절할 수도 있다.

부적절한 pH는 질병을 일으킬 수 있고, 장기적으로 폐사에 이르는 요인이 되므로 개체가 필요로 하는 적정 pH를 맞춰줘야 한다.

빛 관리

다른 생물과 마찬가지로 거북에게도 빛은 일상활동에서부터 먹이활동, 소화, 성장, 정자와 난자의 형성 및 생식선의 발육, 면역반응 등에 큰 영향을 미치는 매우 중요한 요소다. 거북 사육에 있어서 빛 관리는 광도 관리, 광질 관리, 광주기 관리의 세 가지로 나눠볼 수 있다.

■**광도**(光度, luminous intensity) **관리** : 광도란 빛의 밝은 정도를 말한다. 당연한 말이겠지만, 어두운 열대우림에 서식하는 거북의 사육장에 사막에 서식하는 거북의 사육장과 같은 밝기의 조명을 설치해 주는 것은 좋지 않다. 과다한 광량으로 지속적인 스트레스 요인이 되기 때문이다. 심한 경우 은신처에서 나오기를 싫어하거나 사육장을 이탈하려는 행동을 보이며, 경우에 따라 식욕부진 등의 증상이 나타날 수도 있다. 사육장의 조명은 사육자의 관상을 목적으로만 설치되는 것이 아니므로 각 종의 거북에게 적합한 밝기의 조명을 선택해 설치하자.

■**광질**(光質, light quality) **관리** : 광질이란 빛의 파장과 색상을 말하며, 광질 관리는 밤낮의 조명 색상을 조절해 주는 것이다. 밤에도 가시광선이 지속적으로 방출된다면 거북의 수면에 방

광주기 설정에 사용되는 타이머

해가 되고, 그로 인해 스트레스가 유발되며 면역력이 떨어질 수 있다. 따라서 야간에 열원의 사용이 필요할 때는 세라믹등이나 야간용 등을 사용하는 것이 거북의 건강을 유지하는 데 좋다고 하겠다.

■**광주기**(光周期, photoperiod) **관리** : 광주기란 빛에 노출되는 낮의 길이, 즉 광 지속시간을 말한다. 동물은 빛을 중추신경계로 전달해 24시간을 주기로 신체의 여러 기능을 조절하게 된다. 따라서 광주기는 면역기능부터 번식에 이르기까지 다양한 면에서 거북에게 많은 영향을 미치게 되는 것이다.

거북을 건강하게 사육하고 싶은 사육자는 물론이거니와, 현재 아픈 개체를 보유하고 있거나 번식을 고려하고 있는 사육자일 경우에는 특히 사육장에 빛을 공급하는 것뿐만 아니라 광주기를 적절하게 설정해 주는 데까지 관심을 기울여야 한다.[1] 또한, 광주기는 외상의 치료 촉진과 스트레스의 회복에 도움을 주는 기능이 있기 때문에, 숙련된 사육자는 단순히 거북에게 밤낮의 차이만 제공해 주는 것에서 벗어나 광주기를 적극적으로 사육에 이용하는 경우도 있다. 규칙적인 광주기의 설정은 유체일 때 더욱 필요하며, 정기적인 광주기 설정을 위해서는 타이머를 사용하는 것도 좋다.

UVB 관리

거북 사육에 있어서 '빛'에 대한 이야기는 사실 '조명'에 관한 것이라기보다는 '자외선(UV)'에 대한 것인 경우가 많다. 자외선은 뼈의 성장 및 비타민D의 합성과 관계가 있으며, 기생충 및 세균류의 발생을 억제하는 역할을 하고, 먹이활동 및 번식활동의 개선과 관계된 파장이다. 거북은 체중의 대부분을 갑이라고 하는 칼슘덩어리가 차지하고 있는데, 갑을 구성하는 칼슘을 흡수하는 과정은 자외선의 영향을 직접적으로 받는다. 이 때문에 거북은 지구상의

---

1 보통 동물의 경우 장주기(長周期; 12.5시간 이상의 빛)는 생식능력을 유지시키지만, 단주기(短週期; 12시간 이하의 빛)는 생식기능을 억제한다고 알려져 있다.

다른 어떤 동물보다도 자외선을 필요로 하는 생물이라고 할 수 있다. 특히 초식성 식성을 지니고 있어 먹이섭취만으로는 직접적으로 칼슘을 얻지 못하는 육지거북의 경우 더욱더 그렇다. 자외선은 가시광선 영역 바로 옆에 위치하는데, 파장영역에 따라 각각 UVA, UVB, UVC로 나뉜다. 이 가운데 파충류에게 필요한 파장영역은 UVA와 UVB라고 할 수 있다.

이와 같이 거북에게 필수적인 UVB를 제공해 주기 위해서는 UVB등을 이용한 방법과 직접적으로 일광욕을 시키는 방법 등 두 가지 방법을 사용할 수 있다. UVB등은 실내사육을 하면서 직접적으로 일광욕을 시키는 것이 불가능할 경우에 사용한다. 수생거북은 UVB등을 설치해 주는 경우는 거의 드물고, 보통 육지거북을 사육할 경우에 주로 사용된다.

자외선의 종류와 UVB등 사용 시 주의점

자외선의 종류
- UVA(ultraviolet-A) - 파장영역 320~400nm의 장파장 자외선으로서 대사촉진으로 식욕을 강화해 주고 탈피를 촉진하며, 활동성 향상 및 번식활동 촉진 등과 같은 정상적인 활동에 도움을 준다.
- UVB(ultraviolet-B) - 파장영역 280~320nm의 중파장 자외선으로 거북의 칼슘대사에 중요한 물질인 비타민 D3를 합성하도록 도와주며, 체내에서 칼슘흡수를 돕는 매개체 역할을 한다.
- UVC(ultraviolet-C) - 파장영역 100~280nm인 단파장 자외선으로 살균작용을 하는데, 갑에 서식하는 세균이나 미생물을 제거해 준다. 조사량에 따라 동물에게 유해할 수 있으므로 주의해야 한다.
- 적외선 - 변온동물인 거북이 체온을 유지하는 데 도움을 준다.
- 가시광선 - 거북이 색을 식별할 수 있도록 해준다.

UVB등 사용 시 주의점
- UVB등을 설치할 경우 등과 거북 사이에는 어떤 것도 있어서는 안 된다. 유리나 아크릴은 상당량의 UVB를 감소시키므로 안전상의 문제로 덮개를 사용할 필요가 있을 경우 간격 1cm 이상의 철망을 이용한다.
- UVB등은 가급적이면 거북과 가깝게 설치해 줘야 한다. 제조사나 램프의 강도에 따라 상이하기는 하지만, UVB는 위치가 너무 높으면 효과가 떨어지므로 직관형 UVB등은 25~30cm, 벌브형의 UVB와 스폿 겸용 전구는 45~60cm 정도의 거리를 두고 설치하는 것이 일반적이다. 하지만 제조사마다 차이가 있으므로 설치 시 제조사별 설명문을 잘 읽어보고 참고하는 것이 좋겠다.
- 물은 UVB를 걸러내므로 수생거북에게 사용할 경우 일광욕 자리(육상 부분) 바로 위쪽에 설치해야 한다.
- UVB등은 소모품으로 적정 수명이 있다. 어느 정도 지나면 빛이 나오더라도 UVB 방출이 안 되므로 주기적으로 교체해 사용해야 한다.
- 자외선등은 태양광의 대체도구이므로 야간에는 소등해 주는 것이 좋다. 타이머를 설치하면 좀 더 편리하게 운용할 수 있을 것이다.
- 광주기를 설정해 주기 위해 매일 일정 시간, 비슷한 시간을 조사해야 한다.
- UV광선은 특정 암을 유발하는 것으로 알려져 있으므로 가까운 거리에서 직접적으로 바라보는 것은 좋지 않으므로 사육장 관리 시 주의하도록 하자.

UVB등은 일광욕을 대체할 수 있는 유용한 사육장비기는 하지만, 사용할 경우에는 앞 페이지에서 언급한 것과 같이 몇 가지 주의해야 할 사항이 있다. 파충류, 특히 육지거북과 같은 초식성 파충류에게 있어서 UVB등은 필수적인 사육용품이지만, 그보다 더 좋은 것은 필터링되지 않은 태양광이라고 할 수 있다. 현재 파충류의 사육하에서 사용되는 어떠한 인공광도 태양으로부터 방출되는 자외선과는 비교할 수 없다. 인공적인 UVB를 몇 시간 동안 쬐게 해주는 것보다 단 15분간의 자연 일광욕으로부터 더 많은 UVB를 얻는다는 평가도 있다. 사육주 입장에서 조금 귀찮고 번거로운 일일 수도 있겠지만, 틈나는 대로 일광욕을 시켜주면 거북을 훨씬 건강하게 기를 수 있다는 사실을 명심하도록 하자.

환기 관리
환기 관리는 사육장 내의 공기를 순환시키고, 바닥재와 배설물 및 먹이찌꺼기가 부패하면서 발생하는 오염된 공기를 흡착·제거하는 것을 의미한다. 경우에 따라서는 공기의 순환으로 사육장의 온도를 조절하는 것까지 포함된다. 사육장의 환기 관리는 서식환경에 상관없이 필요하지만, 보통 수생거북보다는 육상거북 사육장에서 필요성이 더 크다고 알려져 있다.
환기는 사육장 내의 온도 균형을 유지하며 암모니아 가스를 배출하고 산소를 공급하는 것 외에도, 습기나 곰팡이를 제거하고 먼지 등 병원균을 배출하는 기능을 한다. 또한, 새로 제작한 수조일 경우 화학물질을 희석하고 배출함으로써 사육개체의 건강을 유지해 주는 역할을 하며, 부가적으로 사육장 내 전열기구의 사용기한을 연장하는 효과도 있다.

환기의 효과

환기의 효과	환기불량의 원인	환기불량의 피해
• 사육장의 온도 균형 유지 • 습기 및 곰팡이의 제거 • 산소공급 • 암모니아가스 배출 • 먼지 등 병원균 배출 • 새로 제작한 수조일 경우 화학물질의 희석, 배출 • 전열기구의 사용기한 연장 • 사육개체의 건강 유지	• 과밀사육 • 활발한 활동, 먼지가 많이 나는 재질의 바닥재로 인해 발생하는 분진 • 베딩과 배설물, 먹이찌꺼기의 부패 • 청결하지 않은 사육환경과 부적절한 환기 시설	• 거식 • 성장둔화 • 눈병, 호흡기질병을 포함한 각종 문제 발생 증가 • 폐사

사육장 내에 곰팡이가 생긴 모습. 습하고 불결한 환경에서는 곰팡이가 활발하게 증식한다.

청결하지 못한 사육환경에서는 각종 유기물이 부패하면서 암모니아가 발생하게 되며, 먼지가 많이 나는 재질의 바닥재를 사용한 사육장에서 거북이 활발하게 움직이면서 분진 등이 발생한다. 특히 한 사육장에 과밀사육을 하면 이러한 문제는 더욱 커진다. 이런 상태에서 환기장치가 제대로 설치돼 있지 않거나 직접 환기를 자주 시켜주지 않는다면, 환기불량으로 인해 거북이 먹이를 거부하거나 성장이 둔화되고 눈병 및 호흡기질병을 포함한 각종 질병에 걸리는 것은 물론, 심한 경우 폐사에 이르는 등의 문제가 발생하게 된다.

특히 날씨가 추운 겨울에는 사육장 내부의 온도유지에만 치중해 사육장을 밀폐하는 경향이 있는데, 이 경우 사육장 내 유해가스의 농도가 다른 계절에 비해 높아지기 쉽기 때문에 환기에 더욱더 신경을 써야 한다. 사정상 환기가 어려울 때는 바닥재를 자주 교체해 주고, 사육장 청소 횟수를 늘려 암모니아 발생을 줄여주는 등의 추가적인 노력이 필요하다. 밀폐된 사육장의 경우 보통 환기를 위해 사육장 상단에 팬을 설치해 가동하는데, 분진이 많이 발생하는 바닥재를 사용하는 경우에는 모터에 먼지가 쌓여 작동이 멈추는 일이 생기기도 하므로 팬이 정상적으로 작동하는지 정기적으로 확인하도록 한다.

먹이의 급여와
영양 관리

적절한 서식환경을 조성해 주는 것과 함께 올바른 먹이급여가 이뤄져야 거북을 건강하게 사육할 수 있다. 야생에서 섭취하는 먹이 및 선호하는 먹이에 대해 사전에 충분히 조사하고, 이를 적절하게 급여하는 것이 성공적인 사육의 핵심이라고 할 수 있겠다.

먹이공급 시 발생하는 문제
사육하에서 반려동물에 대한 먹이급여의 기본은 '영양가 있는 충분한 양의 음식을 각 동물의 포식시간대와 일치하는 시간대에 적당한 횟수로 급여하는 것'이다. 거북이 변온동물이라는 특징을 고려한다면, 여기에 덧붙여 소화시키기에 적당한 온도대에 급여하는 것이 중요하다. 거북의 영양섭취는 전적으로 사육자에게 달려 있다는 사실을 명심하도록 하자.
먹이의 선택과 영양 관리는 사육장의 온·습도 유지와 더불어 거북 사육에 있어 가장 중요하고도 어려운 일이다. 본서의 서두에서 '거북은 기르기는 쉽지만, 잘 기르기는 어려운 동물'이라고 언급했는데, 영양 관리야말로 거북을 건강하게 잘 기르는 일과 가장 밀접하게 관련돼 있다. 사육하에서 먹이급여 시 발생할 수 있는 문제는 다음과 같이 크게 세 가지로 나눠볼 수 있다.

먹이는 최대한 다양하게 급여하는 것이 좋다.

■공급부족으로 인한 영양결핍 : 사실 영양결핍으로 인한 문제는 사육하에서 거의 일어나지 않는다. 사육에 흥미를 잃은 태만한 사육자가 아닌 한, 기르고 있는 거북에게 먹이를 주지 않고 장기간 굶기는 일은 없기 때문이다. 하지만 한 사육장에 많은 개체를 합사해 기르고 있는 경우라면, 간혹 그 가운데 본의 아니게 영양이 결핍된 개체가 생길 수도 있다.

이 경우는 거북 간의 과도한 먹이경쟁이 원인으로, 먹이경쟁에서 밀린 개체들이 매번 충분한 양의 음식을 섭취하지 못함으로써 영양결핍이 일어나는 것이다. 이와 같은 상황을 방지하려면, 먹이를 급여하고 나서 바로 자리를 떠나지 말고 잠시 먹는 모습을 지켜보면서 전 개체가 골고루 적당량씩 먹이를 섭취하고 있는지 확인하는 것이 중요하다. 이때 먹이경쟁에서 밀린 개체들은 필요한 양을 섭취할 수 있도록 별도로 관리하는 것이 좋다.

■부적합한 식단으로 인한 영양의 불균형 : 먹이급여 시 발생하는 세 가지 문제 가운데 가장 치명적인 결과를 초래하는 것이 영양의 불균형이다. 이 경우 치료가 거의 불가능한 여러 가지 증상들이 나타나기 때문이다. 거북을 건강하게 사육하기 위해서는 자연상태에서와 동일한 먹이를 급여하는 것이 가장 이상적이다. 자연상태에서 거북은 다양한 먹을거리를 통해 충분한 영양소를 섭취하면서 살아가므로 특정 영양소의 과다 혹은 결핍증상은 극히 찾아보기 힘들다. 그러나 거북 사육의 역사가 짧고 필요로 하는 거북의 먹이공급체계가 충분하지 않은 국내 실정을 고려하면, 사육하의 거북에게 자연상태에서와 동일하게 다양한 먹이를 공급한다는 것은 현실적으로 불가능하다고 볼 수 있다.

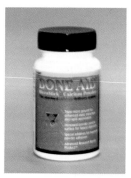

파충류용 칼슘제. 구입 가능한 대부분의 칼슘제는 순도가 높은 탄산칼슘으로 구성돼 있고, 일부제품의 경우 비타민D3가 포함돼 있기도 하다.

따라서 영양이 불균형적인 식단으로 인한 건강상의 이상 증상은 어렵지 않게 관찰할 수 있다. 특히 초식거북의 경우에는 더더욱 그렇다. 그러므로 현재 상황을 감안하면 사육하에서 거북에게 여러 종류의 먹이를 골고루 섞어서 급여하거나, 주기적으로 바꿔가면서 급여하는 것이 바람직하다. 더불어 여러 가지 인공사료와 영양제를 함께 급여함으로써 영양의 균형을 이룰 수 있도록 세심한 노력을 기울이는 것이 필요하다.

앞서 언급했듯이, 신체의 대부분이 단단한 갑으로 이뤄진 특성 때문에 거북에게는 다른 영양소보다도 칼슘이 특히 중요하게

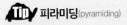

피라미딩이란

육지거북의 배갑이 피라미드처럼 위로 솟아오르는 현상을 말한다. 별거북이나 거미거북 등 일부 종에서는 유전적으로 나타나기도 하지만, 일반적인 경우 부적절한 사육장 습도나 불균형적인 영양공급이 주된 원인으로 작용해 발생한다. 피라미딩은 거북의 외형에만 영향을 미치는 것이 아니라 대사성 골질환, 방광의 결석, 신장부전, 골격의 약화 등 건강상 심각한 문제를 유발하며, 궁극적으로 수명에도 영향을 미친다. 피라미딩을 일찍 발견한다면 지속적이고도 균형적인 먹이공급으로 어느 정도 진행을 완화시킬 수 있다. 그러나 균형적인 영양공급과 충분한 일광욕으로 증상이 나타나기 전에 예방하는 것이 최선이라고 하겠다.

피라미딩의 원인

초식성 거북에게 동물성 고단백질을 포함하는 먹이의 지속적인 공급 / 고비율의 식물성 단백질을 포함하는 사료의 과잉공급 / 칼슘부족 및 비타민D₃ 부족 / 칼슘과 인의 불균형 / 수분이 너무 많은 사료의 섭취 혹은 섬유질섭취 부족 / 일광욕 부족

이상개체, 허용되지 않는 종

정상적인 피라미딩, 허용되는 종

취급된다. 완전히 성장한 거북에게도 칼슘부족은 문제가 되지만, 한창 골격과 갑이 형성돼 가는 유체나 준성체의 거북에게는 더욱 큰 문제가 된다. 이와 같은 이유로 거북의 사육에 있어서 파충류용 영양제의 필요성은 더욱 커지고 있다. 그러나 아쉽게도 국내에서는 파충류용 영양제가 생산되고 있지 않기 때문에 전적으로 수입제품에 의존할 수밖에 없다.

현재 여러 종류의 영양제가 시판되고 있으므로 성분을 고려해 여건에 맞게 선택하면 된다. 외국산 영양제의 수급이 어려울 경우 동물용 칼슘제나 종합영양제를 사용해도 크게 문제는 없을 것이다. 구입할 수 있는 대부분의 칼슘제는 순도가 높은 탄산칼슘으로 구성돼 있고, 일부 제품의 경우 비타민D₃가 포함돼 있으므로 필요에 따라 구별해서 사용하도록 하자.

약간의 수고스러움만 감내한다면, 계란이나 굴껍데기 등을 이용해 만들어 먹일 수도 있으므로 여건이 허락되는 경우 직접 만들어 보는 것도 좋은 경험이 될 것이다. 필자도 한 번씩 계란껍데기를 이용해 대량으로 만들어 두고 사용하고 있다. 조개나 굴껍데기로 만들기도

지나친 영양공급은 비만을 초래해 오히려 거북의 건강을 해칠 수 있으므로 먹이급여량을 잘 조절해야 한다.

하는데, 구하기 어렵고 단단한 굴껍데기보다는 계란껍데기가 구하기 쉽고 만들기도 용이한 편이다. 계란껍데기를 이용할 경우 살모넬라를 보유하고 있을 가능성도 있으므로 끓는 물에 푹 삶아서 살균한 다음 분쇄해 사용하는 방법을 추천한다.

■과다한 공급으로 인한 질병 발생 : 균형적인 영양공급과 더불어 영양섭취가 너무 과다하지 않도록 엄격하게 관리하는 일 또한 매우 중요하다. 사육하에서 동물의 질병과 폐사는 보통 너무 높은 온도 제공, 지나치게 잦은 핸들링 실시 등 무엇이든 과한 데서 발생하게 된다. 먹이를 급여하는 데 있어서도 마찬가지다. 사육하에서 체계적인 영양 관리를 하지 않으면 너무 많은 먹이를 공급함으로써 자연에서는 정상적으로 발생하지 않는 질병이 많이 발생하게 된다.

사실 먹이의 조절에 있어서 그 양과 횟수가 거북의 종류나 크기에 따라 획일적으로 정해져 있는 것은 아니다. 그러나 일반적으로 해츨링은 아침저녁 하루 2회로 급여하되 한 번은 나머지 한 번보다 그 양을 줄여서 급여하고, 준성체는 일주일에 3~4회 급여하며, 성체는 일주일에 2~3회 정도 급여한다. 이는 절대적인 법칙은 아니므로 기르고 있는 개체의 운동량과 건강상태, 육안으로 확인되는 영양상태를 고려해 적절하게 가감하도록 하자.

거북은 대사가 매우 느린 동물이기 때문에 한 번에 많은 양의 먹이를 급여했다면 한동안 먹이를 제공하지 않더라도 굶어서 폐사하는 일은 없다. 반대로 매일 소량의 먹이를 조금씩 급여하는 방법도 취할 수 있지만, 먹이를 급여할 때 확인할 수 있는 정보들, 즉 먹이반응의 속도나 개체의 먹이붙임 정도와 같이 거북의 건강상태를 파악하는 데 중요한 정보를 보다 자세히 관찰하기 위해서는 시간상으로 적당한 여유를 두고 급여하는 것이 좋겠다.

자연상태의 거북은 먹이사냥이 용이하지 않은 경우가 많기 때문에 먹잇감을 얻기 위해 사용하는 에너지가 상당하다. 하지만 사육되는 거북은 자연에 있을 때와 비교해 먹이의 공급은 지나친 데 반해 운동량은 부족한 경우가 많으므로 이는 곧 비만으로 이어지고, 비만은 돌연사 등 치명적인 건강상의 문제를 야기하게 된다. 따라서 기르고 있는 거북이 비만증세를 보인다면, 먹이급여량을 줄이고 규칙적인 운동을 시켜서 적절한 체중을 유지하도록 한다. 여러 개체를 합사해 기르는 경우에는 먹이급여 후 잠시 지켜보면서 지나치게 많은 먹이를 독식하는 개체가 있는지 확인하고, 그러한 개체는 일정 기간 별도로 관리한다.

거북은 식성에 따라 육식성, 초식성, 잡식성으로 크게 나눌 수 있고, 잡식성은 선호하는 먹이의 비율에 따라 초식에 가까운 잡식과 육식에 가까운 잡식으로 나눌 수 있다. 사육하고 있는 종의 일반적인 식성을 감안해 그에 적합한 영양을 공급하는 것이 영양 관리의 첫걸음이다. 일반적으로 많이 사육하고 있는 반수생종 거북은 성장하면서 식성이 변화하는 경우가 많은데, 이 경우 어렸을 때와 성장했을 때 제공되는 먹이의 비율 역시 조정돼야 한다.

초식성 거북의 먹이

육지거북에 있어서 식이관리의 주된 목표는 식물성 먹이를 기본으로 하되, 식품구성성분 가운데 특히 칼슘의 중요성을 이해하고 먹이급여 시 칼슘과 인의 비율을 적절하게 조절하는 것이라고 할 수 있다. 이는 고칼슘, 저단백, 고섬유질 사료가 육지거북에게 유익한 사료라는 의미로 단순화할 수 있다. 일반적으로 초식거북의 먹이급여에 있어 칼슘과 인의 최적의 비율은 5:1로 알려져 있으므로 가급적 이 비율을 유지하도록 노력하는 것이 좋다.

인과 칼슘의 비율이 비슷하거나 인을 칼슘보다 더 많이 섭취하면, 거북 체내의 칼슘이 칼슘인산염으로 바뀌게 된다. 이 칼슘인산염은 용해되지 않기 때문에 칼슘이 장내에서 흡수되지 못하고, 결과적으로 칼슘섭취를 제한해 칼슘부족 증상을 초래하게 된다. 특히 초식을 하는 거북의 경우 급여되는 대다수의 과일과 채소가 칼슘이 낮고 인이 높기 때문에, 칼슘 자체의 결핍뿐만 아니라 비율의 불균형을 초래하게 되는 경우가 많으므로 먹이를 구성하는 데 있어서 특별한 주의가 필요하다. 식품성분표에 대한 좀 더 상세한 정보는 농촌진흥청 홈페이지(www.rda.go.kr)에서 확인할 수 있으므로 참고하도록 하자.

식물성 먹이의 칼슘 함유량

- **매우 높음** : 알팔파 / 파슬리 / 시금치 / 근대 / 당근 잎 / 민들레 / 클로버 / 케일 / 무청 / 양배추류
- **중간** : 양배추 / 래디쉬 / 무 / 브로콜리 / 컬리플라워 / 치커리
- **매우 낮음** : 샐러리 / 당근 / 로메인 / 돼지감자

식물성 먹이 성분표의 예

먹이의 종류	단백질(mg)	식이섬유(g)	칼슘(mg)	인(mg)
당근	1.10	2.90	40.00	38.00
애호박	1.40	1.40	13.00	44.00
배추	0.90	1.50	37.00	25.00
상추	-	-	-	-
치커리 잎	1.70	1.10	79.00	39.00
청경채	1.30	3.14	90.00	38.00
참나물	-	3.00	-	-
냉이	4.70	5.70	145.00	88.00
곰취	2.90	-	241.00	65.00
쑥갓	3.50	2.30	38.00	47.00
질경이	3.00	-	108.00	43.00
민들레	3.50	4.43	-	-
토마토	0.90	1.30	9.00	19.00
케일	5.00	3.70	281.00	45.00
자운영(토끼풀)	4.60	-	3.00	47.00
양상추	0.90	1.10	32.00	27.00
양배추, 적양배추	5.00	15.20	25.00	35.00

100g당 성분표. 농촌진흥청 식품영양기능성정보 참고

덧붙이자면, 육지거북은 대부분 식성이 초식성이므로 과도한 양의 동물성 혹은 식물성 단백질의 섭취는 제한하는 것이 좋다. 단백질과 지방이 과다하게 섭취될 경우 과대성장과 결석을 유발하고, 간과 신장에 나쁜 영향을 미친다. 또 특별히 유해한 것을 제외하고는 가급적 다양한 종류의 먹이를 급여하도록 하며, 칼슘을 꾸준히 섭취시키고 충분하게 일광욕을 시킨다. 원활한 소화흡수와 변비방지를 위해 먹이 자체에 적당한 수분이 함유돼 있어야 하며, 과도한 먹이급여는 건강에 악영향을 미치므로 지양하는 것이 좋다.

■**천연사료**(식물성 생먹이) : 천연사료는 별도의 가공과정을 거치지 않은 자연 그대로의 먹이를 의미한다. 가능하기만 하다면 다양한 종류의 천연사료로 영양을 공급하는 것이 이상적이지만, 국내 사육여건상 원서식지의 야생에서 섭취하는 먹이 그대로를 제공해 주기란 사실상 불가능하다. 따라서 공급이 가능한 것으로 최대한 대체해 급여하고, 그 외에 부족한 영양분은 다른 천연사료나 별도의 영양제로 보충해 주는 것이 최선이라고 하겠다.

건초 건초는 수분함량이 15% 이하가 될 정도로 말린 풀을 의미한다. 육지거북과 같은 초식동물은 많은 섬유질을 필요로 한다. 건초는 섬유질 함유량이 많아 소화에 도움이 될 뿐만 아니라, 칼로리가 낮기 때문에 비만을 예방하고 뼈와 장을 튼튼하게 한다. 또한, 굵은 줄기는 부리의 이상성장을 억제하는 역할도 한다. 육지거북 가운데서는 설카타육지거북, 레오파드육지거북, 별거북의 사육에 특히 필요한 먹이이며, 같은 육지거북이라도 테스투도속 (*Tesudo*)의 거북이나 붉은다리거북, 노란다리거북, 힌지백육지거북 등은 건초를 소화시키기에 부적합한 소화기관을 지니고 있으므로 많은 양을 급여하지 않는 것이 좋다.

건초는 육지거북 사육에 기본이 되는 사료 중 하나지만, 사실 그 중요성이 상당히 간과되는 경향이 있다. 거북을 분양하는 숍에서 다양한 종류의 건초를 보유하고 있는 경우는 극히 드물며, 보통은 토끼를 분양하는 반려동물 숍(혹은 인터넷 쇼핑몰)에서 구입하는 경우가 많다.

TIP 건초의 종류
- -
- **알팔파**(Alfalfa) – 영양성분은 조단백 15.0% 이상, 조섬유 30% 이하, 조회분 10.0% 이하, 수분 14% 이하. 조단백 비율이 높아 단독사용 시 건강상의 문제가 생길 수 있다. 반드시 다른 건초와 혼합해서 사용하도록 한다.
- **티모시**(Timothy) – 영양성분은 조섬유 24% 이상, 조회분 14% 이하, 수분 14% 이하. 버뮤다보다 약간 더 질기고 대가 굵다. 이삭이 날카로우므로 거북이 다치지 않도록 가공해서 급여한다.
- **오차드 그라스**(Orchard grass) – 알팔파나 티모시보다 기호성이나 소화도가 높다.
- **버뮤다 그라스**(Bermuda grass) – 부드럽고 대가 가늘어 바닥재로도 사용할 수 있다.

1. 알팔파 2. 티모시 3. 오차드 그라스 4. 버뮤다 그라스

자연상태의 민들레도 거북에게 좋은 먹이가 된다.

알팔파, 오차드, 티모시, 버뮤다 외에도 메도우, 오트, 라이스, 페레니얼 라이 그라스, 클라인 그라스 등 다양한 종류가 시판되고 있다. 건초마다 각각 함유된 영양성분이 모두 다르므로 보통 한 가지만 급여하기보다는 두세 가지 이상을 혼합해 급여하는 것이 좋다. 가끔 건초에 거부감을 보이는 거북이 있는데, 이럴 경우에는 믹서로 완전히 갈아 가루로 만들거나 칼로 잘게 절단한 다음 선호하는 먹이에 조금씩 뿌려서 급여하면 금세 적응시킬 수 있다.

건초를 구입할 때는 전체적으로 담녹색을 띠며 잘 부서지지 않고 분진이 적은 것, 다른 잡초가 최대한 적게 섞여 있는 것이 품질이 좋은 제품이라고 판단하면 된다. 한 번에 전부 급여하기에는 양이 상당히 많은데, 급여하고 남은 건초는 건조한 곳에 보관(수분흡수를 방지하기 위해 완전히 밀폐된 통에 넣어 보관한다)했다가 나중에 필요할 때 다시 사용하면 된다.

채소, 풀, 식물의 잎과 꽃 등 사람이 섭취할 수 있는 대부분의 채소는 거북에게도 급여할 수 있는데, 역시 가급적이면 한 종류에 치우치지 말고 다양한 종류를 섞어서 급여하는 것이 좋다. 거북을 사육하는 중에 특정 채소의 급여 가능 여부를 확인하기 위해 자료를 뒤지다 보면, '금기해야 할 천연사료 리스트'라는 것을 발견하게 되는 경우가 있다. 장기간 급여하면 거북에게 부정적인 영향을 미치는 식품의 목록이다. 하지만 개인적으로는 과다하게 급여하지만 않는다면 그리고 그 먹이를 급여함으로써 단기간에 치명적인 결과를 초래하지만 않는다면, 리스트에 얽매이지 말고 가능한 한 다양한 먹이를 급여하는 것이 좋다고 생각한다.

시금치는 옥살산이 많아서, 양상추는 수분이 많아서, 과일은 당분이 많고 산도가 높아서, 양배추는 갑상선종유발물질이 있어서 등의 이유로 몇몇 천연사료의 급여가 금기시되고 있지만, 개인적인 생각으로는 거북의 몸에 좋다는 먹이만을 급여하는 일 자체가 곧 영양불균형을 초래하는 것은 아닌가 싶다. 균형적인 식단을 위해서는 가끔씩 소량 정도는 급여하는 것도 괜찮지 않을까 한다. 하지만 이는 지극히 개인적인 의견이고, 선택은 사육자 개개인의 몫인 만큼 일반적으로 알려진 '주의해야 할 채소'들을 팁에 소개하니 참고하자.

피해야 할 식물성 먹이 리스트와 관계없이 이것저것 다양한 먹이를 공급하는 것과 더불어서, 필자는 개인적으로 거북이 손쉽게 먹이를 먹을 수 있도록 먹잇감을 작은 크기로 나누

🏛️ 육지거북에게 피해야 할 천연사료

다음은 초식을 하는 육지거북뿐만 아니라 초식 성향이 있는 반수생거북들에게도 동일하게 적용된다.

- **옥살산염 포함 채소** - 시금치, 비트(사탕무), 브로콜리, 케일, 겨자, 근대, 파슬리, 당근의 상단부 등
  옥살산이 많은 먹이를 급여하면 체내의 칼슘과 결합해 용해되지 않는 수산칼슘으로 변하면서 칼슘의 흡수를 방해함으로써 칼슘결핍을 일으키고, 결과적으로 신장 또는 요도결석의 원인이 되기도 한다. 부정기적으로 급여하는 것은 가능하다.
- **요산 과다 포함 채소** - 아스파라거스, 꽃양배추(컬리플라워), 버섯, 맥아, 강낭콩, 완두콩, 시금치
  다리에 염증을 일으킨다. 육식성 거북 사료로 사용되는 조개류도 같은 이유로 금기시된다.
- **갑상선종 유발물질(고이트로겐) 함유 채소** - 양배추, 케일, 근대, 순무(잎 제외), 겨자 잎
  갑상선기능 저하증을 보이는 개체만 피하도록 한다.
- **콩류** - 식물성 단백질이 과다하게 함유돼 있다.
- **지나치게 수분이 많은 채소**
- **단맛의 과일, 산도가 높은 과일**
- **양파, 생강, 마늘, 파, 고추 등의 자극적인 향신채**

*앞서 언급된 '식물성 먹이들이 거북에게 문제가 되는 경우'는 위의 채소들만을 장기적으로 급여했을 때다. 그렇다고 해도 거북에게 해로운 몇몇 성분을 제외한다면, 유익한 성분을 풍부하게 함유한 채소가 많으므로 평소 건강한 개체에게 다른 사료와 더불어 골고루 소량을 급여하면 크게 문제가 되는 일은 드물다.

거나 소화하기 쉽도록 별도로 가공해 급여하지는 않는다. 먹이를 자르고 손질하는 일이 귀찮아서가 아니라, 쇠약하거나 질병에 걸린 개체가 아니라면 자연에서 구할 수 있는 먹이의 형태를 가급적이면 그대로 유지하면서 급여하는 것이 좋다고 생각하기 때문이다.

사육하에서는 과다한 영양공급과 운동부족이 복합적으로 작용해 결과적으로는 여러 가지 질병의 발생 및 폐사로 이어지게 되는 경우가 많다. 자연상태에서는 사육장 안에서처럼 손쉽게 먹이를 구할 수 있는 경우는 그다지 많지 않을 것이며, 사육자가 공급해 주는 먹이의 영양분만큼 양질의 영양분을 얻을 수 있는 경우도 극히 드물 것이다. 또한, 그렇게 어렵게 찾은 먹이를 섭취하는 과정 역시 그리 간단하지는 않으리라 생각된다.

🐢 Tip 초식성 거북의 먹이급여

초식거북의 일반적인 먹이 구성

실제로 먹이만으로 아래의 비율대로 완벽하게 조절해 주는 것은 불가능에 가깝지만, 최대한 맞추려는 노력이 필요하다. 또한, 먹이만으로는 이 비율을 절대 맞출 수 없기 때문에 칼슘제를 구입해 주기적으로 급여할 필요가 있다.

- **탄수화물 50%** : 탄수화물은 생명체의 구성성분 혹은 에너지원으로 이용되는 화합물로서 지질, 단백질과 함께 동물과 식물의 생명유지에 기본적인 역할을 하는 중요한 성분이다. 동물은 스스로 탄수화물을 합성하지 못하므로 초식성 거북 역시 먹이원인 식물을 섭취함으로써 흡수하는데, 흡수된 탄수화물은 글리코겐의 형태로 저장됐다가 생활에 필요한 에너지원으로 이용된다.
- **단백질 3~7%** : 일반적인 초식성 파충류의 단백질 요구량이 15~35% 정도인 데 비해 초식성 육지거북의 안전한 단백질 급여 상한선은 7% 정도로 알려져 있다. 단백질을 과다하게 급여할 경우 과도한 성장으로 배갑기형이 발생하고, 질소분비물의 양을 증가시켜 신장 관련 질환을 유발한다.
- **지방 10%** : 10%를 초과하면 일부 육지거북에 있어서 소화기계통에 문제가 생길 수 있다.
- **조지방 10~40%** : 섬유질의 섭취는 장운동과 지방산의 생성에 중요한 역할을 한다. 섬유질(천연 그대로의 조지방)을 12% 이하로 섭취하면 설사 등의 배변이상 증상을 보이기도 한다.

초식거북 먹이급여의 주안점

- 육지거북은 대부분 초식성이므로 과도한 양의 동물성 혹은 식물성 단백질의 섭취는 제한하는 것이 좋다. 단백질과 지방이 과다할 경우 과대성장과 결석을 유발하고, 간과 신장에 나쁜 영향을 미친다.
- 특별히 유해한 것을 제외하고는 가급적이면 다양한 종류의 먹이를 급여한다.
- 칼슘을 꾸준히 섭취시키고, 충분하게 일광욕을 시킨다.
- 원활한 소화흡수와 변비방지를 위해 먹이 자체에 적당한 수분을 가지고 있어야 한다.
- 과도한 먹이급여는 건강에 악영향을 미치므로 지양하는 것이 좋다.

호박을 먹고 있는 초식성의 그리스육지거북(Greek tortoise, *Testudo graeca*)

먹이를 찾아 장거리를 이동하고, 한입에 삼키기에는 지나치게 단단하거나 큰 먹이를 입과 앞발을 이용해 자르고 뜯고 하는 과정을 통해 자연스럽게 거북의 운동량이 늘어나게 될 것이다. 이로 인해 턱관절과 근육의 힘도 세지고, 먹이반응 역시 더욱 좋아지게 되는 등 결과적으로는 거북의 건강에 있어서 여러 가지 긍정적인 효과가 생기게 되는 것이다.

사육하에서도 마찬가지로 먹이를 여러 위치에 조금씩 나눠서 놔두거나, 급여하는 먹잇감의 높이를 달리해 놔주거나, 먹이그릇 주위에 가벼운 장애물을 설치해 두거나, 먹이를 작게 잘라주지 않는 등의 간단한 방법만으로도 일상적인 먹이급여에 덧붙여서 이러한 운동효과를 충분히 기대해 볼 수 있다. 사육자가 거북으로 하여금 축적된 영양을 소모시키도록 유도할 수 있는 좋은 방법이므로 먹이를 급여하면서 한 번쯤 시도해 보기를 바란다. 단, 수생거북에게 큰 먹이를 그대로 급여할 경우, 먹이를 먹는 과정에서 발생하는 부스러기들로 인해 먹이급여 후 물갈이를 해줘야 한다는 번거로움 정도는 감수해야 할 것이다.

기르는 동물을 좀 과하다 싶을 정도로 애지중지하는 경우를 많이 볼 수 있는데, 거북에게 '지나칠 정도로 완벽한 사육조건을 제공해 주는 것이 과연 거북을 건강하게 잘 기르는 것인가'에 대한 문제는 사육자 각자가 한 번쯤은 진지하게 생각해 볼 필요가 있을 것 같다.

먹이에 따른 거북의 분류
- -
- **완전한 육식성 종** : 악어거북, 늑대거북, 마타마타거북 등
- **육식성이 강한 잡식성 종** : 뱀목거북, 맵 터틀류, 슬라이더류, 페인티드 터틀류 등
- **초식성이 강한 잡식성 종** : 돼지코거북, 쿠터류
- **초식성 종** : 대부분의 육지거북류

과일 과일은 채소류보다 기호성은 월등하게 높으나 과다하게 급여하면 좋지 않은 먹이다. 건초 등의 주사료를 거부하는 편식의 원인이 되기도 하지만, 그보다 더 위험한 것은 산성도와 당도가 높은 과일(사과, 오렌지, 귤, 포도 등)을 다량 급여했을 경우, 소화기관 내의 pH를 변화시켜 거북에게 유익한 소화박테리아를 모두 죽게 만들 수도 있다는 사실이다.

이러한 상황이 되면, 차후 거북이 먹이를 먹더라도 소화박테리아들이 제대로 활동하지 못함으로써 결과적으로 먹이를 소화시키기 어렵게 된다. 또한, 단기간에 많은 박테리아가 죽어버리면, 죽은 박테리아들이 소화 벽에서 흡수돼 혈류로 들어가 거북에게 치명적인 독소를 방출하게 되고, 그것이 결국 거북을 폐사에 이르게 하는 요인이 되기도 한다.

과일은 어디까지나 비타민섭취와 변비예방, 소화촉진을 위한 보조사료의 개념으로 생각하고 가끔 간식용으로 소량만 급여하는 것이 좋다. 과일을 급여할 때 껍질을 제거하고 주는 경우도 있지만, 껍질은 각종 비타민과 항산화물질 및 무기질이 풍부하고 영양학적으로 우수하므로 소량은 먹이는 것도 나쁘지 않다. 간혹 농약을 걱정하는 사람도 있는데, 그런 경우라면 씻는 것보다 한동안 물에 담가둔 뒤 급여하면 크게 걱정하지 않아도 된다.

참고로, 생먹이를 구입하면 냉장고에 보관하게 되는데, 냉동 혹은 냉장 보관한 먹이를 급여할 때 뭐가 그리도 급한지 냉장고에서 꺼낸 먹이를 차가운 상태 그대로 바로 거북에게 급여하는 사람들이 많다. 거북의 건강 관리는 사소한 것에서부터 시작된다. 차가운 먹잇감을 일정 시간 상온에 놔뒀다가 급여하는 정도의 작은 관심만으로도 거북을 더욱 건강하게 기를 수 있다는 사실을 잊지 않도록 하자. 냉장고에 보관했던 먹이를 급여하고 난 후에는 체온을 높여주기 위해 온욕이나 일광욕을 시켜주는 것도 좋다.

■**인공사료** : 인공사료는 보통 여러 가지 영양소를 주재료로 하고 거북에게 필요한 비타민이나 각종 미량원소를 첨가해 수분함량이 약 10% 미만인 건조사료의 형태로 제조된다. 시

중에서 다양한 육지거북용 인공사료를 쉽게 구할 수 있다. 열대어 등 다른 동물의 경우 플레이크나 과립형 등의 형태로도 만들어지지만, 거북의 경우는 펠릿 형태인 것이 많다. 부상성의 펠릿 형태가 상대적으로 거북이 섭취하기에 좀 더 용이하기 때문일 것이다.

인공사료에는 거북에게 필수적인 영양소들이 골고루 들어가 있고, 영양의 균형을 고려해 제조되기 때문에 인공사료를 주사료로 거북을 사육하는 것이 불가능한 일은 아니지만, 생먹이를 완전히 대체할 수는 없다. 거북에게 필요한 모든 성분이 100% 들어가 있는 인공사료는 없기 때문에 부족한 영양소가 생길 수 있고, 먹이는 단순하게 영양을 공급하는 것이 전부는 아니기 때문이다. 필자는 생먹이를 주사료로 이용하고, 인공사료는 생먹이에서 섭취할 수 없거나 모자라는 다른 영양소를 공급하기 위한 보조사료로 이용하고 있다.

인공사료를 이용할 경우 매번 생먹이의 구입과 보관에 세세하게 신경을 쓰지 않으면서 편리하게 이용할 수 있고 또 천연사료에 비해 가격이 저렴하다는 장점이 있지만, 대부분의 인공사료는 천연사료에 비해 영양이 과다하게 함유된 경우가 많기 때문에 실제 급여할 때는 급여량을 적절하게 조절해야 할 필요가 있다. 제품마다 영양성분이 조금씩 다르므로 자신이 현재 기르고 있는 거북에게 가장 적합한 성분이 함유된 사료를 선택해야 한다.

또한, 시야를 조금 넓혀 거북이 아니라 다른 동물의 사육을 위해 개발된 인공사료일지라도 그 성분이 유사할 경우라면 거북의 사료로 응용하는 것도 고려할 만하다. 예를 들면, 붉은귀거북 성체를 기르고 있을 경우, 잉어와 식성이 상당히 유사하므로 잉어사료를 급여하는 것도 가능하다. 실제로도 필자는 현재 사육 중인 여러 마리의 슬라이더와 쿠터의 먹이로 잉어사료를 사용하고 있다. 물론 거북과 잉어는 완전히 다른 종이니만큼 먹이도 성분상 다소 차이는 있지만, 그 사소한 차이는 다른 먹이를 공급함으로써 충분히 상쇄시킬 수 있다. 무엇보다 가장 좋은 점은 잉어사료의 경우 거북사료와는 달리 대용량으로 판매하고 있으며, 거북사료보다 상대적으로 저렴한 가격에 구입할 수 있다는 것이다.

다양한 종류의 인공사료를 급여해 봤음에도 불구하고, 가끔 WC개체나 생먹이를 선호하는 경향이 강한 개체들이 인공사료를 거부하는 경우가 종종 있다.

호스필드육지거북(Horsfield's tortoise, *Testudo horsfieldii*)

레오파드육지거북(Leopard tortoise, *Stigmochelys pardalis*)

이 경우 장기적인 사육을 생각한다면 시간을 두고 천천히 인공사료로 먹이붙임을 하는 것이 좋다. 인공사료에 적응시키기 위해서는 단기간 금식시키는 방법을 사용하기도 하고, 인공사료에 길들여진 다른 거북과의 합사로 먹이붙임을 유도하는 경우도 있다. 육식을 하는 종이라면, 기호성 높은 생먹이인 밀웜을 급여하면서 그와 비슷한 색깔과 형태의 인공사료를 함께 급여함으로써 자연스럽게 인공사료에 적응시키는 방법을 쓰기도 한다.

■**영양제** : 육지거북을 위한 영양제는 국내에도 다양하게 구비돼 있다. 육지거북은 대부분 초식성으로서 먹이섭취만으로는 체내에 필요한 칼슘을 직접적으로 흡수하기 어려우므로 사육하에서 영양의 불균형이 생기기 쉽고, 그로 인한 질병의 발병빈도도 다른 파충류보다 상대적으로 높다. 특히 유체의 경우 칼슘과 비타민D3가 부족하면 정상적인 성장이 불가능함은 물론이고, 심하면 조기폐사의 원인이 되므로 성체보다 영양제의 필요성이 더 높다고 할 수 있다.

칼슘 영양의 불균형은 뼈와 골격에 가장 큰 영향을 미치며, 칼슘과 인은 뼈를 구성하는 주요한 무기질 가운데 하나다. 자연상태에서 육지거북은 칼슘과 인을 5:1~8:1 정도의 비율로 섭취한다고 알려져 있다. 이를 고려해 사육하에서도 영양공급 시 칼슘과 인의 비율이 균형을 이루도록 조절해 주는 것이 좋다. 그러나 사육하에서 거북에게 급여되는 대부분의 먹이에는 3:1 정도의 비율로 인 성분이 지나치게 많이 함유된 편이다. 따라서 사육자는 이러한 불균형을 인위적으로 상쇄시키기 위해 필연적으로 순수칼슘제를 사용하게 된다.

칼슘제를 사용할 때는 비타민D₃가 함유돼 있는지 그렇지 않은지에 따라 사용 대상에 약간의 차이가 있다. 아무래도 인공적인 UVB등은 태양만큼 확실하게 비타민D₃의 합성을 촉진하지 못하기 때문에, 실내에서 UVB등을 사용해 사육하는 거북에게는 비타민D₃가 포함된 칼슘제를 사용하는 것이 좋다. 반면, 야외방사 중이거나 주기적으로 일광욕을 하는 거북은 체내에서 자체적으로 합성되기 때문에, 칼슘제에 비타민D₃까지 함유돼 있으면 과잉되는 경우가 많으므로 비타민D₃가 함유되지 않은 칼슘제를 사용하는 것이 좋다.

🏛 대사성 골질환(MBD, metabolic bone disease)

비타민D와 칼슘대사 이상으로 인해 발생하는 골격질환의 총칭이다. 자외선 조사 부족, 평소 칼슘과 인의 비율이 적당하지 않은 먹이를 급여하는 것이 주원인으로 지적되고 있다. 거북을 포함한 모든 파충류의 체내에는 디하이드로콜레스테롤(7-dehydrochoresterol)이라는 비타민D₃ 전구물질이 있는데, 자외선을 충분하게 조사한 파충류의 경우 이 물질이 체내에서 비타민D₃로 전환된다. 비타민D₃는 칼슘의 흡수에 필요한 칼슘결합단백질의 합성을 자극함으로써 소화관의 칼슘과 인의 흡수율을 증가시키는데, 혈액 중의 칼슘과 인의 농도가 높아지면 조직 중의 칼슘과 인을 결합해 골격을 단단하게 석회화할 수 있게 한다.

하지만 일광욕이 부족하거나 칼슘이 부족한 먹이를 장기간 섭취해 비타민D가 결핍되면, 골격의 주성분인 인산칼슘이 정상적으로 뼈에 침착되지 못한다. 그 결과 어린 개체의 경우 구루병(골격이 정상적으로 경화되지 못해 골단부가 비대해지고 사지가 휘는 현상)이 유발되고, 성체의 경우는 골연화증(대사에 필요한 칼슘을 뼈에서 뽑아 쓰게 됨으로써 골의 치밀도가 낮아지는 현상)으로 골격에 변형이 생기며, 약해진 뼈를 근육으로 지탱하기 위해 근육이 부어오르거나 관절의 기능이 저하돼 제대로 움직이지 못하는 등의 증상이 나타나게 된다. 증상이 더 진행되면 신장, 간장, 소장에까지 영향을 미치기도 한다.

- **원인** : 칼슘결핍 및 칼슘제의 과다복용 / 비타민D결핍 / 단백질 부족 / 일광욕 부족 / 콩팥, 간, 갑상선의 질병
- **증상** : 경련 / 골격과 관절 부위 변형(골절, 붓고 휨) / 거식 / 마비 / 무기력 / 턱관절 이상 / 보행 이상
- **예방 및 치료법** : 균형적인 식단의 공급 / UVB등의 설치 및 잦은 일광욕 / 비타민D 공급

＊**비타민D과잉증** : 연조직(장기조직 등)에 비정상적으로 칼슘이 축적됨으로써 결석이나 대사장애 등 기능장애를 유발하는 증상이다. 칼슘이나 비타민D의 과다급여 역시 부족과 마찬가지로 여러 가지 부작용을 유발한다. 지나치게 잦은 급여는 피하는 것이 좋고, 특히 육식성 거북의 경우 물고기, 핑키 등과 같이 뼈까지 통째로 먹는 먹이를 급여하면 먹이를 통해 충분한 칼슘이 공급되므로 별도의 추가적인 칼슘급여는 제한하는 것이 좋다.

자연상태에서의 거북의 먹이는 사육하에서와는 비교할 수 없이 다양하다.

이와 상관없이 두 경우 모두 종합비타민제를 보조제로 사용하면 더욱 좋다. 칼슘제를 주기적으로 급여함에도 불구하고 실내사육 중에 칼슘부족 증세를 보여 더 많은 칼슘공급이 필요할 경우에는 비타민D3가 포함되지 않은 순수칼슘제를 함께 사용하면 된다. 칼슘은 결핍만큼이나 과다한 것 또한 좋지 않으며, 고칼슘혈증과 골격연화 등 건강문제가 생길 수 있다. 따라서 매일 급여하는 것은 피하고, 일주일에 2~3회 정도만 급여한다. 또 종합비타민제는 인의 수치가 올라가지 않도록 일주일에 1회 정도만 소량 더스팅(dusting)해서 급여하는 것이 좋다. 칼슘제나 영양제를 급여할 때는 보통 더스팅이라는 방법을 사용한다.

일부 사육자의 경우 더스팅 외에 칼슘을 공급하는 방법으로 사육장 내에 갑오징어뼈를 넣어주기도 한다. 자연상태의 거북 역시 칼슘결핍이 있을 때는 스스로 광물질을 먹거나 죽은 동물의 뼈 등을 갉아 먹는 경우가 있으므로 그런 습성을 고려하면 적절한 방법이라고 할 수 있겠다. 그러나 갑오징어뼈가 칼슘함유량이 높은 우수한 먹이기는 하지만, 함유량에 비해 상대적으로 흡수율이 낮으므로 칼슘부족의 치료용도로 사용하기에는 무리가 있다. 질병의 증상이 보이지 않는 건강한 상태일 때 예방용으로 사용하는 것은 고려할 만하다.

비타민A 비타민A가 부족하면 상피조직세포의 증식을 방해해 세균성 감염이 잘 발생한다. 그 결과 소화기계나 신장 등의 기관에 감염이 일어나게 되며, 가장 흔하게 나타나는 증상은 안검염과 같은 눈병이다. 당근 등 카로틴이 함유된 식물을 섭취할 경우 거북의 체내에서 비타민A로 전환되므로 평소에 급여하면 비타민A결핍을 예방할 수 있다.

비타민D3 비타민D3의 주요한 기능은 칼슘흡수에 필요한 칼슘결합단백질(CaBP, calcium-binding protein)의 합성을 자극함으로써 장에서 칼슘과 인의 흡수를 촉진하고, 혈액 내 칼슘과 인의 농도가 증가하면 칼슘과 인을 결합해 뼈에 침착시키는 작용을 하는 것이다. 따라서 거북의 체내에 비타민D3가 결핍될 경우, 아무리 많은 칼슘을 섭취했다고 하더라도 흡수가 되지 않고 모두 배설돼 버림과 동시에 뼈의 주성분인 칼슘과 인의 화합물인 인산칼슘이 정상적으로 골격에 침착하지 않게 된다. 그 결과 구루병(rickets; 골격의 발육장애, 기형적인 성장), 갑연화증 및 골연화증(뼈에서 석회질이 감소해 나타나는 증상)이 발생하기 쉬운 상태가 된다.

육식성 혹은 잡식성이 강한 거북의 경우는 비타민D3의 대부분을 먹이로부터 공급받지만, 초식성 거북의 주된 먹이인 식물은 비타민D3를 거의 포함하고 있지 않기 때문에 사육자가 거북 체내에서 능동적으로 비타민D3가 합성될 수 있도록 도와주거나 먹이로 직접 공급해줄 필요가 있다. 육지거북의 생먹이인 식물은 칼슘대사에서 비타민D3보다는 훨씬 비효율적인 비타민D2를 포함하고 있기 때문이다. 따라서 초식을 주로 하는 대부분의 육지거북들은 먹이를 통해서 비타민D3를 얻을 수 없다. 이러한 이유로 초식성 거북들은 햇빛이나 자외선램프의 UVB 파장을 이용해 피부를 통해서 프로비타민D3를 생산하고, 이렇게 생성된

TIP 더스팅(dusting)

자연상태에서 거북은 먹이에 묻은 흙을 함께 먹음으로써 흙 속에 포함된 미네랄을 섭취한다. 사육하에서는 사료에 직접적으로 칼슘제 또는 비타민제 등의 영양소 분말(혹은 액상)이나 곱게 간 건초 등의 사료를 뿌려서 미네랄을 섭취하도록 하는 방법을 더스팅이라고 한다.
더스팅 방법으로 급여할 때 처음부터 먹이에 과다하게 뿌려주면, 식욕이 왕성한 종의 경우(또는 평소 거북이 선호하던 먹이라도) 삼켰다가 뱉어내거나, 아예 입도 대지 않고 거부하는 사례가 있으므로 조금씩 시간을 두고 천천히 양을 늘려가는 방법으로 적응시키도록 한다.

먹이에 더스팅을 해 급여한 모습

프로비타민D3는 스스로 비타민D3로 전환되는 약간 복잡한 과정을 거치게 된다. 육지거북을 사육하는 데 있어서 자외선이 부족할 경우에는 비타민D3를 섭취(10-20000IU/Kg)시킬 필요가 생긴다. 비타민D3가 거북에게 있어서 중요한 영양소기는 하지만, 과다할 경우 석화현상 등의 부작용도 나타날 수 있으므로 영양공급이 균형적이고 자외선의 체내흡수가 원활한 상태라면 비타민D3는 과다하게 섭취시키지 않는 것이 바람직하다.

육식성, 잡식성 거북의 먹이

육식성 거북의 먹이는 물고기를 비롯해 가재, 게, 새우와 같은 갑각류, 지렁이 및 달팽이 등의 무척추동물, 각종 곤충에 이르기까지 매우 다양하다고 볼 수 있다. 사육하에서는 자연상태에서만큼 다양한 생먹이를 공급하는 것이 어렵지만, 입수가 용이한 한두 가지 먹이에만 의존하지 말고 여건이 되는 대로 다양한 종류를 공급해 줄 수 있도록 노력하자.

육식을 하는 거북은 대부분 체질이 매우 튼튼하기 때문에, 생먹이를 기본으로 하되 부족한 영양소를 인공사료로 보충해 주면 건강상 별다른 문제 없이 사육할 수 있다. 그러나 생먹이의 경우 입수의 어려움과 기생충감염 등의 우려로부터 완전히 자유롭지 못하므로 가능하다면 인공사료에 적응시켜 사육하는 것도 수고를 덜 수 있는 방법이다. 사육자에 따라 잡식성거북에 비해 인공사료에 적응시키는 것이 조금 더 까다롭다는 의견도 있지만, 완전육식종이라 하더라도 100% 인공사료만으로 사육하는 사례(육식성 거북을 위한 전용사료가 없기 때문에 영양의 균형이라는 측면에서 추천할 만한 일은 아니지만)도 있으므로 완전히 불가능한 일은 아니다.

잡식성 거북의 경우는 영양의 균형을 맞추기가 조금 더 까다로운데, 같은 잡식성이라 하더라도 종에 따라 '육식성에 가까운 잡식성'과 '초식성에 가까운 잡식성'의 차이가 나타난다.

거북 사육에 많이 사용되는 생먹이의 칼로리(kcal/g)

종류	칼로리
귀뚜라미	1.9
밀웜	2.1
지렁이	0.5
핑크 마우스(수유 전)	0.8
핑크 마우스(수유 후)	1.7
어덜트 마우스	1.7

따라서 먹이의 비율 역시 이와 같은 종의 특성과 개체의 식성을 종합적으로 고려해서 조절하고 급여할 필요가 있다. 또한, 종에 따라 성장과정에서 육식과 초식의 비율이 변화되는 경우도 있기 때문에 사육하고 있는 거북의 성장 정도나 개체의 식성까지도 고려한 식단을 제공해 주는 것이 필요하다.

지렁이를 먹고 있는 중국상자거북(Chinese box turtle or Yellow margined box turtle, *Cuora flavomarginata*)

입맛이 까다로운 일부 종을 제외하고, 사육하에서 대부분의 잡식성 거북은 아무거나 잘 먹는 편이다. 그러나 이 '잡식성(雜食性, polyphagia, omnivorousness)'이라는 말의 의미를 많은 사육자가 잘못 이해하고 있는 것을 볼 수 있다. 잡식성의 사전적 의미를 보면, '동물성 먹이와 식물성 먹이를 가리지 않고 먹는 동물의 성질'이라고 할 수 있다. 그러나 잡식성 거북을 사육하는 많은 사육자가 이 말을 곧 '식단으로부터 자유롭다'라는 의미로 오해하는 경향이 있다. 쉽게 말하자면, '그냥 아무거나 급여해도 다 잘 먹는다'라고 이해한다는 것이다.

실제로 반수생거북은 아무거나 줘도 잘 먹는데, 이러한 폭발적인 먹이반응 때문에 오히려 사육자가 균형적인 먹이공급에 대한 관심을 기울이는 데 소홀해지기 쉬운 것 또한 사실이다. 다량의 먹이를 먹기는 하지만 거북이 정말 필요로 하는 영양소나 식물성 단백질 등을 섭취하지 못함으로써 영양불균형이 발생하고, 그 결과로 성장장애나 질병에 시달리는 거북이 많은 것이다. 먹이의 급여에 있어서 단순히 많이 먹는 것이 좋은 게 아니라 제대로 먹이는 것이 훨씬 더 중요하다. 적은 영양으로도 장기간을 버틸 수 있는 변온동물인 거북에게 있어서 먹이의 양은 그다지 중요하지 않다. 중요한 것은 바로 '먹이의 질'이다.

육지거북의 경우 인과 칼슘의 이상적인 비율이 5:1인 데 비해 붉은귀거북과 같은 반수생거북의 경우 이상적인 비율은 2:1 정도로 알려져 있다. 거북 가운데 반수생종의 숫자가 가장 많은 만큼 종별 서식환경이나 주로 섭취하는 먹이 등을 고려해 개체에 맞도록 적절하게 비율을 조절하도록 하자. 적절한 비율을 가지고 있는 이상적인 먹이라 하더라도 그것 한 가지만을 집중적으로 급여하는 방법은 좋지 않다. 반대로 적절하지 않은 비율을 가지고 있는 먹이라 하더라도 칼슘과 인 이외에 영양상 도움이 되는 성분을 많이 가지고 있을 수 있다. 따라서 가급적이면 다양한 먹이를 골고루 공급하는 것이 좋겠다.

■**천연사료** : 반수생종이나 습지거북류는 물과 육지를 오가며 서식지에서 자생하는 각종 수초와 물고기, 여러 종류의 무척추동물을 먹잇감으로 삼으며 생활한다. 이러한 천연사료의 가장 큰 장점은 무엇보다 기호성이 인공사료에 비해 월등하게 좋다는 것이라고 할 수 있다. 또한, 영양공급이라는 본래의 목적 이외에도, 거북이 직접 먹잇감을 사냥하는 과정에서 자연스럽게 운동량을 증가시키고 그 과정에서 인공사육하에서 퇴화돼 가는 자연적인 습성을 회복시키는 등 여러 가지 장점을 기대할 수 있다.

식물성 생먹이 거북에게 급여할 수 있는 식물은 앞서 기술한 초식성 거북의 천연사료와 동일하므로 여기서는 급여 가능한 수생식물만 다루기로 하겠다. 많은 수의 수생식물 가운데 그나마 비교적 쉽게 구할 수 있으면서 거북에게 건강상의 문제를 일으키지 않고 급여할 수 있다고 알려진 수생식물은 부레옥잠, 물배추, 좀개구리밥, 검정말 정도를 들 수 있다.

부레옥잠과 물배추

수생식물은 일부 열대어 숍이나 화원, 인터넷 쇼핑몰 등에서 구입할 수 있지만, 보통 일반 채소들에 비해 가격이 비싸고 입수하기도 쉽지 않아 실제로 거북에게 급여하는 사육자는 많지 않으리라 생각한다. 사실 반수생종의 먹이로 수생식물을 급여하는 사육자는 극히 드물다. 그러나 위에 언급한 수생식물 대부분은 잘 자라고 번식 역시 용이한 종이라, 여름에는 공간적인 여유만 있다면 번식해서 급여하는 것도 가능하다.

물에 떠서 뿌리를 물속으로 내리고 성장하는 부상성 식물로 굳이 흙에다 심을 필요가 없기 때문에 담아둘 만한 큰 용기와 약간의 영양액만 있으면 쉽게 기를 수 있다. 언급한 식물은 대부분 강한 빛을 선호하므로 빛이 잘 드는 곳에 번식장을 설치하는 것이 좋다. 필자는 여름에 한정해 물배추와 좀개구리밥을 번식시켜 사용하고 있는데, 관상용으로도 나쁘지 않고 먹이로 쓸 수 있어 여러모로 유용한 듯하다.

동물성 생먹이 육식성 거북에게 주로 급여하는 동물성 생먹이는 물고기다. 소형 열대어를 비롯해 미꾸라지나 금붕어, 빙어 등을 사용한다. 양식된 것을 이용하는데, 양식 중에 사용된 소독약품이나 항생제가 거북에게 좋지 않은 영향을 미친다는 의견이 있지만, 사실 거북에게 미치는 영향에 대한 정확한 데이터는 없으며 대체할 만한 것을 찾기도 힘든 실정이다.

일부 사육자의 경우 양식된 어류 대신 민물고기를 직접 잡아다 급여하기도 하는데, 번거롭기도 하고 가급적이면 생태계 보호를 위해 지양하는 것이 좋겠다. 필자는 주위에 낚시하는 친구들이 잡아다 준 배스를 반수생거북에게 가끔 급여한다. 그러나 야생의 물고기는 닻벌레나 기생충에 감염됐을 우려가 있으므로 정기적인 사육장 소독과 구충을 실시해야 한다.

동물성 먹이는 동물의 간과 고기 등의 육류, 살아 있는 새우나 가재, 실지렁이, 웜, 귀뚜라미, 미꾸라지, 금붕어, 개구리 등의 '생먹이'와, 이러한 생먹이를 그대로 건조하거나 냉동시켜 만든 '가공사료'의 두 가지 형

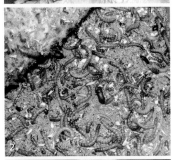

반수생거북용 생먹이들. 번호 순대로 귀뚜라미, 스탠다드웜, 킹웜, 여러가지 냉동 생먹이

귀뚜라미를 노리고 있는 남생이(Chinese pond turtle, *Mauremys reevesii*)

태로 나눌 수 있다. 생먹이는 가공사료나 인공사료보다 기호성이 좋은 반면, 먹잇감의 유지 관리가 어렵기 때문에 사육자들도 대부분 항시적으로 급여하지는 않는다. 또한, 기호성이 좋다는 것은 먹이로서 갖는 큰 장점이기는 하지만, 기호성 높은 생먹이만 지속적으로 급여할 경우 다른 사료를 거부하게 되는 부작용이 생길 수도 있다. 따라서 사육의 편의성이라는 측면에서 생각해도 전적으로 생먹이만 급여하는 것은 지양하는 것이 좋다.

동물성 생먹이를 급여할 때는 공급하는 먹이가 안전한지에 대해 깊은 관심을 가질 필요가 있다. 사육자들이 생먹이를 먹이면서 가장 많이 걱정하는 것이 중금속오염과 기생충감염이기 때문이다. 예를 들면, 양식된 지렁이도 먹이로 많이 사용되고 있는데, 일부 지렁이양식장에서는 오염된 바닥재를 이용해 관리하는 경우도 있다는 것을 인지하고 있어야 한다. 자신의 거북에게 꾸준히 지렁이를 급여할 생각이라면, 친환경으로 양식하는 농장의 생산품을 이용하는 것이 바람직하다. 중금속오염은 최대한 안전한 공급처를 찾는 것으로, 기생충감염은 정기적인 구충을 실시하는 것으로 어느 정도 해결할 수 있으리라 본다.

가공사료는 실지렁이나 새우, 웜, 초파리, 귀뚜라미 등의 생먹이들을 냉동하거나 동결 건조한 형태로 판매되는 사료다. 보관이 용이하다는 장점을 갖고 있지만, 가공과정에서 생먹이가 포함하고 있는 유익한 영양분이 손실됐을 가능성이 있고, 일부 개체의 경우 기호성이 떨어질 수도 있다. 한 가지 덧붙이자면, 간혹 칼슘 때문에 멸치나 말린 새우를 급여하는 경우를 볼 수 있는데, 바다새우는 염분을 포함하고 있으므로 장시간 뜨거운 물에 담그거나 끓여서 염분을 제거한 후 급여하는 것이 좋겠다. 갑오징어뼈도 역시 마찬가지다.

전문사육자들의 경우에는 거북의 사육과는 별도로 생먹이도 사육하는 사례가 있지만, 대부분의 사육자는 관리의 번거로움 때문에 냉동해서 사용하는 것을 선호한다. 냉동된 생먹이의 경우는 살아 있는 상태보다 보관이 용이하고, 냉동되는 과정에서 세포벽이 파괴되기 때문에 녹여서 급여했을 때 얼리기 전의 상태보다 소화흡수가 잘 된다는 장점이 있다.

먹잇감을 거북에게 급여하기 전이나 냉동하기 전에 꼭 필요한 것이 '것-로딩(gut-loading)'이다. 것-로딩은 사육하고 있는 거북에게 좀 더 질 높은 영양을 공급하기 위해 사용하는 먹이 급여방법으로, 약간은 번거로운 과정이기도 하고 또 즉각적인 효과를 기대하기도 어려워 사육에 있어서 그 중요성이 많이 간과되곤 한다. 그러나 꾸준히 좋은 영양소를 공급함으로써 거북의 건강유지와 성장에 많은 도움이 된다는 것은 부인할 수 없는 사실이다. 밀웜을 칼슘 11.7%, 인 0.55%가 포함된 것-로딩제 속에 24시간 넣어뒀을 때, 통상 0.1%에도 못 미치는 밀웜 체내의 칼슘량이 0.84%로 높아지고 칼슘:인의 비율이 1:3.7에서 1.38:1로 개선됐다는 연구결과도 있으므로 먹이급여 시 것-로딩법을 잘 활용해 보도록 하자.

> **Tip 것-로딩**(gut-loading)
> -
> 거북에게 생먹이를 급여할 경우 먹이가 되는 생물에게 영양가 있는 양질의 먹이를 급여하고, 그 영양분이 먹이의 체내에 충분히 흡수되도록 한 다음 거북에게 급여함으로써 영양이 그대로 거북에게 전달되도록 하는 급여방법을 것-로딩(gut-loading)이라고 한다. 것-로딩용 사료를 먹이에게 공급한 다음 바로 거북에게 급여하는 것이 아니라, 24~48시간이 지난 뒤 급여해야 효과적이다. 또한, 것-로딩을 마친 먹잇감을 냉동 보관할 경우에도 마찬가지로 영양이 흡수될 시간을 충분히 가진 뒤에 냉동해서 보관하는 것이 좋다. 것-로딩을 위한 사료는 손쉽게 조달할 수 있는 재료들을 혼합해 사육자가 직접 조제해도 되고, 그것이 번거롭다면 시판되는 것-로딩용 사료를 사용하면 도움이 될 것이다.
>
> **＊밀웜 마신**(mealworm machine) : 육식성 거북의 경우 귀뚜라미나 밀웜 등 살아 있는 곤충을 급여하기 위해 급여통을 만들어 설치해 보자. 원통형의 용기에 불규칙하게 구멍을 뚫은 다음, 그 속에 먹이용 곤충을 넣고 탈출하는 벌레를 거북이 잡아먹도록 하는 방식의 급여방법이다.

여러 가지 거북용 인공사료

■인공사료 : 현재 기르고 있는 개체가 생먹이를 거부하거나(생먹이를 거부하는 것은 극히 드문 경우기는 하지만) 사육자가 매번 신선한 생먹이를 구입하기 힘들 경우 대용으로 사용할 수 있는 여러 가지 반수생 거북용 인공사료가 시판되고 있다. 오히려 시중에 너무나 다양한 사료가 판매되고 있기 때문에, 이러한 인공사료에 대한 맹신으로 천연사료의 중요성이 간과되고 있는 실정이기도 하다.

인공사료를 구입할 때 용기 표면에 그려진 거북의 종류만 보고 선택하는 사육자가 많은데, 제품마다 성분비율이 조금씩 다르므로 꼼꼼하게 확인해 자신이 기르는 종에게 적합한 것을 선택하도록 하자. 사료를 고를 때는 성분뿐만 아니라 사료의 크기, 형태, 물에 뜨는 먹이인지 가라앉는 먹이인지 등의 조건까지도 잘 따져서 선택해야 한다. 그리고 인공사료만으로는 절대 거북에게 필요한 모든 영양소를 공급할 수 없다는 사실을 인식하고, 다양한 먹이를 골고루 공급하도록 노력해야 한다.

보통 거북을 처음 기르는 경우 감마루스를 많이 구입하게 되는데, 시중에서 판매되는 반수생거북용 먹이 가운데 감마루스 혹은 래피아이처럼 엽새우를 말린 제품들은 주사료로 사용하기에는 영양이 상당히 부족하므로 보조사료 정도로 급여하는 것이 좋다.

식욕부진 및 거식의 원인과 대처

거북을 기르면서 가장 행복감을 느끼는 순간은 아마도 사육자가 주는 먹이를 잘 받아먹는 모습을 보일 때일 것이다. 하지만 거북을 사육하다 보면, 어느 순간 갑자기 먹이를 거부하면서 사육자를 애타게 하는 경우가 종종 생기게 된다. 사육경험이 적은 사육자라면 이럴 때 걱정하고 당황하게 되는데, 평상시에 충분한 영양을 공급했다면 단기간의 거식으로 건강을 해치거나 폐사에 이르는 경우는 거의 없으므로 지나치게 걱정하지 않아도 된다.

하지만 갑작스러운 식욕부진은 질병의 예후이거나 사육환경 이상의 징조이므로 가볍게 생각하고 넘어가서도 안 될 것이다. 식욕부진이나 거식은 다음과 같이 여러 가지 다양한 이유로 발생하게 되는데, 그 원인을 파악하고 적시에 적절한 조치를 취해줘야 한다.

■**온도저하에 따른 대사장애 :** 변온동물이라는 거북의 특성상 사육장의 온도가 낮아지면 대사능력이 억제돼 체내 혈액순환이 약해지고, 소화기능 역시 떨어진다. 혹 먹이를 먹더라도 소화를 시킬 수 없게 되며, 기생충이나 세균성 감염에 대한 면역력 역시 현저하게 떨어지게 된다. 별다른 질병 증상이 없었는데 거식이 있다면, 온도와 관련된 문제일 경우가 많으므로 사육장의 온도를 수시로 점검하고 적절한 수준으로 관리해 줘야 한다.

■**스트레스와 사육환경 부적응 :** 갑작스러운 환경의 변화, 과밀사육, 소음, 진동, 은신처의 부재, 부적절한 광량 및 광주기, 좁은 사육공간, 청결하지 못한 사육환경 등으로 인해 발생하는 각종 스트레스는 식욕과 면역력을 저하시키고 이차적인 감염증을 유발하는 원인이 될 수 있다. 이 경우 스트레스의 원인이 되는 요소를 제거하는 것이 무엇보다도 중요하다. 튼튼한 개체의 경우는 스트레스 요인만 제거된다면 오래 지나지 않아 식욕이 정상적으로 회복되는 것을 볼 수 있을 것이다. 사육환경 변화에 따른 스트레스로 발생하는 일시적인 거식이라면, 단기간 금식을 시킴으로써 먹이반응을 유도하는 경우도 있다.

WC개체를 사육환경에 적응시키는 것은 그리 쉽지가 않다.

■모래나 이물섭식에 의한 장폐색 : 식욕이 왕성한 거북의 경우 먹이를 먹는 과정에서 바닥재 등을 함께 먹음으로써 장이 폐쇄되는 사례가 있다. 이런 경우 적절한 바닥재의 선택이 무엇보다 중요하다. 먹어도 안전한 소재로 교체하거나, 사육환경에 민감하지 않은 종이라면 바닥재가 깔려 있지 않은 별도의 공간으로 이동시켜 먹이를 급여하는 것도 나쁘지 않다.

■기생충감염 : 육식성 거북의 경우 생먹이를 공급하다 보면 기생충감염의 가능성이 커지게 된다. 증상이 심하지 않을 때는 구충을 해주면 대부분 식욕이 회복된다. 예방을 위해 안전하게 생산된 먹이를 공급하고, 먹이급여 시에 잘 세척하는 과정을 거치도록 하자.

■질병 : 골대사장애(MBD)나 눈병 등 여러 가지 질병에 걸렸을 경우에 식욕부진이 나타날 수 있다. 이 경우 질병의 원인을 찾아 치료하면 식욕이 정상적으로 회복될 것이다.

🏛 Tip 직접 채집해서 먹여보자

도시에서 조금만 벗어나면 물고기나 식물이 지천으로 널려 있다. 시간적 여유만 있다면 거북에게 먹일 먹잇감을 채집해 오거나, 거북을 데리고 나가서 직접 풀을 뜯어 먹게 할 수 있다. 이때 운동량 증대와 일광욕 등의 효과를 부가적으로 거둘 수도 있다. 이렇게 먹이를 채집해 오거나 거북을 데리고 나갈 경우 주의할 점이 두 가지 있다.

자연상태의 민들레

첫째, 무엇보다도 사육자가 거북에게 급여 가능한 먹이의 종류를 정확하게 알고 있어야 한다는 것이다. 오래전 일이기는 하지만, 한 사육자가 거북에게 먹일 개구리와 개구리알을 야외에서 채집해서 급여했다가 거북을 폐사시킨 사례도 있다. 무당개구리와 두꺼비의 알에는 사람도 죽일 수 있을 정도의 치명적인 독이 포함돼 있으므로 절대로 급여해서는 안 되는데, 다른 알과 구별할 수 없었던 것이다(현재 많은 종의 국내산 개구리들이 포획금지종으로 지정돼 있기도 하다). 드문 사례기는 하지만, 이런 경우가 없지는 않으므로 조금이라도 의심스러운 것은 먹이지 않는 것이 좋겠다. 특히 야생초의 경우 비슷하게 생긴 것이 많기 때문에 독이 있는 것과 없는 것을 정확하게 구분하기는 상당히 어렵다. 따라서 너무 욕심부리지 말고 본인이 확실하게 안전하다고 알고 있는 것만을 채집해서 급여하도록 하자.

둘째, 조금이라도 오염 가능성이 있는 먹이는 절대 급여하지 않도록 해야 한다. 특히 육지거북의 경우 교외에 나갔다가 먹일 만한 풀들을 채집해 와서 급여하는 사례가 많은데, 오염이 심한 도롯가나 농약 살포의 위험이 높은 과수원 인근 등지의 풀은 채집해 오지 않는 것이 좋다. 도시 내 공원의 풀들도 정기적으로 농약을 살포하고 관리하므로 가급적이면 먹이지 않는 것이 좋겠다.

반수생종 거북은 성장함에 따라 식성이 변화되는 경향이 있다.

■**구강의 변형이나 감염증** : 부리가 과도하게 자라나거나, 외상으로 인해 구강 부분에 감염이 발생했을 경우 먹이활동이 둔화될 수 있다. 이 경우 부리를 손질해 주고 감염증을 치료하면 식욕을 회복시킬 수 있다. 부리가 과도하게 자랐다는 것은 너무 부드러운 먹이만 급여한다는 의미이므로 부리를 닳게 할 수 있는 갑오징어뼈나 단단한 먹이를 급여하도록 한다.

■**적절하지 않은 먹이의 급여** : 선호하지 않는 먹이거나, 먹잇감의 형태나 크기 및 경도가 거북이 먹기에 적합하지 않을 경우, 거북이 싫어할 만한 냄새가 나거나 심하게 부패한 경우, 혹은 경험하지 못한 낯선 먹이인 경우 등 먹잇감으로서의 적정조건을 충족시키지 못하는 경우에 먹이에 대한 거부반응을 보일 수 있다. 이때는 급여하는 먹이를 다른 종류로 바꿔주거나 거북이 선호하는 신선한 생먹이를 공급하도록 한다.

■**적절하지 않은 위치에서의 먹이급여** : 예를 들어, 붉은귀거북은 물속에서 먹이 먹는 것을 선호하는데, 육지에서 먹이를 공급하게 되면 먹이반응이 떨어지는 경우가 생길 수 있다. 따라서 해당 개체가 먹이활동을 하는 공간에서 먹이를 공급하는 것이 좋다.

TIP 거북 사육 용어

- **감마루스**(gammarus) : 가장 기본적인 거북사료 가운데 하나로 붉은 엽새우를 건조한 것이다.
- **경첩** : 갑의 틈새를 막아 스스로를 좀 더 확실하게 보호하기 위해 복갑의 앞부분 혹은 뒷부분이 고정되지 않고 움직이도록 변화된 부분을 말한다.
- **과밀사육** : 제한된 공간에 지나치게 많은 개체를 사육하는 것을 말한다. 질병의 전염이나 개체 간의 다툼으로 인한 부절 등이 발생할 수 있으므로 가급적이면 과밀사육은 지양해야 한다.
- **교잡종**(交雜種) : 다른 종의 거북과 교배해 태어난 개체를 말한다. 근연종을 복수사육하면 이종교배로 우연히 태어나는 경우가 있으며, 새로운 종을 작출하기 위해 인공적으로 유도하기도 한다.
- **그레이드**(grade) : 등급. 종의 스탠더드에 이상적으로 부합하거나 희소종일 때 '그레이드가 높다'고 표현한다.
- **기아종**(基亞種) : 아종 가운데 가장 최초로 기재된 종류를 말한다.
- **기호성**(嗜好性) : 먹이에 대한 흥미의 정도. 인공사료의 경우는 냄새가 강할 때, 생먹이의 경우에는 움직임으로 흥미를 끄는 것이 보통 기호성이 높다.
- **레이아웃**(lay out) : 사육장 내부를 보기 좋게 세팅하는 것을 말한다.
- **레인바**(rain bar) : 배수용 관에 작은 구멍을 뚫어서 물살을 약하게 하고 골고루 분산 출수가 되도록 하는 장치를 말한다. 거북의 경우에는 유속을 줄이기 위해 사용한다.
- **루바** : 플라스틱으로 만들어진 격자 형태의 판재를 말한다. 사육장을 분리하거나 육상을 만들어 주는 등 가공 형태에 따라 다양하게 사용 가능하다.
- **메이팅**(mating) : 교미, 교배
- **모노타입**(monotype) : 1속 1종, 하나의 속에 1종밖에 없는 것을 말한다. 근연한 종이 없으므로 특징적인 형태나 생태를 가진 것이 많다. 거북 가운데는 돼지코거북이 대표적인 모노타입이다.
- **물잡이** : 수질을 안정화하는 것을 말한다.
- **밀웜**(mealworm) : 거저리라고 불리는 작은 벌레로 거북에게는 고단백질 먹이 중의 하나다.
- **발색** : 생물의 색깔을 의미한다.
- **백점병**(白點病) : 물고기나 거북에게 발생하는 질병으로 백점충(Ichthyophthirius multifiliis)이라는 섬모충류 단세포 기생충에 의해 감염된다.
- **백탁**(白濁) : 수조 세팅 초기에 여과사이클이 정착되지 않아 수조 내부가 뿌옇게 흐려지는 현상을 말한다. 또 하나는 산란한 유정란에 생긴 공기주머니가 외부로 관찰되는 현상을 말한다.
- **배어 탱크**(bare tank) : 바닥재를 사용하지 않는 형태의 사육장을 말한다. 청소와 물갈이가 용이하나 여과박테리아가 충분히 활성화되지 못하므로 청결한 수질을 위해서는 물갈이를 수시로 해야 할 필요가 있다.
- **보석거북** : 중국줄무늬목거북(Chinese striped-neck turtle, Mauremys sinensis)의 유통명
- **부분 환수**(부분 물갈이) : 수생 혹은 반수생거북을 사육하는 수조의 물을 일부만 교환하는 것을 말한다. 생물학적으로 유익한 작용을 하는 여과박테리아의 보존과 사육 중인 동물들의 안정을 위해서는 전체 물갈이를 한 번 하는 것보다 부분 물갈이를 자주 하는 것을 추천한다.
- **부절**(剖折) : 동물의 신체부위 중 일부가 사고나 병에 의해 절단된 것을 의미한다.
- **브리더**(breeder) : 사육자, 번식가, 품종 개량가
- **브리딩**(breeding) : 번식. 생물의 개체 또는 개체군의 재생산으로 동물에게 있어서는 교미, 산란, 출산, 새끼 돌보기 등 번식과 관련된 생태적인 여러 활동을 포괄적으로 의미한다.
- **스내퍼**(snapper) : 스냅(snap)은 '낚아채다'는 의미로 먹이를 빠른 속도로 낚아채는 행동에서 유래된 명칭이

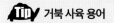 **거북 사육 용어**

다. 보통 악어거북과 늑대거북을 통틀어 스내핑 터틀(Snapping turtle)이라고 지칭한다.

- **스탠더드**(standard) : 표준, 기준. 생명체에게 있어서는 종 고유의 특징이 가장 잘 나타난 것을 의미한다.
- **사이테스**(CITES) : '야생동·식물 국제거래에 관한 협약'을 말한다. CITES=Convention on International Trade in Endangered Species of Wild Fauna and Flora
- **아종**(亞種) : 종을 다시 세분한 생물 분류 단위의 하나. 분류학적으로 완전히 다른 종으로 판별할 정도의 차이는 없지만, 형태학적으로 분명한 차이점이 있고 지리적으로 다른 장소에 서식하고 있는 것을 이른다.
- **알비노**(albino) : 백변증. 피부나 털, 눈동자 등에 색소가 생기지 않는 백화현상을 지닌 개체로, 보통 노랗거나 하얀 체색에 빨간 눈의 돌연변이 개체로 태어난다.
- **에그 바인딩**(egg binding, 알막힘) : 여러 가지 이유로 암컷이 산란을 하지 못해 산도가 막히는 증상을 말한다.
- **에어레이션**(aeration) : 산소를 공급하기 위해 계속해서 기포를 발생시켜 주는 것. 거북 사육에 있어서는 환수용 물의 염소를 신속하게 제거하기 위해서, 또는 수조 내의 호기성 박테리아의 활성을 위해 실시한다.
- **오버 피딩**(over feeding =power feeding) : 대상 동물의 최대 포식량까지 사육자가 임의로 먹이를 급여하는 것
- **오적골**(烏賊骨, 갑오징어뼈) : 갑오징어의 몸속에 있는 타원형의 뼈를 말한다. 50% 이상의 칼슘을 함유하고 있으므로 거북에게는 칼슘제 대용품으로 사용된다. 거북이나 다른 파충류에게 사용할 경우에는 보통 하루 이상 충분히 찬물에 담가 염분을 제거한 후 사용하는 것이 좋다.
- **유막**(油膜) : 단백질 함유량이 많은 먹이를 급여했을 경우 수면 위에 형성되는 기름처럼 얇은 막을 말한다. 수면의 수류를 강하게 하면 제거되며, 유막이 형성되는 것을 방지할 수 있다.
- **유목**(流木) : 수조 내부를 자연환경과 비슷하게 꾸며주는 데 사용하는 장식용 나무를 말하며, 대부분 수입산이다. 석탄화되기 전의 나무로 광물질이 침투해 불에 타지 않고 물에 가라앉으며, 썩지 않는다. 처음 구입했을 때 흡착된 타르를 빼기 위해 실제로 세팅하기 전에 소금물에 끓인 후 사용하기도 한다.
- **은신처**(隱身處) : 어둡고, 따뜻하고, 편안한 숨을 곳
- **자** : 길이의 단위. 30cm를 1자라고 표현한다.
- **자동온도조절기** : 내부에 서머스탯(thermostat)을 장착해 일정 온도 이상이나 이하로 내려가면 자동적으로 연결했던 전기기구를 작동시키거나 가동을 중지하는 기구를 말한다.
- **저온화상** : 40℃ 이하의 비교적 낮은 온도에 장시간 노출돼 생기는 화상을 말한다.
- **전체 환수** : 수조 내의 물을 100% 교환하는 것을 말한다.
- **정형행동**(stereotyped behavior) : 신경계 이상, 스트레스 등의 이유로 동일한 행동을 지속적으로 반복하는 것
- **청거북** : 붉은귀거북(Red-eared slider, Red-eared terrapinr, *Trachemys scripta elegans*)
- **커뮤니티 탱크**(community tank) : 여러 개체를 합사하는 사육장을 말한다.
- **코르크보드**(corkboard) : 코르크나무의 껍질로 만든 판재를 말한다. 수면에 띄워두면 루바와 마찬가지로 소형 물거북이 쉴 수 있는 육지 대용이 된다.
- **쿨링**(cooling) : 계절적인 온도변화가 있는 지역에서 서식하는 종을 사육할 때 일시적으로 사육온도를 낮춰 자연상태를 재현해 주는 것을 말한다. 사육하에서는 일반적으로 쿨링을 시키지 않지만, 번식을 위해서 반드시 필요한 경우가 있다.
- **클래스**(class) : 학명 분류법 가운데 '강(綱)'을 지칭하는 영어단어
- **킬**(keel) : 배갑에 있는 돌기를 말한다. 종에 따라 없는 것부터 여러 개가 있는 것까지 다양하게 볼 수 있으며, 종을 구분하는 중요한 기준이 되기도 한다.

🐢 거북 사육 용어

- **타이머**(timer) : 시간을 설정해 전기용품의 동작을 자동으로 제어하는 기구
- **펠릿**(pellet) **사료** : 작고 둥근 형태의 인공사료
- **포스 피딩**(force feeding) : 강제급여. 거식을 하는 동물에게 핀셋 등의 기구를 이용해 강제로 위장에 사료를 급여하는 것. 정확하게 맞물리는 거북 입의 구조 때문에 다른 파충류보다 실시하기는 용이하지 않다.
- **플레이크 사료** : 얇고 넓적한 판 형태로 가공한 인공사료
- **피딩**(feeding) : 먹이급여(feed=먹이를 주다)
- **피딩 스테이션**(feeding station) : 푸드 펜스food fence)라고도 한다. 여과기의 물살 등에 사료가 떠내려가지 않도록 수면에 장치하는 원형 혹은 사각형의 사육도구다.
- **핑키**(pinky) : 털이 나지 않은 갓 태어난 설치류의 새끼. 육식성 거북의 영양식으로 가끔 사용된다.
- **하이드**(hide) : 동물의 휴식용 은신처, 쉘터(shelter)라고도 한다. 신진대사 활동이나 전시 위생상 중요한 역할을 하므로 꼭 필요하다.
- **학명**(scientific name) : 생물학에서 각 분류학적 군에 붙인 세계 공통의 이름. 동물·식물·세균의 국제적인 명명규약(International Code of Nomenclature)을 따라 화석이나 비화석의 생물체에 적용된다. 현대 분류학의 창시자로 일컬어지는 칼 폰 린네의 저서 〈식물의 종(Species Plantarum)〉(1753)과 1758년에 쓰인 제10판 〈자연의 체계(Systems Natura)〉(초판 1753)에 처음으로 이명법(二名法)을 사용했으며, 이후의 학명은 이것에 준해 만들어졌다. 학명을 정할 때는 라틴어이거나 라틴어화해야 하고, 라틴어 문법을 준수해야 하는데, 속명은 첫 글자를 대문자로 시작하고 종명은 소문자로 시작한다.
  기본계급 종(種 Species)·속(屬 Genus)·과(科 Family)·목(目 Order)·강(綱 Class)·문(門 Phylum)·계(界 Kingdom)를 기본으로 각각의 위로는 상(上 Super), 아래로는 아(亞 Sub)·하(下 Infra) 등 접두어를 붙여 구분하는데, 더 세분화시켜 코호트(Cohort)·절(節 Section)·족(族 Tribe)의 계급도 사용한다. 학명은 어미에 과는 -aceae(동물은 -idae), 목은 -ales, 강은 -ae, 아목은 - ineae, 아과는 -oideae(동물은 -inae), 족은 - eae(동물은 -ini)를 붙여 표시하고, 그밖에 아속은 'subgen' 아종은 '*spp.*', 변종은 'var'(또는 v.), 아변종은 'subvar', 품종은 'for(또는 f.)', 아품종은 'subfor.'의 부호를 학명에 붙인다.
- **하이브리드**(hybrid) : 믹스종, 교잡종. 다른 종의 거북과 교배해 산란 부화한 개체를 말한다.
- **핫 스폿**(hot spot) : 거북의 체온을 올리기 위해 사육장 내의 일부를 고온으로 설정하는 장소. 거북의 경우 스폿램프를 사용해 조성하는 것이 일반적이다.
- **핸들링**(handling) : 사육 중인 동물에게 손을 이용해 접촉하는 행위를 말한다. 종과 개체의 특성에 따라 적합한 핸들링 방법이 다르다. 따라서 사육자나 동물 양측 모두를 위해서는 적절한 핸들링 방법을 충분히 숙지한 후 시도하는 것이 좋다.
- **호퍼**(hopper) : 털이 난 지 얼마 되지 않은 설치류의 새끼
- **DBT** : 다이아몬드백 테라핀(Diamondback terrapin)의 줄임말
- **디아이와이**(DIY, Do it yourself) : 자작용품을 총칭하는 말이다.
- **페어**(pair) : 한 쌍
- **SCL**(straight carapace length) : 직선 배갑길이를 말한다. 거북의 갑장을 표현하는 말. 갑장은 배갑의 곡선을 따라 재서는 안 되고, 반드시 직선거리로 측정해야 한다.
- **VAT** : 바닥이 얕고 평평한 용기. 급수용이나 온욕용으로 사용한다.

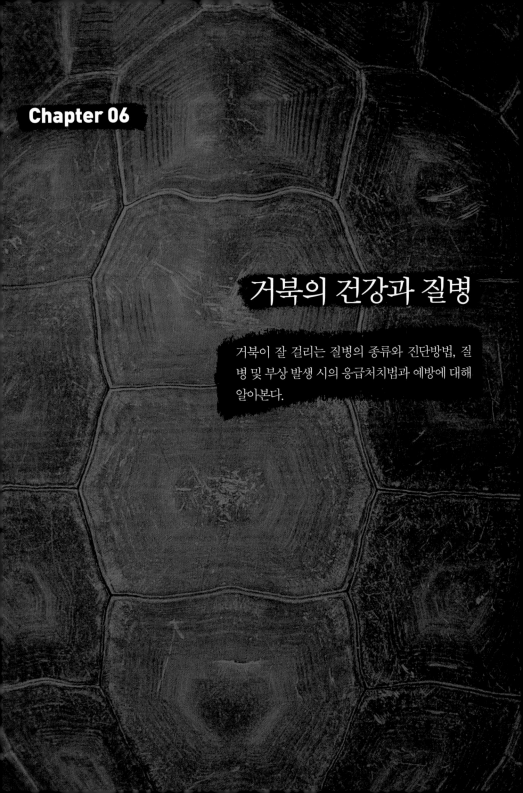

Chapter 06

거북의 건강과 질병

거북이 잘 걸리는 질병의 종류와 진단방법, 질병 및 부상 발생 시의 응급처치법과 예방에 대해 알아본다.

질병의
징후와 예방

사실 사육자 본인이 거북에 대한 지식이 풍부하고, 평소 사육개체의 사양 관리를 철저히 한다고 해도 사육 중에 일어날 수 있는 모든 상황과 질병에 완벽하게 대비하기는 어려운 일이다. 더욱이 거북은 아픔이나 고통을 겉으로 표현하지 않는 동물이기 때문에, 평소에 애정을 가지고 관심 있게 관찰하지 않으면 혹 질병이 발생하더라도 이를 즉각적으로 알아차리고 조치를 취하기가 쉽지 않다. 이와 같은 이유로 거북은 다른 동물보다 더욱 세심하게 보살피고 관리해야 할 필요가 있다. 수시로 외형과 행동, 식욕, 배설물의 상태 등을 관찰해 건강상태를 파악하고, 진단에 따라 미리미리 적절한 조치를 취하도록 하자.

모두 알고 있다시피 거북은 느린 동물이다. 단순히 행동만 느린 것이 아니라 호흡, 심장박동, 심지어 신체의 대사활동까지도 다른 동물에 비해 몇 배나 느리다. 질병도 마찬가지로 오랜 시간에 걸쳐 서서히 진행되기 때문에 사육자가 알아차릴 정도가 되면 이미 치료가 쉽지 않은 상황인 경우가 많다. 어렵사리 치료약을 투여한다고 해도 대사활동이 느리기 때문에 약효가 발휘되기까지 시간이 오래 걸리고, 수술을 진행하더라도 마취가 되는 시간과 풀리는 시간이 길며, 봉합사를 제거하는 시기도 다른 동물보다 상당히 늦다.

사육하에서 자연상태에서와 같이 건강하게 기르기 위해서는 상당한 수고가 필요하다.

그리스육지거북(Greek tortoise, *Testudo graeca*)

거북이 이렇게 느리다는 것은 질병을 치료하기 위해서는 다른 반려동물의 경우에 비해 더욱 많은 시간과 노력이 필요하다는 의미이며, 이는 거북에게 있어서 질병을 미리 예방하는 일이 다른 동물에 있어서보다 훨씬 중요하게 취급되는 이유기도 하다. 덧붙이자면, 시중에 거북을 위한 여러 가지 약품들이 판매되고 있기는 하지만, 시판되는 파충류 약품으로 간단하게 문제를 해결할 수 있는 경우는 극히 드물다. 따라서 응급조치가 효과를 발휘하지 못한다면 즉시 수의사의 도움을 받도록 하는 것이 바람직하다.

질병의 징후

거북은 질병이 발생해도 별다른 반응을 나타내지 않는다. 이는 자신이 약해진 상태라는 것을 다른 동물(포식자)에게 들키지 않으려는 야생동물의 본능에 기인한 행동이기도 하다. 그렇기 때문에 현재 거북의 '질병상태'를 파악하기 위해서는 본인이 기르고 있는 거북에게서 평소 볼 수 있는 '정상적인 상태'에 대해 더 잘 알고 있어야 할 필요가 있다. 평상시에 사육하는 거북에 대해 관심을 기울이고 관찰을 게을리하지 않는다면, 질병을 뒤늦게 발견해 치료시기를 놓침으로써 아끼던 거북을 폐사시키는 확률을 조금이라도 줄일 수 있다.

■**활동성 둔화** : 건강상 이상이 있는 개체에게서 가장 먼저 나타나는 증상은 활력이나 활동성이 둔화되는 것이다. 일단 몸이 좋지 않으면 움직이지 않는다. 육지거북의 경우 은신처에서 보내는 시간이 많아지며, 수생거북의 경우에는 수영하는 모습이 활동적이지 않고 헤엄치는 것을 힘들어한다. 또한, 자주 육상에 올라와 있는 모습을 볼 수 있다.

■**거식** : 다음으로 나타나는 행동이 거식이다. 동면 전이나 산란 전에 보이는 정상적인 먹이 거부 반응이 아니라면, 먹이를 거부하는 행동 역시 대표적인 질병의 징후 가운데 하나라고 할 수 있다. 건강상태가 조금 좋지 않더라도 먹이에 대한 반응을 보인다면 최소한 치료에 희망은 있다고 판단할 정도로, 먹이반응은 건강상태와 밀접한 관계가 있다.

■**이상행동** : 다음으로 신체에 나타나는 이상행동들이 있다. 대표적으로 나타나는 이상행동은 경련이나 마비 및 정형행동(같은 행동을 반복하는 것), 자극에 대한 무반응, 몸을 비비거나 긁는 행동, 헤엄치지 않거나 이상하게 헤엄치는 모습, 너무 오랜 수면(기면 혹은 혼수상태), 지나치게 숨으려고 하는 행동, 불규칙한 걸음걸이, 과도한 일광욕, 끊임없이 움직이는 행동, 갑작스러운 식성의 변화 등이다.

■**신체이상** : 앞서 언급한 행동으로 나타나는 이상 외에 볼 수 있는 신체적 이상은 다음과 같다. 육안으로 식별할 수 있는 정도의 골격이상이나 부종(목, 안구 등)이 있을 경우, 주둥이(부리)의 과잉발달, 혀 색깔의 변화, 갑에 과잉변색이 보이거나 물러지거나 혹은 변형되는 경우가 있다. 피부가 벗겨지거나 상처 또는 딱지가 생기는 사례도 있으며, 심한 경우 구토나 출혈이 나타나기도 한다. 호흡기질환이 있을 때는 호흡이 거칠고 소리가 나며 재채기, 콧물, 거품이나 분비물이 생기기도 한다.

배갑은 멀쩡하게 보이더라도 복갑이 이처럼 심각하게 감염돼 있는 경우도 생길 수 있다는 점을 기억하도록 하자.

■**독특한 냄새** : 사육장이나 거북에게서 일상적이지 않은 독특한 냄새가 나는 경우가 생길 수 있는데, 이때도 질병을 의심

해 볼 수 있다. 일반적으로 평소 거북을 뒤집어서 배면을 살펴보는 사육자는 드문데, 이 부분 역시 꼼꼼하게 확인하는 것이 필요하다. 어느 해인가 대형 거북을 사육하는 한 사육자의 집을 방문했다가 사육장에서 이상한 냄새가 나기에 살펴본 적이 있는데, 그 거북의 복갑에 상처가 나서 썩어 들어가고 있었다. 이처럼 변 냄새나 소변 냄새가 아닌 다른 악취가 난다면 신체 전반의 건강상태를 다시 한번 확인해 보도록 하자.

■**배변상태** : 배변의 상태 역시 거북의 건강상태를 파악할 수 있는 중요한 기준이 되므로 평소 꼼꼼하게 관찰하는 습관을 들이도록 한다. 배변을 하지 않거나, 배설물이 정상적인 색을 띠지 않거나 형태가 이상할 경우, 변에 기생충이 보일 경우 등이 생길 수 있다.

질병의 예방

거북에게 생기는 대부분의 질병은 '부적절한 영양공급', '사육환경의 불량', '일광욕 부족' 등의 요인으로 발생하게 된다. 따라서 평소에 영양적으로 균형 잡힌 식단을 공급하고, 철저하게 사육환경을 정비하며, 충분히 일광욕을 시켜주는 것만으로도 대부분의 질병과 상해를 예방할 수 있다. 우선 평소에 영양공급을 충분히 해서 너무 마르거나 비만이 되지 않도록 관리하는 것이 좋으며, 충분한 영양공급과 더불어 균형 있는 영양공급 역시 중요하다.

먹이그릇과 물그릇은 매일 깨끗이 세척해서 사용하고, 혹시라도 실수로 오염된 먹이나 물을 공급하는 일이 없도록 주의를 기울인다. 영양공급뿐만 아니라 사육환경도 마찬가지로 잘 관리돼야 한다는 점을 기억하자. 또한, 사육하고 있는 거북에게 충분한 활동공간을 제공해 주는 것이 필요하다. 합사는 가급적 지양하는 것이 좋은데, 부득이하게 합사해야 할 경우라면 종과 개체의 공격성 및 합사 가능 여부를 신중하게 고려해 결정하도록 하자.

사육환경 관리 면에서도 사육장 내의 온·습도 및 환기조절장치, 히터 등을 수시로 점검해 최적의 조건으로 조절하고 환기를 철저히 하며, 항상 청결하게 관리하도록 한다. 매일 실시하는 위생 관리에 더불어 사육장과 사육장비는 주기적으로 소독하는 것이 바람직하다. 수생거북의 경우 수질을 청결하게 유지하는 것도 질병의 예방을 위해 중요한 일이다. 또한, 주기적인 온욕과 충분한 일광욕을 실시하도록 한다. 한편, 거북을 핸들링하기 전과 후에 반드시 손을 세정하는 등 사육자의 위생 관리에도 관심을 기울여야 한다.

필자는 현재 거북뿐만 아니라 다른 종류의 파충류도 사육하고 있다. 다년간 거북을 포함한 여러 종류의 파충류를 사육해 본 경험을 바탕으로 내린 나름의 결론이 있다면, 다른 파충류에 비해 거북은 '기르기는 비교적 쉽지만 건강하게 잘 기르기는 정말 어려운 동물'이라는 것이다.

직업상 이곳저곳에서 여러 종류의 거북들을 자주 접하고 있고, 현재도 이런저런 사정으로 돌보고 있는 거북이 20마리 정도 된다. 그러나 개인적으로 사육하는 몇 마리를 제외한 대부분은 누

헤르만육지거북(Hermann's tortoise, *Testudo hermanni*)

군가가 사육을 포기함에 따라 돌고 돌아서 결국은 필자에게까지 온 녀석들이다. 아침에 출근했을 때 '이름은 ㅇㅇ이고요, 잘 부탁드립니다'라는 쪽지와 함께 문 앞에서 발견되기도 하고, 오며 가며 들르는 파충류 숍에서 처치 곤란이라며 반강제로 떠맡기기도 한다.

필자에게 온 20여 마리의 거북을 접하면서 느낀 놀라운 점은, 사람들이 사육을 포기하는 거북들이 붉은귀거북처럼 상대적으로 사육난이도가 낮아 기르기 쉬운 종임에도 불구하고, 그 많은 개체 가운데 감탄이 나올 정도로 잘 길렀다 싶은 개체는 한 마리도 찾아보기 힘들다는 것이다. 필자에게 오는 개체들은 하나같이 거의 죽기 직전이거나 갑의 탈색, 곰팡이감염, 중이염 등 질병이나 부절 하나쯤은 가지고 있었다. 매일 그런 거북을 볼 때마다 거북을 건강하게 잘 기르는 것이 얼마나 어려운 일인가를 다시 한번 생각하게 된다.

질병개체 발견 시 행동

일단 질병이 발생하면 치료하는 방법에는 두 가지가 있다. 하나는 약물이나 외과적 처치를 이용한 직접적인 치료이고, 다른 하나는 사육환경을 안정시켜 거북의 면역력을 높여주는 간접적인 치료다. 질병 치료 시에는 이 두 가지 방법 중 어느 한 가지만 중점적으로 실시하는 것이 아니라, 두 가지를 병행해 치료효과를 배가시키도록 하는 것이 중요하다.

어느 날 갑자기 기르고 있는 거북에게서 질병의 증상을 발견하게 된다면 누구나 당황하기 마련이다. 이때 치료를 받을 수 있을 만한 동물병원을 미리 알고 있다면 크게 도움이 될 것

이다. 따라서 거북에게 질병이 발생하기 전에(가능하다면 거북을 입양하기 전에) 본인이 거주하는 집에서 멀지 않은 곳에 있는, 거북 진료가 가능한 동물병원의 주소와 연락처 그리고 위치를 미리 알아두는 것이 좋다. 우리나라에 동물병원은 많지만 거북의 질병을 치료할 수 있는 시설과 임상지식을 갖춘 동물병원은 그리 많지 않기 때문에, 질병증상을 보인다고 무작정 집에서 가까운 동물병원에 데리고 가더라도 치료를 받지 못하는 경우가 많다.

여러 마리를 합사해서 기르고 있는 경우 사육 중인 개체 가운데 한 마리가 질병으로 판단될 만한 증상을 보일 때 사육자가 제일 먼저 할 일은, 질병의 진행 및 전염의 확산을 방지하기 위해 질병개체를 발견하는 즉시 격리하는 것이다. 격리는 최대한 빠르면 빠를수록 좋다. 특히 사육 중에 흔히 발생하는 호흡기질환의 경우 시간을 늦추면 늦출수록 전염의 위험성이 급격히 높아지기 때문에 발견 즉시 다른 사육장으로 옮기는 것이 좋다.

전염의 위험뿐만 아니라, 아픈 개체가 있으면 건강한 다른 거북이 아픈 거북을 공격할 수도 있기 때문에 질병개체의 격리는 꼭 필요한 과정이다. 사육자는 이와 같은 만일의 경우를 대비해서라도 여분의 사육장을 준비해 두는 것이 좋다. 사육장까지는 아니어도 열원과 소켓 정도만이라도 추가로 보유하고 있으면 치료환경을 조성하는 데 많은 도움이 될 것이므로 질병에 대비한 사육장비도 어느 정도 여분으로 구비해 두는 것이 좋겠다.

증세가 가벼운 정도라고 판단될 경우에는 각 증상에 맞는 응급조치를 취하도록 하고, 증상이 심하다고 판단되면 동물병원에 연락해 정확한 진단과 전문가의 지도를 받도록 한다. 그

Tip 개체 격리가 필요한 여러 가지 경우

- 질병 증세가 확인되면 그 즉시 다른 개체로부터 격리한다. 합사했던 개체라면 같은 사육장에 있던 모든 개체를 따로 격리하는 것이 좋다. 발견되는 증상의 정도뿐만 아니라 치료에 있어서도 증상의 호전 정도와 그에 따른 치료의 방법 역시 각각의 개체마다 차이가 있으므로 격리해서 관리하는 것이 좋다.
- 새로 입양한 개체가 있을 경우 기존의 개체와 합사하기 전에 별도의 공간에서 상처나 질병, 건강상태를 확인하기 위한 격리 관찰을 실시하고, 이상이 없다고 판단될 때 합사하는 것이 좋다(이 경우 일반적인 사육매뉴얼 상의 격리기간은 최소 6개월이므로 참고하도록 한다).
- 번식을 위한 메이팅 이후 임신한 암컷을 다른 개체와 각종 스트레스 요인으로부터 보호하고 관리하기 위해 격리 사육을 실시하는 것이 좋다.
- 서열싸움에서 밀려 먹이경쟁에서 뒤처지거나, 다른 개체로부터 심하게 괴롭힘을 당해 그대로 두면 상태가 악화될 우려가 있을 경우 별도의 사육장에서 관리하는 것이 안전하다.

여타의 다른 동물과 마찬가지로 거북 역시 질병의 증상을 겉으로 잘 드러내 보이지 않는 습성이 있다.

러나 사육자 개인이 이와 같은 판단을 내리기란 사실 쉽지 않다. 겉으로 나타나는 정도만
으로 실제 질병의 심각성을 파악하기가 상당히 어렵기 때문이다. 따라서 사육자의 판단은
최소한으로 제한하고, 가급적이면 전문지식을 갖춘 수의사의 도움을 받도록 한다.

아울러 사육자는 거북의 질병을 치료하기 위한 과정에 발맞춰 사육장 내·외부 전체를 깨끗
이 소독하고, 사육온도와 환기조건 등 현재의 사육환경을 적절하게 개선해야 할 필요가 있
다. 보통 질병의 치료를 위해서는 사육장의 수온을 28~30℃, 기온을 33~34℃ 정도로 평상
시보다 조금 높게 조정한다. 사육장 내부의 온도를 올려주는 것뿐만 아니라 수생거북이 질
병으로 수영을 잘 못하는 경우에는 수위를 조금 낮춰주는 등의 관리도 필요하다.

동물병원에서의 치료를 마친 뒤 집으로 데리고 와서 관리하는 중에도, 분무식 소독약을 준
비해 치료에 이용되는 용기와 손을 수시로 소독하는 것이 더 이상의 감염을 방지하는 데
도움이 된다. 또한, 치료 중인 개체를 관리하는 데 그치는 것이 아니라, 합사돼 있던 다른
개체들에게서 질병 증상이 당장 보이지 않더라도 당분간 지속적으로 건강상태를 모니터
링하는 것이 필요하다. 이때 차후 동일한 질병이 발생했을 경우 참고자료로 삼기 위해 질
병의 경과와 증상, 치료내용을 기록으로 남겨두는 것도 고려할 만하다.

02
section

흔히 걸리는
질병 및 대책

질병은 생명체의 정상적인 생명활동을 방해하거나 변형시키는 손상으로 거북을 직접적으로 폐사에 이르게 하기도 하지만, 그 과정에서 몸을 쇠약하게 하고 생리적·행동적인 변화를 일으켜 굶어 죽게 만들거나, 포식자에게 쉽게 공격당하거나 잡아먹히게 한다.

거북이 질병에 걸리는 원인은 상당히 다양하다고 볼 수 있다. 거북에게 나타나는 질병이나 이상증상에 대한 직접적인 원인이 없을 수는 없겠지만, 그 원인이라는 것이 워낙 다양(선천적 혹은 후천적인 결함이나 신체기능의 이상, 세균이나 바이러스성 곰팡이, 기생충 등의 감염성 생물, 영양의 결핍이나 불균형, 퇴화, 혹은 환경오염으로 인한 독성물질 등)한 데다가, 질병이 하나의 단순한 요인이나 한 가지 특정 상황하에서 발생하는 것이 아니라 앞서 이야기한 여러 가지 원인이 복합적으로 작용해 나타나는 결과일 수도 있기 때문에 사실상 확진과 치료는 쉽지 않은 일이다.

우리나라의 경우 반려동물 선진국에 비해 반려파충류 사육인구가 그리 많지 않은 편이고, 파충류에 대한 임상경험이 있는 동물병원 및 수의사 또한 많지 않은 실정이다. 따라서 기르고 있는 거북에게 질병이 발생했을 때는 사육주의 평상시 관리와 세심한 관찰을 토대로 수의사와 잘 상의해서 진료 및 치료를 진행하는 것이 바람직하다고 하겠다.

일광욕은 질병을 예방하는 데 많은 도움이 되는 활동이다.

갑 및 피부 관련 질환

갑 및 피부와 관련해 발생하는 질환의 경우, 다행스럽게도 나타나는 증상이 육안으로 쉽게 확인할 수 있는 것들이 대부분이다. 따라서 사육주가 평상시 거북을 잘 관찰하고 있다면, 그래서 초기에 그 증상을 발견한다면 더 이상의 진행을 막을 수 있는 경우가 많다.

■**갑연화증**(甲軟化症, scute softening) : 손으로 눌렀을 때 물렁물렁하다고 느낄 정도로 갑이 부드러워지는 증상이 나타나는 질환을 말한다. 육지거북이나 수생거북의 구별 없이, 사육조건이 부적절하게 제공되는 상황에서 모든 종의 거북에게서 나타날 수 있다.

원인 세균감염, 칼슘부족과 일조량 부족, 불균형적인 영양공급으로 인해 발병한다. 거북이 칼슘을 섭취하면 일광욕을 통해 비타민D3와 칼슘이 결합해서 갑과 신체의 골격을 형성하게 되는데, 칼슘을 다량 섭취하더라도 이 과정이 제대로 이뤄지지 않으면 갑연화증이 발생할 수 있다. 쉽게 설명하자면, 갑연화증이란 칼슘공급이 원활하지 않은 상황에서 대사활동에 필요한 칼슘을 갑(甲)에서 뽑아 사용하게 되면서 갑이 부드러워지는 질환이다.

갑연화증은 갑자기 발생하지는 않으므로 조금만 관심을 가지면 예방할 수 있다. 따라서 사육개체에게 이 증상이 보인다면 그동안의 사육태도에 대해 반성해야 한다. 다른 사람이 오랫동안 기르던 거북에게서 이 증상이 나타났다면 불성실한 사육자라고 판단해도 좋다. 오랜 기간에 걸쳐 증상이 진행되는 동안 전혀 눈치채지 못했다면, 기르고 있는 거북에게 관심이 없었다는 이유로밖에 설명이 안 되기 때문이다.

갑연화증으로 인해 배갑에 함몰 증상이 나타난 모습. 사진은 설카타육지거북
(Sulcata tortoise or African spurred tortoise, *Centrochelys sulcata*)

증상 우선 갑이 물러지고 흰색의 반점이 생기며, 심한 경우 배갑이 함몰되거나 완전히 떨어져 나가기도 한다. 어느 정도 성장한 거북보다는 어린 거북에게서 많이 발병하는 편이다. 배갑의 변형이 일어나기 전이라면 칼슘제의 투여로 다시 배갑을 단단하게 만들고 형태를 유지하도록 조치를 취할 수 있지만, 일단 한번 변형이 일어난 배갑은 완전한 회복이 절대 불가능하므로 미리 예방하는 것이 최선이다.

치료 치료를 위해서는 칼슘이 풍부한 갑오징어뼈 또는 계란껍데기를 제공하거나, 글루콘산칼슘(calcium glucomate; 글루콘산의 칼슘염)을 첨가(100mg/kg)해 투여한다. 단, 칼슘을 투여해도 일조량이 부족하면 병이 낫지 않으므로 풍부한 일조량을 제공해 줘야 한다는 점을 기억하자. 먹이를 통해 급여하기 어려울 정도로 쇠약해져 있는 상태라면 10% 글루콘산칼슘을 체중 100g당 10mg, 비타민D3는 100IU/g 주사한다.

■**패혈성 피부궤양 질환**(septicemic cutaneous ulcerative Disease, SCUD) : 육지거북보다는 오염된 물에 접촉하는 빈도가 높은 수생거북에서 자주 증상을 확인할 수 있다.

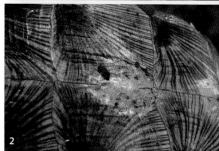

원인 수질이 악화된 사육장, 오염된 사육장 환경에서 찰과상이나 화상 등의 상처가 난 부위가 감염되면서 발병한다. 또한, 언급한 원인들과 같은 원인에 의해 갑썩음병과 발톱이 빠지는 증상도 나타난다.

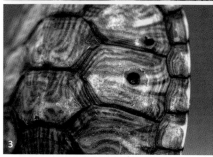

증상 갑이 탈색되기 시작하고 괴사가 일어난다. 감염 부위가 하얗게 변색되는 것을 볼 수 있는데, 일단 증상이 나타난 경우 완전한 회복은 불가능하기 때문에

1. 갑 표면에 감염이 일어난 상태 2. 갑썩음병의 진행 3. 감염으로 병의 진행이 빨라진다.

반려동물로서의 관상가치가 현저히 떨어지므로 미리 예방하는 것이 좋다. 밝은색으로 변색되는 정도로 시작되기 때문에 심각하게 생각하지 않고 지나칠 수 있지만, 병이 진행되면 조직이 노출되거나 출혈 또는 고름 같은 액체가 분비되는 증상이 동반될 수도 있다.

오염된 사육장으로 인해 발병하는 질환이기 때문에 바닥과 접하는 발 부분의 질병과 동반되는 경우가 있다. 가볍게는 염증이 생기고 발톱이 빠지는 증상부터, 심한 경우 괴사가 진행되는 증상도 나타나므로 갑만 신경 쓰지 말고 다른 신체부위도 주의 깊게 관찰하자.

갑의 여러 가지 감염 사례들

다른 질환으로 이어질 가능성 또한 크기 때문에 최대한 신속하게 치료해야 한다. 합사 사육하는 경우 전염의 가능성도 있으므로 발병한 개체를 격리해 치료해야 하며, 다른 개체에 대한 모니터링도 강화해야 한다. 감염 초기에 치료를 시작하면 회복되는 경우가 많지만, 초기에 적절한 치료를 실시하지 않으면 균류 및 박테리아 감염이나 패혈증 등으로 치명적인 결과를 초래할 수 있다.

치료 손상 부위를 제거하고 설파다이아진(silver sulfadiazine, 포도상균·임균질환 특효약), 포비돈-요오드로 처리한 다음 완전히 말려준다. 직접적으로 소독하고 약을 바르는 것이 어렵다면, 설파제를 푼 물에 한 시간 정도 약욕을 시키고 완전히 말리는 과정을 반복할 수도 있다. 아울러 사육환경을 청결하게 유지하지 않을 경우 치료효과가 나타나기 어렵고, 오히려 증상이 급격히 악화될 수 있으므로 반드시 사육장의 소독과 청소를 병행해야 한다.
육지거북 사육장의 경우 바닥재를 없애거나 깨끗한 것으로 교체해 주고, 갑에 상처를 낼 만한 내부구조물을 치워야 한다. 수생거북 사육장의 경우 여과시스템을 보강해 수질을 청결하게 유지하도록 하며, 적정 pH를 맞춰주는 일이 필요하다. 증상이 의심되면 미리 수조에 해수염을 투여함으로써 예방효과를 기대할 수 있다.
이 질환은 항생제 치료가 필요한데, 갑의 상처 및 감염에 대한 치료는 상당한 시간과 노력이 필요한 길고도 지루한 과정이므로 예방이 무엇보다 중요하다. 의학적 치료로는 포비돈-요오드 소독 후 체중 100g당 1mg의 젠타마이신을 48시간 간격으로 5회 주사한다.

거북의 발톱 부위 또는 인갑과 인갑을 연결하는 부위는 오염물이 쌓이기 쉽고, 인갑보다 상대적으로 약하기 때문에 감염에 매우 취약한 곳이다. 따라서 이와 같은 부위에 상처가 있을 경우 질병에 노출되기 쉬우므로 관리에 주의를 기울여야 한다. 온욕을 실시할 때는 부드러운 솔을 이용해 인갑 사이에 쌓인 오염물을 꼼꼼히 제거해 주는 것이 필요하다.

거북을 사육해 본 경험이 그리 많지 않은 사육자의 경우 반수생종 거북의 탈피를 질병증상과 자주 혼동하기도 한다. 반수생종의 경우 성장함에 따라 주기적으로 배갑이 하얗게 변하면서 떨어져 나가는 탈피가 이뤄진다. 따라서 이런 경우는 성장과정에서 볼 수 있는 정상적인 현상이므로 크게 걱정할 필요가 없다. 육지거북도 목이나 다리 피부의 일부가 일어나는 경우가 있는데, 이 역시 탈피현상이므로 걱정하지 않아도 괜찮다.

■갑의 과잉변색 : 물거북, 그중에서도 특히 테라핀이나 페인티드 터틀에게서 자주 발견된다. 증상이 악화되면 미관상 좋지 않지만, 다행스럽게도 거북을 짧은 시간 내에 폐사에 이르게 하는 치명적인 질병은 아니며, 다른 질병에 비해 예방과 치료 또한 용이한 편이다.

원인 질병으로 인한 변색 이외의 원인으로 제기된 요인을 살펴보면, 염소잔존량이 많은 물로 장기간 사육했을 때 과잉변색이 일어난다는 보고가 있다. 이와 같은 경우는 환수용 물은 하루 정도 묵혀뒀다가 사용하거나, 염소제거제로 물을 정화한 후 사용하면 쉽게 예방할 수 있다. 그 외에는 영양장애, 비타민A결핍증 등의 원인으로 발생한다.

배갑이 변색된 거북의 모습

이상개체(왼쪽), 정상개체(오른쪽)

증상 과잉변색은 거북이 가지고 있는 고유한 갑의 색깔을 잃고 다른 색으로 변하는 증상을 말한다. 보통 흰색으로 탈색이 일어나는 경우가 많은 것을 확인할 수 있다.

치료 장기적으로 수돗물을 사용하는 것이 원인이라면, 수조 환수에 사용되는 물을 하루 이상 묵혀뒀다가 이용하거나 시판되는 염소제거제로 물을 정화한 뒤 사용하는 것으로 증상을 호전시키는 것이 가능하다. 불균형적인 영양공급이 발병의 원인이라면, 평소에 균형 잡힌 영양을 공급하는 데 신경 쓰는 것으로 예방과 치료가 가능하다.

■갑의 기형 및 변형 : 태어날 때부터 가지고 있는 선천적인 기형이 아니라 사육하에서 성장 중에 일어나는 후천적인 변화라면, 단순히 미관상 거북의 외형에만 영향을 주는 것에 그치지 않고 내부적으로도 여러 가지 건강상의 문제들과 관련돼 있는 경우가 많다.

원인 선천적인 기형도 드물게 찾아볼 수는 있지만, 대부분 후천적인 원인에 의해 발병되는 것을 확인할 수 있다. 불균형적인 영양공급(비타민D와 칼슘, 인의 결핍), 일광욕 부족, 과다한 먹이급여로 인한 급성장, 영양장애, 협소한 수조, 건조한 사육환경 등이 발병의 원인이 된다.

증상 갑이 좌우대칭을 이루고 있지 않거나 울퉁불퉁해지며, 배갑에 피라미딩이 나타나는 것을 볼 수 있다. 간혹 상부열원으로 인한 갑의 기형도 보고되고 있다. 거북이 몸을 말릴 때 배갑은 강하게 건조되면서 수축하고, 반대로 복갑은 수분이 남아 있어 팽창하면서 서서히 결합조직이 변형돼 점차 위쪽으로 갑이 휘어지는 경우도 있다. 이와 같은 갑의 기형 및 변형은 자연상태에서는 일어나지 않는 현상이지만, 사육하에서는 태양광보다 강한 열기를 뿜어내는 열원을 사용하게 됨으로써 이러한 증상이 나타나는 경우가 생길 수 있다.

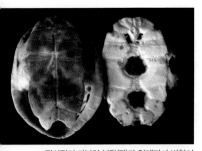

정상적인 거북의 복갑(좌)과 약해져서 변형이 일어나기 시작한 상태의 복갑(우). 골격표본을 제작해 보면 그 차이가 확실하게 드러난다.

치료 갑의 기형이나 변형은 거북을 사육하는 과정에서 쉽게 나타날 수 있는 증상이다. 따라서 거북을 건강하게 기

Tip 미량원소 결핍에 따른 질병과 증상

- **비타민A결핍** : 급성적인 눈병, 시력상실, 다리와 갑 및 목 상피의 소실, 배갑의 백점, 아래턱 발육부진 등의 증상이 나타난다. 거북을 따뜻한 곳으로 옮기고, 비타민제제나 비타민이 풍부한 먹이를 급여함으로써 예방할 수 있다. 치료방법으로는 60~120,000 IU/kg의 비타민을 주사한다.

- **비타민D3결핍** : 갑의 변형, MBD, 성장률저하 등의 증상이 나타난다. 비타민제제를 급여하고 자연 일광욕을 충분히 시키며, 비타민D3와 인산칼륨이 풍부한 대용식을 급여함으로써 예방할 수 있다. 치료 시 비타민 복합제를 주사한다.

- **비타민E결핍** : 혹, 농양, 지방종 등의 증상이 나타난다. 외과적 처치로 농양을 제거하고 비타민을 주사하는 방법으로 치료한다.

- **비타민B결핍** : 무기력, 마비, 중추신경계 이상, 몸 전체가 붓는 등의 증상이 나타난다. 비타민제를 급여함으로써 예방할 수 있고, 비타민복합제의 주사, 대구간유 등의 경구투여로 치료할 수 있다.

- **철결핍** : 성장률저하, 체형의 기형 유발 등의 증상이 나타난다. 돼지간 등 철이 풍부한 음식물을 공급하는 것으로써 치료할 수 있다.

- **인과 칼슘의 결핍** : 인과 칼슘의 평형공급이 이뤄지지 않으면 비타민D3결핍 증상과 같은 결과를 초래한다. 비타민복합제를 공급하고, 칼슘이 많은 먹이를 급여함으로써 치료할 수 있다.

르기 위해서는 사육환경에서부터 먹이에 이르기까지 폭넓게 관리해 주려는 노력이 필요하다. 발병의 원인이 워낙 다양하기 때문에 하나로 특정 짓기가 어렵다. 또한, 이미 어느 정도 변형이 시작됐다면 원상태로 회복시키는 것이 거의 불가능하다고 볼 수 있다.

■ **백점병**(白點病, ichthyoptathiriasis) : 국내에서 사육 중인 거북에게서 발병한 사례는 극히 드물지만, 생먹이를 급여하는 거북에게 감염된 민물고기나 열대어를 제공할 수도 있기 때문에 발병 가능성 또한 무시할 수 없다. 이 경우 사육환경이 불결하고 사육 중인 거북의 면역력이 떨어져 있을 때 발병할 가능성이 크며, 갑이 부드러운 자라류가 좀 더 취약하다.

원인 백점병은 섬모충류의 일종인 백점충(*Ichthyophthirius multifilis*)이라는 단세포 기생충이

TIP 수생거북 및 자라류의 갑 치료방법

1. 온욕통에 거북의 배갑이 절반가량 잠길 정도의 미지근한 물을 붓는다.
2. 치료할 거북을 온욕통에 넣고, 환부를 물로 깨끗이 씻은 다음 치료제를 발라준다.
3. 배갑이 아닌 다른 부위에 피부병이 발생했을 경우에는 물에 적당량의 약을 투입한다.
4. 온도가 유지되는 곳에서 약 바른 배갑이 마를 때까지 기다린다.
5. 1~2시간이 지난 뒤 원래의 사육장에 넣어준다.
6. 차도를 확인하고 치료될 때까지 수일간 동일한 방법으로 치료한다.

＊질병이 없더라도 한 달에 한두 번 정도 가볍게 약욕을 시키면 발병을 예방할 수 있다.

원인이 돼 발생하는 질병이다. 오염된 수질이나 수온의 급격한 변화, 일광욕 부족, 영양불균형으로 인한 면역력감소로 발병한다. 물에 있는 시간이 길고 일광욕이 제공되지 않을수록 백점병에 쉽게 노출된다. 간혹 야생에서 잡아 온 생먹이를 급여했을 경우 감염되는 사례가 있으며, 면역력이 떨어진 상태에서 사육수조의 온도가 낮을 때 감염되기 쉽다.

증상 감염된 부분을 긁거나 비비는 등의 행동을 보인다. 대표적인 증상은 목에 0.5~1.5mm 정도 크기의 흰색 점이 생기거나, 다리나 피부가 하얗게 변하는 것이다. 전염속도가 상당히 빠르고, 최초에 나타난 흰색 반점은 증상이 악화될수록 노란빛으로 변한다. 감염 초기에 볼 수 있는 증상이 갑에 나타날 경우에는 갑썩음병 증상과, 피부에 나타날 경우에는 피부궤양의 초기증상과 외견상 비슷하게 보이기 때문에 혼동하기 쉽다.

치료 면역력이 강한 성체의 경우보다는 해츨링이나 유체에서 볼 수 있는 질병인데, 다행스럽게도 거북에 있어서 그리 흔하게 나타나는 질환은 아니다. 증상이 나타난다고 해서 물고기처럼 쉽게 폐사하는 경우 역시 매우 드물고, 치료 또한 다른 질병에 비해 용이한 편이다. 시중에서 약품도 쉽게 구입할 수 있으며, 식염수에 하루에 20~30분 정도 차도가 있을 때까지 약욕을 시켜주고 일광욕 시간을 늘리는 것만으로도 어느 정도 효과를 볼 수 있다.

특히 백점병을 일으키는 기생충은 고온에 상당히 취약하기 때문에 사육수조의 수온을 28℃ 이상으로 올려주는 것만으로도 상당한 효과를 볼 수 있다. 하지만 저온을 선호하는 거북의 경우에는 질병증상과 더불어 급격한 쇠약증이 나타날 수 있으므로 주의해야 한다.

또한, 거북이 백점병 이외에 다른 질병을 함께 가지고 있을 경우 높은 수온은 거북에게 유해한 세균이나 박테리아를 활성화시킬 수도 있기 때문에 수온조절에는 주의가 필요하다. 한 가지 덧붙이자면, 약품을 이용해 치료를 진행한 후에는 수조 내의 물을 교환해 주거나, 화학적 여과재인 카본을 수조에 넣어 약 성분을 흡착해 내는 것이 좋다.

■**곰팡이감염** : 거북의 갑은 외부의 충격뿐만 아니라 각종 오염으로부터 스스로를 효과적으로 보호하는 역할을 하지만, 균열이나 상처가 생겼을 때는 저항력이 급격하게 떨어진다는 점을 알아야 한다. 곰팡이감염 역시 갑의 상태가 좋지 않을 경우 발병 가능성이 더욱 커진다.

원인 청결하지 않은 사육장에서 거북의 몸에 상처가 생겼거나, 스트레스로 면역력이 저하됐을 때, 일광욕으로 몸을 말리지 못했을 때 진균류에 감염돼 생긴다. 건강한 거북에게 발생하는 사례는 극히 드물며, 체력이 회복되면 곰팡이도 자연스럽게 사라지는 경우가 많다. 곰팡이감염은 그 자체도 문제지만, 다른 유해한 박테리아와 바이러스의 감염을 더 용이하게 하는 역할을 하므로 절대 가볍게 취급해서는 안 된다.

증상 대표적인 증상으로 체표나 배갑에 얼룩이나 솜 모양의 물질이 붙어 있는 것을 관찰할 수 있다.

치료 다른 피부질환과 마찬가지로, 설파제를 푼 물에 한 시간 정도 약욕을 시키고 완전히 말리는 과정을 반복해 치료한다. 소금물에 30분간 꾸준히 약욕시키는 것도 효과적이다. 보통 2~3일 내로 차도를 보이며, 증상이 심하지 않으면 치료하는 데 시간이 오래 걸리지는 않는다. 거북 자체에 대한 치료와 더불어 사육장 전체를 소독하는 것이 필요하다. 수조 내에 존재하는 전염성 강한 유해 미생물과 피부감염의 원인이 되는 박테리아 및 여러 원생동물 균류를 제거해 주는 것이 필수적이다.

곰팡이에 감염된 배갑의 모습. 물속에서 보면 흰색이 나타나는 부분 위에 발생한 곰팡이를 확인할 수 있다.

호흡기 관련 질환

호흡기 관련 질환은 거북을 사육하면서 가장 흔하게 접하게 되는 질병이자, 거북에게 있어서 가장 치명적인 질병에 속한다고 할 수 있다. 오랫동안 거북을 사육하고 있는 사육자라면, 자신이 기르고 있는 거북에게서 호흡기질환 증상을 경험했거나 다른 사람이 사육하고 있는 거북 가운데 증상을 나타내고 있는 개체를 목격한 경험이 있을 것이다.

■**호흡기감염**(감기, 폐렴) : 발병빈도도 높고, 가장 치명적인 질병에 속할 정도로 위험도 또한 높은 질병이다. 필자 역시 호흡기질환으로 기르던 거북을 여러 마리 폐사시킨 전례가 있다. 초기에 발견해 빨리 손을 쓰지 않으면, 예민한 개체의 경우 순식간에 폐사하게 된다.

원인 보온이 되지 않거나 차가운 외풍이 드는 사육장, 사육장 내 극심한 온도변화, 지나치게 건조한 사육장 환경, 겨울철 온욕통에 장시간 방치하는 행동 등은 호흡기질환을 유발하는 주요 원인이 된다. 특히 사막이나 열대지방이 원산지인 거북의 경우 추위에 짧은 시간만 노출돼도 호흡기질환에 걸릴 수 있기 때문에 관리에 더욱 주의가 필요하다. 수생거북의 경우에는 수온과 기온의 편차가 5℃ 이상이 되면 영향을 미친다고 알려져 있다.

증상 호흡기질환에 걸리면 호흡음이 평소와는 다르게 거칠어지고, 입을 벌린 채 호흡하거나 하품 또는 재채기를 하며, 고개를 치켜들고 숨을 쉬는 등 정상적으로 호흡하지 못하는 증상이 나타난다. 또한, 콧물을 흘리고, 코와 눈 및 입 주위에 끈적거리는 기포나 분비물이

감기에 걸린 거북이 콧물을 흘리고 있는 모습

나타난다. 맑은색이 아니라 희거나 노르스름한 콧물이 분비되는 경우 폐렴의 증상일 수도 있다.

수생거북의 경우 육상에서 보내는 시간이 많아지거나, 헤엄칠 때 균형을 잡지 못하거나 같은 곳을 빙글빙글 돌며 헤엄치고, 심한 경우에는 뒤집어져서 헤엄을 치는 사례도 볼 수 있다. 또 한쪽으로 기울어져 헤엄을 치며, 탈진과 거식증상을 보이는 경우가 많다. 이와는 별도로 간혹 건강한 거북이 몸이 기울어진 채

고퍼육지거북(Gopher tortoise, *Gopherus polyphemus*)

헤엄치는 경우를 볼 수 있는데, 이는 호흡기질환으로 인한 증상과는 구별돼야 한다. 보통 먹이를 먹을 때 공기도 함께 삼키게 되는데, 이때 몸속으로 들어간 공기가 위장으로 모이면서 일시적으로 부력의 조절이 어려워 나타나는 증상이며 자연스럽게 회복된다.

치료 호흡기질환의 경우 동물병원에서는 X-ray 검사로 확진하며, 네뷸라이저(nebulizer; 연무식 흡입기)와 베이트릴 또는 테라마이신 등의 항생제 처리로 증상을 완화시키게 된다. 호흡기질환은 전염성이 있으므로 사육주는 발병개체 및 합사 중이던 개체를 즉시 격리 수용하고, 치료 공간의 온도를 30℃ 정도로 습도를 60% 이상으로 높게 유지하도록 한다.
이와 병행해 사육환경을 개선하는 노력이 필요하다. 수생거북의 경우 사육수조의 수온은 평소보다 5~10℃ 정도 올려주는데, 초기라면 이렇게 수온을 올려주는 것만으로도 어느 정도 치료효과를 기대할 수 있다. 집중적인 온욕이나 스팀욕도 치료에 많은 도움이 된다. 더불어 파충류용 비타민제제를 급여하고, 식욕이 있다면 평소 선호하던 먹이를 소량씩 자주 급여해서 체력을 키워주는 것도 필요하다. 호흡기질환은 단기간에 호전될 기미가 보이지 않으면 만성화돼 폐렴으로 발전할 수 있으므로 반드시 수의사의 치료를 받아야 한다.

눈 관련 질환

육지거북에게서 나타나지 않는 것은 아니지만, 수질 관리가 어려운 수생거북에게서 그 발현빈도가 상대적으로 높은 편이다. 육지거북인 경우에는 영양불균형으로 인해 발병하는 사례가 많으며, 수생거북의 경우는 감염으로 인해 발병하는 사례가 많다.

■**안검염** : 안검(眼瞼, eyelid; 안구의 앞부분을 덮고 있는 위아래 2장의 주름진 피부)은 눈꺼풀을 의미하며, 안검염은 부상이나 각종 자극으로 인해 상안검과 하안검 부위에 염증이 생기는 증상을 말한다. 세균으로 인해 안검염이 발병한 경우에 신체의 다른 부위에서도 세균성 피부병이 관찰되는 사례가 있으므로 증상이 나타난 눈 이외의 부분도 잘 살펴볼 필요가 있다.

원인 안검염은 수질오염에 따른 세균감염이나 사육장 내의 미세먼지, 비타민A결핍이 주원인으로 작용해 발생한다. 때때로 염분을 제거하지 않은 새우나 햄, 소시지 등 염분함량이 많은 먹이를 급여했을 경우에 발병하기도 하므로 먹이급여에 주의해야 한다.

🍺 약욕 시의 약품농도 계산법

거북의 피부나 갑에 감염성 질병이 발생했을 경우 상태를 호전시키기 위해 실시하는 것이 약욕이다. 약품을 탄 물에 질병이 있는 거북을 일정 시간 담가두는 것으로, 무엇보다 정확한 농도를 맞춰 실시하는 것이 중요하다. 보통은 사용설명서에 'OOPPM의 농도로 사용하시오' 혹은 'OOPPM농도의 물에 하루 O회, O분 동안, O주 이상'이라고 표시돼 있다. PPM(part per million)은 농도의 단위로 백만분의 1을 의미하며, 약품을 백만 배로 희석시킨 것을 뜻한다. 100kg을 기준으로 PPM농도를 계산하면 물 100kg에 약품 0.1g(cc)을 혼합한 농도가 1PPM이다. 예를 들어, 일반적인 60cmx40cmx30cm의 수조에 30PPM의 약품을 넣고자 할 때

1. 수조 혹은 약욕통에 들어가 있는 물의 양을 계산

60cmx40cmx30cm = 72000cm³ = 72ℓ = 72kg

2. 산출된 물의 양을 100kg에 1PPM을 기준으로 비례해 계산

물 100kg에 약품 0.1g(cc)을 혼합한 농도가 1PPM이므로 72kg에 0.072g을 혼합한 농도가 1PPM이 된다.

3. 1PPM을 기준으로 계산된 약품의 용량을

1PPM : 0.072g = 30ppm : X / X = 0.072x30 / X = 2.16

즉 2.16g을 넣으면 30PPM의 농도를 맞출 수 있다.

눈병 증상을 보이는 개체(왼쪽)와 정상개체(오른쪽)　　　　　　안검염에 걸린 거북의 모습

증상 일반적인 증상은 눈에 흰색의 막이 생기고 붓는 것이다. 치료하지 않고 방치하면 활동성이 둔화되며, 먹이를 찾지 못해 쇠약해지고 결국 폐사에 이른다. 증상 초기에 앞발로 눈을 비비는 행동을 자주 보이므로 이런 행동을 하면 안과질병을 의심해 볼 수 있다.

치료 치료를 위해서는 환부의 소독 및 먹이와 비타민제제를 이용하는 일반적인 방법과 약물 및 주사요법을 이용하는 전문적인 방법을 취할 수 있다. 우선 소독법으로, 0.9% 식염수에 하루에 두 번씩 30분간 2주 정도 약욕을 시킨다. 감염된 눈은 증류수나 3% 붕산액으로 깨끗이 닦아준 다음, 눈꺼풀을 벌리고 그 액이 흘러들어가게 한다. 이렇게 세정제로 눈을 소독한 뒤 항생제를 발라주면 효과가 있다. 항생제는 젤 타입의 경우 거북이 앞다리를 이용해 닦아낼 수 있으므로 액체 상태의 안약을 눈에 떨어뜨려 주는 것이 좋겠다.

급성인 경우에는 비타민A를 많이 포함한 먹이(지렁이 등의 생먹이, 닭의 간, 물고기 내장 등)를 급여하면 회복되기도 하며, 시판되는 파충류용 비타민제제를 직접적으로 급여하기도 한다. 단, 비타민제제의 경우 과다한 급여는 피하는 것이 좋다. 전문적 처치법으로는 비타민A결핍의 경우 사료에 비타민A를 투여하며, 세균감염에 의한 안검염의 경우에는 젠타마이신(항생제)을 10mg/kg(체중당) 정도 앞발에 주사하고 영양제(비타민복합제) 주사도 병행한다.

■**백내장** : 수정체가 회백색으로 흐려지는 백내장은 거북에서 발병하는 빈도도 높지 않지만, 발병했다 하더라도 심각하게 진행된 경우를 제외하고는 다른 안과 질병처럼 외형적으로 증상이 확연하게 드러나지는 않기 때문에 사육자가 알아채는 것이 쉽지 않다.

원인 발병원인을 한 가지로 특정하기는 어렵다. 다행스럽게도 거북에게 흔하게 발병하지는 않지만, 근거리에서 강한 자외선을 지속적으로 쬐도록 할 경우에 발병할 수 있다.

증상 증상은 외견상으로 확인할 수 있다. 거북의 눈에 흰색의 막이 낀 것처럼 보이는 증상이 나타나는데, 세심하게 관찰하지 않으면 초기에 알아차리기는 매우 어렵다. 따라서 보통 증상이 눈에 확연하게 드러날 정도가 돼서야 뒤늦게 발견하는 경우가 많은 질병이다.

치료 앞서 언급한 증상이 나타나면 먼저 사육장 내부에 설치한 자외선램프의 위치와 강도를 조절하고, 눈에 안연고를 발라준다. 증상이 심각할 경우는 회복이 불가능하지만, 발병 초기에 발견한 경우라면 안연고 처방으로 완화시킬 수 있다고 알려져 있다.

입 관련 질환

거북의 입은 대부분 딱딱한 각질로 덮여 있기 때문에 손상이나 감염의 위험이 상대적으로 적지만, 상처로 인해 균열이 생기거나 하면 문제가 될 수 있다. 꼼꼼하게 살펴보기 힘든 부위지만, 먹이를 먹을 때나 가끔 입을 벌릴 때를 이용해 수시로 상태를 확인하도록 하자.

■**구내염** : 평소에 거북의 상태를 세심하게 관찰하지 않는다면 증상이 확연하게 나타나기 전까지 알아채기가 쉽지 않은 질병 가운데 하나다. 정기적인 부리 관리가 예방에 도움이

된다. 먹이를 먹는 모습에 이상이 없는지, 거식은 없는지 등을 평소에 주의 깊게 살펴도록 하자.

원인 외상, 영양불량, 스트레스, 청결하지 못한 사육환경이 감염의 원인이지만, 세균 및 헤르페스 바이러스의 감염이 직접적인 요인이 된다.

증상 혀나 구강에 염증이 생기고 감염이 일어나 고름이 분비되며, 이렇게 생성된 분비물이 입에

구내염에 걸린 거북의 모습

차고 목이 붓는다. 증상이 더 진행되면 악취가 나고 끈적거리는 분비물을 흘린다. 이러한 증상 때문에 입을 다물지 못하고 있는 모습을 보이기도 하고 식욕이 감퇴되며, 심한 경우 식도와 기관 및 폐에까지 염증이 확대된다. 턱으로 전이돼 골수염으로 진행되기도 한다.

치료 전신 및 국소에 대한 항생제 치료가 필요하다. 발병 초기에 발견했을 경우 입 안을 포비돈 용액으로 소독하고 항생물질을 발라주는 정도로 치료가 가능하지만, 병세가 악화되면 이와 같은 자가치료가 불가능하므로 반드시 수의사의 도움을 받아야 한다.

■주둥이 부식 : 아래턱이 부식되는 증상인데, 사육장 안에만 두고 관리하고 있다면 이러한 증상이 나타났을 때 파악하기가 매우 어렵다. 따라서 평소 온욕 등 사육장 밖으로 거북을 이동시킬 일이 있을 때마다 몸 아래쪽의 건강상태도 확인하는 습관을 들이는 것이 좋다.

원인 면역체계의 약화로 인해 발생하며, 상처가 난 부분에 곰팡이나 세균이 감염됨으로써 발병하는 경우가 많다. 이를 방지하기 위해서는 사육장 내에 거북이 깨물었을 때 외상을 입을 만한 날카로운 구조물을 설치하지 않는 것이 좋으며, 혹 상처가 나더라도 감염이 일어나지 않도록 사육장을 항상 청결하게 관리하는 것이 필요하다.

증상 입 부분에 문제가 생기면 당장 먹이반응이 떨어지게 된다. 먹이반응의 감소는 영양의 손실과 면역력의 약화를 불러오게 되며, 결과적으로는 다른 질병에 쉽게 노출된다. 따라서 주둥이 부식이 발생했을 때는 하루라도 빨리 치료를 해주는 것이 좋다.

아래턱이 손상된 거북의 모습

치료 감염 초기에는 소독과 항생제 처치로 상태를 호전시킬 수 있지만, 증상이 더 진행되면 가정에서 실시하는 응급처치만으로는 치료가 어렵다. 심한 경우 위턱과 아래턱이 완전히 손상돼 떨어져 나가기도 한다. 가벼운 상처가 아니라면 수의사의 도움을 받도록 하자.

거북의 부리와 발톱은 자연상태의 거친 환경에서 자연스럽게 마모된다.

■**구토** : 거북이 삼킨 먹이를 식도로 넘기는 것이 힘들어 다시 뱉어내는 경우가 아니라면, 구토는 심각한 질병의 증상인 경우가 많다. 먹이를 먹고 체했을 때도 구토를 하며, 또 치료용으로 사용한 약물에 대한 알레르기 반응으로 구토를 할 수도 있다. 증상이 심한 경우 사육자가 할 수 있는 일은 거의 없으므로 수의사의 도움을 받도록 하는 것이 좋다.

■**부리의 과잉성장** : 지나치게 부드러운 사료를 급여해 기를 경우 부리가 과도하게 성장하는 모습을 볼 수 있다. 자라 나온 부리를 손질해 주고, 충분한 양의 칼슘과 비타민D3를 공급하며, 부리를 닳게 할 수 있을 정도의 단단한 먹이를 급여함으로써 예방할 수 있다.

귀 관련 질환

거북은 외이(귓바퀴)나 귓구멍이 없기 때문에 귀와 관련해 일반 사육자가 그 증상을 확인할 수 있는 질병은 많지 않다. 증상이 밖으로 확연하게 드러나는 중이염 이외의 귀 관련 질병은 일반인이 알아채기 힘들며, 설사 병이 있다 하더라도 사육에 지장을 주는 경우는 드물다.

■**중이염** : 중이에 염증이 나타나는 질환으로, 안검염과 마찬가지로 가끔씩 반려동물 숍이나 일반 사육자들의 집을 방문할 때면 드물지 않게 관찰할 수 있었던 질병이다.

원인 오염된 수질조건에서 발생하는 세균감염이나 상처, 이전에 앓았던 호흡기질환 등이 원인으로 작용해 발생하며, 육지거북보다는 수생거북에서 발현빈도가 높은 질병 가운데 하나다. 거북을 기르는 동안 육지거북에게서 이 증상이 나타난 경우는 아직 발견하지 못했던 반면, 반수생종 거북에서는 발병한 개체를 심심치 않게 확인할 수 있었다.

증상 귀 한쪽 혹은 양쪽이 마치 혹이 생긴 것처럼 부어오르는 증상이 나타난다. 초기에는 살짝 부은 것처럼 보이지만, 증상이 진행되면 확연하게 느껴질 정도의 단단한 덩어리가 손으로도 만져진다. 방치해서 증상이 더욱 심해지면 눈에까지 영향을 미쳐 눈이 붓고 잘 뜨지 못하게 되며, 방향감각에 이상이 생기거나 유영에 문제가 생기기도 한다.

치료 중이염의 경우는 외과적 처치로만 증상을 호전시킬 수 있다. 일단 증상이 나타나면 사육자가 할 수 있는 일은 거의 없으므로 반드시 수의사의 치료를 받도록 해야 한다. 동물병원을 방문하면, 중이염 증상이 나타난 부위를 절개하고 고름을 제거한 후 해당 부위를 소독하는 처치를 실시하게 된다. 일련의 처치를 마친 후, 상처가 어느 정도 아물 때까지는 사육환경을 건조한 상태로 조절해서 사육해야 재발의 위험성을 낮출 수 있다.

중이염에 걸린 거북의 모습

중이염 초기 증상을 보이는 거북의 모습

배설 관련 질환

거북을 사육할 때 건강한 식단을 급여해 먹이는 것 못지않게 바르게 배설하도록 관리하는 것 또한 매우 중요하다는 점을 기억하자. 배설물의 유무, 양, 색깔, 점성, 냄새 등은 거북의 소화기 관련 건강뿐만 아니라 전반적인 건강상태를 파악하는 중요한 지표가 된다.

■**변비** : 거북은 총배설강(總排泄腔, cloaca)이라는 기관으로 배설을 하는데, 총배설강 주위가 깨끗한지 또는 변비나 설사는 없는지 등을 확인함으로써 건강상태를 파악할 수 있다.

원인 스트레스로 인한 대사불량, 탈수, 알을 가지고 있을 때, 이물질 혹은 기생충으로 인한 장관폐색 등 변비의 원인은 워낙 다양해 한 가지로 특정하기가 어렵다. 건강한 거북은 보통 1~2일에 1회씩 배설을 하는 것이 보통이지만, 배변의 빈도는 먹이급여의 횟수와 급여하는 먹이의 종류에 따라 많은 차이를 보인다. 만약 장기적으로 배설을 하지 않는다거나, 변을 보더라도 지나치게 단단하고 모양이 둥글 경우에는 변비를 의심해 볼 수 있다.
수생거북의 경우에는 배설을 확인하기 어렵고, 배설물이 오래지 않아 분해·여과되므로 변비 증상을 알아채기는 어렵다. 그런 만큼 오히려 육지거북보다 조금 더 신경 써서 배변상태를 확인할 필요가 있다. 그러나 다행스럽게도 수생거북에게서 변비 증상이 나타났다는 이야기를 들은 적은 지금까지는 없었던 것 같다. 그만큼 확인하기 어렵다는 이유도 있겠지만, 발현빈도 역시 상대적으로 그다지 높지 않기 때문인 것으로 보인다.

치료 회복을 위해서는 구충을 해주거나, 수분이 많은 채소 또는 섬유질 사료의 급여량을 늘리는 것이 좋다. 또한, 주기적으로 온욕을 시키는 것도 증상을 완화시킬 수 있는 한 가지 방법이 된다. 육지거북의 경우 운동량을 늘려주고, 수생거북의 경우 평상시의 사육수온보다 높은 수온으로 조절해 유지하는 방법으로 배변을 유도할 수도 있다. 먹이를 바꾼 이후부터 증상이 나타났다면, 현재 사용 중인 사료를 다른 것으로 바꿔보는 방법도 좋겠다.
육지거북의 경우에는 단단한 먹이를 급여하는 것보다는 상추나 케일 등 섬유질이 풍부한 먹이를 급여하면 증상의 완화에 도움이 된다. 단, 바나나는 변을 단단하게 하므로 치료 중에는 급여하지 않는 것이 좋다. 총배설강 부분에 변이 걸려 있는 경우에는 윤활액을 주입

활동량을 늘려주는 것도 변비의 예방과 치료에 효과적이다.

해서 직접 짜내는 응급처치도 실시할 수 있다. 변비가 오래 지속될 때는 따뜻한 물(턱 아래까지만 잠기게)에 30여 분 정도씩 꾸준히 온욕을 실시하면 어느 정도 효과가 있다. 그래도 증상이 완화되지 않고 무기력하거나 호흡이 곤란해 보이면, 대장에 문제가 있는 것으로 간주할 수 있다. 대장과 관련된 질병은 매우 위험하므로 반드시 수의사의 진료를 받도록 한다.

■**설사** : 평소와는 다른 묽은 상태의 변을 보는 것으로, 육지거북이나 습지거북의 경우 확인할 수 있다. 가끔 거북이 이동하면서 바닥재에 흡수돼 발견하지 못하는 경우도 있으므로 사육장에서 평소와 다른 심한 변 냄새가 나면 바닥재를 다시 한번 확인하는 것이 좋다.

원인 거북이 설사를 하는 원인은 다양하다. 우선 사육장의 온도가 낮거나 급여한 먹이 자체의 온도가 낮을 때, 혹은 잠을 자기 전에 먹이를 급여했을 경우에 설사를 하게 된다. 거북은 섭취한 먹이를 소화시키는 동안 체온을 소화에 적절한 온도로 유지할 필요가 있는데, 위에서 언급한 것처럼 적절한 체온유지가 불가능할 경우에 설사를 하게 된다.

동부상자거북(Eastern box turtle, *Terrapene carolina carolina*)

또 다른 원인은 제공되는 먹이에 있다. 양상추나 오이 등 수분이 많은 채소를 다량 급여했거나 과다하게 수분을 공급했을 때, 섬유질이 부족할 때, 혹은 부패한 먹이를 먹었을 경우에 섭취한 먹이를 정상적으로 소화시키지 못해 일시적으로 설사 증상이 나타날 수 있다. 또 선충, 촌충, 흡충, 원생동물 등의 기생충감염이 발생한 경우 설사를 할 수 있는데, 이와 같은 경우는 설사가 금세 멈추지 않고 장기간 지속되는 특징이 있다.

치료 설사가 사육환경이나 먹이로 인해 일시적으로 나타나는 증상이라면, 가볍게 금식을 시키거나 설사의 원인을 제거함으로써 신속하게 배변상태를 정상적으로 회복시키는 것이 가능하다. 그러나 장기간에 걸쳐 지속적으로 나타나는 설사일 경우에는 심각한 기생충감염이나 다른 질병의 발생 가능성이 있으므로 수의사의 진찰을 받아볼 필요가 있다.

■**배설물 상태 이상** : 육지거북의 경우 초식을 하기 때문에 정상적인 변의 색깔은 짙은 녹색을 띠고, 마르면 거의 검은색으로 보인다. 물론 사육자가 급여한 먹이에 따라 변의 색도 달라지지만, 지나치게 밝은색을 띨 경우에는 내장 손상의 증상일 수 있다. 따라서 정상적인 색깔과 형태의 변을 배설하는지 확인하는 것도 건강상태를 파악하는 데 중요한 일이다.

🐢 거북의 질소노폐물 배설 형태

거북도 생명체이니만큼 대사의 결과물로 생성되는 암모니아와 같은 질소노폐물들을 몸 밖으로 내보내야만 생명을 유지할 수 있다. 이러한 질소배설물의 형태는 암모니아, 요소, 요산 등이 있는데, 각 배설물의 형태는 동물의 서식지 및 체내 수분함량과 밀접한 관련이 있다.

반수생거북과 같이 체내의 수분유지가 용이해 몸속의 수분을 배출하는 데 별다른 부담이 없는 종들은 수용성인 '요소'의 형태로 질소노폐물을 배설한다. 육지거북의 경우 질소대사의 노폐물로 배설하는데, 물이 많이 필요한

요산을 배출하고 있는 모습

요소를 배설하는 것은 체내 수분유지에 좋지 않은 영향을 미치기 때문에 물을 별로 사용하지 않고도 질소노폐물의 배출이 가능한 '요산'의 형태로 배설하는 것이 일반적이다. 거북이 섭취하는 단백질의 양이나 질, 각 개체의 대사량의 차이에 따라 배설되는 요산의 양은 달라질 수 있지만, 배설되는 요산이 지나치게 딱딱하거나 거칠 경우에는 온욕의 횟수를 늘려주는 것이 좋다.

건강 관리에 있어서 대변의 상태와 더불어 소변의 상태를 파악하는 것도 필요하다. 수생거북의 경우 배설물이 물에 흩어지기 때문에 확인하기는 힘들지만, 육지거북의 경우에는 요산의 형태로 소변을 배설하므로 이를 확인함으로써 질병의 징조를 파악할 수 있다. 정상적인 요산의 색깔은 흰색이며, 배설되는 순간의 형태는 순두부처럼 부드러운 특징이 있다.

보통 건강한 거북의 소변은 아무런 냄새도 나지 않는데, 냄새가 심하게 느껴지는 경우에는 배뇨기관의 이상을 의심해 볼 수 있다. 분홍색이나 회색 혹은 옅은 녹색을 띠거나 점성이 있을 경우에는 기생충감염의 우려가 있으며, 혈뇨를 보는 경우에는 신장질환 혹은 방광염, 결석, 총배설강 부분의 염증 등을 의심해 볼 수 있다. 어떤 상태건 소변이 정상적일 때와 다르게 배설될 경우는 수의사의 도움을 받도록 하는 것이 좋다.

■**탈장** : 어느 날 갑자기 기르던 거북이 꼬리 아랫부분에 붉은색의 살덩이를 달고 돌아다니고 있는 것을 보게 될 경우가 있을지도 모르겠다. 이 경우는 탈장일 때가 많다.

원인 탈장의 원인은 정확하게 알려져 있지 않지만, 스트레스 혹은 기생충이 원인인 것으로 추측하고 있다. 거북에 있어서 탈장은 보기보다 흔하게 일어나는 증상이라고 알려져 있는

데, 사육자가 느끼기에는 위험한 증상처럼 보이지만 생존을 위협할 정도로 심각한 질병은 아니다. 거북 역시 그리 고통스러워하지는 않지만, 몸 밖으로 나와 있다면 감염의 위험이 있으므로 최대한 신속하게 다시 체내로 들어가도록 조치를 취해야 한다.

증상 배설강의 안쪽, 소장의 일부, 암컷의 경우 생식기의 일부가 총배설강으로부터 돌출되는 증상을 말한다. 거북이 총배설강에 붉은색의 돌출된 장을 매달고 돌아다니는 것으로 발병을 확인할 수 있다. 일부 거북의 경우 성성숙에 도달하게 되면 가끔씩 생식기를 밖으로 돌출시키는 행동을 하기도 하는데, 이것은 탈장과는 구별돼야 한다. 생식기의 형태가 워낙 독특하기 때문에 처음 본 사람들은 놀라는 경우가 많다.

치료 탈장이 일어나면 우선 그 부분이 긴조해지지 않도록 습도를 유지해 주는 것이 필요하다. 이동 중에 바닥재나 사육장 내 구조물 때문에 상처가 나거나 감염될 우려가 있으므로 증상이 나타난 개체는 케이지 세팅이 돼 있지 않은 별도의 공간으로 옮겨서 관리하는 것이 좋다. 육지거북이라면 깨끗한 물을 분무해 주거나, 사육장 내에 큰 물그릇을 설치해 줘야 한다. 탈장된 곳이 말라버리면 외과적 처치로 그 부분을 제거해야 하기 때문이다.

주사기를 이용한 구강 투약

그리고 최대한 신속하게 돌출된 장을 몸속으로 밀어 넣도록 한다. 증상이 가벼운 정도라면 거북이 움직이면서 스스로 몸속으로 들어가기도 하는데, 필요할 경우 돌출된 부분을 부드럽게 마사지해 줌으로써 회복을 유도하기도 한다. 그러나 이 과정에서 돌출된 부분을 힘으로 밀어서 강제로 집어넣는 행동은 위험하므로 하지 않는 것이 좋다.

거북이 스스로, 혹은 사육장에 합사 중인 다른 거북이 탈장된 부분을 입으로 떼어내려고 한다거나 해당 부위를 공격하는 경우가 생길 수 있으므로 이러한 상황이 일어나지 않도록 미리 방지하는 것이 중요하다. 탈장증상이 한번 발생하면 재발하는 경우가 많기 때문에 증상이 빈번하게 나타난다면 외과적 처치를 받아 재발을 방지하는 것이 좋다.

■**혈변** : 일반적인 거북의 배설물은 검은색의 대변과 흰색의 소변이 섞인 형태다. 만일 피가 섞인 혈변을 보는 경우가 있다면 심각한 건강상의 이상이 생긴 것이다. 패혈증, 아메바증 또는 다른 장내 침입체에 따른 장 손상 등 혈변의 원인이 되는 것은 전부 가벼운 응급처치로는 증상의 완화조차 힘든 위험한 질병들이기 때문이다. 이 경우에는 신속하게 동물병원으로 이송해 전문적인 치료를 받게 하는 것이 최선이다.

■**장폐색** : 보통 임팩션(impaction; 무언가 꽉 들어차 막힌 상태를 이름)이라고 하는데, 거북이 섭취한 모래나 다른 이물질들이 소화되지 않고 장에 축적돼 소화기관을 막는 증상을 말한다. 다른 파충류와는 달리 거북은 갑 때문에 외견상으로는 증상을 파악하기 힘들고, X-ray 촬영으로 확진이 가능하다.

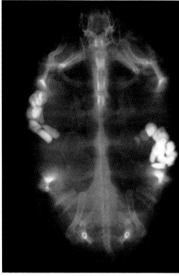

장폐색에 걸린 거북의 X-ray 사진

먹이에 묻은 이물질을 장기적으로 섭취하는 경우가 아니라 의도적으로 모래나 자갈을 먹는 것은, 자연상태에서는 보통 칼슘부족을 해결하기 위한 행동이다. 야생의 거북이 먹는 모래는 사막식물 주변의 솔티미네랄(salty mineral)로 영양이 풍부하고 장폐색을 일으키지도 않는다. 혹 가벼운 증상을 보이더라도 자연상태에서는 운동량이 많아 장운동이 활발하게 이뤄지기 때문에 웬만하면 모두 배설해 문제가 되는 경우는 드물다. 그러나 사육하에서는 소화 및 배설장애를 일으키는 등 건강상의 심각한 문제를 야기하는 경우가 많다. 장폐색을 방지하기 위해서는 무엇보다 바닥재 선정에 유의해야 하고, 배설활동을 원활하게 할 수 있도록 주기적으로 온욕을 시키는 것이 좋으며, 칼슘이 부족하지 않게끔 영양공급에 신경 써야 한다.

■**신장결석, 방광결석** : 신장이나 방광에 돌이 생기는 증상도 일부 거북에서 이따금 발견된다. 주로 단백질섭취가 많은 경우에 발생하며, 발병하면 결석이 배설관을 막아 정상적으로 배설을 하지 못하게 된다. 이때 뒷다리를 끌거나 저는 증상을 보이는 경우가 많다. 외과적 처치가 필요하며, 복갑이나 뒷다리 부분에 작은 구멍을 내서 결석을 제거하는 방법으로 치료한다. 단백질의 과다급여를 제한함으로써 어느 정도 예방할 수 있다.

기타 질환들

앞서 언급한, 각 신체부위에서 발생할 수 있는 질병 이외에도 여러 가지 질병과 관련한 증상들이 나타날 수 있다. 이러한 증상들에 대해 간략하게 알아보도록 하자.

■**기생충감염** : 모든 거북에서 발생할 수 있지만, 보통 CB개체(인공번식개체)보다는 WC개체(야생채집개체)나 FR개체(자연상태와 흡사한 농장에서 방사사육된 개체)에서 증상이 자주 나타난다. 따라서 입수한 개체가 야생채집개체라면 구충을 실시하고 난 후 사육하는 것이 안전하다.

원인 기르는 거북이 인공번식된 개체라 하더라도 사육과정에서 여러 가지 내·외부기생충에 감염될 위험이 따를 수 있다. 오염된 사육환경과 먹이, 감염된 개체와의 합사, 채집한 생먹이로부터의 감염 등 사육장 내의 거북에게 기생충이 감염될 수 있는 경로는 다양하다. 기생충의 종류 역시 마이트, 틱, 거머리 등의 외부기생충으로부터 간흡충, 선충, 촌충, 흡충, 원생동물에 이르기까지 매우 다양한 것을 확인할 수 있다.

증상 기생충에 감염된 거북에게서 나타나는 일반적인 증상은 설사 혹은 체중감소와 쇠약이다. 기생충에 피를 빨리거나 영양분을 빼앗김으로써 점차 기력이 약해지는 것이다.

치료 기생충감염을 치료하기 위해서는 여러 가지 구충법을 사용할 수 있다. 촌충의 경우에는 1kg당 드론시트 25mg을 투약하고, 선충의 경우 펜벤다졸을 1kg당 20~50mg 투여한다. 카필라리아(*Capillaria*)와 같은 선충류는 약 5일간 처방하고 8주 후 반복한다. 다행스럽게도 다른 질병이 있거나 면역력이 떨어지는 아주 어린 거북이 아니라면, 기생충 자체만으로 거북이 치명적인 피해를 보는 경우는 드물다. 성체에게 심각한 영향을 미치는 것은 기생충 때문이라기보다는 심각한 박테리아성 질환을 유발하는 경우가 많기 때문이다.

인공번식된 개체보다는 야생채집개체에 있어서 감염됐을 위험성이 높으므로 야생채집개체를 분양받으면 반드시 구충을 실시하고 사육하는 것이 좋으며, 인공번식된 개체라도 사육 중 감염될 가능성이 있으므로 주기적으로 구충을 하는 것이 좋다. 개인적으로 실시하는 무차별적인 처방이나 구충은 거북의 건강에 결코 도움이 되지 않는다는 점을 명심하자. 구

🐢 거북의 구충

구충의 필요성

분양받은 거북이 인공번식된 개체이고, 분양 후에도 인공사료로 사육한 다면 구충은 크게 필요하지 않다. 반려용 거북 가운데 구충을 실시해야 하는 경우는 수입되는 일부 야생채집개체와 국내에서 채집된 개체다. 자연상태의 개체는 감염됐을 가능성이 크므로 반드시 구충을 실시해서 사육해야 한다. 기생충감염으로 인한 폐사율이 높지만, 인공사육하에서 구충 후에는 별다른 건강상의 문제 없이 기를 수 있는 종도 있으므로 분 양받은 개체가 야생채집개체라면 구충을 실시하는 것이 좋다.

폐사한 거북에게서 나온 내부기생충

사육하에서의 감염원은 대부분 돼지고기 등의 날고기를 먹이거나, 채소나 야채를 깨끗하게 세척하지 않고 급여한 경우, 자연상태에서 채집한 먹이를 급여할 경우 등이다. 이처럼 생먹이를 먹이는 경우와 사육환경이 불결할 경우에도 구충을 실시하는 것이 좋다.

구충 시 유의사항

구충을 실시할 때는 정확한 용량으로 투여하는 것이 무엇보다 중요하다. 너무 적은 양을 투여하면 내성이 생겨 다음에 구충할 때 효과가 나타나지 않을 수 있고, 반대로 과다투여하면 구토, 설사, 심한 경우 폐사에 이르는 등의 부작용이 나타날 수 있기 때문이다. 장내에 기생충이 많을 때 구충제를 과다투여하면 기생충이 동시에 사멸해 뭉쳐짐으로써 장을 막아버리는 경우도 있다. 이럴 경우 장폐색으로 폐사할 가능성도 있다. 가급적이면 거북에 대한 전문적 지식이 있는 수의사를 찾아 정확한 진단과 처방을 받길 바란다.

구충을 위한 투약은 거북에게 상당한 스트레스를 주는 행위이므로 가능한 한 스트레스를 줄이는 방법으로 최단시간 내에 마치는 것이 좋다. 강제투여보다는 선호하는 먹이에 더스팅하거나 육식 성향의 거북인 경우 귀뚜라미나 핑키, 지렁이에게 약을 주사해 자연스럽게 먹도록 유도하는 것으로 거북에게 가해지는 스트레스를 최소화할 수 있다. 구충제를 투여한 뒤에는 체내에서 약 성분이 충분히 활성화되도록 거북을 따뜻하게 유지해 줘야 하며, 태어난 지 얼마 안 된 해츨링은 약에 대한 적응력과 면역력이 성체에 비해 떨어지므로 어느 정도 성장한 뒤에 구충을 실시하는 것이 좋다. 약품으로 구충하기 어려울 때는 구충에 도움이 되는 식물류를 급여함으로써 어느 정도 대체효과를 기대할 수 있다. 비교적 구하기 쉬운 식물 가운데 쑥, 매실, 허브, 창포, 호박, 오이씨 등이 구충에 효과가 있다고 알려져 있다.

기본 구충법

아래 언급한 구충법은 '사육매뉴얼' 상의 용량일 뿐이다. 실제로 동물병원에서 거북에게 적용할 경우에는 단순히 kg당 투여량만 계산해 일률적으로 투여하는 것이 아니라 거북의 크기, 나이, 상태, 분변검사로 확인된 기생충의 종류와 양, 사용할 구충제의 종류를 고려하고, 거기에 수의사의 진료경험 등이 합쳐져서 전체적인 투여량이 결정된다. 이 모두가 전문지식이 없는 일반인이 쉽게 시도할 수 있는 일은 아니므로 모든 수의학적인 진단과 치료는 수의사에게 일임하는 것이 바람직하다.

- **메트로니다졸** : 원생동물과 혐기성 세균 감염증, 아메바증 치료용으로 사용되며, 100mg/kg의 용량으로 투여하고 2주 간격으로 3회(1년에 2번) 실시한다.
- **플루벤다졸, 알벤다졸** : 카필라리아와 선충류, 내부기생충 구제에 사용되며, 연 2회 정도 실시한다. 50~100mg/kg의 용량으로 24시간 간격으로 3~5일 투여하고, 2주 후 다시 한 번 실시한다. 2주간의 간격을 두는 이유는 기생충의 번식사이클을 고려해서다.

충은 '정확한 약품을 정확한 용량으로 정확한 기간' 동안 취하도록 처방하는 것이 무엇보다 중요하므로 전문적인 지식을 갖춘 수의사의 도움을 받아 실시하는 것이 바람직하다.

■**패혈증** : 패혈증(敗血症, sepsis)이란 혈액 속에서 세균이 검출되는 병으로, 거북의 생존에 심각한 위협이 되는 질병이기 때문에 증상이 발견되자마자 즉시 치료해야 한다. 거북의 패혈증은 상처로부터 감염이 일어났거나 기존에 가지고 있었던 질병으로 인해 발생한다. 패혈증에 걸리면 거북의 피부나 껍데기가 분홍색 혹은 불그스레한 색을 띠는 특징이 나타나며, 몸이 붓는 증상이 보인다. 소변의 양도 평소보다 적어진다. 패혈증의 경우 혈액검사를 통해 확진과 정도의 심각성을 판단할 수 있는데, 이 질병 역시 개인이 취할 수 있는 대책은 전혀 없으며, 검증된 수의학적 치료를 받는 것이 유일한 치료방법이라고 할 수 있다.

■**일사병** : 몸을 식힐 만한 은신처가 없는 공간에서 오랫동안 직사광선을 쬘 경우 체온이 급격히 상승해 혈액이나 내장의 기능이 쇠약해지면서 발병한다. 코나 입에서 거품이 나며, 먹이를 토하거나 발을 바둥거리는 등의 흥분상태를 보인다. 이러한 증상을 보이는 즉시 서늘한 장소로 옮겨 냉수를 뿌려주거나, 얼음주머니로 체온을 내려준 뒤 의사의 도움을 받는다.

🐾 동물병원에 데려갈 때의 주의사항

- 거북은 반드시 이동상자에 넣어서 이동한다. 특히 겨울철에는 적절하게 보온되지 않은 상태로 이동하면 이동 중에 질병이 악화되는 경우도 있다. 아픈 개체이니만큼 안정된 이동상자를 마련해서 이동하도록 하자.
- 가급적이면 거북에 대한 지식이 풍부하고 임상경험이 많은 수의사를 찾아가도록 한다. 우리나라에는 파충류, 특히 거북에 대한 임상경험이 있는 수의사가 아직 많지 않다. 한 번이라도 경험이 있는 수의사에게 진료를 받는 것이 좋다. 앞서도 말했지만, 이런 것은 미리 파악해 두는 것이 좋다.
- 거북의 질병 치료를 위한 시설과 약품이 있는지 확인한다. 동물병원이라도 모든 동물에게 다 사용할 수 있는 약품을 전부 구비해 두지는 않는다. 방문하기 전에 여유가 있다면 미리 증상을 이야기하고, 약품의 보유 여부나 진료가능 여부를 문의해 보는 것이 좋겠다.
- 예상되는 질병에 대한 기본적인 증상과 같은 정보는 숙지하고 있는 것이 좋다. 수의사의 오진을 점검할 수 있는 사람은 사육자뿐이다. 검진 후 조금이라도 의심스러운 부분이 있다면 바로 질문을 하고, 다른 수의사의 의견을 들어보는 것도 좋다.
- 사육자의 수준이 낮을 때 오진이 많아진다. 거북을 대신해서 증상을 이야기해 줄 사람은 사육자밖에 없다. 따라서 사육자가 질병의 증상을 정확하게 파악하고 있지 않으면 수의사의 오진확률 역시 높아지는 것은 당연하다. 그것이 싫다면 수의사에게 정확한 정보를 전달할 수 있도록 사육자가 지식을 갖추는 방법밖에는 없다.

일사병을 방지하기 위해서는 너무 뜨거운 여름철에는 일광욕을 피하고, 일광욕 공간에는 반드시 그늘을 설치해서 거북이 스스로 체온을 조절할 수 있도록 해줘야 한다. 몸을 담글 만한 물그릇을 비치해 주는 것도 좋다.

■**외상** : 합사 중에 다른 개체로부터 공격을 받거나, 핸들링 중 떨어뜨리거나, 개나 고양이 등 다른 동물의 공격을 받을 경우에 생긴다. 가볍게 긁힌 정도의 상처라면 별다른 문제 없이 회복되지만, 상처가 심해서 피가 나는 경우에는 일단 지혈을 한 뒤 소독해서 감염을 방지해야 한다. 응급처치로 해결하기 어려울 정도로 상처가 심할 경우 동물병원에서 항생제 치료를 받는 것이 좋다.

핸들링을 하면서 떨어뜨리는 사례가 많으므로 거북을 들어 올릴 때는 확실하게 단단히 잡아야 한다. 만일 핸들링을 하다 추락해서 쇼크상태가 오거나 반응이 없을 경우라면, 자극하거나 다시 물속에 집어넣는 행동은 피하고 전문지식이 있는 수의사의 조언을 받도록 하자.

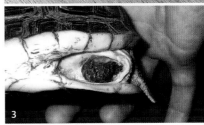

1. 다른 거북에게 물려 상처가 감염된 모습
2. 다른 거북과의 싸움으로 꼬리가 손상된 모습   3. 기타 원인으로 외상을 입은 모습

■**에그 바인딩**(egg binding) : 교미를 한 암컷이 산란시기를 넘기도록 알을 낳지 않거나, 걷기를 싫어하고 은신처에서 장시간 관절을 구부리고 있을 경우 에그 바인딩일 가능성이 있다. 나팔관에 이상이 있거나, 암컷의 몸속에 알들이 뭉쳐 있거나, 형태가 정상적이지 않아 알의 위치가 적절히 배치되지 않음으로써 알이 산도를 통과하지 못하는 것이다. 발병한 거북은 매우 불안해하며, 지속적으로 사육장 바닥을 파는 행동을 보인다. 총배설강에서 점액질의 액체가 흘러나오는 경우도 있으며, 보통 먹이를 거부하며 입을 벌리고 호흡하기도 한다.

치료보다는 칼슘이 풍부한 먹이를 급여하거나, 각 종의 산란습성에 맞는 산란환경을 제공하는 등의 조치로 예방하는 것이 최선이다. 옥시토신주사로 산란을 유도할 수도 있지만, 증상이 심각할 경우 유일한 치료방법은 외과적 처치나 관장을 해서 알을 꺼내주는 것이다.

03
section

건강을 위한
일상적인 관리

인간이나 다른 동물과 마찬가지로, 거북 역시 사육하에서 스트레스를 받는다. 다른 동물로부터의 위협이나 지나친 핸들링, 과도한 개체 수의 합사, 다른 개체와의 경쟁, 불량한 사육환경 등은 모두 스트레스를 유발하는 요인이 된다. 거북이 스트레스를 받고 있을 때의 증상을 사육주가 알아채기란 매우 힘들지만, 거북에게 가해지는 이러한 스트레스 요인들이 거북의 건강과 저항력에 상당한 영향을 끼친다는 것 또한 부인할 수 없는 사실이다.

거북의 스트레스 관리

건강한 거북의 경우도 마찬가지겠지만, 특히 어린 거북에게 있어서 스트레스는 성체의 경우보다 더욱 위험해서 이차적인 감염성 질환을 일으켜 폐사로까지 이어지는 요인이 될 수 있다. 스트레스를 받으면 거북의 체내에 코티졸(cortisol; 급성 스트레스에 반응해 분비되는 물질, 스트레스호르몬)이 증가하게 되는데, 만성적인 코티졸의 증가는 내부장기의 기능 이상, 성장억제, 면역기능의 약화와 질병에 대한 감수성 증가, 불임 등으로 이어질 수도 있다. 따라서 거북의 스트레스를 예방하기 위해서는 안정된 사육환경을 유지해야 한다.

종 고유의 습성을 고려한 사육 관리는 사육개체의 스트레스를 줄이는 데 도움이 된다.

충분한 영양을 공급하고 일광욕과 운동을 시키며, 구충 및 영양제급여 등의 주기적인 관리를 해줘야 한다. 사육장 설치 시 거북에게 스트레스 요인이 될 만한 것은 미리 제거해야 하고, 사육 중에도 지속적으로 스트레스에 대해 관리를 해주는 것이 좋다. 그러나 스트레스가 거북에게 항상 해롭게 작용하는 것은 아니다. 오히려 과도하지 않은 가벼운 자극은 그 정도에 따라 신체의 회복에 도움을 주기도 하고, 생활에 적당한 활력이 되기도 한다.

자신이 기르고 있는 반려동물에게 최적의 사육환경을 제공해 준다는 것은 물론 아주 중요한 일이다. 하지만 '지나치게' 이상적인 환경을 제공하는 것은 개인적으로는 지양하라고 말하고 싶다. 사육의 기본은 '그 종이 서식하던 원래의 환경과 가장 유사한 환경을 조성해 주는 것'인데, 원래 그 종이 살던 환경이 절대 거북이 살기에 이상적인 낙원일 리는 없을 것이기 때문이다. 천적에게 쫓기기도 하고, 먹이를 구하기 위해 멀고도 험한 길을 가야 할 경우도 있을 것이다. 장기간 물 없이 견뎌야 하는 경우도 있을 것이고, 가끔은 발을 헛디뎌 몸이 뒤집힌 채로 있다가 간신히 다시 일어서는 경우도 생길 수 있을 것이다. 어찌 보면 자연상태에서는 그만큼 스트레스 요인이 사육하에서보다 많다는 이야기일 수도 있다.

예전과는 달리 요즘의 동물원에는 '행동풍부화(行動豐富化, behavioral enrichment; 사육환경에서 야생에서의 행동을 할 수 있도록 해주는 것) 프로그램'이라는 것이 실행되고 있다. 쉽게 닿기 어려운 위치에 먹이를 매달아 놓고, 동물이 하루 종일 열심히 파뒀던 구멍을 매일 다시 메우는 작업들을 일부러 하고 있다. 동물의 본능을 되살리고 부족한 움직임을 늘려주기 위해서다. 쉽게 말하면, 안정된 사육환경 안에서 약간의 스트레스 요인을 만들어 주는 것이다.

과도한 스트레스는 동물을 폐사에 이르게 하지만, 과하지 않은 가벼운 스트레스는 동물에게 좋은 자극이 되고 좀 더 건강하게 사육할 수 있는 방법이 될 수 있다. 이런 행동풍부화 프로그램은 거북에게도 적용할 수 있다. 동선을 조금 더 복잡하게 만들거나 먹이를 잘게 잘라주지 않는 등 작은 행동만으로도 거북은 좀 더 적극적이고 활발하게 활동하게 된다.

🐢 거북의 스트레스 요인

적당하지 않은 온·습도와 사육장 세팅 등 부적절한 사육환경 / 영양부족 및 불균형적인 영양공급 / 은신처가 설치돼 있지 않을 때 / 과도한 핸들링 / 케이지 주변에서 지속적으로 발생되는 소음과 진동 / 포식자로 인지되는 다른 동물의 존재 / 과밀사육

과하지 않은 가벼운 스트레스는 오히려 거북에게 유익한 자극이 될 수 있다.

본서는 거북을 기르는 데 가장 이상적인 조건을 기준으로 기술하게 될 것이지만, 독자들은 본인이 기르고 있는 혹은 기르려고 하는 거북의 이상적인 사육환경에 대한 자신의 기준을 세워야 할 것이다. 개인적으로 생각하는 '이상적인 사육자'란 '내가 이렇게 해주면'이라는 생각을 버리고, '내가 거북이라면'이라고 생각해 보는 사람이다. 동물의 사육이 단순히 '기르는' 자기만족의 행위를 넘어 '이해하는' 행위가 됐으면 하는 바람이다.

거북의 위생 관리
거북에게 발생하는 여러 가지 질병을 예방하기 위해 사육장 내의 환경을 청결하게 유지하는 것만큼이나 거북의 신체 각 부위의 위생상태를 청결하게 유지하는 것 또한 중요하다. 신체의 대부분을 차지하고 있는 갑에서부터 부리, 발톱에 이르기까지 주기적으로 닦아주고 손질해 주면 질병 감염의 경로를 상당히 차단하는 효과를 기대할 수 있을 것이다.

■**발톱 관리** : 자연상태에서 거북은 바위나 돌, 거친 흙바닥을 기어다니면서 발톱을 마모시

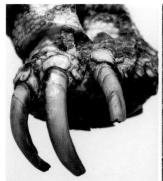

손질하지 않은 발톱의 모습　　　　발톱이 과다하게 성장한 거북의 불안정한 휴식 자세

킴으로써 적정한 길이로 유지한다. 하지만 사육환경에서는 발톱의 길이를 일정하게 유지할 수 있는 마땅한 방법이 없다. 일반적으로 우리가 생각하는 것과는 달리, 발톱의 길이를 일정하게 유지하는 것은 거북에게 있어서 굉장히 중요한 일이다. 긴 발톱은 단순히 외관상 보기 싫은 것뿐만 아니라 여러 가지 건강상의 문제와 깊이 관련돼 있기 때문이다.

길어진 발톱 때문에 생기는 가장 큰 문제는, 자신의 체중을 발바닥이 아닌 발톱으로 지탱하게 되면서 골절이 되거나, 심한 경우 골격이 틀어지는 현상이 일어나는 것이다. 그 외에 합사하는 다른 개체에게 상처를 낼 수 있고, 부적절하게 핸들링을 하면 사육자에게도 상처를 입힐 수 있으므로 반드시 관리해 줘야 한다. 가능하다면 정기적으로 깎아주는 것이 좋겠고(다른 반려동물의 경우와 마찬가지로 혈관이 다치지 않을 정도만 잘라주면 된다), 또한 사육장 내에 발톱을 닳게 할 수 있는 구조물을 설치해 주는 것도 상당한 도움이 된다.

■부리 관리 : 발톱과 마찬가지로 자연상태에서는 부리가 과도하게 자라는 일이 거의 없지만, 사육하에서는 너무 부드러운 사료를 공급하거나 영양이 불균형적일 때 길게 자라기도 한다. 부리가 과도하게 자라는 현상은 육지거북에게서 더 많이 발생하는 것을 볼 수 있다. 그냥 둬도 심각한 문제가 되는 사례는 적지만, 지나치게 자라면 거북이 먹이를 먹는 데 불편하고, 심한 경우 먹이반응이 저하될 수도 있으므로 적당한 길이로 손질해 줘야 한다. 주둥이를 자세히 관찰한 다음, 잇몸과 부리의 경계를 잘 살펴 기구를 이용해 깎아주면 된다. 발톱과 마찬가지로 일정 부분까지는 부리를 잘라도 피가 나거나 하지는 않는다.

부리를 관리해 주는 이유는 먹이를 좀 더 쉽게 먹도록 하기 위함이다. 그러나 관리 중에 부리에 상처가 생길 경우 오히려 거식으로 이어질 수 있으므로, 과도하게 잘라내 피가 나게 하거나 신경 또는 잇몸을 손상하지 않도록 주의한다. 자른 후에는 줄로 다듬어 마무리한다.

과도하게 자라난 부리를 정리한 이후에도 현재의 먹이급여 상태를 그대로 유지한다면, 다음에도 다시 부리가 자라 나올 가능성이 있다. 따라서 부리를 닳게 할 수 있는 단단한 먹이를 급여하거나 갑오징어뼈 등을 사육장 안에 넣어주는 등의 보완조치를 취해야 한다.

■**갑 및 탈피 관리** : 외형적으로 몸의 대부분을 차지하고 있는 갑은 거북의 신체에 있어서 매우 중요한 부분이다. 보기와는 달리 매우 민감한 구조이고, 신경이 연결돼 있기 때문에 절대로 갑을 다치게 해서는 안 된다. 특히 갑에서 균열이 발생한 부분에 오염물이 낄 경우 세균성 질환의 원인이 되므로 방치하지 말고 곧바로 씻어줘야 한다. 가끔 박테리아 살균제 등을 뿌려서 닦아주면 갑의 상태를 건강하게 유지할 수 있다.

거북은 탈피를 할 때 뱀의 경우처럼 특별하게 관리해 줄 필요는 없다. 거북도 파충류인 이상 탈피가 이뤄지지만, 몸 전체에서 산발적으로 조금씩 일어나므로 탈피부전으로 인한 문제는 크게 나타나지 않기 때문이다. 다만 반수생종 거북의 경우에는 일광욕을 충분히 시켜줘야 탈피가 잘되기 때문에 사육장 내에 일광욕장을 설치해 줘야 하며, 그 정도만으로도 탈피가 순조롭게 이뤄지도록 하는 데 큰 도움이 된다.

1, 2. 배갑의 탈피가 이뤄진 모습과 탈피허물
3, 4. 복갑의 탈피가 이뤄진 모습과 탈피허물

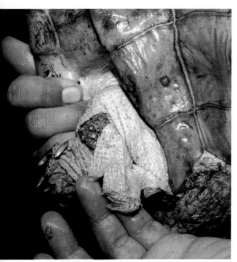

마타마타거북의 탈피하는 모습

덩치가 큰 수생거북의 경우 탈피허물로 인해 수질이 악화됨으로써 피부병이 생기는 경우가 있다. 따라서 부유물이 많이 생기면 뜰채로 제거하거나 환수하는 방법으로 수질을 유지해 줘야 한다.

사육자의 위생 관리

보통 흔하지 않은 야생동물의 경우에는 미지의 병원체를 보유하고 있을 가능성이 커서 반려동물로 기르지 않는 것이 현명하지만, 거북의 경우는 교차감염되는 인수공통전염병이 다른 동물에 비해 적어서 별다른 예방접종은 필요치 않다.

그러나 거북도 동물이니만큼 사육자에게 질병을 옮길 가능성을 완전히 배제할 수는 없으므로 거북이 인간에게 옮기는 질병에 대해 미리 알아두고 그 예방법이나 대응방법을 실천할 필요는 분명히 있다. 거북이 사람에게 옮기는 질병으로 대표적인 것은 살모넬라감염증과 물리거나 할퀸 상처의 감염증 정도다.

■**살모넬라감염증 :** 살모넬라(salmonella; 진정세균강 진정세균목에 속하는 균)는 인간을 포함한 동물의 소화관에 살고 있는데, 일반적으로는 인간이 동물의 분변으로 오염된 식품을 섭취함으로써 전달된다. 거북의 경우는 배설물과 피부(특히 물거북) 및 허물에서 발견되며, 보통 거북에게는 별다른 문제를 일으키지 않지만 사람에게는 심각한 증상을 야기할 수 있다.

자연에서는 사람에게 감염될 수 있는 수준까지 증식하지는 못하지만, 사육하에서 수질이 청결하게 유지되지 못할 경우 급격하게 증식함으로써 사람에게까지 영향을 미칠 수 있다(티푸스성 질환을 일으키고, 또 식중독의 원인균이 되는 것도 있다). 미국에서는 1970년대에 거북으로 인한 살모넬라감염증의 대량 발생으로 1975년에 과학적·교육적 목적이 없는 한 갑장 4인치 이하의 거북의 판매를 금지함으로써 감염을 예방하려는 법령이 제정되기도 했다.

살모넬라는 사람이나 동물에게 티푸스 질환 감염증상(설사, 혈변, 복통, 구토, 현기증, 38~40℃의 발열, 격렬한 위경련 등)을 일으키고, 식중독의 원인균이 되기도 한다. 잠복시간은 6~72시간이며,

대개 12~24시간 전후로 많이 발생한다. 주요 증상은 1~2일 사이에 가장 심하게 나타나며, 경과는 비교적 짧아 4~7일간 지속되고 치료 후 1주일 정도 지나면 회복된다. 건강한 사람들에 있어서는 그다지 위험하지 않지만, 임신한 여성이나 면역력이 약한 노인, 만성질환자, 5세 이하의 유아들은 체내 면역력이 약하기 때문에 일반인보다 발병률이 20배 이상 높고, 발병빈도 또한 높기 때문에 조심해야 한다. 그러나 심한 탈수증상을 보이지 않거나 감염이 장에서 다른 부위로 확산되지 않는다면 치료가 필요치 않은 경우도 흔하다.

살모넬라균에 감염됐을 경우 대부분 미열, 설사, 복통 등의 약한 증상으로 끝나지만, 앞서 언급한 노약자나 어린이 등 면역력이 약한 사람이 감염됐을 경우 장에서 혈류로, 이후 다른 신체부위로 감염이 확산될 수 있으며, 항생물질(앰피실린, 젠타마이신, 트리메토프림-설파메톡사졸 또는 사이프로플록사신 등)을 이용해 즉시 치료하지 않으면 사망으로 이어질 수도 있다.

🐢 살모넬라 예방법

- 거북과 과도한 접촉은 피한다.
- 핸들링을 실시할 경우에는 가급적 장갑을 이용한다.
- 거북을 만지기 전과 후에 꼭 손을 씻고 이를 닦는다.
- 어린이들이 거북을 만질 때는 옆에서 주의를 주며 감독한다.
- 조리, 설거지하는 곳(싱크대 등)에서 거북을 씻기거나 사육용품을 세척하는 일이 없도록 한다.
- 오염된 물은 세면대나 욕조보다는 변기에 버리도록 한다.
- 사육장은 항상 청결하게 유지하고, 정기적으로 사육장과 사육용품을 소독한다.
- 배설물은 발견 즉시 처리하고, 사육장 환기에도 신경을 쓰도록 한다.
- 거북을 다루거나 사육장을 청소하는 도중에 음식물을 먹거나 담배를 피우지 않는다.
- 아기가 태어날 예정인 가정이나 면역력이 약한 노약자가 있는 가정, 어린이보호센터 등지에서는 가급적이면 거북을 기르지 않도록 한다.
- 거북을 만지다가 아이에게 먹을 것을 준다거나, 기저귀를 갈아주는 등의 행동을 하지 않는다.
- 거북이 자유롭게 돌아다니지 않도록 관리한다.
- 균형적인 영양공급과 청결한 사육환경을 제공해 거북을 건강하게 기른다. 건강한 거북은 상대적으로 살모넬라균을 덜 퍼뜨리게 된다.

*살모넬라 감염증이 의심될 경우에는 거북을 기르고 있다는 사실을 의사에게 반드시 알리고 적절한 처치를 받도록 한다. 거북에게 살모넬라균 감염 위험이 높은 생닭고기의 급여를 지양한다.

살모넬라의 생육 조건

조건	최저	최적	최대
온도(℃)	5.2	35~43	46.2
pH	3.8	7~7.5	9.5

중국줄무늬목거북(Chinese stripe-necked turtle, *Mauremys sinensis*) 해츨링. 건강한 거북은 살모넬라를 덜 옮긴다.

살모넬라는 우리 주위에 널리 분포돼 있기 때문에 인위적으로 모든 살모넬라균을 완벽하게 제거하기란 불가능하다. 하지만 거북을 만진 후 손을 씻는 정도로도 감염을 상당히 차단할 수는 있다. 살모넬라의 최대생육온도는 46.2℃로, 열에 대한 저항성이 낮아 사육장과 사육비품을 60℃ 이상의 물로 소독하면 발생을 억제할 수 있다. 건조한 환경에 대해서는 저항성이 강하므로 일광소독은 살모넬라 살균법으로서는 적절하지 않다. 평소에 건강한 체력을 유지하도록 노력하고, 가까운 곳에 항균비누와 손소독제를 비치해 손을 청결히 하는 습관을 들이면 살모넬라감염에 대해 심각하게 걱정하지 않아도 된다.

■**교상 및 자상으로 인한 감염증** : 아주 드물기는 하지만, 대형 거북을 적절치 못한 방법으로 핸들링할 경우 물리거나 발톱에 의해 상처가 생기고, 이를 가볍게 여기고 방치함으로써 사육자에게 감염증이 나타나기도 한다. 따라서 거북으로 인해 상처를 입었을 경우에는 림프절이 아프고 붓거나, 긁힌 부위가 붉게 변하는지, 열이 나는지 등을 한동안 관찰할 필요가 있다. 그러나 거북에게 물리거나 긁히는 빈도는 다른 동물에 비해 미미한 수준이며, 상처 부위 역시 손이나 팔 정도에 그친다. 상처를 입더라도 대부분은 크게 문제가 없어 위험성은 낮지만, 심하게 상처를 입은 경우에는 반드시 소독을 하고 항생제 처방을 받는 것이 좋다.

Chapter 07

거북의 번식

암수를 구분하는 여러 가지 다양한 방법들에 대해 간략하게 살펴보고, 번식의 실제과정에 대해 알아본다.

거북의 성별
구분하는 법

동물을 사육하고 있는 사람이라면 누구나 번식에 대한 욕심이 생기게 마련이지만, 거북을 번식시킨다는 것이 그리 쉬운 일은 아니다. 모든 종의 거북은 알로써 번식하는데, 알을 받기 위해서는 특별한 준비와 과정이 필요하고, 어렵게 얻은 알을 부화시키기 위해서도 남다른 수고와 오랜 기다림이 필요하다. 그러나 거북도 생명체이고, 다른 모든 생명체와 마찬가지로 자연의 섭리에 따라 종족을 유지하려는 본능이 있기 때문에 사육하에서의 번식이 완전히 불가능한 것은 아니다. 더구나 번식의 과정이 어려운 만큼 새끼거북이 알을 깨고 나오는 광경을 봤을 때의 감동은 역시 다른 동물들보다 훨씬 크다고 할 수 있다.

번식을 위해 가장 먼저 해야 할 일은 번식이 가능할 정도로 성숙한 암수 쌍을 구하는 일이다. 성성숙에 도달하고 건강한 모체는 성공적인 번식의 토대가 되므로 건강한 암컷을 구하는 일이 무엇보다 중요하다고 할 수 있겠다. 너무나도 당연한 이야기지만, 모체를 구하기 위해서는 먼저 거북의 성별을 정확하게 구분할 줄 알아야 한다. 일반적으로 생각하기에 암수의 생김새에 별다른 차이가 없어 보이는 거북이지만, 성별구분의 기준이 되는 몇 가지만 알아둔다면 성성숙에 도달한 크기의 거북에 있어서 암수구별은 그다지 어렵지 않다.

건강한 성체 암수를 기르고 있다면 번식에 도전해 보자.

종마다 차이가 조금씩 있고 또 같은 종이라 할지라도 개체에 따른 차이가 나타나기는 하지만, 거북의 경우 보통 다음과 같이 외형상으로 드러나는 여러 가지 특징을 확인함으로써 암수 성별을 구분할 수 있게 된다.

암수의 크기 차이

몇몇 종(설카타육지거북, 레오파드육지거북, 갈라파고스코끼리거북, 알다브라코끼리거북 등)을 제외하고, 대부분의 거북은 암컷이 수컷보다 더 크고

네눈박이거북(Four-eyed turtle, *Sacalia quadriocellata*)

싱장도 훨씬 빠르다. 별거북(Star tortoise, *Geochelone spp.*)처럼 성체 때 암수의 크기 차이가 확연한 동종이형(同種異形, allogeneic; 같은 종인데 암수의 형태가 다른 것)일 경우 크기를 비교하는 것만으로도 성별을 구분할 수 있다. 가장 쉽게 암수를 판별할 수 있는 방법 가운데 하나기는 하지만, 종에 따라 수컷이 더 크게 자라는 경우도 있기 때문에 암수구별의 절대적인 기준이 되기는 어렵다. 또한, 완성체가 아닐 경우에는 구분하기 어렵다는 단점이 있다.

색깔(체색, 홍채색)의 차이

다른 많은 동물과 마찬가지로, 거북은 성별에 따른 몸 색깔의 차이가 거의 없는 동물이기 때문에 체색으로 암수를 구별하는 것은 매우 어렵다. 그러나 남생이(Chinese three-keeled pond turtle, *Mauremys reevesii*)와 같은 일부 종의 경우 수컷은 성성숙에 도달하면서 체색이 암컷보다 훨씬 검게 변하는 경향이 있어서 이를 비교해 구별할 수도 있다. 일부 종은 턱 부분의 색깔에서 암수의 차이를 보이는 경우가 있으므로 이것으로 성별을 판별하기도 한다.

이외에 색깔로 성별구분이 가능한 기준을 들면, 특정 종의 경우 암수의 홍채 색깔이 다르게 나타나기도 하므로 그 차이를 관찰해 암수를 판별할 수 있다. 예를 들면, 미국상자거북(Eastern box turtle, *Terrapene carolina carolina*)의 경우 수컷의 홍채는 진한 갈색 혹은 적색 계열이고, 암컷은 밝은 적색이나 오렌지색 계열이다. 현재 국내에 도입된 거북 가운데 노란점거북(Spotted turtle, *Clemmys guttata*)의 경우 이 방법으로 암수를 구별할 수 있다.

배갑의 형태(체형) 차이

크기와 더불어 체형으로도 암수의 구별이 가능하다. 별거북 암컷의 체형은 위에서 볼 때 원형에 가깝고, 수컷은 타원형에 가깝다. 이 방법으로 가장 확실하게 암수구분이 가능한 종으로는 붉은다리거북이 있는데, 수컷의 체형은 호리병형인 데 비해 암컷은 타원형에 가깝기 때문에 성체의 경우 쉽게 구별할 수 있다.

하지만 배갑의 형태 역시 거북의 종에 따른 차이가 있기 때문에, 정확한 암수구별을 위해서는 각 종이 성체일 때 배갑 형태에 나타나는 차이에 대한 사전지식을 갖출 필요가 있다. 배갑의 변화와 더불어 두상이 변하는 종도 볼 수 있는데, 남생이 암컷의 경우 성숙하면 머리가 수컷에 비해 넓적해지는 경향이 있다.

배갑의 높이 차이

배갑의 높이, 즉 체고의 차이로 암수구별이 가능한 종도 있다. 돼지코거북의 경우 수컷은 암컷에 비해 체고가 상대적으로 낮고 경사가 완만한 데 비해 암컷은 체고가 높고 경사가 가파르기 때문에, 이러한 차이를 비교해 성별을 구분하는 것이 가능하다.

신갑판의 형태 차이

신갑판은 배갑의 가장 뒷부분 꼬리 위쪽의 인갑을 말한다. 어느 정도 성장한 거북은 신갑판의 형태적 차이가 두드러지기 때문에 뒷모습만 보고도 암수를 구별하는 것이 가능하다. 보통 수컷은 둥글고 안쪽으로 말려 있는 데 반해 암컷은 직선의 곧은 형태를 가지고 있다.

1, 2. 붉은다리거북의 경우 갑의 형태 차이로 암컷(1)과 수컷(2)을 구분할 수 있다. 3, 4. 돼지코거북의 경우 배갑의 높이 차이로 암컷(3)과 수컷(4)을 구분할 수 있다.

1, 2. 신갑판의 형태 차이로 구별되는 설카타육지거북 암컷(1)과 수컷(2) **3, 4.** 신갑판의 형태 차이로 구별되는 별거북 암컷(3)과 수컷(4)

복갑의 크기와 형태 차이

늑대거북이나 악어거북 등의 경우에는 복갑의 차이로도 암수의 구분이 가능하다. 번식기 때 수컷이 암컷의 등에서 교미 자세를 유지하기 쉽도록 수컷의 복갑은 암컷보다 작으며, 복갑과 배갑을 연결하는 브리지(bridge)의 폭이 더 좁다. 수컷의 복갑이 움푹 패어 있는 종도 있는데, 붉은다리거북에게서 이런 경향이 강하게 나타난다. 이는 교미할 때 수컷이 암컷의 등에 올라타기 쉽도록 진화한 결과로, 성체의 경우 차이가 확연한 것을 볼 수 있다.

항갑판이나 후갑판의 형태 차이

거북은 기본적으로 단독생활을 하는 동물이기 때문에 서열싸움을 하지는 않는다. 그러나 일부 종의 수컷은 번식기 때 암컷을 차지하기 위한 다른 수컷과의 싸움에 사용하기 위해 복갑 전면에 있는 후갑판이 암컷보다 훨씬 크게 발달된다. 이러한 현상은 쟁기거북 (Angonoka tortoise, *Astrochelys yniphora*)이나 설카타육지거북과 같은 육지거북에서 더욱 확연하게 나타난다. 또한, 보통 복갑 후면에 있는 항갑판의 각도도 암컷보다 수컷이 더 크므로 거북을 뒤집어 항갑판이나 후갑판의 크기 및 형태를 살펴보고 암수를 구별할 수 있다.

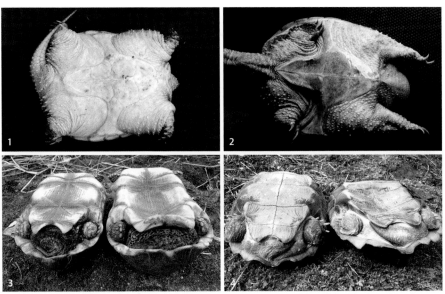

1, 2. 복갑의 크기와 형태 차이로 구별되는 늑대거북 암컷(1)과 수컷(2) **3.** 복갑의 크기와 형태 차이로 구별되는 붉은다리거북 암컷(왼쪽)과 수컷(오른쪽) **4.** 복갑의 크기와 형태 차이로 구별되는 가시거북 암컷(왼쪽)과 수컷(오른쪽)

1, 2. 후갑판의 형태 차이로 구별되는 설카타육지거북 암컷(1)과 수컷(2) **3, 4.** 항갑판의 형태 차이로 구별되는 붉은다리거북 암컷(3)과 수컷(4)

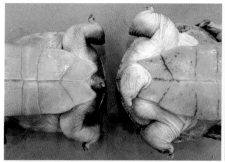

뱀목거북의 경우 꼬리의 길이와 굵기 차이로 암수를 구분할 수 있다. 왼쪽이 암컷이고 오른쪽이 수컷이다.

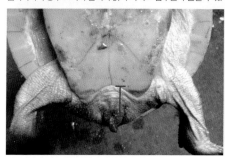

뱀목거북의 경우 총배설강의 위치 차이로도 암수를 구분할 수 있다. 왼쪽이 암컷이고 오른쪽이 수컷이다.

꼬리의 길이와 굵기 차이

수컷의 꼬리는 굵고 길며, 암컷의 꼬리는 상대적으로 가늘고 짧다. 성체의 경우 확연하게 차이가 나기 때문에 꼬리의 길이와 굵기를 확인하는 방법으로 손쉽게 판별할 수 있지만, 생후 2~3년 이내의 유체일 경우는 암수를 구분하는 것이 쉽지 않다. 전문브리더가 아니라면 유체 때 거북의 암수를 구별하는 것은 상당히 힘들다. 일반적으로 많이 길러지고 있는 반수생종 거북의 경우에는 배갑길이가 7~8cm 정도는 돼야 어느 정도 구별이 가능하다.

총배설강의 위치 차이

총배설강을 확인하는 것은 일반인이 거북의 암수를 구별하는 가장 보편적이고도 손쉬운 방법이다. 수컷의 꼬리는 굵고 길며, 총배설강의 위치가 항갑판에서 멀리 떨어져 있다. 암컷은 그 반대다. 대부분의 사육자에게 있어서도 꼬리의 길이와 굵기를 비교하는 것과 더불어 총배설강의 위치를 비교하는 것은 거북 성별구분의 기본적인 방법 가운데 하나다.

노란배거북의 경우 발톱의 길이와 형태 차이로 암수를 구분할 수 있다. 왼쪽이 암컷이고 오른쪽이 수컷이다.

발톱의 길이와 형태 차이

붉은귀거북(Red-eared slider, *Trachemys scripta elegans*)이나 노란배거북(Yellow-bellied slider, *Trachemys scripta scripta*) 등 일부 종에 있어서 수컷의 발톱은 암컷보다 길다. 수컷은 이 긴 앞발톱을 교미 시에 암컷을 자극하는 용도로 사용한다. 유체 때는 그다지 차이가 나지 않지만, 성성숙에 도달하면서 수컷의 앞발톱도 길게 성장하기 시작한다. 길이 차이 외에도, 상자거북(Box turtle, *Terrapene carolina*)의 경우 번식기 때 암컷의 배갑을 단단하게 잡을 수 있도록 수컷의 며느리발톱이 더 굵고 안으로 휘어져 있는 것을 확인할 수 있다.

배갑 및 피부의 질감 차이

자라류는 수컷의 배갑이 암컷보다 더 거친 경우가 많아 질감의 차이로 성별을 구분하기도 한다. 사향거북(Musk turtle, *Sternotherus*)의 수컷은 뒷다리에 수컷 특유의 거칠거칠한 '패드(pad)'가 생기므로 이 부분을 확인해 성별을 구분하는 것이 가능하다. 이 패드는 꼬리로 성별을 구분할 수 있을 정도의 크기가 아니더라도 나타나기 때문에 어린 개체의 성별을 구분하는 데 상당한 도움이 된다. 일부 종은 턱 밑에 있는 감각모의 굵기가 차이 나기도 한다.

이상과 같은 여러 가지 암수의 차이점을 비교해 거북의 성별을 구분할 수 있다. 그러나 위에 언급한 기준 가운데 어느 한 가지로만 암수를 구분하는 것은 아니다. 누가 보더라도 쉽게 성별구분이 가능한 경우도 있지만, 반대로 경험자조차도 구분하기가 상당히 난해한 거북종도 역시 있기 때문에 위의 기준을 두루 비교해 암수 성별을 판별하는 것이 좋다.

02
section

번식의 과정

암수를 구분해 번식에 적당한 쌍이 구해지면, 귀여운 새끼거북을 탄생시키기 위한 가장 기본적인 준비가 된 것이다. 이후 본격적인 번식과정은 〈동면을 위한 모체 관리 → 동면시키기(쿨링 or 사이클링) → 메이팅 → 산란 → 인큐베이팅 → 부화 → 유체 관리〉의 순으로 진행되는데, 지속적인 번식을 고려하고 있다면 이러한 일련의 과정을 전부 기록해 두는 것이 좋다.

번식을 위한 암수 쌍이 준비됐으면, 다음으로 할 일은 동면을 시키거나(인공적인 동면을 위해 쿨링이 필요하다) 사이클링을 제공하는 것이다. 자연상태에서의 동면(冬眠, hibernation)이란, 변온동물인 거북이 '겨울'이라는 환경조건에 적응하기 위해 체내의 대사활동을 줄이고 체온을 낮춰 겨울을 나는 상태를 말한다(하면-夏眠, aestivation-도 크게 다르지 않다). 사육하에서 온도를 떨어뜨려 인공적으로 동면을 거치도록 하는 과정을 쿨링(cooling; 동면하는 종)이라 하며, 일정 기간 인위적으로 온도변화를 거치도록 하는 과정을 '사이클링(cycling; 동면하지 않는 종)'이라 한다.

번식의 측면에서 생각하면, 동면기간은 거북의 생식주기를 맞추는 데 도움을 주고, 잠에서 깨어날 때의 온도변화는 교미를 자극하는 효과가 있다. 따라서 성공적인 번식을 위해서는 쿨링 혹은 사이클링을 통해 일정한 온도변화의 과정을 반드시 거치도록 하는 것이 좋다.

노란다리거북(Yellow-footed tortoise, *Chelonoidis denticulatus*)의 메이팅

그러나 자연상태에서와는 달리 사육하에서의 동면은 상당히 번거로우면서도 위험을 동반하는 일이다. 동면(또는 하면) 전에 모체의 장기적인 건강 관리가 필요하며, 무엇보다 동면에 필요한 낮은 온도를 일정하게 유지하기가 쉽지 않기 때문이다. 또한, 동면을 성공적으로 마치도록 하기 위해서는 몸속에 저장된 충분한 지방과 폐사에 이를 온도까지 떨어지지 않는 안전한 은신처 등 여러 가지 조건이 필요하다. 동면기간 중 일어나는 폐사는 대부분 동면(또는 하면)의 초기 또는 끝나는 시기에 발생하는데, 이와 같은 폐사를 줄이려면 동면기간에 일어날 수 있는 모든 사태에 대해 사전에 철저하게 대비하고 대처방안을 강구해야 한다.

그럼, 이제부터 번식의 과정에 따른 각각의 관리에 대해 알아보도록 하자. 앞으로 소개하는 내용은 이해하기 쉽도록 동면하는 종을 중심으로 서술할 것이지만, 하면하는 개체 역시 전반적인 관리방법에 있어서 크게 차이가 나지 않는다. 따라서 핵심적인 내용을 충분히 숙지하고, 나머지는 본인의 사육개체에 맞게 적절하게 가감해서 적용하도록 하자.

동면을 위한 모체 관리

번식을 위해 동면에 들어가는 모체는 동면 전에 충분한 준비과정을 거쳐야 한다. 먼저 번식을 위해 선택된 모체는 사육하고 있는 개체들 가운데 가장 크고 건강한 개체일수록 좋다. 그 이유는 무엇보다 동면기간을 안전하게 버틸 가능성이 크며, 더 크고 많은 수의 알을 생산할 수 있기 때문이다. 이렇게 준비된 모체는 동면 전에 모체를 성숙시키는 데 가장 적합한 환경에서 양성할 필요가 있다. 여러 마리를 합사하고 있다면, 계획된 쌍을 별도의 공간에서 특별 관리하는 것도 좋은 방법이다.

동면 중인 거북

번식용 모체는 동면프로그램 실행 전에 영양을 충분히 공급해야 한다. 동면 중인 거북이 수개월간 먹이를 먹지 않음에도 죽지 않고 살 수 있는 것은 대사를 극한까지 억제하기 때문이다. 하지만 동면 중에도 체력과 체중은 서서히 감소하기 때문에 동면에 들어가기 전에 동면기간을 문제없이 버틸 수 있는 신체상태를 만들어 둬야만 안전하게 동면을 마칠 수 있다. 그러나 동면시기가 가까이 오면 완전한 동면에 들어가기 전 장

Tip 쿨링(cooling)**과 사이클링**(cycling)

쿨링(cooling)과 사이클링(cycling)은 모두 사육하에서 '계절의 변화'라는 자연의 생태환경을 인공적으로 제공해 주는 과정을 말한다. '온도의 변화'라는 측면에서 크게 보면 동일한 과정이라고 할 수 있지만, 차이점이 있다. 쿨링은 보통 겨울이 있는 온대지역에 서식하는 종(동면하는 종)에게 인공적으로 동면을 거치도록 하는 것이고, 사이클링은 아열대 혹은 열대지역에 서식하는 종(동면하지 않는 종)에게 우기(雨期)를 거치도록 시뮬레이션해 주는 것이라 생각하면 이해하기 쉬울 것이다. 사이클링은 전 세계적으로 통용되는 용어는 아니며, 온대지역 양서·파충류의 동면과는 차이가 있는 아열대 및 열대종의 번식 패턴을 지칭하는 데 사용된다.

온도를 하강시킬 때도 쿨링은 거북을 동면상자에 들어가게 해서 동면온도인 10℃ 이하까지 떨어뜨리지만, 사이클링은 레인바(rain bar)를 이용해 비가 오고 서늘한 상황을 유지해 주는 형태, 또는 에어컨이나 냉각기 등을 이용해 평소 사육조건에서 온도를 낮게 습도를 높게 조절해 일정 기간 유지해 주는 형태가 많다. 생활온도보다 훨씬 낮은 온도가 제공될 때 개체가 강건하다면 체력으로 버티는 경우가 있기도 하지만, 동면은 체력보다는 동면유전자를 보유하고 있는지 여부가 관건이기 때문에 아열대 혹은 열대지역에 서식하는 개체에게 동면을 시킬 때처럼 10℃ 이하의 온도를 제공하는 것은 생존에 치명적인 영향을 미치게 된다.

참고로, 동면(hibernation)은 휴면상태에서 겨울을 보내는 것을 의미하며, 좀 더 정확하게 포유류의 경우 동면(hibernation), 온대지역에 서식하는 변온동물의 동면은 휴면(brumation; 파충류가 겨울철이나 장시간 저온의 환경에서 신진대사 에너지를 보존하기 위해 의도적으로 나태, 비활동, 혼침 상태에 들어가는 신체활동 감소 기간)으로 구분하기도 한다.

을 비우기 위해 통상 1개월 전부터는 금식시켜야 한다. 동면기간 중 위장 내에 소화가 안 된 음식이 남아 있으면 이차적인 감염증을 유발할 수 있기 때문이다. 이와 더불어 본격적인 동면에 들어가기 전에, 수분을 충분히 공급하고 장운동을 활성화시켜 장에 모여 있는 대변과 요산을 배설할 수 있도록 최소 이틀 정도에 걸쳐 수시로 온욕을 실시할 필요가 있다.

이 기간에 사육자는 동면에 들어가기 전 거북의 체중과 체장 등 기본적인 신체측정을 하고, 그 결과를 기록해 두는 것이 좋다. 이 기록들은 동면 중 정기적인 관리를 하는 데 있어서 중요한 기준이 되므로 가급적이면 정확하게 측정해야 한다. 마지막으로 여건이 허락된다면 믿을 만한 수의사에게 건강검진을 받아보는 것도 추천할 만하다.

동면시키기 (쿨링 또는 사이클링)

앞서도 언급했다시피, 동면은 메이팅을 촉진하는 중요한 요인이다. 동면기간에 유지되는 15℃ 이하의 낮은 온도는 암컷의 배란과 수컷의 정자형성에 많은 영향을 미친다. 동면을 하지 않거나 높은 온도에서 번식활동을 하는 종이 없는 것은 아니지만, 자연상태에서 거북

TIP ▶ 동면프로그램에 포함시키면 안 되는 개체

지나치게 어린 개체 / 관리현황이 파악되지 않은, 분
양받은 지 얼마 되지 않은 개체 / 영양공급 부족으로
체중이 지나치게 가벼운 개체 / 스트레스를 많이 받
은 개체 / 심각한 질병을 잃었거나 현재 질병에 걸린
개체, 질병에서 회복된 지 얼마 지나지 않은 개체

은 일정 기간 온도변화를 겪은 이후에 번식
활동을 시작하는 경우가 대부분이다. 따라
서 사육하에서도 번식을 시키기 위해서는
일정 기간 인위적으로 온도를 떨어뜨려 주
는 쿨링(cooling; 동면에 필요한 온도로 떨어뜨려 주
는 것) 혹은 사이클링(cycling; 아열대지방의 우기
에서 건기로 넘어가는 과정에 차가운 비가 내리고 기온이 떨어져 낮은 온도와 높은 습도가 유지되는 기간)의 과정이
필요하다. 이는 겨울이 없는 열대지역 원산의 거북종이라 하더라도 마찬가지다.

■**적정한 온도유지가 관건 :** 온대지방에 서식하는 거북의 경우 일반적으로 10월 말 무렵이 되
면 식욕과 일광욕 시간이 감소하고 움직임도 둔해지며, 적당한 동면장소를 찾아 돌아다니는
모습을 확인할 수 있다. 거북을 실외에서 사육하는 환경에서는 실내에서 사육할 때보다 사
육주가 이러한 변화를 더욱 확실하게 알아차릴 수 있을 것이다. 이때가 되면 동면용 굴을 파
주거나, 동면상자를 만들어 주는 등의 방법으로 적절한 동면장소를 제공해 줘야 한다.

그러나 거북을 실내에서 사육 중이라면, 특정한 기계를 이용하지 않고 성공적으로 원하는
온도로 맞춰 원하는 기간만큼 완벽하게 동면을 시킨다는 것이 결코 쉬운 일이 아니다. 변
온동물을 길러본 경험이 있는 사육자라면 누구나 고민하는 부분이겠지만, 사육공간 내의
온도를 올리는 것은 히팅 램프나 열판 등 여러 가지 도구를 이용해서 손쉽게 진행할 수 있
을지라도, 온도를 내리고 그것을 일정하게 유지하는 일이란 생각만큼 쉽지 않다.

따라서 보통 겨울에도 어느 정도 보온이 되는 집이라면, 지하실처럼 가장 온도가 낮은 곳으
로 사육장을 옮기거나 별도의 동면장을 설치해 주는 방법으로 동면을 시킨다. 하지만 이런
방법으로는 동면에 필요한 온도를 일정하게 맞추기가 쉽지 않고, 의도치 않게 원하는 온도
이하로 장시간 기온이 내려가 거북이 폐사하는 경우도 생길 수 있다. 또한, 적온에서 동면
을 시키지 않을 경우 동면 후 실명이나 사지마비 등의 증상이 나타날 가능성도 있다.

동면을 위한 쿨링은 정상적인 체온에서 단기간에 원하는 온도까지 내렸다가 올리는 것이
아니라, 오랜 시간을 두고 서서히 원하는 온도까지 내려야 하는 과정이다. 보통은 20℃에
서 며칠간 저온에 적응시킨 뒤 15℃에서 다시 며칠을 보내도록 하고, 5~8℃가 유지되는 곳

으로 옮겨 본격적인 동면에 들어간다. 동면에서 깨울 때도 이와 마찬가지로 서서히 온도변화를 줘야 하며, 급격한 온도변화는 즉시 폐사로 이어질 수 있으므로 주의해야 한다.

비록 건강한 거북이라 할지라도 동면 중, 혹은 동면 후 폐사가 발생하는 것은 드문 일이 아니다. 그만큼 사육하에서 이뤄지는 인공적인 동면은 많은 어려움과 위험부담을 안고 있는 과정이다. 번식을 진행하는 과정에서 거북을 죽이게 되는 주된 이유는 준비가 제대로 갖춰지지 않은 상태로 동면을 시도했거나, 동면기간에 적절한 관리를 하지 못했기 때문인 경우가 많다. 동면에 대해 확실하게 준비되지 않은 상태에서 새로운 생명을 보려다가 도리어 아끼던 거북을 떠나보내는 일이 없도록 완벽하게 준비한 후 실행하자.

■**동면상자의 제작과 설치** : 거북의 동면에 사용되는 상자는 소재나 규격 등에 있어서 특별한 제한은 없다. 단, 크기는 거북이 용기 내에서 180°로 방향을 바꿀 수 있을 정도가 좋다. 또한, 탈출할 수 없을 정도의 높이가 보장되고 튼튼한 뚜껑이 있는 것이 좋으며, 동면 중에도 느리기는 하지만 호흡은 하므로 환기용 구멍을 충분히 뚫어줘야 한다. 동면상자 바닥에 까는 바닥재는 모래, 흙, 피트모스 등의 소재가 주로 사용된다. 바닥재는 그다지 깊지 않아도 상관없으며, 거북이 몸을 땅에 묻어 숨을 정도의 깊이면 적당하다. 좀 더 신경을 쓴다면, 열전도의 속도를 감소시키는 효과가 있으므로 동면상자에 단열재를 사용하면 좋다.

필자의 경우 처음 거북의 번식을 시도하면서 동면을 시켰을 때는 야외에 동면상자를 묻거나 보온이 되지 않는 지하실을 이용했는데, 우려했던 대로 일정하게 낮은 온도를 유지하는 데 어려움을 느껴 지금은 동면용으로 냉장고를 마련해 이용하고 있다. 처음 냉장고를 사용

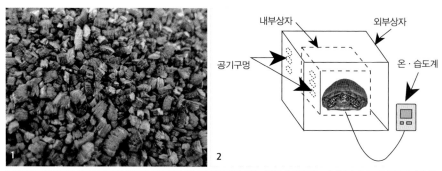

1. 인큐베이팅용이나 산란상자 내의 바닥재, 동면상자 외부의 충진재 등으로 다양하게 사용되는 버미큘라이트 2. 동면상자의 구조

하려고 했을 때 가장 걱정되는 것이 모터의 진동으로 인한 스트레스나 돌연사였는데, 현재까지 사용해 본 결과로는 크게 문제가 되는 것 같지는 않다. 요즘은 거북뿐만 아니라 뱀과 도마뱀을 동면시키는 데도 사용하고 있다. 그러나 일반 가정에서 음식을 보관하는 냉장고에 거북을 동면시키는 것은 필자도 추천하지 않는다. 가족구성원이 갖는 거부감도 문제가 될 수 있겠지만, 무엇보다 살모넬라감염의 우려가 있기 때문이다. 그러나 현재로서는 가장 안정적인 동면방법 가운데 하나라는 데는 이견이 없다. 조금 전문적으로 거북의 번식을 고려하고 있는 사람이라면 냉장고를 이용하는 것도 고려해 볼 만하다.

■**동면 중 관리** : 자연상태에서의 동면을 염두에 두고 사육하에서 동면 중인 거북에게도 동면기간 동안 절대로 손을 대거나 방해하면 안 될 것이라고 흔히들 생각하는데, 전혀 그렇지 않다. 오히려 정기적으로 체중을 측정하고, 동면상자 내의 온·습도 관리를 적절하게 해주는 것이 좋다. 동면에 들어가기 전 측정해 둔 체중 데이터를 바탕으로 동면기간에도 2~3주에 1회 정도씩 주기적으로 동면상태와 체중을 확인한 후 기록해 두도록 하자.

동면기간이라고 해서 영양손실이 전혀 없는 것은 아니다. 건강한 거북은 동면하는 동안 수분의 손실이 발생하고, 지방과 저장된 글리코겐의 환원작용으로 체중 역시 서서히 줄어들게 된다. 동면 전의 체중에 비해 1개월에 1~2% 정도 감소되는 것은 걱정하지 않아도 되지만, 10% 혹은 그 이상의 체중감소가 발생한다면 건강상의 문제가 생긴 것이므로 동면에서 깨워 별도의 관리를 해줄 필요가 있다. 또한, 탈수가 일어날 수도 있으므로 동면 중에 거북이 배뇨를 한다면 동면에서 깨우도록 한다.

동면 중인 거북의 체중을 재고 있는 모습

동면 중인 거북의 건강상태를 확인하는 것과 더불어 동면상자에 깔아준 바닥재의 수분 정도도 확인해야 한다. 확인 결과 너무 건조할 경우 수분을 보충해 주도록 한다. 적정한 습도는 각 거북의 종에 따라 차이가 있지만, 건조한 지역이 원산지인 거북의 경우 40% 내외, 대부분은 50~60%를 기준으로 한다. 동면 시의 이상적인 온도는 5℃이며, 최고 10℃ 이상, 최저 0℃ 이하라면 위험한 온도대이므로 잘 확인하도록 하자.

■**동면 끝내기와 동면 후의 모체 관리** : 종에 따라서는 3~4개월 동안 동면을 시키는 경우도 있지만, 일반적으로 거북의 동면기간은 6~8주 정도면 적당하다고 본다. 온도가 상승함에 따라 동면에서 깨어나게 되는데, 평균기온이 10℃까지 오르면 거북의 신진대사가 활발해져 동면에서 깨어날 준비를 한다. 동면을 끝낼 때도 동면을 시킬 때와 마찬가지로 충분한 시간을 두고 천천히 상온까지 올리도록 해야 한다. 동면기간에는 신장에 다량의 독소가 축적되므로 동면에서 깨우는 과정에서 격일로 온욕을 시켜 수분을 충분히 공급해 줘야 한다. 먹이급여는 거북이 상온에 완전히 적응했다고 판단된 이후부터 실시하는 것이 좋다.

거북이 동면에서 깨어날 때 생길 수 있는 최초의 위험은 백혈구세포의 양이 줄어들어 저항력이 극단적으로 떨어지게 됨으로써 발생하는 세균감염과, 그로 인해 일어나는 '동면 후 거식(post hibernation anorexia)'이라고 할 수 있다. 이는 동면 후 보온 및 일광욕이 충족되지 않을 경우, 동면 중 감소된 체중과 체력을 회복하기 위해 필요한 식욕이 감소하는 증상을 말한다. 따라서 일정 기간이 지난 뒤에도 거식이 풀리지 않으면 수의사의 도움을 받도록 하는 것이 좋다.

메이팅(mating, 교미)

안전하게 동면을 마친 거북은 이제 본격적인 번식을 위해 합사한다. 합사 이후 얼마 지나지 않아 수컷이 구애행동을 하기 시작할 것이다. 암컷을 따라다니기도 하고, 붉은귀거북의 경우는 긴 발톱을 암컷의 얼굴 옆에 대고 매우 빠르게 떨거나 흔드는 등의 행동을 보이기도 한다. 암컷이 구애를 받아들인 상태가 되면, 수컷은 암컷의 뒤로 올라타고 앉아 앞발의 발톱을 암컷의 배갑 가장자리에 걸어 몸을 지탱한다. 이후 자신의 꼬리를 암컷의 꼬리 밑으로 넣어 암컷의 총배설강과 맞대고 교미를 시작한다.

수생거북의 경우 물속에서 교미가 이뤄지므로 적당한 넓이의 교미장소를 제공해 줘야 한다. 이때 간혹 격렬한 교미행동으로 인해 교미 도중 호흡하는 것이 어려울 수도

1. 수중에서 이뤄지는 늑대거북의 메이팅
2. 메이팅을 하고 있는 별거북

있으므로 수위는 너무 깊지 않도록 조절해 주는 것이 좋다. 또 일부 종의 경우 평소에는 온순한 모습을 보이다가 교미기에 매우 사나워지는 경향이 나타나기도 하는데, 이와 같은 종은 교미가 끝날 때까지 사육주가 옆에서 경과를 지켜볼 필요가 있다. 어느 정도 편차가 있기는 하지만, 종에 따라 평균적인 임신기간에 대한 데이터가 있으므로 교미한 시기를 정확하게 알 수 있다면 대략적인 산란날짜도 알 수 있다. 따라서 메이팅을 마친 후에는 교미한 날짜를 정확하게 기록해 두는 것이 좋다. 특히 많은 개체를 사육하고 있는 경우라면, 차후 체계적인 번식프로그램을 위해 부모개체도 정확하게 기록해 두는 것이 좋겠다.

메이팅을 마친 암컷 거북은 임신기간 중 수컷이나 다른 개체로부터 분리된 별도의 공간에서 관리하는 것이 좋다. 그리고 이 시기에 알을 가진 암컷은 자신의 몸과 몸속의 알을 따뜻하게 유지하려는 습성이 있기 때문에 사육장의 온도는 다시 일상적인 사육온도보다 조금 더 높게 유지해 줘야 한다. 이후 사육자는 메이팅이 끝나고 나타나는 암컷의 행동변화에 항상 신경 쓰며 세심하게 관찰하도록 한다.

산란

메이팅을 마친 암컷은 종마다 다른 임신기간을 거쳐 산란하게 된다. 모든 종류의 거북은 육지에 알을 낳는다. 평생을 물속에서 생활하는 바다거북의 경우도, 교미는 물속에서 이뤄지지만 산란을 위해서는 반드시 육지로 올라오게 된다. 따라서 완전수생종의 거북이라 할지라도 산란일이 가까워져 오면 알을 낳을 수 있는 육상 부분을 제공해 줘야 한다.

자라가 산란해 놓은 자리

자연상태에서는 천적의 위험으로부터 비교적 자유로운 한밤중이나 새벽녘에 주로 산란하지만, 사육하에서는 여건만 되면 시간에 구애받지 않고 언제든 산란한다. 또한, 자연상태에서는 어미가 적당한 위치에 직접 구덩이를 파고 알을 낳기 때문에 알이 깨지거나 유실될 우려가 비교적 드물지만, 사육장 내에서는 별도로 설치한 산란공간이 아니라면 충분한 깊이와 습도를 갖춘 바닥재가 없는 경우가 대부분이므로 산란을 확인한 즉시 인큐베이터로 알을 옮겨야 한다.

■산란장의 환경 : 암컷은 산란시기가 가까워지면 불안
해하는 모습을 보이고, 같은 공간에 있는 동종에 대
한 공격반응이 증가하며, 바닥재를 파헤치거나 수생
거북의 경우 수조를 이탈하려는 행동이 심하게 나타
나기 시작한다. 이때 보유하고 있는 사육장의 크기가
충분하다면 사육장 내에 알을 낳을 만한 장소를 마
련해 주기도 하지만, 보통은 여의찮기 때문에 별도의
산란상자를 제작해서 사용하는 경우가 많다.
자연상태에서 거북이 산란장소로 선택하는 공간은
조용하고 따뜻하며, 어느 정도 습기를 유지하고 있는

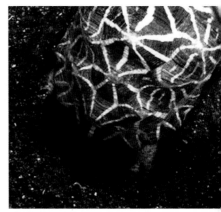

산란할 구멍을 파고 있는 별거북의 모습

곳이다. 따라서 사육하에서도 이와 비슷한 환경을 제공해 산란을 유도하는 것이 좋다. 또
한, 자연상태에서 알을 낳는 시간까지 고려한다면 산란장을 어둡게 유지해 주는 것이 좋
다. 그러나 아무것도 보이지 않을 정도로 너무 완벽하게 어둡게 해주면 산란행동을 하지
않고 그대로 잠들어 버리는 경우가 있으므로 간접조명을 제공하는 것이 필요하다.
별도의 독립된 공간에 피트모스나 에코어스, 물기를 머금은 모래 등 부드러운 바닥재를 살
균한 다음 깔아준다. 배갑길이 이상의 깊이로 넉넉하게 깔고, 거북이 들어갈 충분한 크기
의 은신처를 설치한다. 이때 산란장의 바닥재는 절대 건조해서는 안 된다. 거북의 알은 조
류의 알처럼 알 내의 수분증발을 완벽하게 억제하지 못하기 때문에 산란장 내의 습도가 부
족하면 말라서 폐사하게 된다. 따라서 산란장 내의 바닥재는 어느 정도 습도를 유지할 수
있는 소재를 선택해 깔아주는 것이 좋다. 자연상태에서 거북은 산란지의 습도가 알을 부화
시키기에 부족하다고 느낄 경우 자신의 소변으로 땅을 축축하게 만들기도 한다.
습도와 마찬가지로 바닥재의 온도가 지나치게 낮으면 거북이 산란에 적당하지 않은 장소
라고 판단하고 산란을 지연시키는 경우가 있기 때문에 산란장 바닥재의 온도는 28~30℃
로 유지하는 것이 좋다. 다만 이때 지나치게 강한 열원을 사용하면 바닥재의 습기가 제거
될 수 있으므로 산란장 내의 습도유지에 각별히 주의해야 한다. 대부분의 거북은 산란기에
2회 이상 산란하므로 1차 산란 이후에도 촉지법으로 알이 남아 있는지 확인하고, 산란을
완전히 마쳤다고 판단될 때까지 여러 번 산란상자에 넣어주는 것이 좋다.

일반적인 촉지법

■촉지법을 통한 알의 유무 확인 : 임신한 암컷이 산란 행동을 보일 경우 몸을 들어 올려 뒷발이 시작되는 바로 앞부분의 부드러운 부위를 손으로 눌러보면 알이 있는 것을 확인할 수 있을 것이다.

얌전한 성격의 소형종 거북은 이렇게 몸을 들어 올려 쉽게 확인할 수 있다. 그러나 늑대거북이나 악어거북 및 기타 대형 반수생종 거북의 경우 물 밖에서 사나워지거나 불안해하는 경향이 있기 때문에 주의해야 한다. 이와 같은 모습을 보일 때 강제로 물 밖에서 촉지법을 실시하게 되면, 갑작스럽게 나타나는 행동에 사육자가 당황하면서 거북을 떨어뜨려 다치게 할 우려가 있고 또 사육자가 다칠 수도 있다. 따라서 수위가 낮은 물그릇에 넣어 안정시킨 후 물속에서 확인하는 방법을 이용하는 것이 안전하다.

참고로, 거북류에 있어서 알의 형태는 원형과 타원형의 두 가지 종류를 볼 수 있다. 바다거북과 같이 다산하는 종의 경우는 보통 알 모양이 원형인데, 이는 원형이 한정된 공간에 가장 많은 알을 보호할 수 있는 형태이고, 부피에 대한 표면적의 비율이 낮아 알이 건조해지는 것을 방지하는 데 도움이 되기 때문에 채택된 진화의 결과다.

■알 옮기기 : 파충류는 대부분 알이나 새끼를 돌보지 않는 경향이 있는데, 거북도 예외는 아니다. 산란을 마친 거북은 바닥재로 알을 덮고 자리를 떠나려는 행동을 보이므로 어미는 사육장으로 돌려보내고, 알은 조심스럽게 꺼내 미리 준비해 둔 인큐베이터로 옮긴다. 산란상자의 바닥재 소재가 무기질이 아니라면 발생 중에 알에 묻은 유기물이 썩으면서 알이 오염되는 경우가 있으므로 바닥재가 심하게 묻은 알은 이물질을 제거해 줄 필요가 있다.

이때 너무 청결하게 씻으려 하지 말고 오염만 제거하는 정도로 가볍게 세척하도록 한다. 반수생종의 알은 물로 씻어 직접적으로 오염을 제거하는 경우도 있지만, 개인적으로는 자연상태에서와 마찬가지로 가급적 물이 닿지 않게끔 가볍게 닦는 정도로 오염을 제거하는 방법을 선호한다. 산란장 내 바닥재의 소재가 버미큘라이트처럼 썩지 않는 무기질이라면, 바닥재가 묻은 채로 그냥 인큐베이터로 바로 옮겨도 무방하다.

교미를 했음에도 알을 낳지 않는 경우

개체가 미성숙할 때 / 동면기의 기온이 적절하지 않았을 경우 / 정자가 독소의 영향을 받았을 경우 / 산란횟수
가 지나치게 많았을 때 / 산란지의 온도가 적절하지 않을 때

간혹 산란환경이 조성되지 않았을 때 물거북은 수조 안에서 그대로 알을 낳기도 하는데,
너무 오랜 시간 방치되지만 않았다면 즉시 인큐베이터로 옮길 경우 부화가 가능하기도 하
다. 하지만 무정란(알 색깔이 노란색에 가깝다)이거나 물속에 장시간 방치돼 있었다면 부화하기
어렵다. 외국의 브리더들 역시 물속에 낳은 알은 대부분 포기하는 경우가 많다.

인공부화

현재 국내에서 인공사육하에 있는 거북의 자연부화에 성공했다는 이야기는 들은 바가 없
다. 인공사육하에서 거북을 자연부화시키려면 우선 충분한 사육공간이 확보돼야 함은 물
론이거니와, 사육장 내의 환경이 자연상태와 거의 동일하게 유지돼야 한다. 메이팅과 산란
에 필요한 모든 조건이 완벽하게 충족됐다고 할지라도 부화에 실패할 수 있는 경우의 수가
너무나 많다. 이와 같은 이유로 사육하에서 산란한 거북의 알은 별도의 공간에서 인위적인
인큐베이팅 과정을 거쳐 인공부화시키는 것이 일반적이다.

■**인큐베이터 제작** : 인큐베이팅용 상자를 사육주가 직접 제작할 때, 상자 내의 습도만 효과
적으로 유지해 줄 수 있다면 소재와 형태에 있어서 특별한 제약은 없다. 그러나 일반적으
로 온·습도 유지가 용이한 아이스박스를 이용하는 경우가 많다. 인큐베이팅용 바닥재로는
보통 버미큘라이트(vermiculite; 질석을 약 1000℃로 구운 것)를 사용하는데, 물과 버미큘라이트를
1:1의 비율로 섞어 깐 다음, 엄지로 눌러 자리를 잡은 후 알을 약 2/3 정도 묻어준다.
버미큘라이트는 우리말로 질석(蛭石)이라고도 한다. 버미큘라이트는 사문암지대에서 주로
생성되는 흑운모의 변질작용에 의해 만들어지는 알루미늄, 마그네슘, 철의 수산화규산염
으로 된 점토광물이다. 운모와 같은 결정구조를 가지고 있고 수분을 함유하고 있는 특이한
광물로, 900~1000℃로 가열하면 층 사이에 있던 수분이 증기로 변하면서 그 압력으로 인해
격자층이 6~30배 정도 박리·팽창해 벌레 모양으로 분리된다.

시판되고 있는 여러 가지 인큐베이터들

영어명 '버미큘라이트(vermiculite)'의 어원인 라틴어의 '베르미쿨라이(vermiculae)'는 지렁이를 의미한다. 다공질(多孔質)이고, 화학적으로는 독성이 없고 안정돼 있으며, 흡수력이 좋아서 내열재 및 방음재로 널리 이용되고 있는 소재다. 파충류의 경우에는 인큐베이팅 소재로서 많이 이용된다. 국내에서도 충남 예산군에 위치한 고덕광산에서 생산되고 있는데, 생산량이 적어 거의 수입에 의존하고 있다.

버미큘라이트가 가장 일반적인 인큐베이팅용 바닥재 소재기는 하지만, 사육자에 따라서는 펄라이트(pearlite; 진주암, 흑요석 따위를 부순 다음 1000℃ 안팎에서 구워 다공질로 만든 것)나 수태 등 다른 소재를 사용하기도 한다. 인큐베이팅용 바닥재의 3가지 조건, 즉 오염원이 발생하지 않는 무기질, 습도를 잘 보존할 수 있는 소재, 알에 손상을 주지 않는 부드러운 소재 등의 조건만 충족된다면 인큐베이팅용 바닥재로 사용되는 소재에 별다른 제약은 없다. 개인적으로 펄라이트는 버미큘라이트에 비해 입자가 크고 거칠며 알을 묻기가 어렵다고 생각하기 때문에 인큐베이팅 시 자주 사용하는 소재는 아니다. 그러나 펄라이트로도 성공적으로 번식시키는 사육자도 많다.

■**알 옮기기** : 산란을 마친 거북은 바닥재로 알을 덮고 자리를 떠나는데, 산란을 끝낼 때까지 충분한 시간을 두고 기다렸다가 완전히 마쳤다고 판단되면 덮인 흙은 치우고 알을 조심스럽게 꺼내 인큐베이터로 옮긴다. 이때 알 상단에 윗면을 나타내는 표시를 해두는 것이 중요한데, 알을 옮기는 과정에서 위아래가 바뀌면 발생이 진행되지 않을 수도 있기 때문에 인큐베이팅 상자로 옮기기 전에 반드시 알의 윗부분을 펜으로 표시해 둬야 한다.

알을 인큐베이팅용 상자로 옮기고 난 후 산란일자, 종, 인큐베이팅 설정온도 및 습도 등의 내용을 알에 기록해 둔다. 산란일을 기록해 놓으면 대략적인 부화일을 짐작할 수 있고, 사육주는 부화일에 맞춰 대비할 수 있다. 또한, 거북은 인큐베이팅 시의 온도로 성별이 결정

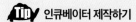 **인큐베이터 제작하기**

준비물
스티로폼박스나 아이스박스 등 보온이 되는 박스 1개 / 알을 담을 작은 박스 / 부화용 바닥재(버미큘라이트, 펄라이트 등) / 히터 혹은 열판 등의 열원 / 온·습도계 / 자동온도조절기 / 받침대(벽돌 등) / 받침대 위에 올릴 망

제작법
1. 밀폐가 가능한 큰 통에 일정량의 물을 채우고 히터 등의 열원을 설치한다. 열원이 작동하면 물이 증발하고 부화에 필요한 습도를 제공하게 된다.
2. 물 밖으로 나올 정도의 받침대를 바닥에 설치하고, 그 위에 알을 넣을 밀폐된 작은 통을 하나 더 설치한다. 이 상자에는 공기 구멍을 반드시 뚫어줘야 한다. 공기가 통하지 않으면 알도 질식해 썩어버리게 된다.
3. 통 안에 물에 적신 버미큘라이트를 넣는다. 이때 버미큘라이트가 완전히 물에 적셔지면 안 되고, 손으로 살짝 짰을 때 습도를 머금고 있을 정도면 충분하다.
4. 버미큘라이트 위에 알을 넣는다. 알은 위아래를 표시한 다음 하나하나 따로 넣어도 되고, 낳은 상태 그대로 넣어도 괜찮다. 하지만 가급적이면 하나하나 분리해서 넣는 것을 추천한다. 혹시 감염이 발생해 알이 썩을 경우 다른 알로 오염이 번지는 것을 최대한 방지하기 위해서다. 산란하고 시간이 좀 지났으면 알이 서로 붙어 떼기가 어려운데, 이 경우 억지로 떼어내려 하지 말고 그대로 인큐베이팅해도 무방하다.
5. 알 위에 물방울이 직접 닿지 않도록 처리한다. 덮개를 씌우거나 버미큘라이트로 최대한 덮기도 한다. 이는 통 상단에 맺힌 물방울이 직접적으로 알에 떨어지는 것을 막기 위한 조치다. 알이 썩을 수 있기 때문에 인큐베이팅 기간 중 물방울이 알에 직접 닿아서는 절대 안 된다. 매일 살펴보고, 혹 알에 맺힌 물방울이 있으면 바로 제거해 준다. 회복할 수 없을 정도로 오염이 진행된 알은 전염을 방지하기 위해 바로 제거한다.
6. 온·습도계를 설치한다.
7. 히터에 자동온도조절기를 부착하고, 인큐베이팅 온도를 설정한다.
8. 정기적으로 열원의 정상작동 여부를 확인하고, 통 안의 물을 보충하며, 알의 발생 정도를 관찰한다.

아이스박스로 만든 자작 인큐베이터

스티로폼박스로 만든 자작 인큐베이터

＊**알 휴면**(egg diapause; 휴면기를 이용한 인큐베이팅 기법) : 일반적으로 부화 시까지 일정한 온도를 유지하는 것과는 달리 몇몇 특수한 종의 경우 인큐베이팅 온도의 상승과 하강을 반복시켜야 성공적인 부화가 가능한 종이 있다. 거미거북이나 버마별거북, 펜케이크육지거북과 같은 종의 번식에 이용되는 방법이다.

1. 최초 5주는 30~31℃의 온도를 유지한다.   2. 다음 5주는 15~18℃의 온도를 유지한다.
3. 1과 2의 과정을 반복하다가 검란해 알에 기실과 핏줄이 보이면, 부화하기 전까지 30~31℃를 유지한다.

되므로 인큐베이팅 온도를 기록해 두면 기대되는 성별을 예측할 수 있다. 알 하나하나에 전부 기록할 필요는 없으며, 같은 클러치의 알에 항목을 나눠서 기록하면 된다. 사육자에 따라서는 인큐베이터 외부에 위의 내용을 기록한 별도의 기록지를 부착하기도 하지만, 경험상 분실되거나 인큐베이터를 여닫을 때 물이 묻어 내용이 지워지거나 실수로 소실되는 경우가 잦으므로 아예 알에 직접 표시하는 것이 관리상 편리할 것이다.

■**온·습도 관리** : 알을 옮겼으면 이제 본격적인 인공부화 준비에 들어간다. 성공적인 인큐베이팅을 위해 알아야 할 중요한 사항은 부화에 필요한 온도와 습도 조건이다. 거북의 알은 조류알처럼 습도를 완벽하게 보존하기 힘들기 때문에 온도보다는 습도가 더욱 중요하며, 인큐베이팅 중에 가장 많이 신경을 써야 할 부분은 건조와 과습이다. 절대 건조하지 않도록 습도를 적절하게 유지하되, 알에 직접적으로 물이 닿지 않게끔 하는 것이 좋다.

일반적으로 인큐베이터 내의 습도는 85% 정도, 온도는 29~34℃ 정도로 유지하는 것이 적당하다. 온대지역에 서식하는 거북은 여름철 실내온도(25~26℃) 정도로 유지해도 충분히 부화가 가능하지만, 열대지방에 서식하는 종이나 좀 더 따뜻한 곳에 서식하는 종일 경우 부화율을 높이기 위해서는 28~30℃ 정도로 높게 유지해 주는 것이 좋다.

■**알의 발생** : 일단 발생이 시작된 알은 가급적이면 움직이지 않도록 주의해야 한다. 거북의 알은 조류의 알과 달라서 인큐베이팅 중에 전란(轉卵; 부화 중인 알을 수직상태에서 앞뒤로 45~90° 기울여 굴려주는 것)을 할 필요가 없다. 오히려 과도하게 움직일 경우 발생이 중지될 수도 있기 때문에 한번 자리를 잡은 알은 부화할 때까지 절대 옮기지 않는 것이 좋다.

발생이 진행될수록 알에는 미묘한 변화가 생긴다. 알을 불빛이나 햇빛에 비춰 부화가 잘 되고 있는지 조사하는 것을 검란(檢卵)이라 하는데, 이 검란을 통해 인큐베이팅 기간에 혈관이나 기실(氣室) 등 알의 발생상태를 확인해 무정란이

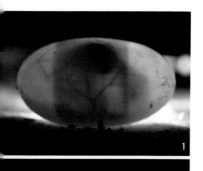

검란을 통해 유정란(1)과 무정란(2)의 차이를 쉽게 확인할 수 있다.

나 발생이 중지된 알을 제거한다. 갓 산란한 알은 반투명
하지만, 시간이 지남에 따라 흰색으로 변하고 알 가운데
기실이라는 흰색의 띠가 생긴다. 마니아들은 이 띠를 '백
탁(白濁)'이라는 이름으로 부르기도 한다. 흰 띠가 나타난
다는 것은 알의 내부에서 내용물이 형성되고 있다는 증거
로서 유정란이라는 의미로 이해할 수 있다. 산란한 지 10
일이 지났음에도 불구하고, 투명한 상태를 유지하고 백탁
도 나타나지 않는다면 무정란일 가능성이 크다.

유정란의 경우 알이 오래되면 내용물의 수분증발량도 증
가하므로 기실의 크기를 측정해 갓 산란한 알인지 어느 정
도 시간이 경과된 알인지를 판단할 수 있다. 발생이 진행
됨에 따라 기실의 크기는 줄어들게 된다. 유정란(有精卵; 수
정란)이란 수컷과 합사돼 있거나 교미를 할 수 있는 상태에
서 정상적으로 수정돼 낳은 알을 말하며, 적당한 환경이
갖춰지면 정상적으로 발생이 이뤄지고 부화된다.

단독사육 중인 젊은 암컷 개체가 번식 가능한 크기가 됐을
때 교미 없이 갑자기 산란하는 경우가 있는데, 이 알은 무
정란(無精卵; 미수정란)이다. 집에서 한 마리만 기르던 붉은귀
거북이 어느 날 갑자기 알을 낳았을 경우 등이 이에 속한
다. 무정란은 미수정란으로서 부화되지 않는다. 무정란

1. 백탁이 나타난 알   2, 3. 발생 중인 거북

은 발생이 이뤄지지 않기 때문에 인큐베이팅을 해도 며칠이 지나면 쪼그라든다고 알려져
있지만, 사육장 안의 습도가 적절하게 유지되면 무정란도 형태를 유지하는 경우가 있다.
따라서 어느 정도 시간이 지나면 발생이 진행되고 있는지 확인해 보는 것도 괜찮다.
인큐베이팅 시의 온도는 알의 발생속도는 물론 새끼의 성별까지도 결정한다. 거북을 포함
한 파충류의 알은 인큐베이팅 시의 온도에 따라 성별이 결정되므로 성별을 특정하고 싶으
면 그에 적정하게 인큐베이팅 온도를 조절하면 된다. 그뿐만 아니라 발생속도도 결정하므
로 온도를 이용해 부화기간까지 어느 정도 조절할 수 있다. 이렇게 정상적으로 알의 발생

그리스육지거북의 메이팅(Greek tortoise, *Testudo graeca*)

이 진행되고 있다면, 예정부화일까지 이동한다거나 진동이 생기지 않도록 주의하고 안정을 유지한다. 정기적으로 인큐베이터 내의 습도가 유지되고 있는지도 확인하도록 한다.

■**온도에 따른 성별 결정** : 다른 파충류와 마찬가지로 거북도 부화 시의 온도와 같은 외부요인에 따라 성별이 결정된다(temperature-regulated sex determination, TSD). 거북과 같은 변온동물은 성염색체가 존재하지 않고 온도 등의 외부요인에 따라 알에서 생성되는 호르몬이 달라지기 때문이다. 이처럼 온도에 의존하는 성 결정 기구를 지닌 거북은 성비의 균형이 유지될 수 있도록 적절한 환경에서 알을 낳는데, 온도에 따른 성의 결정은 종에 따라 차이가 있다.

이렇게 고정돼 있지 않은 성비는 외부요인에 따라 그 비율이 유동성을 가짐으로써 나름대로 종의 번영에 기여하는 장점도 있다. 하지만 저온현상이나 고온현상이 계속돼 서식환경에 변화가 생기면, 변온동물인 거북은 생존에 위협을 받기 때문에 더 많은 새끼를 생산하기 위해 암컷이 더 많이 태어난다. 이러한 특징 때문에 앞으로 지구온난화가 가속된다면 성별의 불균형으로 인해 거북을 포함한 많은 종류의 파충류가 멸종에 이를 위험이 따른다. 거북 사육자로서 우리가 거북을 기르면서 환경보전에도 관심을 가져야 하는 이유다.

이러한 특징은 번식자가 원하는 성별의 새끼만을 얻을 수 있도록 해주기도 한다. 시중에 유통되는 거북은 암컷이 많은데, 이는 거북농장에서 부화기간을 단축시킴으로써 생산량을 늘리기 위해 비교적 높은 온도에서 인큐베이팅을 하기 때문이다. 그 결과로 부화기간이 짧아지기도 하지만 암컷이 더 많이 태어나는 것이다.

부화

거북알은 병아리처럼 정확한 날짜에 부화되는 것이 아니기 때문에 부화예정일이 가까워져 오면 좀 더 자주 인큐베이터를 살피며 부화에 대비해야 한다. 이때 사육자에 따라서는 부화 직전의 알을 수분이 충분히 함유된 바닥재가 깔린 별도의 부화공간으로 옮기기도 한다.

부화일이 되면 새끼의 주둥이 끝에 난치(卵齒, egg tooth)[1] 가 발달해 그것으로 알을 깨거나 앞발로 알을 찢어 세상에 나올 준비를 한다. 이 과정에서 처음에는 알에 가

1. 부화 중인 중국상자거북(Chinese box turtle, *Cuora flavomarginata*). 둥근 원 안에 보이는 돌기가 난치다. 2. 난황자국

느다란 실금이 생기며, 차츰 금이 커지면서 안의 점액질이 바깥으로 흘러나오기도 하고 호흡에 따라 알 표면에 거품이 생기기도 한다. 새끼는 알을 깨고 바로 세상으로 나오는 것이 아니라 알 속에 당분간 머무르면서 호흡도 하고, 난황이 몸속으로 완전히 흡수되고 주위가 안전해졌다고 판단될 때까지 기다린다. 스스로 안전하다고 느껴지지 않으면 난각 안에서 나오지 않으려고 할 수도 있으므로 가급적 조용하고 안정된 상태를 유지해야 한다.

알에 실금이 생겼을 때 알껍데기를 조금 찢어 거북이 알에서 나오기 쉽도록 도와주는 정도는 괜찮지만, 그 시기에 일부러 알을 찢어 새끼를 직접 밖으로 꺼내줄 필요는 없다. 처음 실금이 생긴 시기에 강제로 새끼를 꺼내면 배 부분에 노란색 난황(卵黃; 발생 중인 배의 양분이 되는 영양물질)을 단 채 알 밖으로 나오게 된다. 시간이 지나면 알 밖에서도 난황이 점점 체내로 흡

---

1 알이 부화될 때 배(胚)의 주둥이 위에 형성되는 돌기 모양의 단단한 조직을 난치라 한다. 난치는 알껍데기나 난황을 부수는 기능을 갖는데, 부화가 끝나면 서서히 퇴화되거나 탈락된다.

1, 2. 중국상자거북알이 부화하고 있는 모습 3, 4. 별거북알이 부화하고 있는 모습

수되기는 하지만, 그 시간 동안 움직임이 자유롭지 못하고 감염의 위험도 있다. 따라서 알 속에서 난황이 체내로 충분히 흡수될 수 있도록 기다린 다음, 스스로 알 밖으로 나오게 하는 것이 좋다. 난황이 완전히 몸속으로 흡수되고 안전하다고 판단하면 거북은 스스로 알에서 나오게 된다.

부화 이후 유체의 관리
새끼의 몸에 난황이나 제대(umbilical cord; 혈관이 지나는 띠 모양의 기관. 산소와 영양소 공급)가 아직 붙어 있는 동안은 움직임에 방해가 되기 때문에 능숙하게 움직일 수 없다. 또한, 반수생종 거북이라 할지라도 잠수나 부상 능력이 완전히 발달하지 않은 상태이기 때문에 갑자기 물에 넣으면 문제가 생길 수 있다. 따라서 난황이 완전히 체내로 흡수될 때까지는 안전한 곳에서 축양하다가, 어느 정도 안전하다고 판단되면 별도의 유체 축양용 사육장으로 옮겨 관리한다.

반수생종 거북의 경우에는 수류가 너무 강하지 않고 수조 내에 얕은 물과 육상부가 있는 사육장으로 옮기는 것이 좋다. 이때 물이 있는 부분은 거북이 서 있을 때 발이 바닥에 닿는 정도의 높이를 유지하면 된다. 한편, 거북은 태어날 때 가지고 있던 난황만으로도 상당 기간 영양공급이 가능하므로 먹이 먹는 모습을 빨리 보고 싶은 욕심이 생기더라도 너무 성급하게 먹이를 급여하는 것은 좋지 않다.

인공사육환경이 천적의 위험(자연상태에서처럼)은 없는 조건일지라도, 부화 이후 6개월까지가 거북의 생애에서 가장 위험한 시기라고 할 수 있다. 이 시기의 거북은 면역력이 떨어지고 거북을 보호해 주는 피부 역시 건조한 상태에서 오래 견딜 수 없으며, 수질오염과 온도조건에도 매우 취약한 시기다. 이러한 이유로 미국은 부화 후 1년 미만의 새끼거북은 수출 및 교육적 목적을 제외하고는 상업적 유통을 금지하고 있을 정도다. 그런 만큼 성체 거북의 경우보다 더욱 세심한 관리가 필요하다고 하겠다.

부화 이후에 축양 성공률을 높이기 위해서는 단독사육을 권장한다. 거북은 기본적으로 단독생활을 하는 생물이기 때문이다. 부득이하게 합사할 때는 사육장 환경을 청결하게 유지할 수 있도록 사육밀도를 적절하게 조절해야 한다. 거북은 보통 부화하고 처음 몇 달 동안은 성

1년 간격으로 부화된 새끼거북의 모습

장속도가 빠르다가 그 이후에는 천천히 성장하게 된다. 따라서 부화하고 몇 달간은 영양관리에 신경 써서 최대한 많이 성장시키는 것이 좋다. 그러나 지속적으로 고성장시켜 일찍 성숙하게 하는 것은 여러 가지 측면에서 권장할 만한 일은 아니다. 급성장시키더라도 건강상의 문제가 반드시 생기는 것은 아니지만, 건강상 발생할 수 있는 다양한 위험부담을 감수하면서까지 급성장시킬 이유는 없다고 하겠다.

여러 가지 변이개체

현재까지 국내에서 인공번식된 거북의 변이개체에 대한 소식은 듣지 못했지만, 인큐베이팅을 하다 보면 간혹 특이한 변이개체가 태어나는 경우도 있다. 대표적인 것이 쌍두거북이나 알비노(백변개체)인데, 그 특이한 색채와 외모로 사육자들에게 많은 관심의 대상이 되고 있다. 이러한 변이개체들은 정상개체에 비해 사육난이도가 상대적으로 높은 경우가 많지만, 그만큼 희소가치가 있어 정상개체보다 훨씬 높은 가격에 거래가 이뤄지고 있다.

유전적인 변이개체는 아니지만, 녹모귀(綠毛龜)라는 독특한 거북도 사육되고 있다. 거북의 등에 이끼와 같은 수생식물이 부착돼 성장한 것으로서, 해당 종의 이름 대신에 일반적으로 녹모귀라고 불린다. 보통은 중국산 연못거북(Pond turtle)의 등에 쉽게 부착된다고 알려져 있는데, 붉은귀거북이나 사향거북(Musk turtle) 등 다른 종의 거북에게서 나타나기도 한다. 중국에서는 녹모귀의 아름다움을 겨루는 콘테스트도 열리고 있다. 다음 페이지에 소개되는 개체들은 국내에서 볼 수 있는 몇 가지 변이개체의 유형이므로 참고하도록 하자.

1, 2. 알비노거북(유전자 이상으로 몸에서 멜라닌이 생성되지 않는 개체)　**3, 4, 5.** 루시스틱 거북(유전자 이상으로 몸은 하얗게, 눈은 검게 변한 개체. 알비노보다 발현빈도가 낮다)　**6.** 녹모귀

Chapter 08

거북의 주요 종

거북의 분류방법에 대해 알아보고, 주요 종의 종류
와 특징, 서식현황, 사육방법, 번식과정 등에 대해
알아본다.

거북의 주요 종

파충류(reptile)는 다음과 같이 총 4개의 무리로 나뉜다. 학자에 따라 세부분류와 포함되는 종의 수에 대한 이견은 조금씩 있지만, 현재 거북류(거북목-Testudines) 360여 종, 옛도마뱀류(옛도마뱀목-Sphenodontia) 1과 2종, 유린류(유린목-Squamata) 6900여 종(도마뱀아목 4000여 종+뱀아목 2900여 종), 악어류(악어목-Crocodilia) 3과 23종으로 정리해 볼 수 있다.

거북의 분류

이 가운데 거북은 거북목에 속하며, 360여 종이 남극과 북극을 제외한 세계 각지의 열대, 아열대, 온대지방에 분포돼 있다(대부분 따뜻한 열대나 아열대지방에 서식한다). 서식하는 장소에 따라 육지거북, 반수생거북, 바다거북으로 나누기도 하는데, 담수에서 사는 반수생거북이 1/3로 가장 종수가 많다. 우리나라에는 장수거북(Leatherback sea turtle, *Dermochelys coriacea*), 붉은바다거북(Loggerhead sea turtle, *Caretta caretta*), 푸른바다거북(Green sea turtle, *Chelonia mydas*), 매부리바다거북(Hawksbill sea turtle, *Eretmochelys imbricata*), 올리브각시바다거북(Olive ridley sea turtle, *Lepidochelys olivacea*), 남생이(Chinese pond turtle, *Mauremys reevesii*), 자라(Softshell turtle) 등 7종의 거북이 서식한다고 알려져 있다.

헤르만육지거북(Hermann's tortoise, *Testudo hermanni*)

거북목의 분류

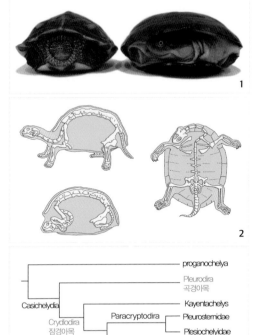

거북목(Testudines 또는 Chelonia)은 서식하고 있는 환경에 따라 육지거북, 담수거북(반수생 거북), 바다거북으로 나뉘기도 하지만, 일반적으로 목을 구부리는 방식에 따라 잠경아목(潛頸亞目, Cryptodira)과 곡경아목(曲頸亞目, Pleurodira)의 두 가지로 크게 구분된다.

서식환경, 식성, 크기 등 거북을 분류하는 다양한 기준들이 있지만, 학문적으로 가장 명확하게 거북을 나누는 방법은 이렇게 목을 갑 안으로 넣어서 보호하느냐, 갑 옆으로 붙여서 보호하느냐를 기준으로 분류하는 것이다.

■ **잠경아목**(潛頸亞目, Cryptodira=arch necked turtle) : 머리가 갑 속으로 완전히 들어가는 거북이 포함되는 아목이다. 머리를 세로방향 S자로 접어서 몸 안으로 넣는 종들이 잠경아목에 속하며, 곡경아목 거북보다는 좀 더 진화한 형태라고 볼 수 있다. 육지와 바다 그리고 담수에 사는 현생종 거북의 대부분이 망라돼 있다. 바다거북과(Cheloniidae), 장수거북과(Dermochelyidae), 자라과(Trionychidae) 등 학자에 따라 9~10개 과로 분류한다.

1. 잠경아목(좌)과 곡경아목(우)의 실물 비교 2. 잠경아목(좌)과 곡경아목(우)의 골격 비교 3. 잠경아목과 곡경아목의 분류표

■ **곡경아목**(曲頸亞目, Pleurodira=side necked turtle) : 머리가 갑 속에 들어가지 않는 거북이 포함되는 아목이다. 갑의 가장자리 아랫부분에 목을 옆으로 움츠려 붙이는데, 머리를 가로방향 S자로 접어서 몸 옆으로 붙여 넣는 종이 속한다. 남반구(아프리카, 남아메리카, 오스트레일리아)에서만 발견되며, 이 아목에 속하는 거북은 약 70종이 서식하고 있다. 잠경아목의 거북보다는 원시적인 형태로 여기에 속하는 종은 모두 수생거북이며, 전 종이 담수에 서식한다.

거북 분류표

Natura - nature
  Mundus Plinius - physical world
    Naturalia
      Biota
        Domain Eukaryota(진핵생물)
          Kingdom Animalia(동물계)
            Subkingdom Bilateria(좌우대칭동물아계)
              Branch Deuterostomia(후구동물상문)
                Infrakingdom Chordonia
                  Phylum Chordata(척색동물문)
                    Subphylum Vertebrata(척추동물아문)
                      Infraphylum Gnathostomata(유악하문)
                      Superclass Tetrapoda(사지상강)
                        Series Amniota(양막류)
                          Class Sauropsida(파충강) Subclass Anapsida(무궁아강)

Order Testudines(거북목)
    Family † Proganochelyida(† 표시는 절멸종)
    Family † Australochelidae

Suborder Pleurodira(곡경아목)
        Family † Dortokidae
    Family Podocnemididae
    Family Pelomedusidae
    Family Chelidae

Suborder Cryptodira(잠경아목)
        Family † Baenidae
        Family † Glyptopsidae
        Family † Kayentachelyidae
        Family † Solemydidae
    Superfamily Baenoidea
        Family † Meiolaniidae
    Superfamily Chelonioidea
        Family † Plesiochelyidae
Family † Protostegidae
Family † Toxochelyidae
Family Dermochelyidae
Family Cheloniidae™
    Superfamily Trionychoidae
        Family Kinosternidae
Family Dermatemydidae
Family Carettochelyidae
Family Trionychidae™
    Superfamily Testudinoidea
        Family † Adocidae
Family Chelydridae
            Genus † *Acherontemys*
            Genus † *Chelydrops*
            Genus † *Chelydropsis*
            Genus † *Gafsachelys*
            Genus † *Hoplochelys*
        Subfamily Chelydrinae
        Subfamily Platysterninae
Family Bataguridae
        Subfamily Batagurinae™
        Subfamily Geoemydinae
Family Emydidae
            Genus † *Echmatemys*
            Genus † *Gyremys*
       Subfamily Emydinae™
            Genus *Clemmys*
            Genus *Emydoidae*
            Genus *Emys*™
            Genus *Glyptemys*
            Genus † *Terrapan*
            Genus *Terrapene*
       Subfamily Deirochelyinae
Family Testudinidae™

주요 종의 소개

사실 제8장을 정리하면서 가장 많이 고민해야 했다. 다른 장들은 그냥 주제를 잡고 관련 내용을 충실하게 채워가면 됐지만, 이 장은 거북의 이름을 한국어로 풀어 써야 할지 그냥 영어명 그대로 옮겨 써야 할지부터 시작해서 어느 종에 우선순위를 두고 정리해야 할지, 거북들을 어떤 식으로 분류해야 할지, 페인티드 터틀이나 머스크 터틀처럼 여러 아종이 다양하게 수입된 경우 각 아종에 대한 설명을 전부 따로 해야 할지 아니면 포괄적으로 하나의 종으로 다뤄야 할지, 어느 종을 포함시키고 어느 종을 제외해야 할지 등에 이르기까지, 실제로 각종의 내용을 정리하는 것보다 이런 것들에 대해 고민하는 시간이 더 많았던 것 같다.

오랜 고민 끝에 다음과 같이 결론을 내렸다. 우선 완전수생종인 돼지코거북을 시작으로 완전수생의 스내핑 터틀을 소개한 다음 사향거북과 진흙거북, 기타 반수생거북과 습지거북 그리고 육지거북 등 수생생활의 경향이 높은 종부터 낮은 종의 순으로 정리하기로 했다. 또한, 서식환경에 따른 분류는 아니지만, 곡경목거북과 자라류 그리고 한국의 야생에 서식하는 3종(자라, 남생이, 붉은귀거북 등의 3종. 각각의 법률적인 내용을 곁들여 설명했다)의 거북은 따로 떼어서 서술하기로 했다(바다거북은 개인적인 사육이 허가되지 않는 종이므로 본서에서는 다루지 않겠다).

본서는 전문적인 학술서가 아니다. 따라서 비록 학문적인 분류법에는 상당히 어긋나더라도, 일반인들이 거북을 기르면서 필요할 때 가장 찾아보기 쉽도록 정리하는 것이 최선이라고 생각했기 때문에 조금은 이상한 분류를 택하게 됐다. 이 부분에 대해서는 독자 여러분의 너그러운 이해를 바란다. 가급적이면 많은 종을 소개하려고 노력했으나 아종은 따로 분류하지 않고 하나의 종으로 정리했으며, 예전에 국내에 소개된 적이 있으나 현재는 보기 어려운 종은 제외했지만 앞으로 다시 도입될 가능성이 있다고 판단되는 종, 혹은 국내에 도입은 되지 않았으나 중요하다고 생각되는 종은 간략하게나마 소개했다.

그럼, 지금부터 반려동물로서 국내에 소개된 다양한 거북들 가운데 상대적으로 사육개체 수가 많은 종을 우선해 각각의 종에 대한 기본적인 정보와 실제로 해당 종을 사육하고자 할 때 미리 알아두면 도움이 될 만한 내용들에 관해 살펴보도록 하자.

다이아몬드백 테라핀(Diamondback terrapin, *Malaclemys terrapin*)

거북은 상당히 오랜기간 동안 인간에게 좋은 반려동물이 돼줄 수 있다.

돼지코거북

- **학　명** : *Carettochelys insculpta*
- **영어명** : Pig-nosed turtle, Fly River turtle, Pitted-shelled turtle, Plateless turtle
- **한국명** : 돼지코거북
- **서식지** : 오스트레일리아 북부 및 파푸아뉴기니 남부, 인도네시아의 이리안자야
- **크　기** : 평균 40cm 내외. 최대 70cm, 20kg까지 성장한다.

호주 노던준주(Northern Territory)의 민물 개울, 석호 및 강, 뉴기니섬에 서식하는 토착종이다. 파푸아뉴기니의 플라이강(Fly River) 지류에서 처음 발견됐다고 해서 플라이 리버 터틀(Fly River turtle)로도 알려져 있다. 1886년 시드니박물관의 큐레이터였던 램지 박사(Dr. Ramsey)에 의해 신종으로 등록됐다. 파푸아뉴기니에서는 비교적 일찍 발견됐지만, 오스트레일리아에서는 1969년에 와서야 발견된 종이다. 완전수생종으로 산란할 때를 제외하고는 평생을 물속에서 살아가기 때문에 자세한 생태는 알려져 있지 않다. 하지만 거북 중에서도 형태적으로나 생태적으로 아주 독특한 위치를 점하고 있는 종이라는 것은 부인할 수 없는 사실이다.

외형

외관상으로만 보면 자라처럼 무늬 없이 밋밋한 갑을 가지고 있지만, 자라와는 달리 보통의 거북처럼 갑이 딱딱한 것을 확인할 수 있다. 본종이 지닌 또 하나의 특징은, 담수거북임에도 불구하고 바다거북의 지느러미와 유사한 형태의 발을 가진 거북이라는 점이다. 바다거북을 제외하고, 이러한 형태의 다리를 가지고 있는 거북은 돼지코거북이 유일하다.

체색은 배갑을 포함해 위쪽에서 보면 회색, 복갑은 분홍색이나 흰색을 띠고 있으며, 다리는 회색이다. 체색을 제외하고는 전체적으로 아무런 무늬가 없으며, 어릴 때와 성체 때의 체색 차이는 거의 없다. 어릴 때는 배갑 중앙에 용골이 있고 가장자리가 톱니 형태를 띠고 있어 스스로를 보호하지만, 성장하면서 서서히 무뎌진다. 여러 가지 이름으로 불리고 있는데, 무엇보다도 앞으로 돌출된 독특한 형태의 코 때문에 일반인에게는 '돼지코거북'이라는 이름이 친숙하다. 다른 종에 비해 성별의 구별이 어렵지만, 어느 정도 성장하면 체고로도 암수구분이 가능하다. 수컷은 체고가 낮고, 암컷은 수컷에 비해 좀 더 높은 편이다.

본종은 거북과 자라의 중간 단계에 위치한 거북으로 분류상으로는 거북목(Testudines) 자라사촌과(Carettochelydidae)에 속하는데, 자라사촌과로서는 현재 유일하게 지구상에 남아 있는 1과1속1종의 모노타입(monotype; 종이나 속을 구성하는 단일한 형을 이름, 단형·單型)이다.

서식 및 현황

숨어 있는 것을 좋아하기 때문에 유속이 느리고 바닥에 모래나 진흙이 충분하게 깔린 지역에 서식하는 것을 선호하며, 앞다리로 바닥의 모래를 파서 배갑에 끼얹는 행동을 보인다.

낮에도 활동하기는 하지만, 주로 밤에 활발하게 움직이며 먹이활동을 한다. 식성은 초식성에 가까운 잡식성으로 동물성 먹이보다는 식물성 먹이를 선호한다. 수조 내에서는 30cm 크기까지는 지속적으로 성장하다가 이후부터는 성장이 급격하게 둔화된다. 사육하에서의 수명은 10년 이내로 알려져 있다.

현지에서는 고기뿐만 아니라 알도 중요한 단백질 공급원으로 취급됐으며, 존재가 알려진 이후 반려용 판

헤엄을 치고 있는 돼지코거북의 모습. 마치 웃는 것 같은 표정이 귀여움을 자아낸다.

1. 돼지코거북의 복갑에는 무늬가 없다. **2.** 전체적으로 바다거북과 유사한 체형을 지니고 있다.

매를 목적으로 이뤄지는 남획 때문에 개체 수가 현저하게 줄어들고 있는 실정이다. 현재 '세계야생동물기금(WWF)'이 정한 '멸종위기 10종'에 올라와 있으며, 2005년부터 CITES II로 지정돼 보호되고 있다. 국내에서도 2005년 이전에는 드물지 않게 볼 수 있었지만, 이후에는 유통량이 급격하게 감소하면서 현재는 국내에서 유통되고 있는 숫자도 그다지 많지 않은 상황이다.

독특한 생김새와 온순한 성격으로 애호가들에게 인기가 많은 종이지만, 유통량이 많지 않기 때문에 국내에서 구하기는 쉽지 않으며 반려동물 숍에서는 전혀 구할 수 없다. 간혹 개인이 사육하고 있는 개체를 인터넷으로 분양하는 경우가 드물게 있으므로 인터넷 동호회를 통하면 그나마 입수할 가능성이 있겠다.

번식

건기인 9~11월, 저녁에 육상에 둥지를 만들고 7~40개의 알을 낳는다. 알은 약 70일 후에 부화하는데, 보통의 다른 거북처럼 부화 시의 온도가 높으면 암컷이, 낮으면 수컷이 많이 나온다. 성별 결정의 기준이 되는 온도는 31.6℃라고 알려져 있다.

사육환경

돼지코거북은 활동량이 많고 수영에 능하기 때문에 넓은 사육장을 제공하는 것이 좋다. 수위는 그다지 상관이 없지만, 자연상태에서 수류가 강하지 않은 곳에 서식하므로 여과기에서 나오는 물살의 세기와 방향을 조절해 줄 필요가 있다. 특히 간혹 어리고 약한 개체가 여과기의 입수구에 몸이 빨려들어가 죽는 경우도 생기므로 입수구를 적절하게 처리해 줘야 한다. 피부가 연해 화상을 입기 쉬우므로 수조 내에 설치되는 수중히터는 가급적 덮개가 있는 것을 사용하고, 위치 선정에 특별히 유의하도록 한다.

히터를 수조 구석 쪽에 너무 가까이 설치하는 것은 좋지 않다. 또 너무 굵은 바닥재는 거북이 먹이와 함께 삼켜 소화기장애를 유발하는 경우가 있으므로 바닥재의 굵기에도 마찬가지로 신경 써야 한다. 이는 많은 사육자가 바닥재를 전혀 깔지 않는 배어 탱크를 선호하는 이유기도 하다. 성격이 소심해서 갑자기 사육장을 두드리거나 놀라게 하면 빠른 속도로 달아나다 유리에 부딪혀 다치는 경우가 있으므로 가급적이면 자극하지 않도록 한다.

이상적인 수온은 주간 28~32℃, 야간 26℃다. 적정 pH는 8.0~8.3 선으로, pH나 수질이 안 맞을 경우 배갑에 흰색 반점이 생긴다. 세균이나 박테리아 감염에 취약한 종으로 감염을 방지하기 위해 사육수조 내에 산호사를 깔아 pH를 높여주기도 한다. 사전에 수조 내에 해수염을 투여(150L에 1컵 정도)하는 것도 질병예방책이 될 수 있다. 어린 개체는 특히 백점병에 취약하므로 수온의 급격한 변화는 좋지 않다. 증상이 나타나면 일어난 딱지나 피부는 제거하고, 1% 머큐로크롬액을 발라준 후 마를 때까지 기다렸다가 수조에 넣는 방식으로 치료한다.

먹이급여

먹이섭취량은 많으나 성장속도는 그다지 빠르지 않다. 먹이는 동물성과 식물성의 비율을 1:2 정도로 맞춰 급여한다. 초식을 선호하기 때문에 사육장 내에 식물이나 인공조화를 비치하는 것은 좋지 않다. 채소를 급여할 때는 그냥 물 위에 띄워주기도 하지만, 젓가락에 끼워 바닥에 가라앉혀 주면 좀 더 쉽게 먹을 수 있으므로 이런 급여방법도 고려할 만하다.

합사

비슷한 크기의 온순한 타종과의 합사는 가능하지만, 합사개체의 선별에는 주의해야 한다. 합사하는 거북이 너무 작으면 돼지코거북이 잡아먹거나 공격할 수 있고, 사나운 수생거북과 합사할 경우 오히려 돼지코거북이 공격받을 수 있다. 무엇보다도 같은 종에게 매우 공격적이므로 동종과의 합사는 절대 하지 않는 것이 좋다.

어류와의 합사도 가능하지만, 사나운 종, 가시가 있는 종이나 플레코(Pleco, *Hypostomus spp.*), 시노돈티스(*Synodontis*) 등 이끼를 갉아먹는 어종은 피하는 것이 좋다. 가시가 있는 종은 간혹 돼지코거북이 잡아먹었다가 가시 때문에 폐사하는 경우가 있으며, 플레코 종류는 돼지코거북의 갑 피부를 긁어먹는다.

모래를 파고드는 돼지코거북의 모습

늑대거북

- **학 명** : *Chelydra serpentina*
- **영어명** : Common snapping turtle
- **한국명** : 늑대거북, 커먼 스내핑 터틀
- **서식지** : 캐나다와 미국 전역, 과테말라 남부, 온두라스, 니카라과 동부, 코스타리카 파나마, 콜롬비아와 에콰도르의 저수지 및 강어귀, 기수역에 이르기까지 널리 분포
- **크 기** : 보통 20~30cm, 2~5kg. 최대 50cm, 35kg까지도 성장

악어거북과 구별하지 못하는 경우가 많지만, 일반인들에게 이름이 많이 알려져 있는 거북 가운데 하나다. 악어거북과 늑대거북은 모두 생태교란종으로 지정돼 수입과 개인 사육이 금지돼 있으며, 따라서 현재 분양받는 것이 불가하다. 생태교란종으로 지정되기 이전에 사육하던 개체는 '사육유예 신고'를 통해 죽을 때까지 다른 사람에게 분양하거나 번식시키지 않고 그대로 사육이 가능하기 때문에 현재도 국내에서 길러지고는 있다. 그러나 수입이 금지되고, 사육자들의 활동도 줄어들어 국내에서 점차 모습을 감추고 있는 단계에 있다.

외형

배갑의 색상은 짙은 갈색이나 검은색을 띤다. 배갑 상부에 악어거북과 마찬가지로 3줄의 용골(keel)이 있지만, 악어거북처럼 확연하지는 않고 성장함에 따라 점점 완만해진다. 배갑의 가장자리에는 톱니 모양의 비늘이 있다. 복갑의 색은 흰색이나 연한 갈색을 띤다. 머리가 큰 편이고 무는 힘이 강하며, 발톱이 길게 자라 물속에서 빠른 속도를 낼 수 있다.

북미늑대거북은 배갑의 형태가 뒤로 갈수록 넓어지는 부채꼴 모양이며, 목에 나 있는 돌기가 둥글다. 2개의 수염이 있으며, 늑대거북 가운데 가장 크게 성장한다. 플로리다늑대거북은 배갑의 뒤쪽이 그다지 넓어지지 않고 전체적인 체폭이 비슷하며, 북미늑대거북에 비해 목의 돌기가 날카롭다. 수염은 2개이고 얼굴은 약간 평평한 편이며, 추갑판이 넓다. 플로리다늑대거북과 북미늑대거북 두 종 외에 멕시칸, 온두라스, 니카라과, 에콰도르 등의 산지로 분류하고 있는데, 각 아종에 따라 체형과 발색에서 차이가 조금씩 나타난다.

서식 및 현황

서식지역이 상당히 넓지만, 서식하는 환경은 수심이 그다지 깊지 않은 저수지나 늪지대, 강어귀 등으로 거의 비슷하다. 카리스마 있고 튼튼해서 인기가 많은 종이기는 하지만, 성장함에 따라 점차 공격적인 성향이 드러나고 성장속도가 빨라 사육장 관리에 많은 어려움이 따른다. 이렇듯 사육관리 면에서 그리 용이한 종이라고 할 수는 없기 때문에 초보사육자나 어린아이가 도전하기에 적합한 거북은 아니다. 야생에서의 수명은 정확하게 알려져 있지 않지만, 캐나다 온타리오주에 위치한 알곤퀸공원(Algonquin Park)이 표식-재포획(mark-recapture) 방법으로 확보한 데이터에 의하면 최대 수명이 100년 정도 되는 것으로 보인다.

번식

교미를 마친 암컷은 평균 20~40개 정도의 알을 낳는데, 덩치가 큰 개체는 최대 70개 이상까지 산란하기도 한다. 알은 탁구공과 비슷한 원형을 띠고 직경은 3cm 정도이며, 약 3개월 후에 부화한다.

늑대거북은 보기와는 달리 상당히 긴 목을 지니고 있기 때문에 핸들링 시 세심한 주의를 요한다.

배갑의 용골은 악어거북만큼 두드러지지는 않는다.

다른 거북에 비해 복갑이 작다.

본종은 인공번식시키는 것 역시 그리 어렵지 않다. 늘대거북은 사육되는 거북 가운데 가장 튼튼한 종으로, 어린 개체에 있어서는 폐사가 간혹 발생하지만 일단 어느 정도 성장하면 웬만해서는 죽는 일이 거의 없다. 우리나라의 자연상태에서 월동하는 것도 충분히 가능하리라 예상되기 때문에, 붉은귀거북의 경우처럼 야생으로 방사돼 토종 생태계를 교란하는 일이 생기지 않도록 본종의 사육자는 특별히 주의해야 한다. 늘대거북이 야생화해 번식이 이뤄진다면, 그 피해는 붉은귀거북의 사례와는 비교도 되지 않을 정도로 클 것이다.

사육환경

육지에 올라와 일광욕을 하는 경우는 드물지만, 가끔 얕은 물가로 올라오기도 한다. 다른 완전수생종 거북들이 흔히 그런 것처럼, 물속에서는 온화한 편이지만 물 밖으로 나오면 굉장히 사나워진다. 사육하에서 대형 늘대거북은 히터를 물고 부수는 일이 잦기 때문에 수조 내에 히터를 설치할 경우 코너가드로 히터를 보호하거나 보호케이스가 있는 제품을 사용하는 것이 좋다. 유체 때 저온에 상당히 약한 경향이 있는데, 이 해츨링 시기만 잘 넘기면 그 이후로 폐사하는 경우는 드물다. 본종은 물 밖으로 나오면 사나워지는 경향이 특히 더 강하기 때문에, 사육장 밖으로 꺼낼 때 가장 주의해야 하는 거북 가운데 하나라고 할 수 있다.

덩치가 크고 발톱이 날카로우며, 활발한 데다가 공격적이기까지 해서 악어거북보다는 오히려 본종을 다루기가 더 까다롭다는 평가가 많다. 더구나 꼬리 힘이 좋아 점프를 하기도

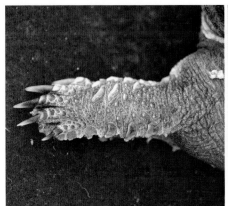
늑대거북의 날카로운 발톱

육상에서 나타내는 특유의 방어자세

하므로 사육장 턱에 손을 올리고 있다가 배고픈 늑대거북에게 물리는 경우도 가끔 생긴다. 또한, 늑대거북은 일반적인 거북보다 목 길이가 상당히 길어 위험반경이 더 넓기 때문에 핸들링할 때 손의 위치를 잡기가 용이하지 않다. 따라서 각각의 성장크기에 맞는 적절한 핸들링 방법을 완벽하게 숙지해야 사고를 조금이라도 줄일 수 있다. 사육난이도가 높지 않은 대신 악어거북과 마찬가지로 사육자의 안전에 주의를 기울일 필요가 있는 종이다.

먹이급여
육식성의 식성으로 동물성 먹이는 무엇이든지 가리지 않고 먹으며, 먹이반응 또한 활발하다 못해 폭발적이라고 할 정도이기 때문에 사육하에서 먹이급여와 관련한 문제가 생기는 경우는 거의 없다고 봐도 무방하다. 매우 활동적인 거북으로 악어거북과는 다르게 먹이를 능동적으로 쫓아다니는 모습을 볼 수 있다. 자연상태에서는 물고기나 개구리, 수서곤충, 설치류 등 움직이는 것은 무조건 잡아먹기 때문에 성장속도가 매우 빠르다.

합사
어릴 때는 합사가 가능하지만, 성장하면 상당히 사나워지고 먹이반응이 격렬해지므로 가급적이면 단독사육하는 것이 좋다. 합사한 거북의 크기가 크면 잡아먹는 경우는 드물지만 괴롭히는 경향이 있으며, 그대로 방치하면 물린 상처의 감염으로 인해 죽는 경우도 많다.

악어거북

- **학　명** : *Macroclemys temminckii*
- **영어명** : Alligator snapping turtle
- **한국명** : 악어거북, 엘리게이터 스내핑 터틀
- **서식지** : 플로리다, 텍사스, 일리노이주 남부 등 미국 남부의 멕시코만 기슭의 담수와 기수역
- **크　기** : 70cm 내외, 최대 80cm. 수컷이 암컷보다 훨씬 크게 성장한다.

북아메리카에서 가장 큰 종이자 세계에서 가장 육중한 담수거북종에 속한다. 갑장 80cm
에 몸무게 90kg 크기까지도 성장하며, 완전히 성장한 악어거북의 머리는 보통 사람의 머
리보다도 훨씬 큰 것을 볼 수 있다. 큰 덩치와 카리스마 있는 외형, 강력한 교합력(咬合力; 무
는 힘) 때문에 '민물의 티라노사우르스'라는 별명으로 불리기도 한다. 자라류의 경우 악어거
북보다 더 크게 자라는 종이 몇 종 있기는 하지만, 갑이 딱딱한 담수거북종으로서는 악어
거북이 가장 크다고 할 수 있다. 마크로클레미스속(*Macroclemys*)에는 원래 3종이 속해 있었
지만, 2종은 이미 절멸했고 현재는 본종만 남아서 살아 있는 화석이라고 불린다.

외형

체색은 전체적으로 진한 갈색이나 황갈색, 검은색이다. 몸에는 무늬가 없으며, 성장에 따른 체색의 변화도 없다. 배갑에 3줄의 용골이 있으며, 인갑 하나하나가 솟아올라 끝부분이 마치 악어의 등처럼 날카로워 보인다. 일반적인 거북과 달리 늑갑판과 연갑판 사이에 상연갑판이 라고 하는 인갑이 한 줄 더 있는 것이 특징이다. 복갑은 다른 거북에 비하면 매우 작다.

머리는 상당히 크고 갈고리 모양의 날카로운 부리가 발달돼 있으며, 꼬리는 갑장에 버금갈 정도로 길고 상부에 톱날처럼 생긴 용골이 있다. 머리와 다리에는 혹처럼 생긴 돌기들이 많이 돋아나 있고, 눈 주위의 돌기는 특히 발달돼 있다. 이러한 독특한 외형 때문에 '괴수 가 메라(ガメラ; 가메라 시리즈에 등장하는 주인공 괴수)', 슈퍼마리오의 '쿠파(Koopa; 슈퍼마리오 게임 시리즈 의 전통적인 최종 보스)' 등 만화나 게임의 캐릭터로 개발되는 경우도 많다.

서식 및 현황

일반적으로 멕시코만으로 흐르는 수역에서만 발견되며, 고립된 습지나 연못에서는 발견되 지 않는다. 한 연구에 따르면, 캐노피(canopy; 숲의 나뭇가지들이 지붕 모양으로 우거진 것), 돌출된 나무, 관목, 물속에 잠긴 죽은 나무, 비버 굴이 있는 장소를 선호하는 것으로 나타났다. 야행성 거북 으로 자연상태에서는 단독생활을 한다. 활동영역은 그다지 넓지 않은 편인데, 완전수생종이 기 때문에 산란을 위해서가 아니라면 물 밖으로 나오는 경우 가 거의 없다. 주로 발이 닿는 높이의 물속에서 바닥을 걸어 다 니고, 헤엄을 잘 치지는 못한다. 거의 물속에서 생활하며, 한 번 호흡을 한 뒤 40~50분까지 잠수하는 것이 가능하다.

먹이사냥에 능동적인 편은 아니라서 주로 매복해 먹잇감을 사냥하는 습성이 있다. 사냥을 할 때는 마치 사람이 루어(lure, 인조미끼) 낚시를 하는 듯한 모습을 관찰할 수 있다. 즉 입을 벌 리고 지렁이처럼 생긴 혀에 혈류를 늘려 붉게 만든 다음, 이 혀를 살짝살짝 움직이며 물고기를 유인하는 루어링(luring)이 라는 독특한 행동을 보인다. 늑대거북과 함께 생태교란종으 로 지정돼 현재 개인 사육이 금지돼 있다.

악어거북은 지렁이처럼 생긴 혀로 먹이 를 유인하는 루어링이라는 행동을 한다.

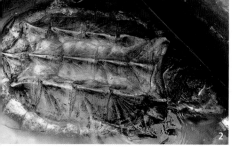

어느 정도 성장한 악어거북은 체질이 상당히 강건해 우리나라의 자연환경에도 적응할 확률이 매우 높기 때문에 자연에 방사하는 일이 절대로 없어야 한다. 우리나라보다 일찍 악어거북이 도입된 일본에서는 생태계파괴와 인명피해 등으로 이미 사회적인 문제가 되고 있는 실정이다.

1. 목에는 돌기가 많이 돋아나 있다.　**2.** 악어거북 특유의 두드러진 융기(keel)를 볼 수 있다.

번식

자연상태에서는 봄에 번식기를 맞아 교미하고, 2개월 후 3.5cm 정도 크기의 알을 2~52개 낳는다. 부화에는 100~140일 정도 소요된다고 알려져 있다. 암컷은 수컷의 정자를 수년간 저장할 수 있고, 짝짓기와 관계없이 연중 어느 때라도 알을 낳을 수 있다. 수명은 40~45년 정도로 알려져 있다.

사육환경

어느 정도 크기가 자라면 바닥재를 사용하지 않고 배어 탱크로 사육하는 경우가 많다. 완전 수생종으로 배갑이 물 위로 노출되면 스트레스를 받으므로 사육수조의 물 높이는 체고의 2~2.5배 정도로 유지한다. 수심이 너무 깊으면 익사할 수도 있다. 일광욕을 하러 올라오는 일이 없기 때문에 별도의 육지는 필요하지 않지만, 몸을 숨기는 것을 좋아하므로 수조 내에 유목 등으로 은신처를 만들어 주면 좋다. 그러나 좁은 곳으로 파고들면서 측면여과나 히터를 물 위로 들어 올려 파열시키는 사례가 많으므로 이에 대한 별도의 조치가 필요하다.

수온이 낮을 경우 식욕부진과 활동성 감소 증상이 나타나기 때문에 사육장 내의 수온은 25℃ 이상으로 유지하는 것이 좋다. 악어거북이 국내에 처음 도입됐을 당시 폐사되는 사례가 매우 많았는데, 악어거북의 해츨링은 다른 종에 비해 저온에 훨씬 취약하기 때문에 어린 개체의 경우 28℃ 이상의 수온을 제공해 주면 폐사율을 상당히 줄일 수 있다. 그러나 고온으로 장기간 사육하는 것은 돌연사의 위험이 커지기 때문에 바람직하지 않다.

악어거북은 지구상에 존재하는 모든 동물 가운데 교합력(咬合力: 무는 힘)이 두 번째로 센 종이다. 따라서 악어거북을 사육할 때 무엇보다 주의해야 할 점은 사육자의 안전이다. 먹잇감의 뼈도 씹어 먹는다는 하이에나 상어보다도 더 강한 턱 힘을 지니고 있기 때문에 살짝이라도 물리면 치명적인 상처가 남게 된다. 해츨링 시기에는 핸들링을 할 때 몸의 어느 부위를 잡아도 별 상관이 없지만, 해츨링 이후에는 핸들링할 일이 있으면 적절한 방법을 사용하고 상당한 주의를

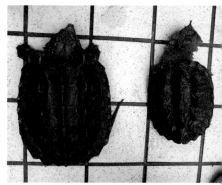

악어거북(왼쪽)과 마타마타거북(오른쪽)의 비교

기울여야 사고를 방지할 수 있다. 특히 본종은 물속에서는 순하게 행동하지만 일단 물 밖으로 나오면 굉장히 사나워지는 경향이 있기 때문에, 부득이하게 물 밖으로 꺼내야 할 경우에는 더욱더 조심해야 한다. 혹시라도 물렸을 때는 강제로 입을 벌리는 것은 거의 불가능하므로 억지로 입을 열려고 하지 말고, 물린 상태 그대로 물속에 거북을 집어넣도록 한다. 물에 넣으면 입을 벌리고 놔주는 경우가 있다. 그러나 두말할 것도 없이 물리지 않도록 사전에 세심한 주의를 기울이는 것이 최선의 방법이라고 할 수 있겠다.

먹이급여

생식을 즐기는 종이기 때문에 물고기를 주로 급여하지만, 어린 개체라면 인공사료에 길들여 사육하기도 한다. 육식성 거북으로 UVB등이나 별도의 칼슘제를 제공하는 것은 필요하지 않은데, 일주일에 1~2회 정도의 일광욕을 시켜주면 갑 건강에 도움이 된다.

합사

해츨링 때는 합사가 가능하지만, 해츨링 이후에는 가급적 합사하지 않는 것이 좋다. 교합력이 워낙 세기 때문에 실수로라도 물리면 꼬리가 잘리거나 다리에 심한 상처를 입는 경우가 많다. 고의로 잡아먹으려 하는 경우가 많지만, 사냥할 때 입을 벌리고 있는 동안 혀를 건드리거나 하면 바로 입을 닫아버린다. 한번 물면 잘 놓지 않으므로 심한 상처를 입히는 사례가 많다. 어식성(魚食性) 거북이므로 관상용 열대어와의 합사는 절대 금물이다.

사향거북

- **학 명** : *Sternotherus spp.*
- **영어명** : Musk turtle
- **한국명** : 사향거북, 머스크 터틀
- **서식지** : 멕시코에서 중앙아메리카에 이르는 넓은 지역의 호수나 늪지, 강
- **크 기** : 15cm를 넘지 않는다. 수컷이 암컷보다 작다.

진흙거북이나 사향거북이라고 불리는 종이 속한 흙탕거북과(Kinosternidea)는 두 개의 아과(Staurotypinae와 Kinosteminae)로 분리되며, 그 밑으로 각각 두 개의 아종을 가진다. 그 중 Staurotypinae는 클라우디우스속(*Claudius;* 흙탕거북속)과 스타우로티푸스속(*Staurotypus;* 냄새거북속)으로 나누어지고, Kinosterninae는 진흙거북(Mud turtle)이라고 불리는 키노스테르논속(*Kinosternon*)과 사향거북(Musk turtle)이라고 불리는 스테르노테루스속(*Sternotherus*)으로 나누어진다. 클라우디우스속(Narrow-bridged musk turtle), 스타우로티푸스속(Mexican musk turtle), 스테르노테루스속(Musk turtles)에 속하는 거북들이 사향거북으로 분류된다.

외형

갈색이나 검은색 계통의 배갑을 가지고 있으며, 복갑은 황색을 띤다. 종에 따라 배갑에 3줄의 용골이 나타나며, 얼굴에는 눈 위아래로 흰색의 무늬가 두 줄 보인다. 턱 아래에 수염이 발달된 종도 볼 수 있다. 보통 해츨링 때는 검은색을 띠지만, 성장하면서 배갑의 색이 조금 밝아지고 피부색은 회색으로 변하게 된다. 진흙거북과 마찬가지로, 체고가 일반적인 반수생종에 비해 높은 편이다. 사향거북의 가장 큰 특징은 다른 거북에 비해 터무니없이 작아 보이는 복갑에 있다. 마치 십자 형태처럼 보일 정도로 좁은 복갑은 모두 7~8개의 인갑으로 이뤄져 있다. 위험이 닥치면 겨드랑이 부분에서 냄새나는 분비물이 배출되기 때문에 사향거북이라는 이름으로 불린다(사향노루 수컷의 분비샘에서 분비되는 물질을 사향이라 한다).

서식 및 현황

야행성으로 주간에는 조용한 곳에서 휴식을 취하다가 늦은 저녁이나 새벽녘에 왕성하게 움직이는데, 다리 힘이 강하고 발톱이 날카로워 거의 90° 각도에 가까운 바위나 나무에도 잘 올라간다. 일반적으로 머스크류는 수초가 많고 진흙이 많은 곳을 서식지로 선호하지만, 육지에서 발견되는 경우도 드물지 않다. 매우 건강한 종으로 일반적인 반수생거북에 비해 수질의 영향을 적게 받으며, 수명은 50~60년 정도로 길다. 소형 거북이라 관리가 용이한 데다가 매우 건강한 종이기 때문에 사육난이도가 낮아서 어렵지 않게 기를 수 있다.

번식

머스크 터틀의 번식은 그다지 용이하지 않다고 알려져 있다. 원서식지에서 산란은 보통 봄에 이뤄진다. 암컷은 타원형의 알을 2~9개 낳고, 산란한 알은 여름 늦게 또는 초가을 무렵에 부화한다. 해츨링은 보통 직경 2.5cm 정도로 크기가 아주 작은 편이다.

🐢 스테르노테루스속(Sternotherus) **사향거북**

- *Sternotherus carinatus* - Razor-backed musk turtle
- *Sternotherus minor* - Loggerhead musk turtle
- *Sternotherus peltifer* - Stripeneck musk turtle
- *Sternotherus depressus* - Flattened musk turtle
- *Sternotherus odoratus* - Common musk turtle or Stinkpot turtle

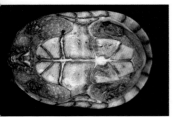

사향거북은 체구는 아주 작지만, 공격적인 종이므로 주의를 요한다.

사육환경

보기보다는 수영을 꽤 잘하는 편이지만, 다른 반수생종 거북과 비교하면 그리 능숙하다고는 할 수 없다. 따라서 해츨링 때는 수심을 낮게 해주고 수류를 약하게 조절해서 기르는 것이 안전하다. 성체는 주로 20℃가 약간 넘는 정도의 온도조건을 선호하는데, 해츨링 때는 25℃ 정도로 비교적 수온을 높게 설정해서 기르는 것이 폐사를 줄일 수 있는 방법이다.

'리틀 스내퍼(Little snapper; 작은 스내퍼)'라는 별명이 붙을 정도로 성격이 사나운 편이므로 물리지 않도록 주의해야 한다. 특히 사향거북이나 진흙거북은 머리를 상당히 길게 뽑을 수 있기 때문에 핸들링할 때 주의하지 않으면 물리는 경우가 많다. 가급적이면 입에서 가장 먼 배갑의 뒤쪽을 잡는 것이 안전하다. 주로 야간에 움직임이 활발한데, 아주 활동적이고 입체적으로 움직이는 종이기 때문에 탈출에 대비해야 한다.

먹이급여

육식 성향이 강한 종으로서 동물성 먹이 위주로 급여하는 것이 좋다. 가끔씩 생먹이로 소형 열대어를 급여하는 것도 좋지만, 코리도라스(Corydoras, *Corydoras*)와 같이 몸에 가시가 있는 어종은 피해야 한다. 사향거북은 수영을 하기보다는 수조 바닥을 걸어 다니는 경우가 많은 종이다. 따라서 인공사료를 급여할 경우에는, 먹이활동을 좀 더 쉽게 할 수 있도록 돕기 위해 물에 뜨는 타입보다는 가라앉는 타입의 먹이를 선택하는 것이 좋다.

합사

어릴 때는 수영에 능숙하지 못해 사냥을 잘하지 못하므로 소형종 열대어와의 합사도 가능하지만, 어느 정도 성장한 뒤부터는 대형어를 제외하고 크기가 작은 물고기와 합사할 경우에는 문제가 생길 수 있다. 타종의 거북은 악어거북이나 늑대거북과 같은 스내퍼를 제외하고는 비슷한 크기일 때 합사 가능하지만, 동종의 성체 수컷끼리는 심하게 싸울 수도 있기 때문에 합사할 경우에는 일단 지켜보다가 너무 심하게 싸우면 격리하는 것이 좋다.

진흙거북

- **학 명** : *Kinosternon spp.*
- **영어명** : Mud turtle
- **한국명** : 진흙거북 , 머드 터틀
- **서식지** : 북아메리카, 중앙아메리카
- **크 기** : 15cm 내외. 보통 수컷이 암컷보다 크다.

진흙거북은 말 그대로 수초나 진흙이 잘 발달된 곳에 서식하는 거북으로 성격이 아주 활발한 종이다. 체색은 황색이나 황갈색, 검은색을 기본으로 한다. 입 주위는 몸의 다른 부분에 비해 밝은색을 띠는 경우가 많고, 머리 윗부분이나 배갑에서 점 또는 줄무늬가 관찰된다. 사향거북과 마찬가지로, 진흙거북 역시 다양한 종이 국내에 도입돼 길러지고 있다. 그러나 근연관계에 있는 사향거북보다는 유통되는 숫자도 상대적으로 적고 가격도 높은 편이기 때문에, 반려동물 숍에서 분양받는 것은 용이하지 않다. 미국, 멕시코, 중앙아메리카 및 북아메리카에서 발견되며, 멕시코에서 가장 많은 종을 찾아볼 수 있다.

외형

해츨링 때 배갑은 각 인갑의 가장자리가 약간 솟아올라 있는 듯하고, 성체 때보다 용골 부분이 상대적으로 돌출돼 보인다. 그러나 성장하면서 전체적으로 매끈해지고, 삶은 달걀을 반으로 갈라놓은 것처럼 배갑이 높게 솟아오르는 체형으로 변한다. 이러한 체형의 변화는 아종에 따라 배갑의 중앙부가 특히 높게 솟아오르는 것부터 3줄의 용골 부분이 솟아오르는 것, 전체적으로 둥그스름하게 높아지는 것 등 다양하게 나타난다. 배갑과 복갑의 색상 역시 아종에 따라 아무런 무늬가 없는 것부터 점, 선, 얼룩무늬가 있는 것 등 다양하다.

진흙거북의 복갑은 보통 10~11개의 인갑으로 이뤄져 있는데, 이는 근연종인 사향거북의 복갑에서 볼 수 있는 인갑에 비해 더 많은 수다. 진흙거북은 상자거북과 마찬가지로 경첩으로 복갑을 닫아 스스로를 보호하는 특징이 있지만, 상자거북의 경우 경첩이 하나인 데 비해 진흙거북의 경첩은 두 개인 것이 가장 큰 차이점이라고 할 수 있다.

서식 및 현황

진흙거북은 사향거북과 근연종으로 습성이나 생태가 거의 유사하다. 선호하는 서식지의 유형이나 먹이도 비슷하고, 진흙거북도 사향거북처럼 필요에 따라 항문선에서 냄새나는 액체를 분비하기도 한다. 그러나 이러한 방어행동은 사육하에서보다는 서식지에서 천적의 위협이 있을 때 더 자주 볼 수 있다. 활발하게 움직이고 체질이 강건하기 때문에 반려거북으로서 인기가 매우 많은 종이다. 모든 아종이 전부 국내에 소개된 것은 아니지만, 국내에서도 여러 종류를 구할 수 있다. 그러나 가격대는 아종별로 차이가 상당히 심하다.

TIP 국내에 도입돼 있는 진흙거북들

- *Kinosternon angustipons* - Narrow-bridged mud turtle, Central American mud turtle
- *Kinosternon baurii* - Striped mud turtle
- *Kinosternon scorpioides cruentatum* - Red-cheeked mud turtle
- *Kinosternon flavescens* - Yellow mud turtle, Yellow-necked mud turtle
- *Kinosternon leucostomum* - White-lipped mud turtle
- *Kinosternon scorpioides* - Scorpion mud turtle, Tabasco mud turtle
- *Kinosternon subrubrum* - Eastern mud turtle, Common mud turtle
- *Pelusios castaneus* - West African mud turtle(분류학적으로나 생태적으로 차이가 있지만, 마다가스카르 세이셸섬을 포함하는 사하라 이남의 아프리카 전역에 서식하는 peiomedusidae의 거북들도 머드 터틀이라는 이름을 가지고 있다)

*국내에서 유통되는 개체 가운데 'White-cheeked mud turtle'이라는 이름을 가진 거북도 있지만, 이는 'White-lipped mud turtle(*Kinosternon leucostomun*)'의 오기(誤記: 잘못된 표기)로 보인다.

늑대거북처럼 성격이 사나운 거북을 기르고 싶지만 크기가 부담될 경우 본종에 도전해 볼 만하다. 40~50년 이상 장수하는 종으로서 잘 관리하면 오랜 기간 동안 함께할 수 있다.

번식
자연상태에서 번식은 보통 4~5월경에 이뤄지며, 암컷은 2~6개의 알을 낳는다. 국내에서 인공번식에 성공한 사례는 현재까지는 알려져 있는 것이 없다.

세줄진흙거북

사육환경
성체가 돼도 크기가 그다지 크지 않기 때문에 지나치게 큰 사육장은 필요하지 않다. 사육환경은 반수생환경과 습지환경 모두 괜찮지만, 적절한 깊이의 물과 알맞은 습도가 제공돼야 한다. 수온은 26~28℃ 정도가 적당하며, 일광욕을 즐기는 종이므로 사육장 내에 일광욕장을 설치해 주면 좋다. 유체 때 수심이 깊으면 활동성이 증가되지만, 수심이 깊거나 수류가 강할 경우 익사할 수 있다. 따라서 여과기의 수류를 조절하고, 수조 내에 발을 디딜 수 있는 구조물을 넣어주는 것이 좋다. 진흙거북은 기본적으로 수영에 그리 능한 종은 아니다.

먹이급여
육식 성향이 강한 잡식성의 식성을 가지고 있다. 일반적으로 어릴 때는 잡식 성향을 띠지만, 성장하면서 동물성 먹이에 대한 기호도가 증가하게 된다. 먹이는 물속이나 육지 어느 곳에서든 먹기는 하는데, 육지로 나오면 움직임이 둔해지고 소심해지는 경향이 있기 때문에 물속으로 먹이를 가지고 들어가서 먹는 경우가 많다.

합사
성격은 평소에는 조심스럽고 소심한 편이지만, 자극하거나 물 밖으로 꺼내면 상당히 공격적으로 변하는 경향이 있다. 폭발적인 먹이반응으로 인해 잠시 합사시켜 둔 다른 동물에게 위해를 가하는 일도 있으며, 타종에게는 늑대거북에 버금갈 정도로 사납게 행동한다.

멕시코큰사향거북

- **학　명** : *Staurotypus triporcatus*
- **영어명** : Mexican giant musk turtle, Three-keeled musk turtle, Giant musk turtle
- **한국명** : 멕시코큰사향거북, 멕시칸 자이언트 머스크 터틀
- **서식지** : 멕시코, 과테말라 북동부, 온두라스 서부
- **크　기** : 30~40cm

앞서도 언급했듯이, 진흙거북이나 사향거북이라고 불리는 종들은 흙탕거북과(Kinosternidea)
에 속하며, 흙탕거북과는 두 개의 아과(Staurotypinae와 Kinosteminae)로 분리되고 그 밑으
로 각각 두 개의 아종을 가진다. 두 개의 아과 가운데 Staurotypinae는 클라우디우스속
(*Claudius*; 흙탕거북속)과 스타우로티푸스속(*Staurotypus*; 냄새거북속)으로 다시 나뉘는데, 이 두
속에 속하는 거북은 일반적으로 다른 사향거북이나 진흙거북보다 훨씬 크게 성장하는 경
향이 있다. 그 가운데서도 멕시코큰사향거북은 특히 더 크게 자라는 것을 볼 수 있는데, 사
향거북종 가운데 가장 크게 성장하는 종으로 알려져 있다.

외형

일반적으로 흙탕거북과(Kinosternidea)의 다른 종보다 크기가 훨씬 크다. 배갑길이가 최대 36cm에 달하며, 수컷은 암컷보다 훨씬 작은 편이다. 체색은 갈색, 검은색 또는 녹색을 띠며, 밑면은 노란색을 띤다. 타원형인 배갑의 색은 갈색이며, 세 줄기의 잘 발달된 용골을 가지고 있다. 다른 사향거북의 경우 일반적으로 성체가 되면 용골이 무뎌지는 데 비해 본종의 용골은 성체가 돼서도 아주 뚜렷하다. 복갑은 흰색이나 연한 분홍색을 띤다.

얼굴에는 점이나 얼룩무늬가 있으며, 코보다 아래턱이 상당히 후퇴돼 옆에서 봤을 때 머리 모양이 날렵한 형태를 띠고 있다. 수컷은 뒷다리 안쪽에 발달된 돌기를 가지고 있어 암컷과 구별된다. 육식성으로 먹을 수 있는 것은 무엇이든 가리지 않고 잡아먹는다. 그러나 다른 머스크 터틀과 마찬가지로 다리 힘이 약해 수영에 능숙하지 않기 때문에 사냥이 서툰 편이다.

서식 및 현황

원서식지에서는 수심이 그리 깊지 않고 물살이 약한 물가에서 주로 볼 수 있다. 사냥을 위해서는 물속으로 들어가지만, 물가에서 구할 수 있는 물고기 사체나 연체동물, 사냥 가능한 소형 포유류 등 여러 가지 동물성 먹이를 찾아 먹기도 한다. 식욕이 왕성하고 식탐이 강해서 약간 오래된 먹이라도 가리지 않고 먹어 치운다. 국내에서는 거의 보기 드문 종이며, 동물원이나 전시장 등지에서 간혹 볼 수 있다. 식욕이 왕성하고 성장이 빠르기 때문에 일반 가정에서 사육하기에 용이한 종은 아니다. 충분한 크기의 사육장과 효율적인 여과시설이 갖춰져 있지 않으면 제대로 기르기가 어렵다.

번식

수컷은 교미할 때 암컷을 단단히 붙잡을 수 있도록 뒷다리 안쪽에 거칠거칠한 돌기가 잘 발달돼 있다. 교미를 마친 암컷은 4~12개의 알을 낳으며, 알은 1~2개월 후에 부화한다. 사육되는 개체 수가 적고 도입된 지 얼마 되지 않기 때문에 국내에서의 번식사례는 아직 보고돼 있지 않다.

멕시코큰사향거북은 흙탕거북과(Kinosternidea)에 속하는 다른 종에 비해 크기가 훨씬 크다.

사육환경

수영에 그리 능숙하지 못한 종이므로 수위는 거북이 목을 뻗어 호흡하기에 어려움이 없을 정도로 조절해 주면 된다. 그러나 성체 때의 덩치가 크기 때문에 어느 정도 성장하면 성능 좋은 여과장치를 설치하는 것이 필요하다. 야행성 거북으로 밤에 야간등을 켜주면 활동하는 모습을 관찰할 수 있다.

일광욕을 즐기는 종이므로 사육장 내에 몸을 말릴 수 있는 충분한 넓이의 공간을 마련해 주면 탈피가 원활해져 갑 고유의 무늬를 유지하는 데 도움이 된다. 식욕이 왕성한 만큼 대사량도 많다. 성체가 되면, 바닥재를 높여 육지 부분을 만들어 주는 것보다는 튼튼한 인공구조물로 수면에 육상 부분을 만들어 주는 것이 수질을 청결하게 유지하는 데 효과적이다.

먹이급여

다른 사향거북과 마찬가지로 육식 성향이 강한 종으로서 특별히 가리는 먹이 없이 어느 것이나 잘 먹는다. 다양한 종류의 수생 무척추동물뿐만 아니라 물고기와 썩은 고기도 먹는 모습을 볼 수 있다. 일반적인 머스크종과 마찬가지로 물속에서 먹이활동이 활발하게 이뤄진다. 배가 고플 때는 먹이에 대한 반응이 격렬하므로 오랜만에 먹이를 급여할 경우에는 먹이급여 중에 물리지 않도록 주의하는 것이 좋다.

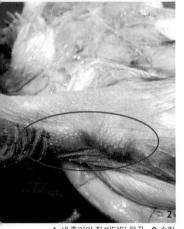

1. 세 줄기의 잘 발달된 융골 2. 수컷에게서 나타나는 뒷다리의 돌기

합사

작은 크기일 때도 다른 개체의 꼬리나 다리를 물어뜯는 경우를 흔히 볼 수 있다. 먹이에 대한 집착이 강해 입속에 들어가는 정도의 크기라면 다른 종의 거북이라도 먹이로 생각하기 때문에 가급적이면 합사를 지양하고 단독사육을 하는 것이 좋다. 어느 정도 성장하면 자신보다 큰 물고기도 손쉽게 사냥하기 때문에 어류와의 합사도 절대 불가하다.

레이저백사향거북

- **학　명** : *Sternotherus carinatus*
- **영어명** : Razorback musk turtle
- **한국명** : 레이저백사향거북, 레이저백 머스크 터틀
- **서식지** : 북아메리카 플로리다, 조지아주, 루이지애나, 미시시피, 텍사스의 유속이 느린 시내와 늪
- **크　기** : 10cm 내외

국내에 도입된 사향거북의 다른 아종들은 동정하는 것이 상대적으로 힘들지만, 레이저백 사향거북은 보통의 사향거북과는 달리 확연하게 차이가 나는 특이한 체형으로 인해 타종에 비해 쉽게 구별할 수 있다. 등 부분의 인갑이 겹쳐진 형태를 띠는데, 이 모습이 마치 갑옷을 입은 무사와 같은 이미지를 자아낸다. 성격도 무사 이미지와 어울리게 호기심이 많고 활동적이어서 사향거북 가운데서도 인기가 꽤 많은 종이다. 그러나 물 밖에서는 겁 많고 소심한 성격으로 돌변하고, 스스로를 보호하기 위해 극히 공격적인 행동을 보이는 경우가 많기 때문에 핸들링을 시도할 때는 물리지 않도록 각별히 주의해야 한다.

레이저백 머스크 터틀은 다른 반수생종에 비해 체고가 상당히 높은 편이다.

외형

다른 사향거북에 비해 상대적으로 배갑의 중앙부가 심하게 높고, 경사가 급격해 마치 삿갓처럼 보이는 체형을 지니고 있다. '레이저백(Razorback)'이라는 이름은 배갑 중앙의 융기가 면도날처럼 보이는 모습에서 유래된 것이다. 배갑의 색상은 전체적으로 갈색인데, 중앙 인갑은 뒤쪽의 인갑과 겹쳐져 있는 듯 보이고, 그 양옆으로 넓은 인갑이 연결돼 있다.

인갑에는 짙은 색의 점무늬와 줄무늬가 산재해 있으며, 중앙부에는 점무늬가 많고 가장자리로 갈수록 줄무늬가 많다. 개체에 따라서는 점무늬가 거의 없이 줄무늬만 나타나는 경우도 있다. 배갑의 테두리에는 중앙 인갑의 줄무늬보다 좀 더 굵은 줄무늬가 비슷한 넓이로 배열돼 있다. 배갑을 제외한 머리와 다리에는 검은색 점무늬가 고르게 퍼져 있다. 배갑에 무늬가 거의 없으나 간혹 줄무늬가 나타나기도 한다. 턱 밑에는 한 쌍의 감각모가 있다.

최대 크기 15cm 정도의 소형으로 자라는 종이지만, 체질이 강건해 열악한 환경에서도 질병에 잘 걸리지는 않기 때문에 초보자도 어렵지 않게 기를 수 있다. 그러나 국내에서 많이 길러지고 있는 커먼 머스크 터틀(Common musk turtle or Eastern musk turtle or Stinkpot turtle, *Sternotherus odoratus*)에 비해 분양가는 조금 높은 편이다.

서식 및 현황

수생 성향이 강한 종으로 북아메리카의 부드러운 모래나 펄이 깔려 있는, 유속이 느린 계류나 늪에 주로 서식한다. 다른 사향거북종에 비해 수생생활을 하는 경향이 비교적 강한 종으로서 물 밖으로 나오는 일은 거의 없다. 그러나 암컷은 번식기에 둥지를 만들어 알을 낳기 위해 뭍으로 나온다.

번식
성성숙에 도달한 이후에는 거의 매년 번식한다. 원서식지에서는 4~6월 사이에 산란하고, 산란한 알은 8~9월 사이에 부화한다. 1회에 2~4개 정도의 알을 낳으며, 두 번에 걸쳐 산란한다. 갓 부화한 새끼의 크기는 2.3~3.1cm 정도 된다.

사육환경
수생생활을 즐기는 종이므로 사육장 내에 별도의 육지공간을 만들어 줄 필요는 없다. 일광욕의 필요성도 다른 종에 비해 낮은 편이다. 그러나 그런 만큼 수질을 청결하게 관리해 피부

레이저백사향거북은 최대 크기 15cm 정도의 소형으로 자라는 종이지만, 체질이 강건해 열악한 환경에서도 질병에 잘 걸리지는 않기 때문에 초보자도 어렵지 않게 기를 수 있다.

병 등 다른 질병에 걸리지 않도록 더 세심하게 주의를 기울일 필요가 있다. 물 밖으로 나오는 것을 싫어하므로 피부병 치료를 위해 장기간 물 밖에 내놓으면 지속적으로 스트레스를 받기 때문이다. 수생생활을 즐기지만 수영에 그리 능숙하지는 못하므로 수조 내의 수심은 너무 깊지 않도록 조절해 주는 것이 좋다. 그러나 여과를 위해 수심을 깊게 유지할 필요가 있을 경우에는 유목 등의 구조물을 물 밖으로 나오도록 설치해 주는 것이 좋다.

먹이급여
자연상태에서는 주로 민물조개, 가재, 달팽이, 수서곤충 등을 먹이로 삼으며, 간혹 약한 물고기를 사냥하기도 한다. 양서류, 썩은 고기, 수생식물도 먹고 산다. 다른 사향거북처럼 육식성향이 강한 종으로 사육하에서도 가급적이면 다양한 동물성 먹이를 급여하는 것이 좋다.

합사
유체 때는 합사가 가능하지만, 성성숙에 도달하게 되면 수컷끼리 심한 다툼이 발생하므로 합사할 경우 각별한 주의를 요한다. 가급적이면 어류와의 합사는 피하는 것이 좋다.

노란배거북

- **학　명** : *Trachemys scripta scripta*
- **영어명** : Yellow-bellied slider
- **한국명** : 노란배거북, 옐로우 벨리드 슬라이더
- **서식지** : 아메리카 원산, 북미 버지니아 남부에서 플로리다 북부, 텍사스, 아메리카 중부
- **크　기** : 수컷 12~20cm, 암컷 20~33cm로 암컷이 더 크다.

붉은귀거북 다음으로 국내에서 흔하게 볼 수 있는 반수생종으로서, 형태적으로도 붉은귀거북과 흡사하게 생겼기 때문에 본종을 붉은귀거북으로 오인하는 경우도 많다. 노란배거북은 원서식지에서 지도상 위도 40°에 가까운 지역에까지 서식하기 때문에 우리나라의 자연에서도 충분히 월동할 가능성이 있는 종이다. 따라서 그로 인한 생태계교란의 위험 역시 상당히 높다고 판단된다. 2005년 2월 붉은귀거북이 환경부로부터 환경위해동물로 지정될 때 붉은귀거북이 속한 속 전체에 대한 수입이 금지되면서 함께 수입 금지됐다. 이러한 조치로 현재는 본종을 분양하거나 반려 목적으로 입양하는 것은 모두 불법이다.

외형

전체적으로 붉은귀거북과 비슷한 체형과 체색을 지니고 있다. 배갑에는 동심원의 무늬가 나타나며, 어릴 때 배갑의 테두리는 노란색을 띤다. 해츨링 때는 복갑에 검은색의 얼룩무늬가 나타나지만 성장하면서 사라진다. 머리와 다리에는 노란색의 줄무늬가 있는데, 목 부분의 노란색 줄무늬는 가로로 나 있지만, 눈 뒤에 있는 노란색 무늬는 수직을 이루고 있다.

성질은 붉은귀거북보다 조금 온순하다고 알려져 있다. 잡식성으로 무엇이든 잘 먹으며, 붉은귀거북과 마찬가지로 성장할수록 채식 성향이 강해진다. 수컷의 발톱이 암컷보다 월등하게 길기 때문에 어느 정도 성장하면 발톱의 길이를 비교해 암수를 구별할 수 있다.

서식 및 현황

폰드 슬라이더(Pond slider, *Trachemys scripta*)의 아종인 노란배거북은 미국 남동부, 특히 플로리다에서 버지니아 남동부까지 서식하며, 해당 서식지 범위에서 가장 흔한 거북종이다. 현재 환경부로부터 붉은귀거북 그룹(*Trachemys*속 27종 전 종, *Trachemys* spp.)에 대한 수입 및 판매를 금지하도록 지정돼 있기 때문에 노란배거북 또한 외국으로부터의 수입이 금지돼 있다. 그러나 수입금지조치 이전에 도입된 개체들을 아직 국내에서 어렵지 않게 볼 수 있다.

붉은귀거북과 마찬가지로 자연에 유기되는 사례가 드물지 않게 보고되고 있으며, 야생에서 발견되는 유기개체의 숫자는 아직 붉은귀거북만큼 많지는 않으나 점점 늘고 있는 추세다. 많은 개체 수만큼이나 상당수가 버려지고 있기 때문에 도시에서 가까운 인공호수나 반려동물 숍, 동물전시장 등지에서 노란배거북을 만나는 것은 어렵지 않은 일이다.

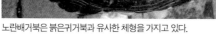
노란배거북은 붉은귀거북과 유사한 체형을 가지고 있다.

번식

번식은 그다지 어렵지 않으며, 반려동물로 사육되는 대표적인 반수생종 거북 중 하나인 만큼 인공번식되는 숫자도 상당히 많은 편이다. 암컷을 단독사육하고 있는 경우라면 어느 순간 수조 안에서 무정란을 낳는 모습도 관찰할 수 있다. 유정란을 산란했을 경우 일반적인 인큐베이팅 순서를 잘 지키면서 관리하면 부화시키는 데 별다른 어려움은 없다.

사육환경

사육방법은 일반적인 반수생종 거북에 준한다. 일광욕을 즐기는 종이므로 사육장 내에 몸을 말릴 수 있는 육지를 조성해 주는 것이 좋으며, 물과 육지의 비율은 70:30 정도가 적당하다. 여과효율을 높이기 위한 방법으로, 육지 부분을 없애는 대신 수위를 높이고 인공섬을 만들어 주는 등의 방식으로 사육하는 사육자들도 많다. 대형개체 서너 마리를 합사해 기르는 경우에는 배어 탱크로 사육하면서 전체 환수로 수질을 유지하는 것이 효율적일 수 있다.
식탐이 매우 강한 종이기 때문에 사육장 내에 인공수초나 단단하지 않은 자작나무 유목과 같은 것은 설치하지 않는 것이 훼손방지를 위해 바람직하다. 또 수조 내에 유목을 설치할 경우에는 수시로 꺼내 세척한 다음 잘 말려서 사용해야 오염을 방지할 수 있다.

먹이급여

일반적인 반수생종 거북처럼 상당히 활동적이고 먹이반응이 좋다. 특별히 가리는 먹이는 없다. 해츨링 때는 주로 육식성의 식성을 띠며, 성장하면서 다른 종처럼 채식의 비율이 높아진다. 폭발적인 먹이반응에 마음이 약해져서 먹이를 과도하게 급여하는 경우가 많은데, 먹이찌꺼기와 배설물로 인해 수질이 금세 악화되므로 적정 먹이급여량을 정해서 급여하는 것이 좋다.

합사

먹이급여만 충분하게 이뤄진다면 합사에 별다른 무리는 없다. 그러나 합사함으로써 필연적으로 발생하게 되는 수질 관리의 어려움은 감안해야 한다.

지도거북

- **학　명** : *Graptemys spp.*
- **영어명** : Map turtle
- **한국명** : 지도거북, 맵 터틀
- **서식지** : 북아메리카
- **크　기** : 15~20cm(암컷이 수컷보다 크게 성장한다)

속명 그랍테미스(*Graptemys*)는 '새긴다'는 의미의 그리스어 그랍토스(graptos; 등껍데기에 나타나는 문양에서 비롯됨)와 담수거북을 의미하는 그리스어 에미도스(emydos)가 합쳐진 말이다. 그랍테미스속의 종은 슬라이더(Slider, *Trachemys spp.*) 및 쿠터(Cooter, *Pseudemys spp.*)를 포함해 다른 많은 수생거북종과 겉모습이 유사한데, 갑 중앙을 따라 이어지는 용골로 구별된다. 일부 남부종에서는 용골이 척추를 이뤄 '소우-백(sawback; 톱니 모양의 산릉)'이 된다. 배갑에 지도와 같은 무늬가 있어서 '맵 터틀'이라는 이름이 붙여졌다. 성적 이형성이 상당히 뚜렷한 종이며, 일부 암컷은 수컷보다 길이가 2배, 몸무게가 10배에 이르기도 한다.

지도거북은 붉은귀거북이 환경부 위해종으로 지정되면서 붉은귀거북이 속한 속의 모든 거북(Trachemys속 27종, Trachemys spp.)의 수입이 전면 금지되자 그 대체종으로 수입되기 시작했다. 붉은귀거북이나 노란배거북과는 전혀 다른 체색과 무늬를 가지고 있지만, 색채가 회색 계열로 짙어서 그다지 인기가 많은 종은 아니다. 그러나 저렴한 분양가를 무기로 대중화된 종이기도 하다. 일반적으로 분양가가 저렴하지만, 지도거북도 종류가 매우 많아서 희소종 같은 경우에는 상당히 고가에 거래되기도 한다. 등 가운데 톱니와 같은 돌기가 있는 등 매력적인 체형을 지닌 종이 많은데, 아주 높은 가격으로 수입업체에서도 수입을 꺼리고 있기 때문에 국내에서 희소종의 지도거북을 구하기는 매우 어렵다.

외형

전체적인 체색은 기본적으로 암녹색이나 회색을 띤다. 배갑의 중앙에 검은색의 무늬가 머리에서 꼬리 쪽으로 이어져 있고, 각 인갑에는 마치 지도의 등고선과 같은 무늬가 보인다. 맵 터틀이라는 이름은 등고선과 같은 이 무늬에서 유래된 것이다. 현재 다양한 아종이 존재하지만, 국내에는 미시시피 맵 터틀(Mississippi map turtle, Graptemys pseudogeographica kohni)과 오치타 맵 터틀(Ouachita map turtle, Graptemys ouachitensis)이 주로 유통되고 있다.

언급한 두 종은 눈동자의 차이로 구분이 가능한데, 미시시피 맵 터틀의 경우 검은색 눈동자가 선명한 데 비해 오치타 맵 터틀은 눈동자를 가로지르는 검은색의 가로줄이 보인다는 차이점이 있다. 그리고 배갑 중앙을 가로지르는 검은색 줄무늬가 미시시피 맵 터틀이 상대적으로 더 선명한 것을 확인할 수 있다. 어릴 때는 붉은귀거북과는 다르게 배갑 중앙부가 솟아오르고 가장자리가 톱니 모양을 띠지만, 성체가 되면 이러한 특징은 사라진다. 소심하고 겁이 많은 종으로 먹이를 급여할 때를 제외하고는 사람을 피하는 경향이 있다.

서식 및 현황

북아메리카의 광대한 지역에 널리 분포돼 있다. 전형적인 반수생거북으로 일광욕을 즐기며, 먹이활동은 물속에서 주로 이뤄진다. 식성 역시 일반적인 반수생거북과 별다른 차이가 없다. 행동이 느린 물고기는 직접 사냥하기도 하고, 각종 수서곤충과 연체동물 및 동물의 사체 등 먹을 수 있는 것은 가리지 않고 모두 먹어 치우는 수중 생태계의 청소부다.

번식

자연상태에서 지도거북은 거의 단독생활을 하지만, 번식기가 되면 많은 수가 알을 낳기 위해 강가의 모래사장으로 모여든다. 교미는 물속에서 이뤄지고 암컷은 5~16개 정도의 알을 낳으며, 산란한 알은 약 60~75일 후에 부화한다. 부화시기의 온도가 25℃ 정도면 수컷이, 그 이상이면 암컷이 많이 태어난다. 인공번식 역시 그다지 어렵지 않다.

사육환경

일반적인 반수생종 거북의 사육방법을 기준으로 한다. 비교적 튼튼하고 건강해서 사육하기 쉽고, 분양가 역시 다른 거북에 비해 상대적으로 저렴하기 때문에 많이 사육되고 있다. 다른 반수생종보다 육상에서의 이동속도가 훨씬 빠르기 때문에 바닥에 내려놓을 때는 울타리를 친 공간 안에 풀어놓는 것이 사고의 위험을 줄이는 길이다.

실제로 맵 터틀의 이동속도를 보면 깜짝 놀랄 정도로 빠르기 때문에 거북을 내놓는 장소는 주위에 거북이 몸을 숨길 만한 은 신처가 없는 곳이 좋겠다. 우스갯소리처럼 들릴지 모르겠지만, 맵 터틀을 실수로 놓치는 바람에 도망간 녀석을 찾기 위해 장롱을 들어냈다는 이야기도 들은 적이 있다. 순간적인 움직임에 항상 주의를 기울이고 대비하는 것이 좋겠다.

먹이급여

시중에서 쉽게 구할 수 있는 반수생거북용 인공사료로 충분히 사육 가능하다. 생먹이에 대한 기호성 역시 높기 때문에 가끔 생식을 시키는 것도 좋다. 성장속도가 비교적 빠른 편으로 어릴 때는 충분한 양의 먹이를 공급하는 것이 바람직하다.

합사

성질이 비교적 온순한 종이기 때문에, 덩치 차이가 크게 나지만 않는다면 다른 종과의 합사에도 별 무리가 없는 편이다.

배갑의 각 인갑에 마치 지도의 등고선과 같은 무늬가 있고, 배갑의 중앙에 검은색의 무늬가 머리에서 꼬리 쪽으로 이어져 있다.

쿠터

- **학 명** : *Pseudemys spp.*
- **영어명** : Cooter
- **한국명** : 쿠터
- **서식지** : 노스캐롤라이나 북부에서 플로리다 남부, 플로리다 반도 서쪽 대서양 연안지역
- **크 기** : 30cm 내외

프세우데미스속(*Pseudemys*)의 거북은 미국 동부와 인접한 멕시코 북동부에 서식하는 대형의 초식성 담수거북이다. 이 속의 거북은 쿠터라고 불리며, 아프리카 언어인 밤바라·마링케(Bambara, Malinké; 15세기경 미국으로 들어온 아프리카 노예로부터 전파됨)어의 거북이라는 단어 쿠타(kuta)에서 유래됐다. '쿠터(Cooter)'는 반수생거북의 다른 이름으로, 물에 떠 있는 둥그스름한 등이 마치 쿠트(Coot; 물닭류의 새)의 등판과 비슷하게 보인다고 해서 붙여졌다. 쿠터 역시 다양한 종이 국내에 소개돼 있고 시중에서 여러 가지 종을 분양받을 수 있지만, 여기서는 가장 많이 알려진 페닌슐라 쿠터(Peninsula cooter, *Pseudemys peninsularis*)를 소개한다.

외형

해츨링 때는 동그란 체형으로 진녹색 바탕에 노란색과 올리브색의 화려한 줄무늬를 가지고 있고, 배갑의 테두리는 노란색을 띠고 있다. 머리 윗부분에 있는 선명한 Y자 형태의 노란색 무늬가 다른 종과 구분되는 특징이다. 복갑은 무늬가 없고 연한 노란색을 띤다. 피부의 무늬는 어두운 녹색에 노란색 줄무늬가 뚜렷하게 나타난다. 체색이 성장함에 따라 점차 어두워지는 데 비해 몸에 있는 이 노란색의 줄무늬는 성장해서도 선명하게 유지되는 경우가 많다.

어릴 때 원형이었던 배갑은 거북의 크기가 7~8cm를 넘어가면서부터는 점차 타원형으로 변하게 되며, 성장하면서 두상의 비율이 낮아지고 체고가 높아진다. 건강한 성체의 배갑에서 볼 수 있는 볼록하면서도 완만한 곡선은 굉장히

복갑에는 무늬가 없고, 목과 다리에는 선명한 체색이 두드러진다.

안정감 있고 포근한 느낌을 주며, 얼굴 부분에 나타나는 선명한 무늬는 상당히 인상적이다. 앞서 언급했듯이, 쿠터류는 성장함에 따라 두상의 비율이 몸에 비해 현저하게 낮아지는 특징이 있기 때문에 성체는 유체 때와 또 다른 느낌을 주는 거북종이라고 할 수 있다.

서식 및 현황

플로리다반도 근처에서 쉽게 찾아볼 수 있는 종으로, 주로 물살이 강하지 않은 습지나 늪에 서식한다. 초식 성향이 강하기 때문에 자연상태에서는 수초가 풍부한 지역에서 관찰할 수 있으며, 대부분의 시간을 호수, 강, 연못에서 보낸다. 자연상태에서는 바위와 통나무 등에서 일광욕을 즐기며, 먹이를 찾아 활발하게 이동한다. 수명은 최장 40년 정도이며, 덩치가 큰 반수생종 거북을 사육하고자 하는 사람에게 적합한 종이라고 할 수 있다.

번식

그다지 많지는 않지만, 국내에서의 번식사례도 종종 보고되고 있다. 번식이 가능할 정도 크기의 암수 쌍만 보유하고 있으면, 사육하에서도 어렵지 않게 번식시킬 수 있다.

사육환경

다른 반수생거북에 비해 조금 높은 28~29℃ 정도의 온도를 선호한다. 또한, 일광욕을 즐겨
하는 종이기 때문에 사육장 내에 반드시 일광욕을 위한 육상 부분을 설치해 주는 것이 좋
다. 저온에는 그다지 강하지 않다. 일반적인 반수생종 거북에 비해 성체 때의 크기가 상당
히 크므로 사육을 고려할 때 반드시 그에 관해 고민해 보고 입양을 결정하도록 해야 한다.
또한, 입양 후에는 여과능력이 충분하게 갖춰진 사육장에서 사육하는 것이 좋다.

먹이급여

쿠터류는 초식 위주의 잡식성 식성을 가지고 있다. 붉은귀거북과 같은 슬라이더류와 비슷
하지만, 이들보다는 초식 성향이 훨씬 강하다는 특징이 있다. 성장하면 거의 초식성으로
변하기 때문에 성장에 따라 동물성·식물성 먹이의 비율을 적절하게 조절해 급여하는 것이
좋다. 더구나 성체의 덩치가 슬라이더에 비해 월등하게 커서 먹이섭취량도 매우 많다.

합사

초식을 선호하는 종답게 성격이 상당히 소심하고 겁이 많아 다른 반수생종에게 피해를 주
는 경우가 드물다. 합사 성공확률은 높은 편이다. 다만 상당히 크게 성장하는 종이기 때문
에 합사하는 거북과의 크기 차이가 크게 날 경우 작은 개체가 먹이경쟁에서 밀릴 수 있다.

중국줄무늬목거북

- **학　명** : *Ocadia sinensis*
- **영어명** : Chinese stripe-necked turtle, Chinese golden throat turtle
- **한국명** : 중국줄무늬목거북, 줄무늬목거북
- **서식지** : 중국, 베트남, 대만의 유속이 느린 강 또는 늪 등
- **크　기** : 수컷 20cm 내외, 암컷 25cm 내외로 암컷이 더 크게 자란다.

정식명칭은 '중국줄무늬목거북'이지만, '보석거북'이라는 상업명으로도 많이 불리고 있다. 보석거북은 국내에서만 통용되는 이름이므로 공식적으로 표현할 때는 '중국줄무늬목거북' 이라고 해야 한다. 맵 터틀, 쿠터 등과 더불어 국내에서 가장 쉽게 구할 수 있는 반수생종 거북 가운데 하나다. 중국 원산으로 인공 번식되는 개체 수가 많고 가격이 저렴해서 많이 수입됐지만, 현재는 국내종 남생이와의 교잡 우려로 인해 생태교란종으로 지정돼 있다. 다른 반수생종에게서 볼 수 없는 배갑의 독특한 용골과 무늬 그리고 특이하게 긴 꼬리 때문에 비슷한 분양가격대의 다른 반수생종 거북에 비해 상대적으로 인기가 많은 종이다.

작은 개체는 상당히 소심한 성격을 보인다.

외형
어릴 때는 등에 세 갈래의 융골이 선명하게 선을 이루고 있지만, 이 선은 성장함에 따라 배갑의 색상이 갈색이나 고동색으로 짙어지면서 희미해지는 경향이 있다. 체형 역시 어릴 때는 납작하지만, 성장하면 배갑이 조금씩 위로 융기하는 것을 볼 수 있다. 복갑에는 각각의 인갑에 검은색의 얼룩무늬가 있으며, 아래쪽에서 보면 몸의 가장자리를 따라 원형의 무늬가 줄지어 있는 것을 확인할 수 있다. 그러나 목과 다리 부분에 나타나는 선명한 줄무늬가 본종을 다른 종과 구분하게 하는 가장 뚜렷한 특징이라고 할 수 있다. 어릴 때는 전형적인 슬라이더의 체형을 보이지만, 성장하면 남생이의 배갑과 그 형태가 비슷해진다.

서식 및 현황
자연상태에서 동면하지 않는 종으로서, 사육하에서도 번식을 위한 별도의 동면이 필요하지는 않다. 보통 암컷은 6년, 수컷은 3년 정도면 성성숙에 도달하고 번식이 가능하다. 특이하게 본종은 수컷의 꼬리가 다른 종의 수컷 거북에 비해 훨씬 굵고 길게 자라기 때문에 어느 정도 성장하면 확실하게 성별을 구분할 수 있다. 중국 원산의 줄무늬목거북은 식용과 약용 목적으로 남획됨으로써 보호종으로 지정돼 있으나, 베트남이나 대만산은 아직 개체수가 유지되고 있기 때문에 별다른 법적 보호를 받지는 않고 있다.

번식
자연상태에서 암컷은 이른 봄에 5~20개 정도의 알을 낳는다. 번식은 상당히 용이한 편이지만, 부화 이후 해츨링 시기에 다른 종에 비해 상당히 약하기 때문에 수온과 수질을 세심하게 조절해 줄 필요가 있다. 어렸을 때 피부병에 걸리면 순식간에 폐사로 이어진다.

사육환경
다른 반수생종 거북에 비해 꼬리가 길기 때문에 합사하게 되면 다른 개체에게 꼬리를 물려 상처를 입는 경우가 많다. 또한, 본종의 긴 꼬리는 여러 가지 이유로 부절되기 쉬워서 꼬리 쪽에 문제가 생기지 않도록 각별히 주의해야 한다. 피부도 조금 예민한 편이라 수질이 나쁜 경우 질병에 노출되기 쉽고, 일단 질병에 걸리면 급격하게 약화되는 경향이 있다.

자연에서는 깨끗한 늪지나 민물에 서식하기 때문에 다른 반수생종 거북에 비해 수온과 수질에 상당히 민감하므로 수질을 항상 청결하게 유지해야 한다. 27℃ 정도로 유지되는 깨끗한 수질의 물이 제공되면 매우 활발하게 움직이는 모습을 볼 수 있다. 일광욕을 즐기므로 몸을 말릴 수 있는 육지 부분을 조성해 주는 것이 바람직하다.

먹이급여

반수생종 거북으로 식성은 초식성에 가까운 잡식성이다. 유체와 성체 수컷의 경우 육식의 경향이 다소 보이나, 성체 암컷은 거의 초식성에 가까운 식성을 지니고 있다. 먹이반응이 좋고 건강한 종으로 사육난이도가 낮기 때문에 반수생거북 입문용으로 길러볼 만하다.

합사

아주 온순하고 소극적인 성격이다. 이처럼 공격적이지 않은 성격 때문에 합사할 경우 다른 거북으로부터 공격을 받거나 시달리는 모습을 자주 보게 된다. 따라서 합사는 신중하게 결정해야 하고, 합사 후에도 지속적인 모니터링이 필요하다는 것을 잊지 않도록 하자.

복갑의 무늬도 상당히 아름답다.

세 줄의 용골을 지닌 배갑

페인티드 터틀

- **학　명** : *Chrysemys picta*
- **영어명** : Painted turtle
- **한국명** : 페인티드 터틀, 비단거북
- **서식지** : 캐나다 남부에서 멕시코 북부, 미국 북서부에서 남동부의 북아메리카 전역
- **크　기** : 수컷 8~10cm, 암컷 12~15cm

본종은 현재 국내에서 영어명 'Painted turtle'을 그대로 옮긴 '페인티드 터틀'이라는 이름
으로만 불리고 있지만, '비단거북'이라는 잘 알려지지 않은 국명을 가지고 있다. 아직 사육
자들 사이에서는 영어명이 그대로 쓰이는 경우가 일반적인데, 앞으로는 가능한 한 국명으
로 불러주면 좋을 것 같다. 페인티드 터틀은 북미에서 가장 널리 분포돼 있는 토착종으로
캐나다 남부에서 멕시코 북부까지, 대서양에서 태평양까지 유속이 느린 담수에 서식한다.
서식지감소와 로드킬 등으로 개체 수가 감소했지만, 인간에 의해 교란된 환경에서도 살아
갈 수 있는 능력 덕분에 북미에서 가장 번성한 거북으로 남게 됐다.

외형

페인티드 터틀은 북아메리카의 거의 모든 지역에 널리 분포돼 있는 거북이며, 반려거북으로도 많이 길러지고 있고 인기를 얻고 있는 종이다. 총 4개의 아종이 존재하는데, 국내에서는 미들랜드 페인티드 터틀을 제외한 이스턴 페인티드 터틀, 웨스턴 페인티드 터틀, 서던 페인티드 터틀이 분양되고 있다. 페인티드(painted; 색칠한)라는 이름처럼 바탕색과 붉은색의 대비가 매우 강렬한, 상당히 아름다운 종이다. 색깔도 그렇지만, 정상적으로 잘 성장한 본종의 배갑은 꽤 낮으면서도 돌기가 없이 매끈해서 굉장히 독특한 느낌을 준다.

배갑은 짙은 회색 혹은 짙은 갈색을 띠고 있고, 체고가 낮으며 평평한 체형을 지니고 있다. 유체 때는 배갑에 붉은색이나 주황색 혹은 노란색의 선명한 줄무늬가 나타난다. 다리와 꼬리에도 이러한 줄무늬가 나타나는 것을 확인할 수 있다. 체색대비가 화려한 거북으로 유명한데, 보통 거북이 성장하면서 색깔이 탁해지는 데 비해 페인티드 터틀은 성장 후에도 이와 같이 선명한 색상을 유지하고 있는 경우가 많기 때문에 매우 화려한 느낌을 준다.

서식 및 현황

원서식지에서는 수초가 무성하고 수류가 느린 호수나 연못 등에 주로 서식하고 있으며, 다른 반수생종 거북에 비해 일광욕을 많이 즐기는 편이다. 작은 크기에 비해 상당히 활동적이고 행동이 재빠른 종으로 알려져 있다. 국내에서 가장 쉽게 구할 수 있는 반수생종 거북에 속하며, 웬만한 반려동물 숍이나 인터넷 쇼핑몰에서 어렵지 않게 어린 개체를 분양받을 수 있다. 한 번에 수입되는 물량도 상당해서 입수하는 것이 그다지 어렵지는 않다.

🏛️ 페인티드 터틀의 아종

- *Chrysemys picta picta* - Eastern painted turtle(이스턴 페인티드 터틀)
- *Chrysemys picta marginata* - Midland painted turtle(미들랜드 페인티드 터틀)
- *Chrysemys picta belli* - Western painted turtle(웨스턴 페인티드 터틀, 페인티드 터틀 가운데 가장 큰 종)
- *Chrysemys picta dorsalis* - Southern painted turtle(서던 페인티드 터틀, 페인티드 터틀 가운데 가장 작은 종으로서 복갑은 전체적으로 노란색을 띤다)

*위에 언급한 아종들은 서식지역이 명확하게 분리돼 있는 것이 아니라 일부 중복되는 곳이 있기 때문에 교잡종이 나타나기도 한다.

1, 2. 웨스턴 페인티드 터틀
3, 4. 서던 페인티드 터틀

번식

부화 후 3년이면 성성숙에 도달해 번식한다. 번식방법은 일반적인 반수생종에 준하며, 합사 시에 수컷 사이의 다툼은 있으나 번식기에도 특별히 암컷에게 사나워지는 등의 경향은 나타나지 않는다.

사육환경

일반적인 반수생종 거북 사육에 준한다. 적정수온은 25℃ 내외, 일광욕 공간은 35℃ 내외를 유지한다. 일광욕을 상당히 즐기는 편이다. 체질이 강건하고 환경에 대한 적응력이 좋아 초보자에게 추천할 만한 종이다. 수영에 굉장히 능하므로 다른 반수생종보다 비교적 깊은 수심을 제공해 주는 것이 좋다. 운동량이 많기 때문에 충분히 넓은 사육공간을 확보해 줘야 스트레스를 덜 받는다. 보통 아주 어린 개체가 수입되며, 다른 거북처럼 어릴 때 저온에 약하므로 아주 작은 개체를 입양했을 경우에는 수온 관리에 신경 써야 한다.

먹이급여

납작한 체형으로 수영에 상당히 능하기 때문에 보통의 반수생거북과는 달리 자연상태에서는 물고기도 능숙하게 사냥한다. 적극적이고 활발한 성격으로 먹이에 대한 반응 역시 민감하다. 식성은 잡식성이며, 일반적인 반수생거북용 인공사료에도 쉽게 적응된다. 운동량을 늘리고 사육 하의 스트레스를 줄여주기 위해 작은 열대어와 같은 생먹이를 가끔씩 급여하는 것도 괜찮다.

합사

다른 종에 대해 공격성을 보이는 경우가 드물어 사육환경이 동일한 반수생종과의 합사가 가능하다. 앞서 언급했듯이, 물고기 사냥에 능숙하므로 관상용 물고기와는 절대 합사하지 않는 것이 좋다.

노란점박이거북

- **학　명** : *Clemmys guttata*
- **영어명** : Spotted turtle
- **한국명** : 노란점박이거북, 스포티드 터틀
- **서식지** : 북아메리카 동북부에서 플로리다에 이르는 광범위한 지역의 습지, 풀밭 늪지대
- **크　기** : 성체 크기 12cm 내외로 암컷이 좀 더 크게 자란다. 최대 기록은 13.7cm다

짙은 색의 배갑과 대비되는 선명한 노란색 점은, 다른 거북에서는 볼 수 없는 본종만의 독특한 특징이라고 할 수 있다. 이 점은 머리에서 목, 사지까지 확장된다. 다이아몬드백 테라핀과 함께 반수생종을 사육하는 사람들이 가장 길러보고 싶어 하는 아름다운 종이지만, 많은 애호가의 기대에도 불구하고 아직은 몇 마리 안 되는 개체가 '희귀 반수생거북' 혹은 '초 레어종(超 rare種)'이라는 타이틀을 달고 분양되고 있는 실정이다. 국내에 소개된 반수생종 가운데서는 가장 고가의 거북에 속하기 때문에 아직 사육되는 개체 수가 많지는 않지만, 가격만 조금 내려간다면 상당한 인기를 구가할 만한 매력을 지닌 거북이다.

등에 일정하게 찍혀 있는 선명한 노란색 점이 특징적이다.

외형

전체적인 체색은 검은색이나 갈색을 띠고 있는데, 배갑을 포함해 온몸에 선명한 노란색의 작은 점무늬가 산재해 있는 것이 스포티드 터틀의 가장 큰 특징이다. 이 노란색 점들은 스포티드 터틀이 성장하면서 크기가 작아지는 경향을 보인다. 점의 개수 또한 성장함에 따라 변화가 나타나는데, 더 많아지거나 사라지는 것을 볼 수 있다. 복갑은 노란색이나 주황색을 띠며, 인갑마다 검은색의 얼룩이 박혀 있는 것을 확인할 수 있다. 암컷은 노란색의 턱과 오렌지색의 눈을 가지고 있는 데 비해 수컷의 경우는 옅은 갈색 혹은 황토색의 턱과 갈색의 눈을 가지고 있기 때문에 눈 색깔로 암수를 구별할 수 있다.

서식 및 현황

자연상태에서는 수심이 얕은 물가에서 발견되는데, 개체 수가 줄어들고 있기 때문에 찾아보기는 쉽지 않다고 알려져 있다. 이와 같은 이유로, 북미 전역에 넓게 분포돼 있기는 하지만 미국의 몇몇 주에서는 보호종으로 지정돼 개인적으로 사육하기 위해서는 별도의 허가를 받아야 한다. 어린 개체는 수생 성향이 강하고, 일광욕을 할 때만 일시적으로 물 밖으로 나오는 것을 볼 수 있다. 그러나 성장함에 따라 육상에서 생활하는 시간이 조금씩 늘어난다. 그렇다고 해서 물가에서 아주 멀리 떨어져 생활하는 것은 아니다. 보통 노란색 점의 수가 많고 배갑의 색이 진하며 윤기가 있는 개체일수록 분양가가 높게 매겨진다. '가장 아름다운 반수생거북'이라는 별명이 붙어 있을 만큼 상당히 아름다운 종이기는 하지만, 우리나라에서는 많은 수가 사육되고 있지는 않은 실정이기 때문에 사육 하의 개체를 보기는 쉽지 않다. 분양가도 아직은 다른 종의 거북에 비해 상당히 비싼 편이다.

번식
원산지에서 자연개체를 포획할 수 없도록 법률로써 보호하고 있기 때문에 국내에서 유통되고 있는 개체들은 전부 CB개체다. 성체 암컷은 한 번에 3~4개 정도의 알을 낳는다. 자연상태에서 동면하는 종으로 번식을 위해서는 인공적으로 동면을 시킬 필요가 있다.

사육환경
움직임이 활발하고 먹이반응도 좋은 종이기는 하지만, 사육난이도는 높다고 평가되고 있다. 21~22℃ 정도에서 먹이반응과 움직임이 가장 좋을 정도로 다른 거북들과는 달리 낮은 온도를 선호하는 종이라, 저온을 유지하며 사육하기가 어렵기 때문이다. 특히 여름철에 쇠약해지고 폐사하는 경우가 많아 기온이 올라가기 시작하면 거북 수조의 수온 관리에 더욱 신경을 써야 한다. 스포티드 터틀은 큰머리거북(Big-headed turtle, *Platysternon megacephalum*)의 경우와 마찬가지로 안정적인 사육을 위해서는 냉각기가 필요한 종이라고 할 수 있다.

노란점박이거북의 점무늬는 개체마다 형태에 차이가 있다.

사육장 내의 물과 육지의 비율은 50:50 정도를 기준으로 잡고, 성장 크기에 따라 적절하게 조절해 주도록 한다. 적정수온은 21℃ 미만으로 저온을 좋아하기 때문에 한겨울이 아니라면 사육장 내에 히터는 따로 설치할 필요가 없다. 사육장의 수온이 높을 경우 물에 들어가지 않으려고 하는 행동을 보인다. 스포티드 터틀은 물갈퀴가 다른 반수생거북에 비해 작아서 수영에 그리 능숙하지는 못하다. 따라서 수심은 너무 깊지 않도록 조절하고, 수류도 너무 세지 않게 설정해 주는 것이 좋다. 자연상태에서 수류가 강하지 않은 얕은 물에서 서식하기 때문에 수조 내에서도 수류가 너무 강하면 그로 인해 스트레스를 받을 수 있다.

어린 개체의 경우 성체보다 수영에 더욱 서툴기 때문에 낮은 수위를 유지해 줘야 한다. 이러한 조건으로 사육장을 조성할 경우 물이 쉽게 오염되므로 수질 관리에 신경을 더 많이 써야 할 필요가 있다. 그늘진 지역 및 서늘한(물 밖에서도 마찬가지다) 지역에서 생활하는 것은 선호하지만, 일광욕도 꽤 즐기는 종이므로 사육장 내에 일광욕을 위한 공간을 반드시 마련해 주는 것이 좋다. 스포티드 터틀의 경우 성공적인 사육을 위해서는 갖춰야 할 장비도 많고, 다른 종보다 더 많이 신경 써서 관리해야 한다는 점을 기억하자.

먹이급여

스포티드 터틀은 활동적인 사냥꾼으로서 머리를 물속으로 향하도록 하고 먹이를 찾는다. 식성은 육식의 성향이 강한 잡식성으로 밀웜, 귀뚜라미, 냉동장구벌레, 작은 물고기, 초식사료 등을 급여한다. 먹이는 매일 주는 것보다는 하루 이틀 걸러서 급여하는 것이 어린 개체의 빠른 성장에 도움이 된다. 벌레, 갑각류, 수중식물, 녹조류 등 거의 모든 것을 먹는다.

먹이활동은 대부분 물에서 이뤄지기 때문에 깨끗한 수질을 유지해 주는 것이 중요하다.

합사

성격이 온순한 종으로 다른 종과의 합사가 가능하다. 하지만 성체가 돼도 크기가 작은 종이기 때문에, 부득이하게 합사해야 한다면 가급적 비슷한 크기의 온순한 종을 택하는 것이 안전하다.

인공섬을 이용한 노란점박이거북의 사육환경

가시거북

- **학　명** : *Heosemys spinosa*
- **영어명** : Spiny turtle, Cogwheel turtle
- **한국명** : 가시거북, 등갑가시거북
- **서식지** : 말레이반도, 인도네시아, 미얀마, 필리핀, 태국, 싱가포르 등지 산림지대의 얕은 강가나 습지
- **크　기** : 20cm 내외, 1.5~2kg

유체에서 준성체까지의 독특한 생김새 때문에 사육을 희망하는 사람은 많지만, 역시 국내에서는 상당히 보기 드문 종이다. 간혹 전시장 등지에서 볼 수도 있으나, 거의 성체급이라 본종의 실물을 처음 보는 사람은 어렸을 때의 모습만 상상하고 실망하는 경우도 많다. 아쉽지만 사육하에서도 도감 상의 모습과 같이 가시 돋친 멋진 모습을 볼 수 있는 기간은 그리 길지 않다. 그러나 다른 거북에게서는 이처럼 확연한 체형의 변화가 나타나는 경우는 거의 볼 수 없기 때문에, 성장하면서 서서히 진행되는 체형의 미묘한 변화를 느긋하게 감상하는 것도 가시거북을 사육하면서 느낄 수 있는 독특한 즐거움 가운데 하나라고 하겠다.

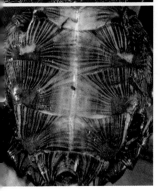

외형

배갑의 테두리를 따라 방사상으로 가시처럼 뾰족하게 돌기가 나 있는 모습에서 스파이니 터틀(Spiny turtle)이라는 이름이 유래됐다. 이러한 독특한 체형 때문에 코그휠 터틀(Cogwheel turtle; 톱니바퀴거북)이라는 별명도 가지고 있다. 그러나 아쉽게도 이처럼 독특한 형태는 대략 준성체 시기까지만 볼 수 있으며, 성장하면서 가시는 점점 사라져서 완전히 성장하면 배갑 끝 쪽에 약간의 흔적으로만 남는다.

어렸을 때는 다른 종과 확연하게 구분되는 특징적인 형태를 띠고 있어서 동정하기가 쉽지만, 어렸을 때와 완전히 성장했을 때의 모습이 상당한 차이를 보이기 때문에 성체를 보고 가시거북이라는 이름을 떠올리는 것은 쉽지 않다. 성장에 따른 이러한 체형의 변화 때문에 반려거북으로서의 인기도 성체 때보다는 어릴 때가 훨씬 높은 편이다. 몸 중앙에는 한 줄의 융기가 있으며, 체색은 전체적으로 붉은 갈색을 띠는데 성장하면서 조금 밝아지는 경향이 있다.

가시거북은 배갑과 복갑의 무늬에 있어서 극단적인 차이를 보이는 종이다. 배갑에는 단색에 별다른 무늬가 없지만(간혹 등에 점이 있는 개체가 있다), 복갑에는 '세상에서 가장 아름다운 육지거북'이라고 불리는 방사거북보다 훨씬 더 화려한 방사상의 무늬를 가지고 있다. 복갑의 이 방사상 무늬는 성장하면서 점차 흐려지는 경향이 있는데, 완전히 성장해서도 남아 있는 경우가 많아 성체를 동정할 때 중요한 기준이 된다. 개인적으로는 만일 가시거북의 배갑과 복갑의 무늬가 바뀌었다면 사육난이도에 관계없이 '가장 아름다운 반수생거북'의 자리를 차지하지 않았을까 싶은 생각이 든다.

서식 및 현황

가시거북은 독특한 생김새만큼이나 자연서식지에 있어서도 일반적인 거북들과는 차이를 보인다. 보통 대부분의 거북이 호수, 강, 저수지 등 평지에서 서식하는 것과는 달리 가시거북은 물살이 어느 정도 있는 산속 개울을 주된 서식처로 한다. 또한, 성장하면서 서식환경도 변화되는데, 이렇게 성장하면서 주된 생활영역이 바뀌는 거북들이 보통 어릴 때는 수생생활을 하다가 성장함에 따라 점차 육상생활로 변화하는 경향을 보이는 데 비해, 본종은 이와는 반대로 어릴 때는 육지생활을 즐기다가 성체가 돼갈수록 수생 성향이 강해지는 특징이 있다. 외형뿐만 아니라 여러 가지 면에서 독특한 생태를 가진 거북이라고 할 수 있다.

번식

사육하에서 번식에 성공한 사례는 상당히 드물다고 알려져 있다. 자연상태에서 동면하지 않는 종이며, 사육하에서 번식을 시키기 위해서는 사이클링이 필요하다. 한 번에 1~2개 정도의 알을 두세 번에 걸쳐 낳으며, 산란한 알은 110~145일 정도 지나면 부화한다.

사육환경

가시거북이 서식하는 동남아시아 지방이 무더운 곳이기는 하지만, 서식처인 산속은 다른 곳보다 기온이 낮기 때문에 사육 시에도 수온을 그리 높지 않도록 설정해 주는 것이 좋다. 가시거북의 적정사육온도는 24℃ 내외이며, 저온을 선호하기 때문에 초보자가 기르기에는 조금 난이도가 있는 종이라고 할 수 있다. 마찬가지 이유로 밝은 것을 싫어하므로 사육장 조명은 약간 어둡게 조절해 주는 것이 좋고, 열원을 사용할 필요가 있을 경우에는 색깔이 있는 야간등이나 세라믹등을 이용하는 것이 좋다. 가시거북을 사육할 때는 낮과 밤의 온도차를 분명하게 설정해 주는 것이 중요하다고 알려져 있다.

먹이급여

먹이반응은 굉장히 좋은 편으로 무엇이든 가리지 않고 잘 먹는다. 식성은 초식성에 가까운 잡식성이지만, 먹이반응은 개체마다 차이가 좀 있다. 상당히 왕성한 개체가 있는 반면 먹이 붙임이 힘든 개체도 있는데, 유통되는 개체가 거의 WC이기 때문인 것으로 생각된다.

합사

저온을 선호하는 종으로 낮은 온도를 선호하는 종과의 합사가 가능하기는 하지만, 국내에서 합사 가능한 종은 거의 볼 수 없다. 본종을 조금 높은 온도에 적응시켜 다른 종과 합사하는 경우도 있으나, 가급적이면 독립적인 환경을 제공해 주는 것이 바람직하다.

다이아몬드백 테라핀

- **학　명** : *Malaclemys terrapin*
- **영어명** : Diamondback terrapin
- **한국명** : 다이아몬드백 테라핀
- **서식지** : 미국 남동부 플로리다에서 북으로는 매사추세츠에 이르는 지역의 염분 섞인 연안 늪지대
- **크　기** : 수컷은 12cm 내외, 암컷은 20cm 내외

테라핀(Terrapin)은 북아메리카 인디언부족인 알곤킨족 언어의 '토로페(torope)'라는 단어에서 유래된 말로 '담수거북'이라는 뜻이고, 현재는 '북미산의 식용으로 사용되는 거북'이라는 의미로 사용된다. 국내에는 노던(Nothern), 오네이트(Ornate), 콘센트릭(Concentric), 캐롤라이나(Carolina) 등의 아종이 유통되고 있는데, 아종마다 얼룩무늬의 숫자나 형태에 있어서 조금씩 차이를 보인다. 반수생거북을 사육하는 사람들이 가장 기르고 싶어 하는 종 가운데 하나이며, 국내외를 막론하고 대중적인 인기가 상당히 높은 종에 속한다. 그런 만큼 분양가가 다른 반수생종 거북에 비해 상대적으로 높게 책정돼 있다.

외형

'가장 아름다운 반수생종'이라는 별명을 가지고 있으며, 하얀 얼굴과 선명한 점무늬가 매력적인 종이다. 모두 7개의 아종이 있는데, 모든 아종의 정수리에는 이름의 유래가 된 다이아몬드형의 무늬가 있다. 갈색이나 회색을 띤 배갑에는 동심원 무늬가 있으며, 아종 및 개체에 따라 선명도에 차이가 있다. 몸과 머리에도 구불구불한 검은색 점무늬가 산재해 있다.

서식 및 현황

염분이 약간 포함된 늪지대에서 주로 서식하며 먹이활동을 한다. 자연상태에서 물고기나 새우, 조개를 주로 잡아먹는데, 본종은 보통의 반수생종에 비해 교합력이 세기 때문에 조개나 갑각류의 껍데기도 어렵지 않게 부숴 먹을 수 있다. 한때 테라핀의 개체 수가 너무 많아서 식용으로 사용되기도 했으며, 특히 번식을 위해 중요한 암컷 성체의 피해가 컸다. 고기가 부드럽고 맛있다는 이유로 남획됨으로써 멸종위기에 처해 있으며, 현재는 복원프로그램을 진행하는 동시에 법률로써 엄격하게 보호하고 있는 실정이다.

번식

암컷보다 수컷이 더 빨리 성숙한다. 완전히 성숙하기 위해서는 수컷의 경우 3~4년이 걸리는 데 비해 암컷은 5~6년 정도가 소요된다. 사육하에서의 번식이 특별히 힘들지는 않다. 초여름에 4~18개 정도의 알을 낳으며, 60~85일 후에 부화한다. 거의 멸종위기까지 이르렀던 본종의 개체 수가 어느 정도 회복된 것은 이처럼 인공번식이 용이했기 때문이다.

📖 다이아몬드백 테라핀의 7가지 아종

- *Malaclemys terrapin centrata* - Carolina diamondback terrapin
- *Malaclemys terrapin littoalis* - Texas diamondback terrapin
- *Malaclemys terrapin macrospilota* - Ornate diamondback terrapin
- *Malaclemys terrapin plieata* - Mississippi diamondback terrapin
- *Malaclemys terrapin rhizophoraum* - Mangrove diamondback terrapin
- *Malaclemys terrapin tequesta* - Florida diamondback terrapin
- *Malaclemys terrapin terrapin* - Nothern diamondback terrapin

사육환경

다른 종의 거북에 비해 온도와 수질에 대한 적응력이 뛰어나고 생존력이 강하며, 사람을 두려워하지 않기 때문에 초보자도 상대적으로 어렵지 않게 기를 수 있는 종이다. 자연상태에서 담수와 해수가 만나는 기수역에서도 서식하므로 사육수조 내에 해수염을 조금 첨가해 주는 것도 나쁘지 않다. 하지만 해츨링의 경우 보통 비교적 염분이 낮은 곳이나 담수역에서 주로 생활하기 때문에 담수에서 사육하는 것이 폐사를 줄일 수 있는 방법이다.

유체 때는 담수에서 사육하다가 1~2년 정도 지난 후 수조의 염도를 서서히 높여주는 방식으로 조절한다. 성체는 pH 7.5 정도의 약알칼리성 물을 좋아하므로 pH를 조절해 주면 좀 더 건강하게 사육할 수 있다. 튼튼한 종이라 실제로 사육해 보면 그다지 공감되지 않을지도 모르는 조언이기는 하지만, 수질에 민감하다는 평가가 많다는 점을 참고하도록 하자.

먹이급여

잡식성의 식성을 가지고 있어서 어느 것이나 가리지 않고 잘 먹는다. 사람을 잘 따르고 사육자와의 친화도가 매우 높은데, 배가 고플 때면 먹이를 달라고 보채는 행동을 보이기도 한다. 성별과 나이에 따라 식단이 달라질 수 있으며, 수컷과 어린 암컷의 경우 식단의 다양

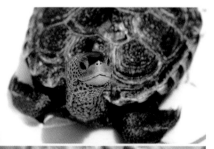

성이 떨어지는 경향이 있다. 성체 암컷은 강하고 두드러지는 턱을 이용해 게와 같은 갑각류를 먹는 경우도 종종 있으며, 조개 등의 단단한 껍데기를 가진 연체동물을 섭취하는 경우도 볼 수 있다.

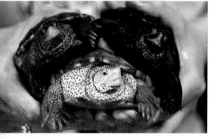

합사

특별한 제약 없이 조건만 맞으면 다른 종과의 합사도 가능하다. 다만 필요에 따라 해수염을 첨가해 수조 내의 염도를 조절했을 경우에는 소금물에 지나치게 민감하지 않은 종이 합사하기에 좋다. 또한, 본종은 약알칼리성의 수질을 선호하므로 산성 수질을 선호하는 종과의 합사는 어울리지 않는다.

큰머리거북

- **학　명** : *Platysternon megacephalum*
- **영어명** : Big-headed turtle
- **한국명** : 큰머리거북, 빅 헤디드 터틀
- **서식지** : 중국 남동부, 버마, 태국 북부, 미얀마, 베트남, 라오스
- **크　기** : 최대 20cm

큰머리거북과(Platysternidae)에 속하는 거북으로 동남아시아와 중국 남부에서 서식한다. 캄보디아, 중국, 라오스, 미얀마, 태국, 베트남에 분포돼 있으며, 일반적으로 바위가 많은 지역의 유속이 빠른 개울과 폭포에서 발견된다. 머리가 갑 속으로 집어넣을 수 없을 정도로 크기 때문에 빅 헤디드 터틀(Big-headed turtle)이라는 이름이 붙여졌다. 머리가 하나의 비늘로 덮여 있는데, 이것이 갑과 같은 역할을 해서 머리를 보호한다. 꼬리를 버팀목으로 사용해 강과 급류 주변의 장애물을 쉽게 넘으며, 부리를 이용해 나무와 덤불을 기어오르는 것으로 보고돼 있다. 일반적으로 밤에 더 많이 움직이며, 장거리를 이동하는 경향이 없다.

외형

배갑에 융기가 없고 체색도 좀 밝기는 하지만, 전체적인 이미지가 악어거북과 상당히 흡사하다. 커다란 머리와 납작하고 편평한 등, 기다란 꼬리가 특징이다. 다른 거북에 비해 머리가 너무 커서 갑 속으로 집어넣을 수 없다. 하지만 하나의 비늘로 덮인 커다란 머리가 거북의 갑과 같은 역할을 하기 때문에 머리를 보호할 수 있다. 머리가 상당히 큰 만큼 턱 힘이 세고, 스스로를 방어하기 위해 공격적으로 행동하는 경향이 있다.

서식 및 현황

맑고 깨끗한 물이 흐르는 계곡의 상류에 주로 서식하며, 수영에는 그리 능숙하지 않지만 발톱이 아주 날카로워서 원서식지 계곡의 빠른 물살에서도 쉽게 바위를 타고 올라 도망갈 수 있다. 야행성으로 늦은 저녁이나 새벽녘에 주로 활동하는 모습을 볼 수 있다.

사육환경

여러 가지 사양 관리상의 어려움으로 인해 거북들 가운데 사육난이도가 상당히 높은 종에 속하며, 사육경험이 풍부한 사육자에게도 사육이 그리 쉬운 종은 아니다. 저온을 선호하는 종으로 수온 15~18℃ 정도에서 가장 활발하게 움직이므로 건강하게 기르기 위해서는 냉각기가 꼭 필요하다. 하지만 수온이 15℃ 밑으로 내려가면 동면상태에 들어간다. 야생에서 계곡 상류의 차갑고 깨끗한 물에서 서식하는 만큼 다른 거북보다 수질에도 상당히 민감한 편이며, 수온이 낮으면 백점병균이 활성화되므로 백점병에 대한 대비도 필요하다.

낮은 온도를 유지해 주는 것도 중요하지만, 물갈이를 실시할 때 나타날 수 있는 급작스러운 pH변화나 온도변화에도 주의해야 한다. 거북 가운데 가장 입체적인 활동을 하는 종으로 알려져 있을 정도로 타고 오르기에 능숙하다. 그런 만큼 사육장에서 탈출하는 것도 잘하므로 탈출방지를 위해 사육장에 반드시 뚜껑을 설치해야 안전하게 관리할 수 있다.

먹이급여

먹이급여도 까다로운데, 생먹이를 고집하는 경향이 강해 인공사료에 적응시키는 것이 쉽지 않다. 육식성에 가깝기 때문에 사육하에서는 밀웜이나 작은 열대어, 물고기 등을 급여한다.

마타마타거북

- **학　명** : *Chelus fimbriatus*
- **영어명** : Matamata turtle, Matamata
- **한국명** : 마타마타거북
- **서식지** : 아마존 지역을 포함한 남아메리카 북부 지역의 유속이 느린 강이나 못, 늪지대
- **크　기** : 40cm 이상, 12kg 기록에 의하면 61cm의 암컷 개체가 발견된 적이 있다.

미국의 과학전문매체 '라이브 사이언스(Live Science)'에서 개최한 '가장 못생긴 동물 콘테스트(Ugliest animals contest)'에서 당당히 1위를 차지할 정도로 독특한 외형을 지니고 있다. 마타마타는 스페인어로 'I kill, I kill(죽어 버리겠어, 죽어 버리겠어)!'이라는 의미라고 한다. 'caripatua'와 'jicotea' 혹은 베네수엘라에서는 'la fea'라고도 불리는데, 이 역시 '못생긴 것'이라는 의미를 가지고 있다. 공통적으로 독특한 외모에서 기인한 이름을 많이 가지고 있는데, 마타마타의 이러한 독특한 외형 역시 원서식지에서 효과적으로 생존하기 위한 진화의 결과물이며, 원서식지의 환경에서 살아가기에 최적화돼 있는 형태라고 할 수 있다.

외형

붉은색을 띠는 넓적한 배갑에 악어거북처럼 세 줄의 솟아오른 용골이 있어서 현생종 거북들 가운데서는 그나마 악어거북과 가장 유사한 형태를 지녔다고 볼 수 있다. 그러나 그 외에는 악어거북과 많은 부분에서 상당한 차이를 보인다.

악어거북이 목을 갑 속으로 숨길 수 있는 데 반해 마타마타거북은 목을 옆으로 구부려 보호하는 곡경목거북에 속한다. 머리의 형태는 악어거북과는 달리 납작한 삼각형이며, 목은 길고 납작하다. 아래턱에는 더듬이와 같은 두 개의 돌기가 있고, 목 가장자리를 따라 돋아나 있는 많은 피부돌기는 물결에 맞춰 하늘거리면서 먹잇감이 되는 물고기를 유인한다.

눈은 덩치에 비해 매우 작은 편이며, 시력은 그다지 좋지 않지만 빛에는 상당히 민감하다. 코의 형태도 매우 특이한데, 대롱 형태의 스노클과 같은 구조로 설계돼 있어서 마치 자라처럼 물 밖으로 머리를 내밀지 않고도 숨을 쉴 수 있다.

1. 붉은색 배갑 2. 분홍색을 띠는 복갑

유체에서 준성체까지는 배갑은 옅은 갈색이고, 그 위에 검은색 줄이 있다. 복갑은 전반적으로 분홍색이다. 어릴 때는 성체보다 다소 화려한 색깔을 띠고 있으나, 성장함에 따라 탁해진다. 유체 때 보이는 배갑의 점도 성장하면서 사라지며, 배갑 가장자리의 톱니 형태 역시 성장하면서 무뎌진다.

서식 및 현황

마타마타는 생김새만 독특한 것이 아니라 사냥방법 또한 다른 어떤 종의 거북과도 확연하게 구별될 만큼 독특하다. 거북은 물론 모든 파충류 중에서 유일하게 진동에 의해 사냥을 하는 매우 특이한 거북이다. 머리의 양쪽에 있는 고막(tympana)은 물속에서 진동을 감지할 수 있는데, 이는 먹잇감의 위치를 파악함으로써 효과적인 사냥을 할 수 있도록 도와준다. 평소에는 목을 움츠리고 있다가, 먹잇감이 가까이 오면 먹이를 향해 목을 길게 뺀 다음 갑자기 확장시켜 입 안을 진공상태로 만든다. 이때 생기는 흡입력을 이용해 순식간에 먹잇감을 입속으로 빨아들이는 방식으로 먹이사냥을 한다. 먹이와 함께 빨아들인 물은 입을 다시 살짝 열어 뱉어낸다. 먹이를 흡입하는 속도가 너무나 빠르기 때문에, 마치 먹잇감이 거북의 눈앞에서 갑자기 사라지는 것처럼 보일 정도로 모든 과정이 순식간에 일어난다.

이런 독특한 사냥법 덕분에 지렁이 모양의 혀를 움직여 사냥을 하는 악어거북보다 사냥성공률이 월등하게 높다. 대부분은 조용히 은신하면서 먹잇감이 다가오기를 기다리는 편이지만, 배가 고플 때는 능동적으로 먹이에 접근하기도 한다. 이때의 동작은 매우 느린 편이다. 주로 물고기를 먹이로 삼지만, 입 안에 들어오는 크기라면 작은 수생동물, 다른 종류의 거북, 곤충 등을 잡아먹기도 한다.

상업적으로 분양되고 있는 개체는 지역에 따라 아마존 수계에 서식하는 종과 오리노코 수계에 서식하는 종의 두 가지로 나뉜다. 두 종을 형태로 구분하기는 어렵지만, 복갑의 무늬에서 상당한 차이를 보이기 때문에 거북을 뒤집어 보면 쉽게 구별할 수 있을 것이다. 일반적으로 오리노코 수계의 개체는 배갑이 밝은색이고 복갑은 노란색으로 특별한 무늬가 없는 데 비해, 아마존 수계의 개체는 목 부분의 붉은색이 좀 더 진하고 복갑에도 선명한 검은색의 반점이 넓게 나타난다.

마타마타는 특이한 생김새와 습성으로 인기가 있는 거북이기는 하지만, 상당히 큰 크기로 자라는 종이기 때문에 성체의 크기를 고려해 사육 여부를 신중하게 결정하는 것이 좋다.

번식

독특한 생김새와 생태적 특성 덕분에 반려동물로서의 수요가 증가하는 바람에 양식된 개체를 제외한 야생개체는 그 수가 점점 줄어들고 있는 실정이다. 그러나 인공번식이 용이하지는 않은 종으로 알려져 있다. 부화하는 데 걸리는 시간은 약 200일 정도, 평균 12~28개 정도의 알을 낳는다.

1. 오리노코 수계의 마타마타거북
2. 아마존 수계의 마타마타거북

사육환경

야행성으로서 자연상태에서도 낮에는 주로 그늘진 곳에 숨어 있으므로 사육하면서 낮에 움직이지 않는다고 걱정할 필요는 없다. 사육수조의 환경은 보통 자연상태의 환경보다 물의 투명도도 좋고 조명도 강하기 때문에 마타마타거북에게는 스트레스 요인이 될 수 있다. 덩치에 비해 작아 보이는 마타마타거북의 눈은 빛에 상당히 민감하므로 낮이라도 가급적이면 사육장의 조명을 약간 어둡게 조절하고, 수조 내에 유목이나 아몬드 잎 등을 넣어 물색을 갈색 분위기로 조절해 주는 것이 좋다. 마타마타거북은 수영에 능숙하지 못하고 주로 바닥에 붙어 걸어 다니는 편이다. 그리 활동적인 거북은 아니기 때문에 사육장은 그다지 넓지 않아도 괜찮으며, 거북 몸 크기의 2배 정도 되는 사육장이면 사육 가능하다.

그러나 다른 거북과는 달리 깊은 수위에서 호흡을 위해 수면까지 올라와 헤엄치는 종이 아니기 때문에 사육수조의 수위는 신경 써서 조절해 줄 필요가 있다. 물이 깊으면 익사할 수도 있는데, 사육장 물의 높이는 거북이 바닥에 자리 잡은 상태에서 목을 올려 수면에 코가 닿을 정도면 적당하다. 물이 깊을 경우 밟고 올라갈 수 있는 구조물을 설치해 줘야 한다. 다른 종보다 수질에 민감하며, 수류가 거의 없는 물에서 서식하는 종이기 때문에 여과기의 강한 수류는 거북에게 스트레스를 줄 수 있으므로 수류의 세기와 방향을 조절해 줄 필요가 있다. 다른 거북보다 pH 조절에 신경 써야 하는데, 선호하는 pH는 4~5의 산성이다. 남미에서 서식하는 종이므로 수온은 26~30℃ 정도로 따뜻하게 유지해 주는 것이 좋다.

필자가 사육해 본 경험에 의하면, 마타마타거북은 다른 종에 비해 탈피가 심하게 이뤄지는 것 같다. 탈피허물이 수류를 따라 수조 속을 떠다니기 때문에 미관상 상당히 좋지 않고, 이를 그대로 방치하면 수질악화의 원인이 된다. 따라서 탈피를 할 때는 발생하는 부유물을 수시로 제거해 수질을 관리해 주는 것이 좋다. 또 탈피허물로 여과기의 구멍이 막혀 여과효율이 저하될 수 있으므로 탈피 시에는 여과기 청소를 좀 더 자주 해줘야 한다.

마타마타거북은 평생을 물속에서 사는 완전수생종이기 때문에 산란할 때를 제외하고는 물 밖으로 나오는 경우는 거의 없다. 따라서 수조 내에 별도의 일광욕 공간을 마련해 줄 필요는 없다고 하겠다. 그러나 갑에 발생할 수 있는 질환을 예방하고 피부에 서식하는 박테리아의 증식을 억제하기 위한 관리는 필요하다. 이를 위해 거북을 주기적으로 물속에서 꺼내 몸을 완전히 말려주면 마타마타거북을 건강하게 기르는 데 도움이 된다.

마타마타거북은 머리의 형태와 표정이 매우 독특한 거북이다.

먹이급여

냉동먹이도 먹기는 하지만, 생먹이 위주로 급여하는 것이 먹이반응이 더 좋다. 바닥재가 깔린 사육장이라면 수조 저면에서 생활하는 미꾸라지 같은 먹이보다는 수조 중간층을 유영하는 금붕어 같은 먹이를 주는 것이 먹이와 함께 바닥재를 삼킬 가능성을 줄여준다. 앞서 언급했듯이, 먹이를 빨아들이는 특이한 사냥법을 사용하기 때문에 마타마타의 턱 힘은 늑대거북이나 악어거북처럼 강하지는 않다. 물리더라도 상대적으로 덜 아프기는 하지만, 성장함에 따라 성질이 거칠어지는 특징이 있는 종이므로 핸들링 시 주의가 필요하다.

합사

먹이를 먹는 독특한 방식으로 인해 다른 종을 의도적으로 공격하거나 하지는 않으므로 입안에 들어갈 정도의 크기만 아니라면 합사가 가능하다. 하지만 몸 여기저기에 돌기가 많이 돋아나 있기 때문에, 합사하는 거북을 간혹 먹이로 착각해 접근하면서 상처를 입히는 경우가 있으므로 추천하지는 않는다. 또한, 마타마타거북은 산성의 수질을 좋아하므로 합사를 계획하는 경우 합사하는 종이 선호하는 pH를 확인하는 것이 필요하다.

뱀목거북

- **학　명** : *Chelodina spp.* (이전 *Macrochelodina spp.*)
- **영어명** : Snake-necked turtle
- **한국명** : 뱀목거북
- **서식지** : 호주, 뉴기니의 유속이 느린 강, 개울, 늪
- **크　기** : 30cm 내외

뱀목거북은 목을 갑 속으로 집어넣지 못하고 옆으로 구부리는 곡경목거북 가운데서도 목이 유별나게 긴 종이라고 할 수 있다. 다른 종류의 뱀목거북이 차츰 도입되고는 있으나, 현재까지 국내에서 일반적으로 쉽게 구할 수 있는 종은 여기서 소개하는 북부뱀목거북 (Northern snake-necked turtle, *Chelodina rugosa*)이다. 무는 방어력을 가진 공격적인 종이 아니어서 물기보다는 도망치는 경향이 있다. 독특한 외형과 활동적인 성격, 박력 있게 먹이사냥을 하는 모습으로 인해 일반인 사이에서도 상당히 인기가 많은 종이다. 튼튼해서 관리가 용이하고, 전시효과가 크기 때문에 웬만한 동물전시장에서 쉽게 볼 수 있다.

외형

전체적으로 넓고 편평한 체형을 가지고 있다. 배갑의 색은 진한 갈색이고 복갑은 흰색이나 밝은 갈색이며, 몸에 별다른 무늬는 없다. 수생거북 가운데서도 활동성이 뛰어난 종으로, 물갈퀴가 다른 거북에 비해 상당히 커서 수영에 아주 능숙하다. 발의 앞쪽은 갈고리로 돼 있어서 바위를 잡고 이동하는 속도도 보기와는 다르게 상당히 빠르다. 긴 목을 효율적으로 이용해 사냥을 하는데, 사냥성공률이 아주 높은 편이다.

서식 및 현황

물 밑바닥에서 발을 딛고 서서 물 밖에 머리를 내놓은 채 포식자를 경계하는 습성이 있다. 성격은 물속에서는 온순하지만, 물 밖으로 나오면 약간 사나워진다. 그러나 늑대거북이나 악어거북만큼 극단적으로 성격이 바뀌지는 않는다. 어릴 때는 가끔 일광욕을 하기 위해 나오지만, 약 9~10cm 이상 되면 거의 물 밖으로 나오는 일 없이 완전수생으로 생활한다.

최초로 발견된 지 20년 정도밖에 안 된 종이지만, 독특한 외모 덕분에 반려용 분양의 목적으로 남획됨으로써 현재 원서식지에서는 멸종위기에 처해 있는 실정이다. 사육은 그다지 어렵지 않은 종으로, 사육장 내에서 활발하게 움직이는 독특한 거북을 희망한다면 뱀목거북을 선택하는 것도 고려해 볼 만하다.

다른 거북과는 확연하게 다른 체형 때문에 거부감을 보이는 사람도 없지는 않지만, 실제로 사육해 보면 나름의 귀여움도 느끼게 되는 매력적인 종이다. 생긴 모습이 특이한 만큼 나타나는 행동도 다른 거북과는 다른 독특한 것이 많아 관찰의 묘미가 있다.

뱀목거북은 완전수생종으로 상당히 큰 물갈퀴를 가지고 있는 것을 볼 수 있다.

북부뱀목거북(Northern snake-necked turtle or Northern long-necked turtle, *Chelodina rugosa*)

번식

성체의 경우 꼬리 굵기의 차이로 암수를 쉽게 구별할 수 있다. 완전수생종으로서 물속에서 교미가 이뤄지는데, 알을 받기 위해서는 교미를 끝낸 후 산란예정일을 잘 기억하고 있다가 수시로 암컷을 산란장소로 옮겨줘야 한다. 임신한 암컷은 2~10개 정도의 알을 낳으며, 1~3회 산란한다.

사육환경

성체는 수영에 매우 능숙하지만, 해츨링 때는 수조의 수위가 높으면 익사하거나 스트레스를 받을 수 있으므로 얕은 수심에서 사육을 시작하는 것이 바람직하다. 적정수온은 28~30℃ 정도로 항상 수온을 따뜻하게 유지해 줄 필요가 있다. 거북 가운데서는 중간 정도의 크기를 지닌 종이기는 한데, 다른 거북에 비해 상대적으로 활동량도 많고 대사도 활발하기 때문에 가능한 한 넓은 사육공간을 제공해 주는 것이 좋다. 또한, 수질의 안정을 위해 성능 좋은 여과기를 설치해 줄 필요가 있다.

먹이급여

동물성 먹이라면 어느 것이나 가리지 않고 잘 먹고, 인공사료에도 쉽게 적응하는 편이다. 그러나 생먹이에 대한 기호성이 아무래도 더 높다고 할 수 있다. 생먹이를 과다하게 급여할 경우 먹잇감을 죽여두고 먹지 않아 수질이 악화될 우려가 있으므로 생먹이를 급여할 때는 급여량을 잘 조절해야 한다. 뱀목거북은 거의 완전한 육식성 거북으로 인공사료를 급여할 때도 육식성 거북을 위한 사료를 제공하는 것이 성장에 도움이 된다.

합사

물고기 사냥에 상당히 능숙하므로 관상어와의 합사는 절대 금물이다. 다른 종에게는 그다지 공격성을 보이는 경우가 드물어 합사가 가능하다. 하지만 거의 완전수생거북으로서 수심을 깊게 조절해서 기르는 경우가 많기 때문에 수영에 능숙한 종이 유리하다.

깁바거북

- **학 명** : *Phrynops gibbus*
- **영어명** : Gibba turtle, Toadhead turtle
- **한국명** : 깁바거북
- **서식지** : 페루, 수리남, 에콰도르, 콜롬비아와 브라질 북부
- **크 기** : 20cm 내외

토드헤드 터틀(Toadhead turtle)이라는 이름으로도 알려져 있으며, 남미의 넓은 지역, 페루, 에콰도르, 콜롬비아, 베네수엘라, 트리니다드, 가이아나, 수리남, 파라과이 및 브라질 일부에서 발견되는 소형 크기의 사이드넥 터틀(Side-necked turtle, Pleurodira)에 속한다.

성체는 전체적으로 검은색의 체색을 지니고 있으며, 복갑에도 검은색의 얼룩무늬가 넓게 자리 잡고 있는 것을 볼 수 있다. 유체 때는 배갑과 머리의 상면에 밝은 갈색의 얼룩이 나타나지만, 성장하면서 점점 검은색으로 변한다. 얼굴은 위에서 확인하면 둥글둥글해 보이지만 옆에서 봤을 때 약간 뾰족한 편이며, 눈이 크고 턱 아래에 두 개의 수염이 있다.

먹이반응이 활발하고 건강해 기르기 어렵지 않은 종이다. 현재 유통되는 개체는 거의 WC개체이며, 유통량도 극히 적어서 국내에서 보기는 어렵다. 튼튼한 종이지만, 수질이 나쁘면 피부병에 걸리기 쉽다. 수온은 27℃ 전후로 사육하며, 수심은 갑장의 1.5배 정도로 너무 깊지 않게 조절해 주는 것이 적당하다. 구할 수 있는 개체는 거의 WC개체이고 갑의 상태가 상당히 안 좋은 개체가 대부분이기 때문에, 상당 기간 충분한 먹이급여와 지속적인 일광욕을 제공해야 어느 정도 본래의 체색을 확인할 수 있는 경우가 많다.

먹이로는 반수생종 사료는 어느 것이나 사용 가능한데, 가끔씩 생먹이를 급여하는 것도 추천할 만하다. 혼자 내버려뒀을 때 활발한 성격을 보이는 것에 비해 실제로 핸들링을 하면 매우 겁이 많고 소심한 반응을 보이는 종이지만, 오랜 기간 사육하면 점차 자극에 대한 반응이 무뎌지는 것을 볼 수 있다.

트위스트넥 터틀

- **학 명** : *Platemys platycephala*
- **영어명** : Twist-necked turtle, Flat-headed turtle
- **한국명** : 트위스트넥 터틀
- **서식지** : 남아메리카의 북부 절반 대부분 지역(브라질 북부, 베네수엘라, 콜롬비아, 에콰도르 동부)
- **크 기** : 15cm 내외

학명의 플라티케팔라(*platycephala*)라는 종명은 그리스어로 평지(平地)라는 뜻의 '플라티스(platys=plain)', 머리라는 뜻의 '케팔레(kephale=head)'가 합쳐진 말이다. 전체적으로 납작한 체형을 지니고 있으며, 평평한 머리 부분은 붉은색 혹은 오렌지색을 띠고 있다. 복갑은 테두리가 밝은 갈색을 띠고 있으며, 중앙은 원형으로 짙은 검은색을 띠고 있다. 납작한 머리 형태로 인해 플랫 헤디드 터틀(Flat-headed turtle)이라는 이름으로 불리기도 한다.

배갑이 매우 평평한 형태이기 때문에 바위나 돌 틈 아래에 몸을 숨겨 포식자로부터 보호할 수 있다. 위협을 받으면 머리를 배갑 속으로 비틀어서 감춘다. 복갑의 형태는 아주 특이한데, 두 줄의 용골 때문에 가운데가 움푹 들어가 있는 것처럼 보인다. 이러한 형태의 갑은 바위 아래나 은신처에 효과적으로 자신의 몸을 숨길 수 있도록 진화한 결과다. 또한, 배갑에는 삼림의 바닥에서 낙엽과 어울려 자연스러운 보호색으로 작용하도록 명암의 차이가 나

는 어지러운 갈색의 무늬를 가지고 있다.

수영을 그다지 좋아하지 않으며 능숙하지도 않다. 물에도 들어가지만, 주로 삼림의 바닥을 기어다니면서 수서곤충, 벌레, 달팽이 등을 잡아먹으며 생활한다. 번식은 연중 이뤄지며(우기인 3~12월에 짝짓기를 하고 건기인 1~3월에 산란한다), 약 4~6개의 알을 낳는다.

사육수조에 물을 채울 경우 수심은 얕은 것이 좋으며, 반드시 육지 부분을 마련해 주는 것이 좋다. 먹이반응은 나쁘지 않으나, 극단적인 수온변화나 수질악화에 매우 취약하기 때문에 처음부터 피부병이 있거나 무력한 개체는 입양을 피하는 것이 좋다.

아프리칸 사이드넥 터틀

- **학　명** : *Pelomedusa subrufa*
- **영어명** : African side-necked turtle, African helmeted turtle
- **한국명** : 아프리칸 사이드넥 터틀, 아프리칸 헬멧티드 터틀
- **서식지** : 아프리카 수단에서 가나에 이르는 지역
- **크　기** : 20cm 내외, 최대 30cm

노스 아프리칸 헬멧티드 터틀(North African helmeted turtle), 블랙 헬멧티드 터틀(Black helmeted turtle) 등의 아종이 있으며, 아프리칸 헬멧티드 터틀(African helmeted turtle)이 기아종(基亞種; 어떤 종의 아종들 가운데 기본이 되는 아종)이다. 일반적인 반수생종 거북과는 조금 다른 체형을 지니고 있으며, 호기심 가득한 동그란 눈과 미소를 짓는 듯한 귀여운 얼굴을 하고 있다. 국내에서는 견목거북이라는 이름으로도 불리고 있다. 반수생거북 가운데서도 쉽게 길들여지는 종으로, 조금만 배가 고파도 수조 벽에 붙어 먹이를 보채는 모습을 볼 수 있다.

체색은 갈색에서 검은색까지 나타나며, 체고가 낮아 매우 납작한 느낌을 준다. 복갑의 색은 인갑의 연결부가 약간 밝은 것을 제외하고는 배갑의 색과 큰 차이는 없다. 머리와 다리의 색은 짙은 갈색을 띠며, 말단부를 제외하면 밝은 회색을 띠고 있다. 잡식성의 식성으로 다양한 먹이를 찾아 먹으며, 서식형태는 일반적인 반수생종 거북과 같다. 현재 유통되는 개체는 WC개체인 경우가 많지만, 쇠약하거나 질병에 노출돼 있는 개체를 보기 드물 정도로 튼튼한 종이다. 따라서 사육난이도가 상당히 낮기 때문에 반수생종 거북을 사육하고자 하는 초보사육자에게 입문종으로 적당하다. 그러나 분양가격대는 다른 반수생종에 비해 조금 높게 책정돼 있다.

머리가 크고 호기심이 많은 종이며, 성격이 매우 활발하고 먹이반응 또한 적극적이다. 무엇보다도 사육자에 대한 친밀감이 매우 강한 종이기 때문에 거북 사육에 재미를 붙이도록 하는 데 아주 좋은, 훌륭한 입문용 반수생거북이라고 평가할 수 있다.

아마존노랑점거북

- **학　명** : *Podocnemis unifilis*
- **영어명** : Yellow-spotted river turtle, Yellow-spotted Amazon River turtle
- **한국명** : 아마존노랑점거북
- **서식지** : 남아메리카 아마존강 유역의 지류와 호수
- **크　기** : 30~40cm, 8kg. 암컷은 자연상태에서 최대 60cm로 수컷보다 두 배 정도 더 크다.

옐로우 헤디드 사이드넥 터틀(Yellow-headed sideneck turtle), 옐로우 스포티드 리버 터틀(Yellow-spotted river turtle)로도 알려져 있으며, 남아메리카에 서식하는 거북 중에서 가장 크게 성장하는 종 가운데 하나다. 어릴 때 머리 부분에 전체적으로 분포된 선명한 노란색의 점박이 무늬 때문에 매우 인기가 높은 종이다. 목을 옆으로 구부려 숨기는 곡경목거북으로, 목을 숨겼을 때 노란색의 점무늬와 커다란 눈이 대비돼 상당히 귀여운 인상을 풍긴다.

배갑은 갈색이나 검은색을 띠고 있는데, 각 인갑의 가운데 부분이 밝은 개체도 가끔씩 보인다. 배갑의 두 번째와 세 번째 인갑에는 낮은 용골이 자리 잡고 있다. 체고는 그리 높지는 않으며, 무엇보다 머리 부분에 선명한 노란색의 점을 가지고 있는 것이 다른 거북과 구분되는 본종만의 독특한 특징이라고 할 수 있다. 이 노란색의 점은 눈과 코 사이, 눈 뒤, 머리 윗부분에 두 개, 귀 윗부분에 나타난다. 이 아름다운 무늬는 어릴 때는 선명하지만, 성장하

면서 점점 사라지며 체색도 점점 짙어진다.

일 년에 최대 35개 정도의 알을 두 번씩 낳는다. 현지에서는 알과 배갑을 상업적으로 이용하기 위해 남획되고 있는 실정이다. 자연상태에서는 60~70년 정도 살 정도로 장수하는 종이지만, 사육하에서의 수명은 30년 정도라고 알려져 있다. 암컷은 수컷에 비해 최대 두 배 크기까지 성장할 수 있다.

사육방법은 반수생거북을 기준으로 한다. 다만 성장이 비교적 빠르고 덩치가 커지는 종이기 때문에 적당한 크기의 사육장을 제공해야 하며, 여과에도 신경을 써서 수질을 관리해 줘야 할 필요가 있다.

스팽글리거북

- **학　명** : *Geoemyda spengleri*
- **영어명** : Black breasted leaf turtle, Black-breasted hill turtle, Vietnamese leaf turtle, Spengler's turtle
- **한국명** : 스팽글리거북, 블랙 브레스티드 리프 터틀
- **서식지** : 인도차이나 반도의 좁은 서식지에서만 발견
- **크　기** : 가장 작은 거북에 속하는 종 가운데 하나로 성체 크기는 10cm 정도의 소형종

반려동물로 사육되는 거북 가운데 사육난이도가 최고라고 평가될 만큼 인공사육이 대단히 어려운 종이다. 일부 마니아들은 '최고의 사육난이도'가 아니라 '살인적인 사육난이도' 내지는 '사육불가종'이라는 극단적인 평가를 할 만큼 기르기 어려운 종이므로 초보자들이 입양하는 것은 절대 권하지 않는다. 또한, 어느 정도 사육경험이 있는 사육자라 하더라도 신중하게 사육 여부를 결정하는 것이 좋다. 필자는 아직 국내에서 본종을 성공적으로 사육한 사람이 있다는 소식을 듣지 못했다. 또한, 필자의 기억으로는, 사육하의 개체를 여럿 보기는 했지만 건강하다고 판단될 정도의 상태인 경우를 본 적도 거의 없는 듯하다.

스팽글리거북은 배갑의 뒷부분에
보이는 돌기가 특징적인 종이다.

외형

가시거북처럼 배갑 가운데 융기가 한 줄 있으며, 그 양옆으로
작은 융기가 한 줄씩 있는 것을 볼 수 있다. 얼핏 확인하면 가시
거북 유체와 비슷하게 보이기도 하지만, 전체적인 체형이 가시
거북보다 좀 더 긴 타원형을 띠며, 가시거북 유체의 경우 배갑
가장자리에 전체적으로 가시가 나 있는 데 비해 스팽글리거북
은 배갑 뒷부분에만 가시가 있다는 것이 차이점이다.

위에서 내려다봤을 때 전체적인 체형이 마치 나뭇잎과 유사한
형태를 띤다. 이와 같은 형태의 체형은 원서식지인 산림지 바
닥에서 효과적으로 자신을 보호하는 의태의 기능을 한다. 눈은
머리 크기에 비해 상당히 크고 동그란 모습인데, 이렇게 큰 눈
은 빛이 거의 들지 않는 산림의 습한 숲 바닥에서 생활하는 특
성상 어두운 곳에서도 사물을 잘 볼 수 있도록 진화한 결과물
이다. 먹이사냥도 주로 시력에 의지해 이뤄지는데, 산림의 바
닥을 돌아다니며 지렁이, 달팽이, 곤충 등을 잡아먹는다.

크고 연약해 보이는 눈과 분홍색 피부, 짧은 부리를 가지고 있
어서 전체적인 이미지가 마치 새의 얼굴처럼 보인다. 성별은
머리를 보고 구분할 수 있는데, 암컷은 머리 측면에 노란색 혹
은 흰색의 선이 있으나 수컷은 보랏빛이 돌고 선이 없다.

서식 및 현황

스팽글리거북은 특이하게도 모든 거북종 가운데 유일하게 사회성을 가진 거북으로 알려
져 있다. 일반적인 거북들이 단독생활을 하는 데 비해 스팽글리거북은 자연상태에서도 6~
10마리씩 무리 지어 다니는 모습이 관찰된다. 이렇게 무리생활을 하는 이유는 '면역력을 기
르기 위해서'가 아닐까 추측하기도 하지만, 아직 정확한 이유는 밝혀지지 않았다. 중국 남
부와 베트남 북부 등지에서 식용으로 이용하는 거북으로서 반려용 거래 및 식용 목적의 남
획으로 개체 수가 격감함에 따라 현재 CITES II 부속서에 등재돼 있다.

번식

사육난이도가 상당히 높은 만큼이나 사육상태에서 번식시키는 것도 매우 어려우며, 거의 불가능한 것으로 알려져 있다. WC개체가 낳은 알을 부화시키는 정도는 가능하지만, 사육하에서 암수를 교미하도록 유도해 번식에 이르는 데까지 성공하는 사례는 극히 드물다.

사육환경

스트레스에 약하고 추위와 습도에 민감한 종으로, 돌연사가 많기 때문에 사육하기가 매우 어렵다. 가급적이면 최적의 온·습도가 제공되는 조용하고 안정된 환경에서 사육하는 것이 좋다. 적정사육온도는 22~25℃ 정도로 일반적인 거북들에 비해 조금 낮은 조건이다. 팬을 이용해 공기를 순환시키면 환기와 더불어 사육장 내의 온도도 조금 낮춰줄 수 있다.

습지거북이지만, 사육하에서는 반수생거북 수조에서 좀 더 잘 적응한다는 의견도 있다. 아주 활동적인 종은 아닌데, 작은 사육장에서는 더욱 움직이지 않으므로 가급적이면 큰 사육장에서 기르는 것이 바람직하다. 대부분 WC개체가 유통되고 있으며, 먹이붙임이 어렵고 기생충감염의 우려가 있으므로 구충을 실시한 후 기르는 것이 좋다.

먹이급여

현재 구할 수 있는 스팽글러거북은 거의 100% WC개체로서 유통되는 개체들이 대부분 기생충에 감염돼 있다고 알려져 있다. 따라서 사육하에서 스트레스를 받는 것과 더불어 거식을 하는 경우가 상당히 많은 것을 볼 수 있다. 먹이급여를 위해서는 우선 구충을 실시하는 것이 좋으며, 인공사료에 대한 먹이붙임이 어렵기 때문에 가급적이면 자연상태의 생먹이를 급여하는 것이 먹이반응을 향상시킬 수 있는 방법 가운데 하나다. 최대한 원서식지의 환경에 가까우면서 스트레스 요인이 없는 조건을 제공해 줘야 어느 정도 먹이반응을 보인다.

합사

야생에서 무리생활을 하므로 단독사육보다는 여러 마리를 함께 기르는 것이 좋다. 단독사육할 경우는 먹이를 거부하거나 이상행동을 보이기도 한다. 다른 종이라 해도 서식환경이 비슷하고 서로 위협이 되지만 않는다면 합사해서 사육하는 것도 괜찮다.

아시아나뭇잎거북

- **학 명** : *Cyclemys dentata*
- **영어명** : Asian leaf turtle
- **한국명** : 나뭇잎거북, 아시아잎거북, 아시아나뭇잎거북
- **서식지** : 버마, 말레이시아, 태국 남부, 필리핀의 산림지대나 강가, 늪지
- **크 기** : 20cm 내외

국내에서는 갈색의 체색과 그 형태적인 특징을 이유로 보통 스팽글리거북(Spengler's turtle, *Geoemyda spengleri*)을 나뭇잎거북이라고도 많이 부르고 있고, 또 나뭇잎거북이라는 이름으로 분양하는 사례도 많기 때문에 가끔 아시아나뭇잎거북과 스팽글리거북 두 종을 혼동하는 경우가 생기기도 한다. 사실 앞서 소개한 스팽글리거북 역시 비에트나미즈 리프 터틀(Vietnamese leaf turtle) 혹은 블랙 브레스티드 리프 터틀(Black breasted leaf turtle)이라는 이름으로도 불리고 있기 때문에, 우리말로 나뭇잎거북이라고 풀어 부르는 것이 잘못된 표현이라고 할 수는 없다. 또 나뭇잎거북이라고 부를 만한 종은 스팽글리거북 외에도 상당히 많다.

외형

여기서는 잎거북 가운데 가장 일반적인 종이면서 아시안 리프 터틀(Asian leaf turtle), 보통 줄여서 리프 터틀(Leaf turtle)이라고 부르는 종에 대한 내용을 기술하도록 하겠다. 각 종을 정확하게 구분하기 위해서는 본종을 아시아나뭇잎거북이라는 명칭으로 부르는 것이 좋겠다. 배갑은 붉은빛을 띠는 갈색인데, 뒤쪽이 톱니 모양으로 발달돼 전체적인 색깔과 모양이 나뭇잎을 닮았기 때문에 리프 터틀(Leaf turtle)이라고 불린다. 이 톱니는 성장하면서 점차 무더지고, 나중에는 흔적만 남는다. 머리는 암갈색이나 검은색이고, 코와 목 부분에는 성장함에 따라 흰색이 나타난다. 복갑은 황갈색이며, 성장하면서 짙은 방사상의 무늬가 생긴다.

서식 및 현황

주로 아시아 남서부와 필리핀 등지의 시원한 개울에서 서식하며, 바다와 가까운 곳에서도 발견된다고 알려져 있다. 입수할 수 있는 개체는 WC개체인 경우가 많다. 따라서 거식이 장기간 지속되거나 쇠약한 증상을 보일 때는, 기생충검사 후 구충을 실시하면 활력을 회복시키는 데 도움이 된다. 본종 역시 국내에서는 상당히 보기 어려운 종이다. 우선 유통되는 것은 전부 WC개체이므로 작은 크기의 개체를 구하는 것이 힘들며, 어렵사리 성체를 구한 경우라도 기생충감염 등으로 폐사율이 매우 높은 편이다. 또한, 야생개체이기 때문에 배갑의 상태가 CB만큼 깨끗한 개체를 구하기도 어렵다.

여기에 더해 특별하다고 할 만한 특징도 없어서 거북 마니아들 사이에서도 그다지 인기가 많은 종은 아니지만, 희소가치와 나름의 매력으로 본종을 기르고 있는 사육자들은 상당한 애착을 가지고 있는 경우가 많다.

번식

암수의 교미는 육상에서 이뤄진다. 암컷은 일 년에 한 번 산란하는데, 일반적으로 약 15cm 정도의 구멍을 판 다음 2~4개 정도의 알을 낳는 것이 보통이다. 암컷의 크기가 충분히 클 경우에는 10~20개 정도 산란하기도 한다.

어느 정도 성장한 개체를 입양할 수 있다.

사육환경

반수생환경으로 조성한 사육장에서 사육하는 경우도 있고, 습지형 환경으로 조성한 사육장에서 사육하는 경우도 볼 수 있다. 반수생환경으로 조성할 경우 수위는 높지 않게 조절해 주는 것이 좋다. 자연상태에서는 서늘한 지역에서 주로 서식하기 때문에 수온은 그리 높게 설정하지 않아도 괜찮으며, 보통 22~23℃ 정도를 유지해 주는 것이 적정하다.

나뭇잎거북은 어릴 때는 거의 물에서 지내지만, 성장할수록 땅에서 지내는 시간이 많아진다. 따라서 유체 때는 물과 육지의 비율을 50:50 정도로 조성해 사육하다가, 성장함에 따라 비율을 30:70 정도까지 올리도록 한다. 바닥을 파고 들어가는 것도 좋아하므로 바닥재는 아주 두껍게 깔아주는 것이 바람직하며, 일광욕을 그리 즐겨 하는 종은 아니다. 약간 낮은 온도의 물을 선호하기는 하지만, 수온에는 그다지 민감하지는 않다. 하지만 수질에는 상당히 민감한 종이기 때문에 충분한 용량의 여과기를 설치해 관리할 필요가 있다.

먹이급여

유체 때는 주로 물에서 생활하다가 성장하면 육상생활을 하는 형태로 바뀌는데, 식물이 우거진 지역을 돌아다니며 먹이활동을 한다. 식성은 육식성에 가까운 잡식성으로 식물이나 과일, 연체동물 등을 먹는다. 어렸을 때는 주로 물속에서 활발하게 먹이활동을 하기 때문에 물에서 먹이를 급여하는 것이 좋은데, 성체가 되면 육지에서도 먹는 모습을 볼 수 있다. WC개체의 경우 상당수가 사육하에서의 먹이붙임이 쉽지 않음에도 불구하고 본종은 먹이붙임이 그리 까다롭지 않으며, 특별히 가리는 먹이도 없는 것으로 알려져 있다.

합사

성격이 온순한 편이라 환경조건만 비슷하면 다른 종과의 합사도 가능하지만, 구할 수 있는 아시아나뭇잎거북은 거의 WC개체라는 것을 염두에 두고 합사는 신중하게 결정하는 것이 좋겠다. 또한, 수질에 민감한 종이기 때문에, 대사량이 많아 수질을 쉽게 악화시킬 수 있는 종과의 합사는 지양하는 것이 바람직하다. 고온을 선호하는 종과는 맞지 않으며, 아시아나뭇잎거북은 사육장이 지나치게 밝은 것도 그리 좋아하지 않으므로 일광욕을 선호하는 종과의 합사 역시 어울리지 않는다는 점을 참고하도록 하자.

오네이트 우드 터틀

- **학 명** : *Rhinoclemmys pulcherrima*
- **영어명** : Ornate wood turtle, Painted wood turtle
- **한국명** : 오네이트 우드 터틀, 페인티드 우드 터틀
- **서식지** : 중앙아메리카의 니카라과 남부에서 코스타리카 북서부에 걸쳐지는 서부 해안지역
- **크 기** : 20cm 내외

오네이트 우드 터틀은 우드 터틀 가운데서도 국제적으로 가장 많이 거래되고 있는 종류다. 총 8개의 아종이 존재한다고 알려져 있는데, 우리나라에서 볼 수 있는 것은 대부분 센트럴 아메리칸 우드 터틀(Central American wood turtle, *Rhinoclemmys pulcherrima manni*: Mexico, Guerrero, Oaxaca)이다. 다른 종에서는 보기 드문 화려한 마블링의 체색으로 인해 인기가 많은 종이기는 하지만, 역시 CB개체가 드물기 때문에 유통되는 WC개체에게서 종 특유의 아름다운 체색을 기대하기는 어렵다. 그러나 WC개체라고 해도 사육자가 오랜 기간 정성 들여 기르면 배갑의 탈피와 더불어 특유의 아름다운 체색이 회복되는 것을 관찰할 수 있다.

외형

일반적인 반수생거북보다 체고가 조금 더 높으며, 배갑의 인갑마다 나타나는 마블링 무늬가 매우 아름다운 종이다. 원서식지 또는 본종이 반려동물로 인기 있는 나라에서는 개체의 발색 정도(인갑 무늬의 색과 선명도)에 따라 가격에도 상당한 차이를 보인다. 복갑에는 몸의 중앙부를 따라 검은색의 무늬가 있다.

오네이트 우드 터틀은 배갑의 인갑마다 나타나는 마블링 무늬가 매우 아름다운 종이다.

서식 및 현황

자연상태에서는 물가에서 그리 멀지 않은 삼림지역에 주로 서식한다. 본종이 서식하는 곳은 1000m 이하의 낮은 고도와 연평균 1500mm의 강우량이 말해주듯이 상당히 습한 지역이다. 습한 것을 좋아하기 때문에 원서식지에서는 건기에 접어들면 물가에서 관찰되는 경우가 많다고 알려져 있다. 하지만 그 외의 기간에는 대부분의 시간을 육지에서 보낸다. 사육하에서도 충분한 습도만 유지해 준다면, 체질이 튼튼하고 온순하며 길들이기도 어렵지 않아 습지거북 입문용으로 추천할 만한 종이다.

번식

국내에서 번식에 성공한 사례는 아직 보고된 것이 없는데, 사육하에서도 번식시키는 것이 그다지 어렵지 않은 것으로 알려져 있다. 본종의 교미는 육상에서도 이뤄지지만, 주로 수중에서 이뤄진다. 임신한 암컷은 한 번에 4개 정도의 알을 2~3차례에 걸쳐 낳는다.

사육환경

바닥재로는 바크와 같이 사육장 내의 습도를 유지할 수 있는 소재가 좋으며, 물에서 보내는 시간보다 육지에서 보내는 시간이 많기 때문에 육지 부분의 영역이 충분하도록 사육장을 세팅하는 것이 좋다. 보통 반수생환경에서 육지 부분의 비율을 넓히기보다는 육상환경으로 사육장을 세팅하고, 한쪽에 전신을 담글 만한 크기의 물그릇을 비치해 주는 방식으로 사육하는 사람이 많다. 바닥재를 파고 들어가는 것을 좋아하므로 사육장 내에는 바닥재도

오네이트 우드 터틀은 배갑뿐만 아니라 복갑의 무늬도 상당히 아름답다.

넉넉히 깔아주도록 한다. 바닥재를 충분히 깔아줄 수 있는 환경이 아니라면 은신처를 제공해 주는 것도 좋다. 사육장의 온도는 26~28℃ 내외, 습도는 70~80%를 유지해 주는 것이 적당하다. 자연상태에서 주로 물가에 서식하므로 사육 시에도 습도에 특히 신경을 많이 써주는 것이 좋으며, 습도유지를 위해 밀폐가 가능한 사육장을 사용하는 것이 바람직하다. 사육장의 습도가 낮으면 수중에서 보내는 시간이 많아진다.

먹이급여

먹이를 급여하는 장소는 수중이나 육상, 어느 곳을 택하든 크게 문제가 되지는 않는다. 식성은 그다지 까다롭지 않은 편으로, 어떤 먹이나 잘 먹고 먹이반응 역시 특별히 나쁘지 않다. 육상생활을 하는 종답게 지렁이와 같은 연체동물에 대한 기호성이 뛰어나다.

합사

성격이 온순하기 때문에 다른 종과 합사하는 것이 가능하지만, 역시 입양한 개체가 CB개체인지 WC개체인지를 먼저 확인해야 한다. 만약 WC개체라면 구충 실시 여부와 다른 질병의 증상 유무 등을 꼼꼼하게 확인한 후에 합사를 결정하도록 하는 것이 좋겠다.

암보이나상자거북

- **학　명** : *Cuora amboinensis*
- **영어명** : Amboina box turtle, Southeast Asian box turtle
- **한국명** : 암보이나상자거북, 암보이나 박스 터틀
- **서식지** : 아시아 남단(인도 북부, 태국, 말레이시아, 인도네시아)의 적도 부근 열대우림지대
- **크　기** : 갑장 20cm 내외

4개의 아종(Wallacean box turtle, *Cuora amboinensis amboinensis*/West Indonesian box turtle, *Cuora amboinensis couro*/Malayan box turtle, *Cuora amboinensis kamaroma*/Burmese box turtle, *Cuora amboinensis lineata*)이 있으며, 갑의 색상 및 모양의 차이로 구분된다. '암보이나'는 인도네시아 암본(Ambon)을 의미한다. 예전에는 좀 볼 수 있었지만 현재는 거의 접하기 힘들어진 종으로, 국내에서 길러지고 있는 개체 수도 얼마 되지 않으며 수입되는 물량도 없다. 단순한 색채 때문인지 국내에서 인기가 별로 없다. 가만히 두면 활발하고 호기심도 많지만, 겁이 많기 때문에 낯선 사람이 관심을 보이는 것이 느껴지면 갑 속으로 숨어서 안 나오거나 필사적으로 도망가려고 하는 성향이 있다.

외형

4개의 아종이 알려져 있으나 판별하기는 쉽지 않은 편이다.[1] 다른 거북과 구별되는 신체적 특징으로는 머리에 세 줄의 노란색 줄무늬가 보이는 것을 들 수 있는데, 하나는 머리의 상단 가장자리를 따라 목뒤에까지 길게 나 있고, 그 아래에 있는 줄무늬는 코에서 눈을 가로질러 귀 쪽으로 나 있으며, 마지막 하나는 턱 부분에 있는데 중간 줄무늬와 아래턱의 노란색 줄무늬는 귀 부분에서 합쳐져 두꺼워진다. 이 때문에 옆에서 보면 목의 아랫부분이 윗부분보다 밝은색을 띤다. 어릴 때는 배갑이 평평하지만, 성장하면서 색깔이 점차 짙어지고 체고도 높아진다. 복갑은 경첩식으로 돼 있어서 위험이 닥치면 완전히 닫을 수 있다.

서식 및 현황

아시아에 서식하는 대부분의 상자거북이 서늘한 지역에서 주로 발견되는 데 비해 암보이나상자거북은 적도 부근의 열대우림지역을 서식처로 삼고 있어서 고온다습한 기후에 적응돼 있다. 호기심이 많고 활동적인 거북으로 초식성이 강한 잡식성의 식성을 지니고 있다. 일광욕이나 산란할 때를 제외하고는 물에서 살고 짝짓기도 수중에서 이뤄진다. 수컷은 교미할 때 암컷 등에 쉽게 올라갈 수 있도록 암컷보다 복갑이 안쪽으로 들어가 있다.

온순하고 튼튼하며, 크기도 그다지 크게 자라지 않는 등 반려거북으로서의 장점이 많은 종으로 초보자도 어렵지 않게 사육할 수 있다. 식용 및 약용 목적의 남획, 서식지파괴, 반려용 거래 목적의 채집 및 수출 등으로 개체 수가 감소하고 있어서 CITES II로 보호되고 있다.

번식

수생생활을 선호하는 종답게 교미 역시 물속에서 이뤄진다. 원서식지에서는 건기가 시작되면 먹이활동을 중지하고 하면에 들어갔다가, 몇 주 뒤 다시 깨어나면 번식활동을 시작한다. 따라서 사육하에서 번식시키려면 완전한 동면보다는 사이클링을 제공하는 것이 효과적이다. 본종을 번식시키는 데 있어서 한 가지 주의할 점은, 평소의 소심하고 온순한 성격과는

---

1 4개의 아종 중 말레이시안 박스 터틀(*Cuora amboinensis kamarona*, Malayan box turtle)의 체고가 가장 높고, 월리시안 박스 터틀(*Cuora amboinensis amboinensis*, Wallacean box turtle)과 웨스트 인도네시안 박스 터틀(*Cuora amboinensis couro*, West Indonesian box turtle)은 좀 더 납작하고 긴 체형을 가지고 있다. 버미즈 박스 터틀(*Cuora amboinensis lineata*, Burmese box turtle)이 1988년 마지막으로 발견된 아종이며, 용골 사이에 나타나는 밝은색의 줄무늬로 다른 아종과 구별할 수 있다.

달리 교미할 때 수컷이 매우 거칠어지는 경향이 있다는 것이다. 그로 인해 암컷에게 상처를 입히거나, 심한 경우 죽일 수도 있다. 따라서 교미를 시킬 때는 가급적이면 넓은 공간을 제공해 주는 것이 안전을 위해 바람직하며, 합사 후에는 주의 깊게 반응을 관찰해야 한다.

사육환경

습지거북이지만, 일반적인 박스 터틀에 비해 반수생적인 경향이 강한 종이다. 수영에 그다지 능숙하지는 않은데, 그럼에도 불구하고 육지보다는 물속에 있는 것을 더 좋아한다. 하지만 다른 반수생종 거북에 비해 얕은 물을 선호하며, 일광욕도 그리 즐기는 편은 아니다. 사육하면서 신경을 많이 써야 할 것은 사육장 내의 습도유지다. 적정수온은 26~29℃, 습도 75~90% 정도의 다습한 환경을 선호하기 때문에 사육장이 건조하면 호흡기질환에 쉽게 노출된다. 사육장 내의 습도를 유지하기 위해서는 사육장 덮개를 사용하는 것이 좋다.

일반적으로 상자거북은 육상환경에 몸을 담글 만한 큰 물그릇을 제공해 주는 형태로 많이 기르지만, 본종은 수생 경향이 강하므로 반수생거북을 위한 사육장 세팅에서 육지의 면적을 약간 늘리고, 거기에 강하지 않은 수류를 제공해 주는 형태의 사육장이 좀 더 유리하다.

먹이급여

자연에서는 거의 초식을 하는데, 사육하에서는 채소와 과일, 벌레류 등 육식성이 강한 잡식성 식단으로 기르는 경우가 많다. 수생 경향이 강한 만큼 먹이활동도 육지보다는 따뜻한 물속에서 더 활발하게 이뤄진다. 우기에 상당 기간 먹이활동을 중단하고 땅을 파고들어 은신하는 습성이 있기 때문에, 가끔 사육하에서 갑자기 먹이활동을 멈추는 경우가 생길 수 있다. 시간이 지나면 자연스럽게 거식이 풀리므로 평소 영양상태가 양호하다면 걱정하지 않아도 된다.

합사

동면하는 종이 아니므로 사육하에서도 번식을 위한 동면을 시킬 필요는 없다. 메이팅할 때 수컷이 매우 거칠어지는 경향이 있다. 교미 시에 보이는 수컷의 공격적인 모습과는 달리 평상시에는 온순한 성격으로, 사나운 종과 합사할 경우 오히려 피해를 볼 수 있다. 반수생종과의 합사가 가능하지만, 사납고 지나치게 활동적인 종과의 합사는 피하는 것이 좋다.

중국상자거북

- **학 명** : *Cuora flavomarginata*
- **영어명** : Chinese box turtle, Yellow margined box turtle
- **한국명** : 중국상자거북, 옐로우 마진드 박스 터틀
- **서식지** : 중국 동남부, 대만, 일본 오키나와
- **크 기** : 20cm 내외. 10cm 중후반이면 성체로 본다.

성체 크기가 20cm 내외인 소형 거북이며, 국내외적으로 아시아의 상자거북 가운데 가장 인기가 높은 종이라고 할 수 있다. 호기심이 많고 활동적인 성격으로 사육자와의 친화도도 상당히 높아서, 본종을 기르면서 거북 사육에 더욱 재미를 느끼게 되는 경우가 많다. 배갑 중앙을 지나는 융기가 노란색을 띠고 있기 때문에 '옐로우 마진드 박스 터틀(Yellow margined box turtle)'이라는 이름으로도 불린다. 해외에서뿐만 아니라 국내에서도 상당한 인기를 구가하고 있는 상자거북종으로 사육을 희망하는 사람이 매우 많으며, 구하기는 어렵지만 일단 사육해 보면 사육자에게 그동안의 기대에 부응하는 만족감을 안겨주는 종이다.

외형

아시아 상자거북 가운데 가장 북쪽 지역에까지 서식하는 종으로, 등줄기 중앙을 가로지르는 노란색의 밝은 선이 나타나는 것이 특징이다. 이 노란색 선은 어릴 때 조금 더 선명하며, 성장하면서 점차 옅어지지만 완전히 사라지지는 않는다. 배갑은 전체적으로 짙은 갈색인데, 각 인갑의 중앙 부분이 불그스름하게 약간 밝은 색을 띠고 있고, 복갑은 전체적으로 진한 검은색을 띠고 있다. 눈 뒤쪽으로 밝은 노란색의 줄무늬가 하나 있다. 머리 윗부분은 노란색에 가까운 연회색이고, 아랫부분은 연한 분홍색 또는 주황색을 띤다.

서식 및 현황

물갈퀴가 그다지 발달돼 있지 않아 육상생활을 선호하는 편이지만, 수영이 서툰 것은 아니다. 본종은 다른 거북과는 달리 평소에 고개를 꼿꼿이 들고 있는 모습을 자주 볼 수 있다. 아주 튼튼하고 기르기 쉬운 종이지만, 분양가격대가 다른 상자거북에 비해 높게 책정돼 있고 국내에서 입수하기가 용이하지는 않다. CITES II에 등재돼 보호받고 있으며, 일본의 아종은 일본 내에서 천연기념물로 지정돼 채집과 사육을 금지하고 있다.

번식

중국상자거북을 번식시키는 것은 별로 어렵지 않기 때문에 국내외적으로 인공번식에 성공한 사례가 자주 보고되고 있다. 그러나 번식을 위해서는 인공적인 동면기간을 거쳐야 한다. 한 번에 산란하는 수는 많지 않은데, 여러 번에 걸쳐서 산란이 이뤄지기 때문에 사육장 내에 산란상자를 비치해 주고 자주 들여다보며 확인하는 것이 좋다.

사육환경

'육지에 사는 슬라이더(Slider, 붉은귀거북과 같은 반수생종을 이르는 말)'라는 별명으로 불릴 만큼 매우 활발한 종이므로 사육장은 가급적이면 넓은 것을 제공하도록 한다. 육지거북보다도 활동량이 많은 거북이라 케이지 세팅이 복잡하면 올라갔다가 떨어질 위험이 있다. 따라서 사육장 내부를 너무 복잡하게 세팅하지 않는 것이 좋다. 보유하고 있는 사육장의 공간이 협소할 경우에는 활동영역을 넓혀주기 위해 더더욱 간단하게 세팅할 필요가 있다.

본종은 바닥재를 파고 들어가는 것을 상당히 좋아한다. 바닥재를 충분히 깔아주면 파고 들어가기 때문에, 굳이 사육장 내에 은신처를 설치하지 않더라도 바닥재가 은신처의 역할을 한다. 온도는 낮에는 26~28℃, 밤에는 21~24℃ 정도가 적정하며, 습도는 70~80%로 높게 유지해야 한다. 또한, 사육장에 UVB를 설치해 주는 것이 좋다. 본종처럼 사육장의 습도를 높게 유지할 필요가 있을 경우에는 유리로 된 열원보다는 세라믹등을 이용하는 것을 추천한다. 유리로 만들어진 열원보다 가격이 비싸기 때문에 초기에 구입할 때는 경제적으로 조금 부담이 된다는 단점이 있기는 하지만, 사육장 내의 습기 또

는 분무로 인해 파열되거나 손상될 가능성이 비교적 작아 장기적으로 보면 오히려 더 경제적인 선택이 될 수 있다.

유체 때는 물에 들어가는 것도 즐기므로 반수생환경의 사육장에서 사육하는 것도 괜찮지만, 성장함에 따라 점차 육상생활을 선호하게 되므로 사육장 내 육지의 비율을 높여주는 것이 좋다. 완성체의 경우 물과 육지의 비율은 10:90 정도로 조성하면 된다. 본종을 사육하는 사육자들은 사육장 내에 습도를 유지할 수 있는 바크 또는 스패그넘 모스(spagnum moss)와 같은 바닥재를 깔고, 거북이 들어갈 만한 낮고 큰 물그릇을 비치해 주는 사육방식을 취하는 경우가 많다.

먹이급여

잡식성으로 식성은 그다지 까다롭지 않은 편이다. 핑키, 웜, 고양이사료 등 동물성 사료에 대한 기호성도 뛰어나지만, 채소 위주로 식단을 구성하는 것이 건강관리에 좋다.

합사

온순한 종으로 서식환경만 비슷하면 비슷한 크기의 타종과의 합사에 별다른 무리는 없다. 그러나 상당히 활동적인 종이므로 너무 예민한 개체와의 합사는 피하는 것이 좋다.

등줄기에 노란색 선이 보이는 배갑과
전체적으로 검은색을 띠고 있는 복갑

아메리카상자거북

- **학　명** : *Terrapene carolina carolina*
- **영어명** : Eastern box turtle
- **한국명** : 아메리카상자거북, 동부상자거북, 이스턴 박스 터틀
- **서식지** : 미국 남동부 매사추세츠, 일리노이, 노스캐롤라이나의 산림이나 호숫가 변두리에 서식
- **크　기** : 10~20cm

커먼 박스 터틀(Common box turtle, *Terrapene carolina*)의 아종으로 북아메리카를 대표하는 상자거북이다. 배갑은 반구형으로 상당히 높으며, 어두운 갈색 바탕에 노란색 또는 붉은색 얼룩이 반점무늬나 방사상의 형태로 퍼져 있다. 이 무늬는 개체별로 차이가 크다. 홍채의 색깔로 암수구별이 가능한데, 일반적으로 수컷은 붉은색이고 암컷은 갈색이다. 자연상태에서는 삼림지대에 주로 서식한다. 육식성에 가까운 잡식성으로 과일, 버섯에서부터 곤충, 갑각류, 지렁이, 양서·파충류 등 거의 모든 것을 먹는다. 거북 마니아들 사이에서 매우 인기가 높은 종으로서 반려용 분양을 목적으로 남획돼 개체 수가 줄고 있는 실정이다. 1994년에 CITES II에 등재되면서 미국으로부터의 수출이 금지돼 국내에서는 보기 어렵다.

3~7월이 산란기이며, 비가 내린 후에 암수가 짝짓기를 하는 날이 많다고 알려져 있다. 암컷은 약 10cm 정도의 구멍을 파고 평균 4~5개의 알을 낳는데, 12~28일의 간격을 두고 2~3회에 걸쳐 산란한다. 산란한 알은 70~82일 후에 부화한다. 겨울에는 습한 낙엽더미 등지에서 동면을 하고, 수명은 100년 정도로 장수하는 종이다.

사육 시의 온도는 주간 23~28℃, 야간 20~23℃, 습도는 70~80%를 유지한다. 자연상태에서 동면하는 종으로 번식을 위해서는 사육하에서도 인공적인 동면 기간이 필요하다. 식성은 완벽한 잡식성으로 다양한 먹이를 골고루 급여한다. 사육상태에서 저지방 개사료를 기본으로 채소나 과일을 섞어 급여하는 경우가 많다. 어릴 때는 단백질의 비중을 약간 더 높게 급여하는 것이 좋으나 성장하면서 조금씩 줄여나간다.

용골등상자거북

- **학 명** : *Pyxidea mouhotii*
- **영어명** : Keeled box turtle, Keel-backed terrapin
- **한국명** : 용골등상자거북
- **서식지** : 중국 남부, 해남도, 베트남, 라오스, 캄보디아, 타이, 미얀마, 인도 북부의 삼림
- **크 기** : 최대 20cm

몸에 비해 머리가 조금 큰 편인 데다가 배갑 상부에 높게 솟아오른 세 줄의 용골이 있고, 후반부에 톱니 형태가 발달돼 있어 굉장히 다부진 느낌을 주는 거북이다. 어린 개체는 스팽글리거북과 비슷한 이미지를 갖고 있지만, 성장하면서 배갑이 융기하고 용골이 더욱 선명해져서 이와 같은 체형으로 변화된다. 얼굴 옆쪽으로 밝은색의 얼룩무늬가 있으며, 체색은 갈색을 기본으로 황갈색에서 암갈색까지 개체마다 차이가 나타난다. 배갑의 색상은 일반적으로 밝은 갈색이다. 복갑의 중앙에는 무늬가 없고, 가장자리에 검은색의 얼룩이 있는 개체부터 짙은 얼룩이 복갑 중앙에까지 불규칙하게 나타나는 개체까지 다양하다.

다른 상자거북종과 마찬가지로 본종도 경첩을 가지고 있지만, 완전히 닫을 수는 없다. 수컷은 성장하면서 홍채가 붉어지기 때문에 성체의 경우 눈을 보고 성별을 구별할 수 있다. 육생 경향이 강한 종이며, 거의 육상생활을 하고 물에 들어가는 것을 즐기지 않는다. 다이아몬드백 테라핀처럼 원산지에서 식용을 목적으로 남획됨에 따라 2002년 CITES II로 지정돼 보호받고 있다. 국내에서는 거의 보기 힘든 종이다.

바닥재를 너무 많이 깔면 숨어서 나오지 않는 경우가 많으므로 적당하게 깔아준다. 일광욕도 거의 하지 않으며, 저온에 강하고 높은 온도를 극히 싫어하므로 연중 무가온으로 사육한다. 부엽토나 바크, 이끼 등을 이용해 최대한 자연스러운 환경을 조성해 주면 훨씬 상태가 좋아진다. 잡식성으로 동·식물성 먹이를 골고루 급여하는 것이 좋다. 1년에 1~5개의 알을 낳고, 25℃로 인큐베이팅하면 약 3개월 후 부화한다.

꽃등상자거북

- **학 명** : *Cuora galbinifrons*
- **영어명** : Flowerback box turtle, Indochinese box turtle, Vietnamese box turtle
- **한국명** : 꽃등상자거북, 플라워백 박스 터틀
- **서식지** : 북부 베트남에서 라오스, 캄보디아 북동부에서 중국 남부의 습한 삼림지대
- **크 기** : 10~20cm

일반적으로 상자거북의 배갑이 단색 계열에 별다른 무늬가 없는 것이 보통인 데 비해, 본종은 플라워백(Flowerback)이라는 이름에 걸맞게 화려한 배갑 무늬를 가지고 있는 종으로서 다른 상자거북 및 다른 종류의 거북과도 확연하게 구별된다. 이 독특한 무늬는 같은 클러치에서 태어난 형제일지라도 동일한 무늬를 가진 개체를 찾아볼 수 없을 정도로 다양한데, 이 때문에 본종은 상자거북 중에서도 무늬의 개체 차이가 가장 다양한 종이라고 할 수 있다. 높은 사육난이도만 아니라면 상당한 인기를 얻을 수 있는 거북이지만, 다른 종에 비해 예민한 성격을 가지고 있기 때문에 장기간 사육하는 사육자가 드문 것 또한 사실이다.

외형

배갑의 전체적인 색깔은 밝은 갈색인데, 배갑 중앙을 기준으로 양옆으로 폭 1~2cm의 검은 색 반점이 머리에서 꼬리 쪽으로 길게 이어져 있는 것을 볼 수 있다. 이 반점은 명암의 차이가 불규칙해서 얼룩덜룩하게 보이며, 이외의 부분에도 전체적으로 불규칙하게 나타나는 것을 볼 수 있다. 복갑의 무늬는 역시 개체마다 차이가 큰데, 전체적으로 검은색부터 얼룩무늬가 있는 것까지 다양하다. 머리 부분의 무늬 역시 마찬가지다. 상면에 점이나 얼룩무늬가 산재해 있고, 머리 아래쪽과 목에는 별다른 무늬 없이 노란색이나 주황색을 띠고 있는 개체부터 머리 전체가 노란색을 띠고 있는 개체, 머리 상면에 무늬가 없이 눈 뒤쪽을 따라 점무늬가 있는 개체 등 다양하게 나타난다.

서식 및 현황

육생 성향이 강한 종으로 수영에 능숙하지 못하기 때문에 원서식지에서도 물에는 잘 들어가지 않는다. 그러나 뜨거운 여름날에는 얕은 물에서 더위를 피하는 모습도 가끔 관찰된다. 고온을 싫어해 주로 저녁이나 밤에 활발하게 활동하며, 동면은 하지 않는다. 식용 목적으로 남획돼 개체 수가 줄어들고 있어 국제협약에 의해 CITES II로 보호되고 있다.

번식

자연상태에서 동면하지 않는 종으로 번식을 시키려면 사이클링이 필요하지만, 사육하에서의 사육난이도가 높은 만큼 번식 역시 용이하지는 않다. 인공번식이 거의 불가능하다고 알려져 있다. 이와 같은 이유로 꽃등상자거북은 거의 야생에서만 번식이 가능한데, 식용 목적으로 많은 수가 남획되고 있기 때문에 원서식지에서의 개체 수가 일정 수준 이상으로 줄어들면 쉽게 멸종에 이를 수 있다.

배갑의 무늬는 매우 다양하며, 복갑의 색은 보통 어두운색을 띠고 있다.

사육환경

자연상태에서 다습한 산림지대에 서식하는 종이므로 사육장의 습도는 70~80% 정도로 유지해 주는 것이 좋다. 고온에 약하고 강한 빛을 싫어하기 때문에 사육장 내 온도와 습도 조절에 유의해야 한다. 인공번식이 거의 안 되는 종으로 어린 개체를 구하기가 어려우며, 분양되는 것은 거의 성체급 WC개체로서 반드시 구충을 실시한 후 사육하는 것이 좋다.

무엇보다 스트레스에 약한 종으로서 조용하고 안정된 환경에서 사육해야 하는데, 그렇지 않을 경우 폐사될 위험이 크기 때문에 사육이 그리 용이한 종은 아니라고 할 수 있다. 이러한 이유로 '꽃등상자거북의 사육에 적합한 환경'이라면 '모든 거북의 사육에 이상적인 환경'이라고도 말할 수 있겠다. 사육장의 위치를 선정하는 것에서부터 사양 관리 전반에 이르기까지 상당한 노력을 기울여야 하는 종이지만, 일단 사육조건이 완비된 이후에는 오히려 약간 무심하게 관리하는 것이 성공적인 사육방법일 수도 있다.

먹이급여

자연상태에서는 주로 어두울 때 먹이활동이 활발하게 이뤄진다. 잡식성의 식성을 지니고 있으며, 과일이나 여러 가지 종류의 식물부터 지렁이 혹은 곤충까지 두루 먹이로 삼는다. 그중에서 주로 지렁이와 같은 연체동물에 대한 기호성이 뛰어난 편이다. 잡식성이라 따로 가리는 먹이 없이 아무것이나 잘 먹는 편이지만, 인공사료에 대해 적응시키려면 상당한 시간과 관심이 필요한 것으로 알려져 있다. 이처럼 인공사료에 대한 먹이붙임이 까다롭다는 점 역시 꽃등상자거북의 사육난이도를 높이는 주된 원인 가운데 하나라고 볼 수 있겠다.

경첩을 완전히 닫음으로써 스스로를 좀 더 확실하게 보호할 수 있다.

합사

특별히 사납거나 공격적인 모습을 나타내지 않기 때문에 성격만으로 보면 다른 종과의 합사가 가능하지만, 역시 지나치게 예민한 성향을 지니고 있어서 추천되지 않는다. 같은 종과는 비슷한 크기일 경우에 합사해 사육하는 사례도 있다.

설카타육지거북

- **학　명** : *Centrochelys sulcata*(이전 *Geochelone sulcata*)
- **영어명** : Sulcata tortoise, African spurred tortoise
- **한국명** : 설카타육지거북, 아프리카가시거북
- **서식지** : 중앙아프리카의 건조한 사바나지대
- **크　기** : 성체 시 60~80cm 정도, 몸무게 40~70kg. 1m에 120kg 이상 되는 개체도 있다.

갈라파고스코끼리거북, 알다브라코끼리거북에 이어 세계에서 세 번째로 큰 육지거북이
며, 전자의 두 종이 전부 섬에 서식하고 있으므로 대륙에 서식하는 육지거북 중에서는 가
장 크게 성장하는 종이라고 할 수 있다. 일반적으로 불리는 설카타라는 이름 외에 아프리
칸 스퍼드(African spurred tortoise)라고도 불리는데, 이는 앞발의 큰 비늘들이 마치 며느리발톱
(spur)처럼 발달돼 있는 데서 유래한 이름이다. 어렸을 때의 모습이 무척 귀여워서 육지거북
애호가들이 상당히 좋아하는 종이기는 하지만, 어릴 때의 귀여운 모습만 보고 들였다가 성
장하면서 중도에 사육을 포기하고 타인에게 양도하는 경우가 가장 많은 종이기도 하다.

외형

어린 개체의 체색은 연한 갈색이지만 성장하면서 점차 짙은 황색으로 변하며, 몸에 아무런 무늬가 없다. 전체적인 체형은 굴속을 드나들기 쉽도록 체고가 그다지 높지 않은 형태이며, 성장에 따른 체형의 변화는 없다. 수컷은 번식기 때 암컷을 두고 다른 수컷과 경쟁하기 위해서 목 아래쪽의 후갑판이 암컷보다 크게 성장하고, 뒤쪽으로는 항갑판이 상당히 굴곡진 것을 볼 수 있다. 따라서 성성숙에 도달하면 앞뒤 어디를 확인해도 암수를 쉽게 구별할 수 있다.

서식 및 현황

설카타육지거북이 서식하는 곳은 온난하고 건조한 기후를 보이면서도 밤낮의 온도변화가 매우 심한 지역이다. 주간에 40~50℃까지 상승했던 기온이 야간에는 20℃ 아래까지 내려가기도 하는데, 이 때문에 땅속에 굴을 파서 생활한다. 최대 6m의 굴을 만들기도 하며, 굴을 파는 데 앞다리의 잘 발달된 비늘을 사용한다. 또한, 위험에 처하면 머리를 갑 속으로 감추고 앞발을 모으면서 앞다리로 구멍 부분을 막아 머리를 좀 더 확실하게 보호한다.

2000년 7월부터 야생개체의 상업적인 거래가 전면 금지됨으로써 인공번식개체만 유통되고 있다. 본종을 사육하고자 하는 사람이 가장 먼저 고려해야 할 사항은, 이 종이 일반적으로 생각하는 것보다 훨씬 빨리 그리고 훨씬 크게 자란다는 사실이다. 안타까운 현실이지만, 이러한 이유로 최초 입양된 개체 중에서 거의 90% 이상이 재분양되고 있는 실정이다.

번식

산란기는 늦가을이며, 한 번에 15~17개 정도의 알을 낳는다. 동면하지 않는 종으로 번식도 매우 용이하며, 세계 각지에서 인공번식이 활발하게 이뤄지고 있다. 전 세계에서 가장 많이 생산되는 육지거북종으로, 사실 번식량이 너무 많다는 주장도 있다. 최근 국내에서의 번식사례도 보고되고 있다. 일반적으로 수컷이 암컷보다 더 크게 성장한다.

사육환경

설카타육지거북은 활동량이 많은 종이기 때문에 실내에서 사육할 때도 가급적이면 넓은 사육장을 제공하는 것이 좋다. 체질이 튼튼하기는 하지만, 사육장이 너무 춥거나 습하면 호흡기질환이 발생할 수 있기 때문에 건조하고 따뜻한 환경을 유지해 줘야 한다. 아프리카 원산이라 다른 육지거북보다 약간 더 높은 사육온도가 필요한데, 열원지역의 온도는 30~34℃ 정도, 은신처 지역의 온도는 24~27℃ 정도, 습도는 45~55% 정도를 유지해 주도록 한다.

앞발의 돌기도 머리를 보호한다.

설카타육지거북은 반려로 길러지고 있는 육지거북의 대표종이라고 할 수 있으며, 우리나라에도 반려육지거북으로서는 가장 먼저 도입된 종이다. 동물원이나 전시장 등에서 어렵지 않게 만날 수 있으며, 육지거북 가운데 국내에서 반려동물로 길러지고 있는 개체 수도 다른 거북보다 상대적으로 많다. 다른 거북에 비해 월등하게 튼튼하고 활동성이 강하기 때문에 육지거북 입문용으로 많이 추천되는 종이기도 하다.

그러나 수명이 50년 이상이나 되고 상당히 크게 성장하기 때문에, 적정 사육장의 크기와 어느 정도 성장시킨 이후에도 계속 기를 수 있을지 등을 신중히 고려한 후 사육 여부를 결정하는 것이 좋다. 본종의 사육 시 발생하는 문제의 상당 부분은 크기로 인한 것이기 때문이다. 냉정하게 말한다면, 야외방사 공간 없이 실내에서 평생을 기르는 것은 사실상 거의 불가능하다.

먹이급여

사육난이도는 모든 육지거북 가운데 가장 낮은 편에 속한다고 말할 수 있다. 다만 사육하에서 높은 섬유질 섭취량을 요구하기 때문에 섬유질이 풍부한 먹이를 지속적으로 공급하는 것이 좋다. 섬유질이 부족하면 장염이 발생할 가능성이 있으므로 다른 거북에 비해 건초를 많이 급여하는 것이 좋다. 단백질이 많이 포함된 먹이는 피라미딩, 신장쇠약 또는 방광결석 등을 유발할 수 있으므로 가급적이면 공급하지 않는 것이 좋다. 성장이 빠른 종으로 먹이급여가 충분할 경우 약 3년이면 30cm 정도까지 성장시킬 수 있다.

합사

덩치가 크게 차이 나지 않는다면 사육환경이 비슷한 종과의 합사도 가능하다. 본종은 먹이반응도 활발하기 때문에 합사하는 개체가 먹이를 충분히 섭취하는지 잘 관찰해야 하며, 그래야 본의 아니게 합사된 개체에게 영양결핍이 생기는 것을 방지할 수 있다.

레오파드육지거북

- **학 명** : *Stigmochelys pardalis*(이전 *Geochelone pardalis*)
- **영어명** : Leopard tortoise
- **한국명** : 레오파드육지거북, 표범무늬육지거북
- **서식지** : 아프리카 동부, 남부의 건조한 초원 및 관목림
- **크 기** : 35~45cm, 20~35kg. 자연상태에서 70cm, 50kg까지 성장하며, 수컷이 암컷보다 크다.

국내에 도입된 지 상당히 오래된 종이지만, 현재도 거북 애호가들 사이에서 여전히 인기가 높은 육지거북이다. 성장하면서 변화되는 특징적인 무늬 때문에 애정을 가지는 사육자가 많다. 지속적으로 꾸준히 수입되는 종이라 많은 파충류 숍에서 쉽게 분양받을 수 있다. 그러나 상대적으로 개인 분양을 하는 사례는 드물다. 어렸을 때의 사육난이도가 높아서 입양한 후 폐사시키는 경우도 잦은 편이고, 어느 정도 성장시킨 후에는 정이 들어버려 분양하지 않는 경우가 많기 때문이다. 간혹 개인 분양으로 나오는 것은 정상적으로 성장하지 못한 개체이거나, 사육자가 정말 부득이한 사정으로 재분양하는 경우가 대부분이다.

외형

스티그모켈리스속(*Stigmochelys*)의 유일한 현생종으로, 과거에는 게오켈로네속(*Geochelone*)으로 분류됐다. 아프리카에서 두 번째로 큰 육지거북으로서 예쁘게 기르기 위해서는 상당한 관심과 노력을 기울여야 하지만, 제대로 잘 기르면 매우 박력 있고 아름다운 종이다. 파르달리스(*Stigmochelys pardalis pardalis*)와 봅콕키(*Stigmochelys pardalis bobcocki*) 두 개의 아종이 있다. 파르달리스는 봅콕키에 비해 배갑 상부가 좀 더 편평한 편이고, 각각의 인갑에 검은 반점이 두 개씩 나타난다. 또한, 성체가 됐을 때의 기본 체색이 연한 노란색을 띠며, 검은색 점무늬의 크기와 위치도 봅콕키에 비해 좀 더 균일하고 고르다. 봅콕키는 어렸을 때 중앙 인갑 내에 나타나는 점이 한 개인 것으로 기아종(基亞種)과의 구별이 가능하다.

레오파드육지거북은 어렸을 때와 다 성장했을 때의 무늬에 있어서 상당한 차이가 나타나는 종이다. 어렸을 때 각 인갑의 가장자리를 둘러 연결돼 있던 검은색의 선명한 무늬는 성장하면서 모양이 전부 깨져 점박이무늬로 바뀌게 된다. 레오파드(leopard, 표범)라는 이름도 성체가 됐을 때 일어나는 이러한 체색의 변화에서 유래된 것이다.

서식 및 현황

자연상태에서는 반건조지역이나 초원지대에 주로 서식하며, 자연상태에서의 수명은 50년 이상인 것으로 알려져 있다. 파르달리스가 유통되는 숫자가 상대적으로 더 적고 가격이 높게 책정돼 있으며, 국내에서 유통되는 개체는 거의 봅콕키라고 보면 된다. 레오파드육지거북은 설카타육지거북, 별거북과 함께 우리나라에 가장 먼저 소개된 육지거북종에 속한다. 그런 만큼 이미 국내에서도 매우 많은 숫자가 사육되고 있는 종이기는 하지만, 경험이 풍부한 사육자들 사이에서도 사육난이도가 상당히 높다는 평가를 받고 있기 때문에 육지거북 사육에 입문하는 초보자들에게 권할 만한 종이라고 말하기는 어렵다.

필자 역시도 이러한 의견에 어느 정도 동의하는 입장이다. 그동안 매우 많은 수의 레오파드육지거북 개체를 접했지만, WC개체에서 볼 수 있는 것과 같이 완벽

레오파드육지거북 어린 개체는 성격이 소심하다.

국내에서 유통되는 레오파드육지거북은 거의 볼콕키(*Stigmochelys pardalis bobcocki*) 개체다.

하게 균형 잡힌 형태의 배갑과 최상의 건강상태를 가진 사육개체는 현재까지 국내에서 만
난 적이 별로 없다. 내부적인 건강문제는 접어두고 단순히 외형적으로만 봐도, 피라미딩
혹은 갑의 불균형적인 성장이 다른 종에서보다 쉽게 일어나는 듯하다. 육지거북 사육에 막
입문하고자 하는 초보자가 본종을 분양받는 것은 추천하지 않으며, 비교적 사육하기 쉬운
다른 종을 먼저 길러보고 어느 정도 사육경험이 쌓인 다음에 도전할 것을 권한다.

앞서도 언급했듯이, 필자는 '거북을 폐사시키지 않고 기르는 것은 어렵지 않지만, 건강하고
예쁘게 잘 기르기는 어려운 동물'이라고 항상 말하곤 하는데, 레오파드육지거북은 이러한
필자의 의견을 뒷받침해 주는 대표적인 종이라고 생각한다.

번식

상당히 온순한 종으로 공간적인 여유만 된다면 여러 마리의 암수를 함께 사육하는 것이 가
능하다. 번식기 때 암컷은 여름에 4~6주 간격으로 6개에서 최대 30개까지의 알을 1~5회
낳는다. 부화하는 데는 인큐베이팅 온도에 따라 8~15개월이 소요된다.

사육환경

유체 때는 소심한 성격이지만, 준성체 이후부터는 활동성이 상당히 증가하므로 어느 정도 자라면 좀 더 넓은 사육장으로 옮겨줄 필요가 있다. 사육장의 온도는 주간 32℃, 야간 25℃ 정도를 유지하고, 습도는 주야와 관계 없이 30~40% 정도로 약간 낮게 유지한다. 본종은 높은 습도에 매우 취약한 종이며, 사육장에 적절한 환기가 이뤄지지 않으면 다른 종에 비해 호흡기질환에 걸리기 쉽다.

어린 개체는 저온에 약하기 때문에 사육온도를 성체의 경우보다 조금 더 높게 설정해 주는 것이 필요하다. 성체도 낮에 최대한 체온을 올려줄 수 있도록 관리하면 컨디션이 좋아지는 경향이 있다. 또한, 성장기에 일광욕이 부족할 경우 배갑이 하얗게 변색되는 현상이 나타나기도 하므로 자외선 조사에 신경 써야 레오파드육지거북 특유의 배갑 무늬를 형성시킬 수 있다.

먹이급여

사육하에서는 무른 변을 보는 경우가 많으므로 섬유질을 충분히 공급해 주는 것이 좋다. 자연상태에서 어린 개체는 우기 이후 돋아난 부드러운 새싹을 즐겨 먹기 때문에 사육하에서도 부드러운 채소를 잘게 썰어서 급여하면 좋다. 성체의 경우는 건조한 식물이나 뿌리도 잘 먹는 편이다. 따라서 특별히 손질할 것 없이 채소를 그대로 급여함으로써 먹이활동을 하면서 운동량을 늘릴 수 있는 방식으로 사육하는 것도 고려해 볼 만하다.

합사

별거북과의 합사는 추천되지 않는다. 레오파드육지거북과 비슷한 환경에서 서식하는 종이라면 다른 종과도 합사시키는 것이 가능하며, 이 경우 별다른 다툼 없이 잘 지낼 수 있을 것이다.

1. 성체의 배갑 2. 유체의 배갑
3. 유체의 복갑

별거북

- **학 명** : *Geochelone spp.*
- **영어명** : Star tortoise
- **한국명** : 별거북(산지에 따라 OO별거북으로 불린다)
- **서식지** : 인도, 파키스탄 남동부, 스리랑카, 미얀마 북부의 습도가 높은 산림지대부터 사바나의 반건조
  사막지대, 초원 등 광범위한 지역에 분포
- **크 기** : 수컷 15~20cm, 암컷 20~28cm(38cm, 최대 7kg)

노란색의 방사무늬가 특징적인 종으로 인도별거북(Indian star tortoise, *Geochelone elegans*), 스리랑카별거북(Sri Lanka star tortoise), 버마별거북(Burmese star tortoise, *Geochelone platynota*)의 세 아종으로 나뉘어 유통되고 있다. 학문적으로는 인도별거북과 스리랑카별거북을 하나로 보고, 버마별거북을 별도로 분류하기도 한다. 현재는 전 종이 CITES I에 등재돼 있어서 수입이 상당히 줄어들었으며, 따라서 구하기가 쉽지 않고 가격도 상당히 올랐다. 최근 국내에서의 번식사례도 보고되고 있으며, 앞으로도 더 많은 번식이 가능하리라 전망된다.

외형

배갑과 복갑의 각 인갑에는 고유한 방사상 무늬가 다수 나타나는데, 이 무늬는 개체 차이가 심하며 산지에 따라서도 차이를 보인다. 갑 이외의 머리 부분이나 사지에는 돌기가 불규칙하게 난 흑색의 무늬가 있으며, 앞발에는 돌기가 많다. 준성체 이전까지는 겁이 많고 소심한 편이지만, 이후부터는 활동적으로 바뀐다. 그러나 다른 종에 비하면 상대적으로 활동성이 떨어지는 거북으로, 주행성이지만 땅을 파고들어 잠을 자는 경우가 많다.

크기가 10cm를 넘어서면 암수 모두 뚜렷한 성적 이형성을 보이며 성장한다. 암컷이 수컷보다 훨씬 크게 성장하는 동종이형(同種異形, dimorphous; 같은 종인데 암수의 형태가 다른 것)의 거북으로, 수컷은 암컷에 비해 몸이 길고 체고도 낮으며 체구도 암컷보다 작은 편이다.

서식 및 현황

인도별거북, 버마별거북 등 서식지에 따라 구분되는 아종마다 각각 조금씩 차이가 나타난다. 인도 북부의 별거북은 인도 남쪽 지역에 서식하는 종에 비해 상대적으로 크기가 크며, 배갑의 바탕색은 거의 갈색에 가깝다. 인도 남부에 서식하는 별거북은 크기가 작으며, 검은색의 배갑에 선명한 줄무늬를 가지고 있다. 스리랑카에 서식하는 별거북의 경우 무늬는 인도 남부에 서식하는 개체와 비슷하지만, 상당히 크게 성장한다는 차이점이 있다.

별거북은 배갑에 방사 형태의 무늬를 가진 육지거북 가운데 반려동물로 가장 많이 길러지고 있는 종이다. 본종이 가지고 있는 아름다운 방사무늬와, 방사무늬가 있는 다른 육지거북종에 비해 상대적으로 저렴한 분양가로 인해 사육자들 사이에서 상당히 인기가 높다. 그러나 어렸을 때의 사육난이도가 다른 거북들보다 꽤 높은 편이기 때문에 초보사육자가 입문용으로 기르는 것은 추천하지 않는다. 비슷한 환경에서 서식하는 다른 종의 거북을 길러본 후 어느 정도 거북 사육에 자신감이 붙었을 때 도전해 보는 것이 좋겠다.

번식

별거북이 교미를 하는 시기는 몬순기(계절풍, 인도 북부 지역일 경우 6월 말에서 9월)로, 다른 육지거북들과 달리 수컷끼리 싸우는 일 없이 아주 조용하게 교미가 이뤄진다. 암컷은 교미를 마치고 60~90일 정도 지난 후에 1~6개의 알을 4회 정도 낳는다. 부화기간은 보통 90~120일

버마별거북(Burmese star tortoise, *Geochelone platynota*)

정도 소요되지만, 조건에 따라 차이가 심하게 나타난다. 다른 거북과 마찬가지로 별거북 역시 성별의 결정이 온도에 영향을 받는데, 암수를 결정하는 온도의 경계는 30.5℃라고 알려져 있다. 28~30℃ 정도면 주로 수컷, 31~33℃ 정도면 주로 암컷 개체가 태어난다. 수명은 40~60년 정도로 알려져 있다.

사육환경

별거북은 자연에서 동면하지 않는 종이다. 비교적 고온에서 사육하며, 밤낮의 온도차는 두지 않는 것이 좋다. 사육장 내의 적정사육온도는 약 28~30℃, 적정습도는 약 40~60%로 알려져 있으며, 어릴수록 사육온도와 습도를 높게 설정한다. 25℃ 이하에서는 콧물을 흘리는 등 호흡기질환 초기증세를 보이는 경우가 잦으며, 특히 겨울철 습도유지에 신경 쓰지 않으면 호흡기질환에 걸리기 쉽다.

그렇다고 해서 사육장을 오랫동안 축축하거나 습도가 높은 환경으로 유지해서도 안 된다. 그럴 경우 점차 쇠약해지며, 춥고 습한 사육환경이 지속되면 치명적인 결과를 초래하는 경우도 있으므로 주의해야 한다. 인공번식도 가능한 종으로 교미에 별다른 문제는 없다. 그러나 임신한 암컷은 공격적이며 예민한 반응을 보이기 때문에, 교미가 끝난 후 암컷에게는 조용하고 스트레스를 받지 않는 별도의 사육환경을 제공해 주는 것이 좋다.

먹이급여

별거북의 배갑은 완만한 곡선을 이루는 것부터 피라미드 모양의 볼록한 형태를 보이는 것까지 다양하게 나타난다. 다른 거북들에 비해 별거북의 피라미딩은 일정 수준 용인되는 편이지만(버마별거북은 제외하고), 과도한 피라미딩은 불균형적인 영양공급을 의미하기 때문에 그다지 좋은 현상이라고 할 수는 없다. 특히 별거북에게 육류를 공급할 경우 고단백섭취로 불균형적인 이상성장, 골격형성 불량, 혈중 요산염 과다로 인한 방광결석 등의 질병을 유발할 수 있으므로 절대 동물성 사료를 급여해서는 안 된다.

합사

크기 차이가 별로 나지 않는 경우라면 엘롱가타육지거북, 설카타육지거북, 그리스육지
거북 등의 타종과 합사해 기를 수 있다. 그러나 레오파드육지거북과의 합사는 피하는 것
이 좋다. 해츨링 시기의 두 종은 사육환경에서는 별다른 차이가 없지만, 별거북의 면역력
이 다른 육지거북들에 비해 상당히 떨어지므로 다른 종들에 의해 감염되는 미코플라즈마
(*Mycoplasma*; 세균과 바이러스의 중간적인 미생물)와 같은 병원균에 감염되기 쉽기 때문이다.

🍺 별거북 아종의 구분

- **인도별거북**(Indian star tortoise, *Geochelone elegans*) : 배갑과 복갑에 방사상의 무늬가 있다.
- **스리랑카별거북**(Sri Lanka star tortoise) : 인도별거북과 같이 배갑과 복갑에 방사상의 무늬가 나타나지만,
  인도별거북에 비해 방사무늬가 더 두껍다. 또한, 배갑의 방사무늬가 인도별거북보다 더 노랗다.
- **버마별거북**(Burmese star tortoise, *Geochelone platynota*) : 인갑 하나에 나타나는 방사무늬가 보통 6개로
  대칭을 이루며, 방사상의 무늬가 옆의 무늬와 거의 정확하게 만난다. 무늬를 세로로 가로지르는 선이
  없으며, 복갑에 방사무늬가 나타나지 않는다. 자연상태에서는 거의 멸종돼가고 있다.

* 무늬 이외에 배갑의 형태로도 구분이 가능하다. 인도별거북과 스리랑카별거북의 피라미딩이 더 심하며,
버마별거북의 배갑은 피라미딩이 거의 없이 비교적 완만한 곡선을 이루고 있는 것을 확인할 수 있다.

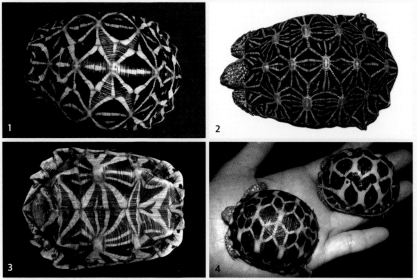

1, 2. 지역이나 개체에 따라 방사무늬에 있어서 상당한 차이를 보인다. 3. 복갑에도 방사무늬가 있다(버마별거북은 없다).
4. 버마별거북(왼쪽)과 인도별거북(오른쪽)

붉은다리거북

- **학　명** : *Chelonoidis carbonarius*(이전 *Geochelone carbonaria*)
- **영어명** : Red-footed tortoise
- **한국명** : 붉은다리거북, 레드풋육지거북
- **서식지** : 중앙아메리카, 남아메리카의 다습한 초원지대
- **크　기** : 40cm 내외, 몸무게 4~10kg

본종이 반려동물로서 본격적으로 분양되기 시작한 것은 지금으로부터 얼마 되지 않은 최근의 일이다. 그 이전에는 동물원이나 순회전시장에 가야 볼 수 있는 희소종이었다. 레드풋(Red-footed)이라는 이름은 네 다리의 비늘이 빨간색을 띠고 있는 데서 유래한 것이다. 검은색 배갑의 노란 무늬와 붉은색의 다리, 노르스름하거나 붉은색을 띠는 머리의 조화는 은은하면서도 아주 매력적이며, 육지거북 가운데 상당히 아름다운 편에 속한다. 그냥 있을 때도 아름다운 종이지만, 특히 온욕을 할 때나 사육장에 분무를 했을 때 몸이 물에 젖게 되면 배갑의 색상이 도드라지기 때문에 종 고유의 아름다움을 더욱 확실하게 느낄 수 있다.

외형

성체의 배갑은 대체로 검은색이나 옅은 갈색이며, 개체에 따라 불그스름하거나 노란색인 반점이 나타난다. 새끼 때는 배갑이 둥글고 황록색을 띠는데, 성장하면서 위로 솟아오르고 양옆이 잘록해지면서 모래시계 모양이 된다. 이러한 경향은 수컷에서 더 확실하게 나타난다. 다리의 색상만 제외하면 외형상 노란다리거북(Yellow-footed tortoise, *Chelonoidis denticulatus*)과 상당히 유사하게 보이지만, 머리 부분의 비늘로 두 종의 구분이 가능하다. 노란다리거북은 머리 앞부분의 비늘이 가늘고 길며 이마 부분에 조각으로 된 비늘을 가지고 있으나, 붉은다리거북은 머리 앞부분의 비늘이 짧고 완전한 하나의 비늘을 가지고 있다.

서식 및 현황

남아메리카대륙 중부에서 북부의 해안선을 따라 파나마, 베네수엘라, 볼리비아, 아르헨티나, 수리남, 브라질 등지의 산림지대나 다습한 초원지대에 주로 서식하고 있다. 선명하게 대비되는 아름다운 색상과 활발한 성격, 쉬운 먹이붙임으로 인해 반려동물 선진국에서도 일찍부터 반려거북으로 알려진 종이며, 우리나라에 처음 선을 보인 것도 꽤 오래전 일이다. 수명이 30~40년 정도인 종으로 잘만 관리해 주면 오랜 시간을 함께할 수 있다.

국내에는 '붉은다리거북'과 '체리헤드붉은다리거북(Cherry head red-footed tortoise; 머리의 붉은색이 강하게 나타나는 붉은다리거북)' 두 종류가 분양되고 있으며, 분양가는 체리헤드붉은다리거북이 조금 더 높게 책정돼 있다. 본종은 WC개체의 경우 폐사율이 높다고 알려져 있기 때문에 분양받고자 할 때는 CB개체인지 WC개체인지 반드시 확인해 봐야 한다.

붉은다리거북은 다리의 색상만 제외하면 외형상 노란다리거북(Yellow-footed tortoise, *Chelonoidis denticulatus*)과 상당히 유사하게 보인다.

번식

번식기의 수컷은 구애할 때 머리를 흔드는 행동을 나타낸다. 자연상태에서의 산란은 7~9월 사이에 이뤄지며, 한 번에 5~15개 정도의 알을 낳는다. 산란한 알은 약 150일이 지나면 부화한다.

사육환경

적정사육온도는 약 26~28℃ 정도인데, 야간에는 16℃ 이하로 내려가지 않도록 조절해 줘야 한다. 붉은다리거북은 자연상태에서 습기가 많은 지역에서 주로 서식하기 때문에, 사육하에서도 주기적으로 분무를 해주거나 스프링쿨러를 설치해 사육장 내에 습도를 제공해 줄 필요가 있다. 여건이 허락된다면 젖은 진흙이 깔린 공간을 제공해 주는 것도 좋다.

먹이급여

활동적이고 튼튼한 데다, 거의 초식을 하는 다른 육지거북과는 달리 육식성 먹이와 초식성 먹이를 가리지 않고 무엇이든 먹는 잡식성의 식성을 가지고 있다. 먹이를 찾아 활발하게 움직인다. 주로 풀이나 과일과 같은 식물류를 먹지만, 때때로 죽은 고기나 동물의 사체를 먹기도 한다. 잡식성이기 때문에 사육하에서는 초식성 사료뿐만 아니라 강아지사료, 고양이사료, 소의 간, 핑키, 닭고기, 계란, 내장육, 살코기, 참치 등 여러 가지 다양한 동물성 먹이를 골고루 공급하는 것이 좋다. 그러나 육류를 지속적으로 많이 급여하는 것은 역시 바람직하지 않다. 붉은다리거북은 성장속도가 상당히 빠른 육지거북으로 영양공급이 원활할 경우 7년 정도면 30cm 크기에 가깝게 성장시키는 것이 가능하다.

합사

성격은 합사에 별다른 무리가 없을 정도로 온순하지만, 급여하는 먹이 때문에 초식을 하는 일반적인 육지거북과의 합사는 약간 곤란하다. 붉은다리거북은 잡식성의 식성을 지니고 있기 때문에 먹이를 급여할 때는 초식성의 식성을 지닌 종과 격리할 필요가 있다.

노란다리거북

- **학 명** : *Chelonoidis denticulatus*(이전 *Geochelone denticulata*)
- **영어명** : Yellow-footed tortoise
- **한국명** : 노란다리거북, 옐로우풋육지거북
- **서식지** : 볼리비아와 브라질에 이르는 남아메리카 전역에 넓게 분포
- **크 기** : 40~50cm, 최대 70cm

노란다리거북은 남아메리카의 아마존 분지에서 발견된다. 덴티쿨라투스(*denticulatus*)라는 종명은 종종 덴티쿨라타(*denticulata*)로 잘못 표기되기도 했는데, 이는 1980년대 켈로노이디스속(*Chelonoidis*)으로 재분류됐을 때 여성형으로 잘못 취급되면서 나타난 오류이며, 이러한 오류가 받아들여져 2017년에 수정이 이뤄졌다. 외형상 붉은다리거북과 비슷하게 보이지만, 앞다리 비늘의 색상이 노란색이고 배갑의 색상이 붉은다리거북에 비해 밝다.

머리 부분의 비늘로도 구분이 가능하다. 붉은다리거북은 짧은 앞머리 비늘과 한 개의 완전한 이마 비늘을 가지고 있는 데 비해, 노란다리거북은 가늘고 긴 앞머리 비늘과 조각난 이마 비늘이 있다. 성체의 체형에 있어서 암수 차이가 크게 나는 붉은다리거북에 비해 노란다리거북의 성체는 암수 모두 넓고 둥근 형태로 큰 차이가 없으며, 약간 평평한 체형을 지니고 있다. 성장 크기나 생태는 붉은다리거북과 유사하다. 붉은다리거북보다 고온에 약하기 때문에 사육장의 온도를 너무 높게 유지하는 것은 좋지 않다. 또한, 스트레스에 약한 종으로 반드시 몸을 숨길 수 있는 은신처를 설치해야 한다.

반려동물로 많이 길러지고 있는 붉은다리거북에 비해 노란다리거북은 현재 반려동물로 기르고 있는 사육자가 거의 없다시피 한 종이다. 그 이유는 두 종을 놓고 단순하게 비교했을 때 입수의 용이성이나 체색, 사육의 난이도 등 반려동물로서의 가치가 노란다리거북보다는 붉은다리거북이 더 높기 때문일 것으로 생각된다. 국내에서는 동물원이나 전시장에 가야 본종을 관찰할 수 있다.

팬케이크육지거북

- **학 명** : *Malacochersus tornieri*
- **영어명** : Pancake tortoise
- **한국명** : 팬케이크육지거북
- **서식지** : 동부 아프리카 케냐, 탄자니아의 건조하고 바위가 많은 사바나에 국소적으로 분포한다. 높은 산악지형에 서식하며, 최대 해발 1500m가 넘는 지역에서도 발견된 사례가 있다.
- **크 기** : 14~15cm, 몸무게 400~700g

'갑 안으로 머리와 다리를 숨긴다'는, 모든 종의 거북이 일관되게 진화시켜 온 대표적인 방어 형태를 버리고 전혀 새로운 형태로 스스로를 보호하는 방식을 택한 아주 독특한 육지거북 종이다. 도상구릉(島狀丘陵, inselberg; 평지에 홀로 우뚝 솟은 언덕 지형)을 주된 서식처로 삼고 있는데, 적으로부터의 자극이 있을 때 이 도상구릉의 바위틈으로 재빨리 달려가 몸을 숨긴다. 빠르게 도망치기 위해 무겁고 단단한 갑을 버리고 최대한 부드럽고 가볍게 갑을 진화시켰으며, 그와 동시에 다른 거북과는 달리 바위를 오르고 빨리 달리는 능력을 발달시키게 됐다.

외형

육지거북 가운데 가장 독특한 형태를 지닌 종으로, 단순히 갑의 형태적인 특징만으로도 다른 종과 확실하게 구분할 수 있다. 보통 육지거북이 수생거북에 비해 체고가 상당히 높은 돔 형태의 체형을 가지고 있는 데 비해, 팬케이크육지거북은 아무리 큰 개체라도 체고가 3cm를 넘는 경우가 드물 정도로 마치 자라처럼 납작한 형태의 배갑을 가지고 있다. 또한, 일반적인 거북의 갑이 매우 단단한 데 비해 본종의 갑은 전체적으로 말랑말랑하다.

이름조차도 형태와 질감이 유사한 '팬케이크(pancake)'에서 유래됐는데, 다른 종과 차별되는 이러한 독특한 형태와 질감의 갑은 자연에서 스스로를 보호하기 위한 독특한 진화의 결과물이라고 할 수 있다. 머리는 상대적으로 큰 편이고, 배갑은 불규칙한 방사상 무늬가 있는 것에서부터 무늬가 거의 없는 것까지 다양하다. 무늬가 선명한 개체는 흡사 방사거북을 눌러놓은 것처럼 보일 정도로 노란색의 방사무늬가 아름답다. 복갑에도 배갑과 비슷한 무늬가 있는데, 성장함에 따라 이 무늬는 차츰 사라지고 단순한 색으로 변하게 된다.

본종은 위험이 닥치면 갑 안으로 머리와 다리를 집어넣는 대신 놀라운 속도로 가까운 바위로 달려가서 그 틈에 몸을 숨긴다. 갑이 가벼워 모든 육지거북 가운데 가장 빠른 이동속도를 자랑하는데, 도망칠 때의 속도는 정말 거북이라고 생각되지 않을 정도로 재빠르다. 체중이 가볍고 발톱이 날카로워 가파른 바위를 매우 잘 탄다. 빠른 속도뿐만 아니라 납작하고 부드러운 배갑도 스스로를 보호하는 데 크게 한몫을 담당한다. 비좁은 바위틈 속에 몸을 밀어 넣은 다음에는 숨을 크게 들이쉬고 몸을 팽창시켜 바위틈에 좀 더 단단히 밀착되도록 한다. 이러한 이유로 한번 바위틈에 자리를 잡은 팬케이크육지거북은 여간해서는 꺼내기가 쉽지 않다.

서식 및 현황

자연상태에서 햇볕이 뜨거운 한낮에는 쉬다가 기온이 선선해지는 황혼 무렵에 활발하게 움직이며, 건기가 돼 습도가 낮아지면 하면에 들어간다. 갑이 원래 부드러운 종이라 갑을 가볍게 눌러보

팬케이크육지거북의 서식지인 도상구릉(島狀丘陵, inselberg)의 모습. 'inselberg'는 독일어로 섬이라는 뜻의 'insel'과 산이라는 뜻의 'berg'가 합쳐진 말로 평지에 갑자기 우뚝 솟은 고립된 바위언덕을 뜻한다. 현지에서는 코페(kopjes)라는 이름으로 불린다.

빠른 속도뿐만 아니라 납작하고 부드러운 배갑도
스스로를 보호하는 데 크게 한몫을 담당한다.

는 번 테스트(bun test)로는 건강상태를 정확하게 파악하기 어렵다. 따라서 활동성이나 먹이반응 등 다른 선별조건을 고려해 입양개체를 선택해야 한다.

번식

인공부화도 가능하지만, 과정이 좀 까다로운 편이다. 일반적인 종들과는 다르게 부화를 위해서는 일정 기간 저온에 노출시켜 배를 형성할 수 있도록 관리해 줘야 하고, 이후 온도를 올려줘야 한다.

사육환경

아프리카 원산으로 사육하에서는 약간 강한 자외선 조사가 필요하다. 상당히 활동적인 거북이므로 넓은 사육장을 제공하고, 내부를 입체적으로 꾸며주는 것이 좋다. 단, 탈출에 매우 능숙하므로 반드시 뚜껑을 확실하게 만들어 줘야 한다. 탈출했을 경우 굉장히 빠른 속도로 도망치며, 일단 가구 아래 좁은 공간으로 들어가 버리면 습성상 가구를 움직이지 않고 꺼내기란 거의 불가능하므로 사전에 탈출하지 못하도록 대비하는 것이 좋다. 갑이 부드럽기 때문에 억지로 꺼내려고 하다가는 상처가 날 수 있다. 사육장 내에는 몸을 숨길 만한 구조물을 설치해 주는 것이 좋으며, 은신처 없이 사육할 경우 체고가 높아지는 경향이 있다.

먹이급여

완전한 초식성의 식성을 지닌 거북으로 식물과 과일 위주의 식단을 제공해 주는 것이 좋다. 자연에서 마른 풀을 즐겨 먹기 때문에 사육하에서 상당히 건조한 채소도 잘 먹는다.

합사

납작한 체형을 지니고 있고 배갑이 부드럽기 때문에, 다른 종 혹은 같은 종이라도 크기 차이가 크게 나는 개체와 합사할 경우 밟혀서 다칠 우려가 있다는 점에 주의해야 한다. 따라서 사정상 합사를 고려할 때는 피해를 보는 일이 없도록 신중하게 결정해야 한다.

마다가스카르거미거북

- **학　명** : *Pyxis arachnoides*
- **영어명** : Spider tortoise
- **한국명** : 거미거북, 마다가스카르거미거북
- **서식지** : 마다가스카르섬 서부의 해안에 인접한 사구, 산림지대의 습도가 높은 지역
- **크　기** : 수컷은 11~11.6cm, 암컷은 12~12.2cm

마다가스카르에 사는 거미거북의 기아종(基亞種)이다. 거미거북은 3개의 아종이 있지만, 보통 '거미거북'이라고 하면 본종을 지칭하는 경우가 많다. 배갑의 무늬가 마치 거미집 모양으로 보여 스파이더라는 이름이 붙게 됐으며, 복갑의 형태와 무늬의 유무로 각 아종을 구별할수 있다. 상당히 아름다운 종이지만 워낙 희소해 국내에서 거의 볼 수 없고, 외국에서의 유통량도 그리 많지 않다. 그럼에도 불구하고 본종을 다루는 것은, 성공적인 인공번식이 확대돼 이 아름다운 거북이 국내에서 많이 길러지게 될 날이 빨리 오기를 바라는 마음에서다. 방사상 무늬를 가진 거북이지만, 방사거북이나 별거북과는 또 다른 아름다움을 지니고 있다.

화려한 거미줄무늬가 돋보이는 배갑의 모습   배갑에 비해 상대적으로 수수한 모습의 복갑

외형

배갑은 검은색으로 높이 솟아 있고, 얼굴과 사지는 흑갈색 바탕에 흰색이나 노란색의 반점이 산재해 있다. 무늬와 반점은 개체에 따라 다양한 변이가 나타난다. 복갑에는 별다른 무늬가 없으며, 전방에 경첩이 있어 복갑을 여닫을 수 있으나 완전하게 발달하지 않은 개체도 있다.

서식 및 현황

거미거북은 기본적으로 그다지 활동적인 종이 아니기 때문에 대부분의 시간을 그늘이나 은신처에서 보낸다. 하루 중 일출 후의 짧은 시간 동안 활발한 활동을 보이고, 오후부터 다음 날 아침까지는 거의 활동을 하지 않는다. 또한, 어느 정도 습기가 있는 환경을 선호하기 때문에 계절상으로는 우기가 되면 활발하게 활동하고, 건기에 고온건조한 상태가 계속되면 땅속에서 하면(夏眠)에 들어간다. 2004년 10월 CITES I로 지정돼 국가 간의 거래가 엄격하게 규제되고 있으며, 국내에서도 거의 찾아볼 수 없는 종이다. 외국에서도 마찬가지로 방사거북이나 쟁기거북보다도 오히려 더 보기가 어려운 종으로 알려져 있다.

번식

산란 수가 극히 적기 때문에 CB개체가 유통되지는 않으며, 번식을 위해서는 고온과 저온의 사이클을 둠으로써 배아가 생성될 수 있도록 해줘야 한다. 인공번식된 개체들이 외국에서는 간혹 분양되고 있지만, 그 숫자가 워낙 적어 기르고 싶다고 해도 쉽게 구할 수 없다.

그만큼 귀한 종이므로 사육하는 사람은 절대 폐
사시키지 않도록 각별히 주의를 기울이도록 하
고, 인공번식에도 많은 관심을 갖는 것이 좋겠다.

배갑 뒤쪽의 경사가 조금 더 급한 편이다.

사육환경

활동량이 많지 않은 종이기 때문에 그다지 넓은
사육공간을 필요로 하지는 않는다. 사육장환경은
27~33℃ 정도의 온도, 75% 정도의 습도를 유지해
주도록 한다. 본종은 시간대에 따른 온도편차를
제공하면 컨디션이 더 좋아지는 경향이 있다. 고온과 습기에 강하지만 찌는 더위에는 약하
기 때문에, 사육장 안에 공기의 흐름을 만들어 주는 것이 좋다. 사육환경에 약간 민감한 종
이므로 안정된 환경하에서 사육하는 것이 좋으며, 조심성이 많고 예민한 성격이라 사육장
내에 은신처는 반드시 설치해 주는 것이 좋다. 또 바닥재를 파고드는 경향이 강하므로 습
기를 머금을 수 있는 소재의 바닥재를 적당하게 깔아주는 것이 좋다.

먹이급여

거의 완전한 초식성의 식성을 지닌 거북으로 채소 위주의 식단을 제공하도록 한다. 그러나
소식하는 종이기 때문에 과다한 급여는 피하는 것이 좋다. 유체는 탈수에 특히 취약하며,
성체라도 사육장 내의 습도가 떨어지면 식욕이 감소하는 경우가 많다. 또한, 계절에 따라
서도 식사량이 급격히 떨어지는 시기가 있다. 주로 아침에 활동하므로 적극적인 먹이반응
을 유도하기 위해서는 먹이급여시간을 이른 아침으로 맞춰주는 것이 좋다.

합사

합사가 불가능한 것은 아니지만, 순전히 희소하다는 이유로 다른 종과의 합사는 권유하지
않는다. 괜한 합사로 폐사시킬 확률을 조금이라도 높일 필요는 없다고 생각한다. 희소종을
기를 때면 단독사육을 하는 것이 바람직하며, 사육자는 개인적인 사육의 즐거움을 누리는
것과 함께 종 보전에 대한 어느 정도의 책임감도 가져야 한다.

마다가스카르편평한등거미거북

- **학　명** : *Pyxis planicauda*
- **영어명** : Flat-backed spider tortoise, Flat-tailed spider tortoise
- **한국명** : 마다가스카르편평한등거미거북, 마다가스카르납작한꼬리거북
- **서식지** : 마다가스카르섬 서부의 해안에 인접한 사구, 산림지대의 습도가 높은 지역
- **크　기** : 최대 12cm 내외. 암컷이 수컷보다 크다.

거미거북과 비슷하게 보이지만, 거미거북과의 가장 큰 차이점은 배갑의 상부가 전체적으로 편평한 형태를 띠고 있다는 것이다. 따라서 체고가 거미거북보다 낮다. 또한, 플랫 테일드(Flat-tailed)라는 이름에서 알 수 있듯이, 꼬리가 거미거북보다 편평하다. 배갑의 방사무늬를 비교해 보면, 거미거북의 방사무늬는 인갑 중앙의 한 지점에서 뻗어나간다면, 본종의 방사무늬는 중앙 인갑에서는 인갑 가운데의 양옆 두 지점을 중심으로 뻗어나가고, 테두리 인갑은 중앙을 기준으로 한곳에서 뻗어나간다. 각 인갑의 방사무늬는 옆 인갑의 방사무늬와 만나서 전체적으로 보면 마치 노란색 줄무늬처럼 보인다. 또한, 중앙 인갑의 테두리가 보통 거미거북보다 훨씬 더 밝은색을 띠고 있으며, 밝은 부분의 면적이 더 넓다.

인갑 하나의 무늬를 보면, 각 인갑의 중앙과 테두리의 색이 밝고 가운데는 검은색으로 짙다. 복갑에는 검은색 점무늬나 얼룩무늬가 산재해 있다. 머리와 다리, 꼬리의 색상은 밝은

갈색에서 어두운 갈색까지 다양하며, 다리보다 머리의 색깔이 더 짙은 경우가 많다. 어렸을 때는 배갑에 검은색 부분이 많아 전체적으로 짙은 체색을 띠지만, 성장하면서 점차 노란색의 면적이 넓어진다. 성장 후 노란색이 많은 개체는 마치 황색 바탕에 검은색 무늬가 있는 것처럼 보이는 경우도 있다.

현재 야생에서는 거의 발견되지 않으며, 인공번식 역시 어려운 종으로 알려져 있다. 마다가스카르에 서식하는 육지거북 가운데 가장 희소한 종이다. 유체는 탈수에 특히 취약하며, 성체라도 사육장 내의 습도가 떨어지면 식욕이 감소하는 경우가 많다.

마다가스카르방사거북

- **학　명** : *Astrochelys radiata*(이전 *Geochelone radiata*)
- **영어명** : Madagascar radiated tortoise, Radiated tortoise
- **한국명** : 마다가스카르방사거북, 방사거북
- **서식지** : 마다가스카르섬 동부와 남서부의 수풀이 우거진 건조한 산림지대에 서식한다.
- **크　기** : 40cm 내외, 15kg 내외로성장한다. 최대 60cm

세계에서 세 번째로 큰 섬 마다가스카르에 서식하는 4종의 희귀거북 가운데서도 가장 잘 알려져 있는 종이라고 할 수 있다. 거북 마니아들에게 있어서 '육지거북의 끝', '궁극의 육지 거북'이라면 쟁기거북(Angonoka tortoise, *Astrochelys yniphora*)과 본종을 들 수 있다. 조금 화려한 종을 선호하는 사람은 방사거북을, 수수하면서 고급스러운 색채의 종을 선호하는 사람은 쟁기거북을 더 좋아한다. 두 종은 체색을 제외하고 최대성장 크기나 체형, 먹이, 사육 환경 등에 있어서 그다지 차이가 없다. 다만 방사거북은 성장하면서 무늬의 변화가 나타나지만, 쟁기거북은 별다른 체색의 변화 없이 크기의 성장만 이뤄진다는 차이점이 있다.

마다가스카르방사거북은 아름다운 방사무늬와 둥근 체형 때문에 상당히 인기가 많은 종이다.

외형

높게 솟은 돔 형태의 배갑, 검은색의 배갑과 대비되는 뚜렷하고 가는 노란색의 방사상 무늬가 특징으로 사육자들 사이에서 '세계에서 가장 아름다운 거북'이라고 일컬어지고 있다. 어렸을 때는 별거북과도 비슷하게 보이지만, 별거북보다 방사상 무늬가 좀 더 세밀하고 성장하면 체고가 별거북보다 훨씬 높다. 마치 헬멧과 같은 체형은 쟁기거북과 유사하다. 머리 윗부분을 제외하고 머리와 발은 노란색을 띠고 있다. 어렸을 때의 무늬가 성장 이후에도 그대로 유지되면 좋겠지만, 이 방사상 무늬는 성장하면서 점차 가늘어지는 경향이 있다.

검은색 바탕 부분이 넓은 개체와 노란 방사상 무늬가 많은 개체가 있는데, 체색이 대체로 검은 개체의 수가 더 많고 더 튼튼하다고 알려져 있다. 그러나 반대로 노란색 방사무늬의 숫자가 많고 노란색의 범위가 넓으며 선명할수록 가격이 높게 책정된다. 동일한 크기의 개체라도 이와 같은 기준에 따라 수배에서 수십 배까지의 가격 차이를 보이는 경우도 흔하다. 복갑에도 독특한 무늬가 나타나는데, 대체로 가운데 마름모꼴의 무늬가 없는 부분이 있고, 그 위아래로 검은색의 삼각형 무늬가 붙어 있는 것을 볼 수 있다.

서식 및 현황

원서식지에서는 건조한 삼림지대에서 생활하며, 주로 풀과 과일 및 다육식물을 먹는다. 특히 자연상태에서는 부채선인장(Prickly pear cactus or Prickly pear, *Opuntia spp.*)을 즐겨 먹는 것으로 알려져 있다. 현지에서는 식용으로 사용되기도 하고 반려동물로서의 인기도 상당히 높기 때문에 매매를 목적으로 과도하게 포획되고 있으며, 서식지의 파괴도 가속화돼 심각한 멸종위기에 처한 종이다. 현재 CITES I로 지정돼 보호받고 있기 때문에 국내에서는 쉽게 볼 수 없으며, 현지를 포함한 여러 곳에서 복원프로그램이 실행되고 있는 상황이다.

번식

번식기에 암컷은 뒷발로 약 15~20cm 정도의 구멍을 파고, 그 안에 3~12개 정도의 알을 낳는다. 산란한 알이 부화되기까지는 155~230일 정도가 소요된다. 안타깝게도 자연상태에서의 개체 수는 줄어들고 있는 실정이지만, 그나마 다행스러운 점은 사육하에서 성공적으로 번식한 사례가 많다는 것이다.

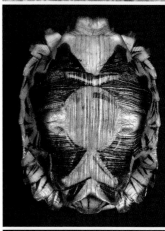

사육환경

비교적 높은 사육온도를 필요로 하며, 어떠한 경우에도 사육장의 온도가 16℃ 이하로 떨어지지 않도록 관리하는 것이 좋다. 특히 온도의 급격한 변화에 더 민감하므로 주의를 요한다. 배설량이 적고 냄새도 상대적으로 덜 나기 때문에 '가장 깨끗한 육지거북'이라는 별명을 가지고 있다. 사육장을 더럽히는 경우는 드물지만, 그렇다고 해서 사육장 관리를 소홀히 해서는 안 된다. 또한, 겨울철 사육장 온·습도 유지에 특히 더 신경 써야 한다. 인공번식에 성공한 사례도 드물지 않게 보고되고 있다.

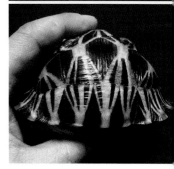

먹이급여와 합사

방사거북을 포함한 마다가스카르의 육지거북은 채소보다는 과일을 선호하는 경향이 있다. 다른 종에 비해 과일급여량이 조금 더 많아도 괜찮지만, 역시 지나치게 많이 급여하는 것은 좋지 않으므로 1주일에 1~2회 정도 급여하도록 한다. 합사와 관련해서는, 지극히 온순한 성격을 지니고 있기 때문에 다른 종과의 합사도 무방한 종이라고 할 수 있다.

TIP 가장 오래 산 거북 투이 마릴라(Tu'i Malila)

공식적인 기록으로 현재까지 알려진 거북 가운데 가장 오래 산 거북은 영국의 탐험가 제임스 쿡이 1777년 남태평양 섬나라 통가의 왕실에 선물한 '마다가스카르방사거북(Madagascar radiated tortoise, Astrochelys radiata)' 투이 마릴라(Tu'i Malila)로 알려져 있다. '캡틴 쿡'이라는 애칭으로 더 유명하다. 동인도회사의 로버트 클라이브 장군이 영국 항해자에게서 선물로 받아 기르던 아드와이타(Adwaita; one and only, 유일한 것이라는 의미)라는 이름의 알다브라코끼리거북(Aldabra giant tortoise, Aldabrachelys gigantea)이 1750년~2006년 3월 23일까지 250년을 살았다는 주장이 있으나 정확한 출생시기를 알 수 없어 공인되고 있지는 않다.

투이 마릴라(Tu'i Malila)는 통가어로 킹 마릴라(King Malila)라는 의미다. 1777년경에 태어난 것으로 추정되고 있는데, 일반적인 방사거북이 보통 40~50년 정도를 산다고 알려져 있는 데 반해 투이 마릴라는 제임스 쿡이 1779년 숨진 뒤에도 세기가 두 번 바뀌는 동안 생존했다. 이 거북은 1965년 5월 19일 188살로 숨을 거뒀고, 죽은 뒤 현재까지 통가타푸섬의 국립박물관에 보관되고 있다.

• 장수하는 거북들 : 2006년 6월 24일 당시 살아 있는 거북 가운데 가장 나이가 많은 거북이었던 '해리엇(Harriot)'이 176살의 나이에 심장마비로 사망했다. 해리엇은 진화론으로 유명한 다윈이 1835년 갈라파고스에서 데려온 3마리(톰, 딕, 해리)의 갈라파고스코끼리거북(Galápagos tortoise or Galápagos giant tortoise, Chelonoidis niger) 가운데 한 마리다. 다윈이 영국으로 데려왔을 당시 5살이었으며, 1800년대 중반쯤 호주로 보내져 1980년대부터 호주 퀸즐랜드주 선샤인 코스트에 있는 호주동물원에서 살았다. 같이 영국으로 왔던 다른 두 마리는 1949년 죽었다. 해리엇의 원래의 이름은 해리였는데, 100여 년간 수컷으로 알고 해리라는 이름으로 불렸으나 1960년대 정밀검사 결과 암컷으로 밝혀져 해리엇으로 이름이 바뀌었다.

현재 살아 있는 거북 가운데는 아프리카 세인트헬레나에 있는 갈라파고스코끼리거북종인 조나단(Jonathan)이 가장 나이가 많다고 알려져 있다. 조나단이 1882년 세인트헬레나에 도착했던 당시의 나이는 50세였고, 2010년 현재 178세다. 그 외의 거북의 수명은 사육하에서 악어거북 58년 10개월, 남생이 24년 3개월, 붉은바다거북 33년, 나일자라 37년 정도가 최대로 공인돼 있다.

마다가스카르쟁기거북

- **학　명** : *Astrochelys yniphora*(이전 *Geochelone yniphora*)
- **영어명** : Madagascar angulated tortoise, Angonoka tortoise, Ploughshare tortoise
- **한국명** : 마다가스카르쟁기거북, 쟁기거북, 보습거북
- **서식지** : 마다가스카르 북서부 바다와 인접한 지역의 건조한 삼림 및 해안지대
- **크　기** : 40cm 내외로 마다가스카르의 최대종. 수컷이 암컷보다 크다.

마다가스카르방사거북(Madagascar radiated tortoise, *Astrochelys radiata*), 알다브라코끼리거북 (Aldabra giant tortoise, *Aldabrachelys gigantea*)과 함께 육지거북 사육자들 사이에서 '꿈의 거북'이 라고 불릴 정도로 선망되는 종이다. 마다가스카르 현지어로는 앙고노카(Angonoka)라고 불 리며, 국내에서는 일반적으로 쟁기거북으로 불린다. 앞발 사이 후갑판이 전방으로 돌출된 모습이 마치 쟁기와 비슷하다고 해서 플러쉐어(Ploughshare; 쟁기)라는 이름이 붙여졌다. 다 른 거북과 확연하게 차이 나는 이 독특한 형태의 돌기는 성숙한 수컷이 교미를 위해 싸울 때 상대방 수컷을 뒤집는 데 사용된다. 암컷의 경우는 돌출된 후갑판을 가지고 있지 않다.

체형은 방사거북과 유사하다.

쟁기거북(왼쪽)과 방사거북(오른쪽)의 복갑 비교

외형

연한 갈색의 갑에 아무런 무늬가 없는 것이 어릴 때는 흡사 설카타육지거북처럼 보이기도 하는데, 유체의 경우도 설카타보다 훨씬 높은 배갑을 가지고 있어서 체형만으로도 구분이 가능하다. 성장하면서도 이 형태가 유지돼 완전히 다 자라면 마치 헬멧처럼 보인다.

서식 및 현황

자연상태에서는 건조한 잡목림이나 관목 숲에서 주로 생활한다. 마다가스카르에는 마땅히 쟁기거북의 천적이라고 할 만한 동물이 없기 때문에, 일반적인 대륙의 다른 육지거북처럼 구멍을 파고 몸을 숨기지는 않는다. 다른 거북들처럼 아침저녁 시간대에 활발하게 움직이며 먹이활동을 한다. 현지에서는 식용으로 사용되고, 반려용 거래를 목적으로 한 남획으로 인해 개체 수가 급감했다. 1993년 조사에서 자연상태에 불과 400여 마리밖에 남지 않았다고 보고됐으며, 현재도 1000마리가 채 안 되는 개체만이 자연에 서식하고 있다.

CITES I에 등재돼 보호받고 있는 종으로서 현지에서의 적극적인 복원활동으로 서서히 개체 수가 회복되고 있지만, 그 속도는 빠르지 않기 때문에 현생종 거북 가운데 멸종에 가장 근접한 종이라고 할 수 있다. 2009년 5월 마다가스카르 북서부 발리베이국립공원에서 복원을 위해 방생 예정이던 쟁기거북 가운데 4마리가 사라지는 사건이 발생했다. 며칠 뒤 용의자는 체포됐으나 쟁기거북을 되찾는 데는 실패했다. 사라진 쟁기거북은 유럽이나 아메리카, 혹은 아시아의 개인수집가들에게 흘러갔을 가능성이 큰 것으로 보인다.

개인적인 욕심으로 희귀동물을 소유하고자 하는 사람들이 있기 때문에 이런 일들이 지속적으로 생기고 있다. 개인적 이기심을 위해 종의 멸종을 부채질하는 이런 행동은 해서는 안 될 것이다. 또한, 희귀거북을 기르는 사육자는 단순히 자신의 즐거움을 위해 거북을 사육하는 것을 넘어, 희소종의 유지와 복원에 대해 어느 정도의 책임감도 가져야 한다고 생각된다.

번식
자연상태에서 10~2월경에 번식하며, 암컷은 폭 10~15cm 크기의 구멍을 파고 산란한다. 산란한 알이 부화하기까지는 168~296일이 소요될 정도로 오랜 기다림이 필요하다.

사육환경
사육 시 제공해야 할 환경은 대체로 방사거북의 경우와 유사하다. 온도는 주간에는 27~30℃, 야간에는 25℃ 정도를 유지하고, 습도는 50~70% 정도로 유지해 주도록 한다. 어린 개체의 경우 환경변화에 특히 민감하기 때문에 성체보다는 조금 더 신경을 써줄 필요가 있다. 온도의 급격한 변화는 좋지 않으므로 온도 관리 시 주의해야 하며, 이를 위해 야간에 열원을 끄고 사육장 내의 온도가 바로 급격하게 떨어지지 않는지 확인할 필요가 있다.

먹이급여
초식성의 식성을 지니고 있어 먹이에 특별한 제약은 없으며, 다양한 식물성 먹이를 골고루 급여한다. 활동량이 많은 거북이기 때문에 사육장이 충분히 넓다면 잘 안 움직이는 거북보다 먹이급여량은 조금 더 늘려도 괜찮지만, 역시 비만이 되지 않도록 급여량을 잘 조절해야 한다.

합사
여타의 육지거북과 마찬가지로, 사육환경이 특별히 차이가 나는 경우가 아니라면 다른 종과 합사하는 것이 가능하다. 외국에서는 서식환경이 비슷한 방사거북과 합사하는 경우가 많다.

쟁기거북은 다른 육지거북보다 체고가 높다.

마지네이트육지거북

- **학 명** : *Testudo marginata*
- **영어명** : Marginated tortoise
- **한국명** : 마지네이트육지거북, 마지네이티드육지거북
- **서식지** : 서부 그리스, 알바니아 남부 건조지대의 낮은 나무 숲, 완만한 경사의 구릉지
- **크 기** : 최대 35cm로 지중해 육지거북 가운데 가장 큰 크기로 자란다.

유럽 육지거북을 사육하고 싶으나 크기가 작은 종은 좋아하지 않고, 사육하면서 먹이활동
을 활발하게 하는 종을 기르고 싶다면 본종을 추천한다. 일단 안정되면 질병에도 잘 걸리
지 않으며, 무엇보다 엄청난 식성을 보여준다. 국내에 도입된 시기가 가장 최근인 종에 속
하고, 수입되는 개체는 갓 태어난 해츨링인 경우가 많다. 따라서 종 자체의 매력을 느끼려
면 상당한 시간이 필요하지만, 건강하게 잘 성장시킬 경우 나름의 독특한 매력을 충분히
즐길 수 있는 종이다. 국내에서는 아직 본종의 성체를 확인하지 못했는데, 필자의 경험에
비춰보면 마치 스커트를 입혀 놓은 것처럼 보여 상당히 독특한 느낌을 주는 종이었다.

외형

어렸을 때와 완전히 성장했을 때의 형태적 차이가 매우 두드러지는 종이다. 특히 수컷일 경우 어렸을 때는 헤르만육지거북(Hermann's tortoise, *Testudo hermanni*)이나 그리스육지거북(Greek tortoise, *Testudo graeca*)과 비슷해 보이기 때문에 정확하게 동정하는 것이 어려울 수도 있는데, 성체가 됐을 때 수컷은 배갑 후부의 비늘이 크게 펴지면서 늘어진 형태로 변하기 때문에 테스투도속(*Testudo*)의 다른 종과 확실하게 구분할 수 있다.

유체의 배갑은 전체적으로 검은색이며, 인갑의 중앙 부분 색상이 조금 옅다. 복갑은 노란색으로 삼각형의 검은색 반점이 나타난다. 성장함에 따라 체색이 변하는데, 성체는 전체적으로 검은색을 띠는 경우가 많은 것을 확인할 수 있다.

서식 및 현황

그리스 일대를 원산지로 하는 육지거북종이며, 발칸반도와 이탈리아의 고립된 지역 및 사르디니아 북동부에서도 발견된다. 자연상태에서 비교적 건조하고 낮은 관목들이 간간이 자라나 있는 건조지대의 바위 구릉이나 언덕에 서식하고 있으며,

1600m의 고도에서 볼 수 있다. 배갑의 검은색은 짧은 시간에 많은 양의 열을 흡수함으로써 체온을 유지하도록 도움을 주기 때문에 이러한 환경에서 생존하는 데 유리하다. 국내에서는 CB개체 해츨링을 분양받을 수 있으나, 유통되는 숫자가 그리 많지는 않기 때문에 마음에 드는 개체를 얻기 위해서는 수입시기를 잘 모니터링해야 한다.

번식

평균 15개 정도의 알을 낳으며, 산란한 알은 60일 뒤에 부화한다. 처음 글을 쓸 당시(2011년)에는 국내에 번식이 가능한 정도의 크기인 개체가 없었기 때문에 인공번식 사례를 볼 수 없었으나, 소개된 지 어느 정도 시간이 지나 현재는 번식도 조금씩 시작되고 있다.

어린 개체는 커다란 발톱이 발달해 있다.

사육환경

테스투도속(*Testudo*)에 속한 거북 중에서 가장 따뜻한 기후를 좋아하는 종이기 때문에 밤낮의 온도차 설정에 다른 종보다 좀 더 신경 써야 한다. 인공사육하에서는 사육장 내의 온도가 조금만 떨어져도 활동성이 급격하게 저하되는 경향이 있다.

마지네이트육지거북은 매우 활동적인 성격을 가지고 있기 때문에 충분한 사육공간을 제공해 줄 수 있는 야외사육이 가장 좋은 사육방법이라고 알려져 있지만, 땅을 굉장히 잘 파는 종이므로 야외사육은 확실한 탈출방지시설을 구비한 후에 실시하는 것이 좋다. 시중에서 분양되고 있는 해츨링 개체는 장기간의 고온건조에 상당히 취약하며, 특히 습도조절에 신경을 써야 폐사를 줄일 수 있다. 실내사육을 하도록 하고, 사육장 내에 습도가 높은 장소를 일부 제공해 주는 것이 필수적이다. 전체적인 사육방법은 헤르만육지거북과 유사하며, 사육난이도는 그리 높지 않은 편이다.

먹이급여

야생에서는 이른 아침에 햇볕을 쬐며 체온을 올린 다음 먹이를 찾는다. 먹이를 먹은 후 더운 한낮에 은신처로 돌아가고, 늦은 오후에 다시 나온다. 테스투도속(*Testudo*; 그리스육지거북, 헤르만육지거북, 마지네이트육지거북, 이집트육지거북, 호스필드육지거북 등의 지중해 육지거북종) 육지거북과 설카타육지거북, 레오파드육지거북, 방사거북, 팬케이크육지거북 등 건조지대에 사는 거의 모든 육지거북은 섬유질은 많게, 단백질 및 지방은 적게 급여해 기르는 것이 일반적인 기준이다. 기온이 낮은 이른 아침이나 해질녘에 먹이활동을 하고, 무더운 한낮과 오후에는 은신처에서 휴식을 취하며 섭취한 먹이를 소화시킨다.

합사

서식환경이 비슷한 지중해 육지거북종들과 합사 가능하다. 하지만 다른 종보다 먹이에 대한 집착이 좀 더 강하기 때문에 합사된 개체가 먹이를 잘 먹고 있는지 확인해야 한다.

헤르만육지거북

- **학　명** : *Testudo hermanni*
- **영어명** : Hermann's tortoise
- **한국명** : 헤르만육지거북
- **서식지** : 남부, 남동부 유럽의 지중해 연안 스페인에서 이집트 서부까지 분포한다.
- **크　기** : 평균 20cm 내외, 최대 35cm

지중해 연안에 서식하는 5종의 '지중해 육지거북'을 대표하는 종으로, 동헤르만육지거북 (Eastern Hermann's tortoise, *Testudo hermanni boettger*)과 서헤르만육지거북(Western Hermann's tortoise, *Testudo hermanni hermanni*) 두 개의 아종으로 나뉜다. 지중해 육지거북은 가장 최근에 국내에 소개된 육지거북에 속한다. 본종도 마지네이트육지거북과 마찬가지로 얼마 전에 국내에 도입됐기 때문에 아직 국내에서 길러지고 있는 숫자도 그리 많지 않으며, 사육하면서 쌓인 실제적인 경험이나 노하우 등도 거의 없는 상황이다. 그러나 우리나라보다 훨씬 일찍 본종이 도입된 일본에서는 다른 종에 비해 인기가 높고, 그런 만큼 좀 더 풍부한 사육정보가 축적돼 있다.

외형

외형상 그리스육지거북과 상당히 유사하지만, 헤르만육지거북이 훨씬 더 크게 성장하며 배갑이 좀 더 볼록하다. 체형이 비슷한 유체 때는 꼬리 위의 인갑(신갑판)으로 구분할 수 있는데, 그리스육지거북은 하나로 돼 있으나 헤르만육지거북은 두 개로 나뉘어져 있는 것이 특징이다. 정수리 부위에 작은 비늘이 나타나는 것도 차이점이라고 할 수 있다. 배갑은 노란색을 띠고 있으며, 머리와 목 및 다리는 좀 더 진한 노란색을 띤다.

서식 및 현황

자연상태에서는 숲보다는 언덕이나 초원, 평원에서 자주 발견된다. 매우 건강하고 추위에 강한 종으로 너무 어린 개체가 아니라면 야외사육도 가능하며, 적절한 설비를 갖춰 동면시킬 수도 있다. 동헤르만육지거북이 서헤르만육지거북보다 추위에 좀 더 강하다. 고대 그리스의 노예이자 이야기꾼이었던 이이소포스가 지은 〈이솝우화〉의 '토끼와 거북 편에 나오는 거북이 본종이라고 알려져 있다. 식용을 위한 무분별한 포획과 반려용 목적의 수출을 위한 남획으로 개체 수가 급격하게 줄고 있으며, 산불 및 서식지파괴로 멸종위기에 처해 있다.

번식

본종을 번식시키는 것 자체는 상당히 용이하다고 알려져 있으며, 현재 국내 번식 사례도 꽤 많이 보고돼 있다. 성공적인 번식을 위해서는 동면시키는 과정이 필요한데, 너무 작은 개체의 경우는 위험하기 때문에 준성체 이상의 크기부터 시작하는 것이 좋다.

동헤르만육지거북(Eastern Hermann's tortoise)**과 서헤르만육지거북**(Western Hermann's tortoise)**의 차이**

	동헤르만육지거북(*Testudo hermanni boettgeri*)	서헤르만육지거북(*Testudo hermanni hermanni*)
서식	이탈리아 남부, 구 유고슬라비아, 불가리아, 알바니아, 그리스, 터키 서부	기아종. 스페인령 발레아스제도, 프랑스 남부, 이탈리아 북서부의 해안가 저지대나 구릉지
외형	복갑의 무늬는 각 인갑마다 나뉘어져 있다. 보통 헤르만육지거북이라고 하면 동헤르만육지거북을 가리킨다.	복갑은 전체적으로 검은색을 띤다. 머리 부분이 암회색으로 안와 뒷부분과 아랫부분에 밝은색의 얼룩이 있다. 전체적으로 체색이 진하고, 배갑의 검은색 무늬가 진하다.
특성	튼튼하고 기후적응력이 좋으며, 저온에 강하다. 번식기 때 수컷은 공격적인 성향을 보이므로 격리 사육하는 것이 좋다.	동헤르만육지거북보다 개체 수가 적고, 분양가도 높은 편이다. 동헤르만육지거북보다 크기가 작으며, 저온다습에 약하다.

사육환경

매우 활동적인 종으로 설카타육지거북을 능가하는 엄청난 활동량을 자랑한다. 따라서 사육장은 충분히 넓은 것이 좋고, 사육장 내부 역시 입체적으로 조성해 주는 것이 좋다. 유체 때 탈수와 고온다습에 주의해야 한다. 건조한 지역에 서식하는 종이며, 사육장이 습할 경우 콧물을 흘리기도 한다. 많이 움직이는 만큼 사육장 내부 세팅이 불안정할 경우 이동 중에 뒤집어질 우려가 높기 때문에, 사육장 내부는 너무 복잡하지 않되 충분한 운동공간을 확보해 주는 형태로 조성하는 것이 좋다. 조화를 비치하는 것은 그다지 추천되지 않는다.

먹이급여

운동량이 매우 많은 만큼 식성 역시 왕성한 것을 볼 수 있다. 초식을 주로 하는데, 특별히 가리는 것 없이 잘 먹는 편이다. 이처럼 까다롭지 않은 식성을 지니고 있는 것 또한 헤르만육지거북이 육지거북 초보사육자들에게 추천되는 이유 가운데 하나라고 할 수 있다.

합사

성격이 온순해 다른 종과 합사하는 것이 가능하다. 하지만 번식기가 되면 수컷은 다른 수컷에 대해 상당히 공격적인 성향을 보이고, 배갑을 들이받거나 물어뜯는 등 심하게 괴롭히는 행동을 보이기 때문에 번식기 때는 수컷들을 분리하는 것이 안전하다.

이집트육지거북

- **학 명** : *Testudo kleinmanni*
- **영어명** : Egyptian tortoise, Kleinmann's tortoise
- **한국명** : 이집트육지거북
- **서식지** : 아프리카 북동부, 이스라엘, 이집트 북부 리비아 사막의 건조한 지대
- **크 기** : 14~5cm. 1년에 2.3cm 정도 성장하며, 5년 정도면 완전히 자란다. 암컷이 수컷보다 크다.

수컷의 평균 크기는 8~10cm, 암컷의 평균 크기는 10~12cm 정도로 육지거북 가운데 최대 성장 크기가 가장 작은 종이다. 작은 크기와 황금빛의 아름다운 체색으로 마니아들 사이에서도 매우 인기가 높기 때문에 상당한 수가 남획돼 지중해 육지거북 가운데 가장 희귀한 종이 돼버렸으며, 현재 심각한 멸종위기에 처해 있다. 한때는 북아프리카 전역에 골고루 분포돼 있었지만, 개체 수 감소로 그 이름의 기원이 된 이집트에서는 이미 거의 멸종됐고 현재는 리비아에만 소수가 남아 있다. 이집트육지거북은 사육난이도가 높아 장기간 생존시키는 것이 어렵기 때문에 초보자가 쉽게 도전할 만한 종은 아니다.

외형

배갑은 옅은 노란색이나 옅은 갈색을 띠고 있으며, 각 인갑의 가장자리에 짙은 갈색의 무늬가 보인다. 복갑 역시 옅은 노란색을 띠며, 어두운색의 대칭적인 삼각형 무늬를 가지고 있다. 앞다리에는 굵은 돌기가 돋아나 있으며, 암컷의 경우 복갑의 뒤쪽에 경첩을 가지고 있는 개체도 볼 수 있다. 성장하면 체형에서 성적 이형성이 나타나는 것을 확인할 수 있는데, 수컷은 좁고 길쭉한 체형이며 암컷은 넓고 퍼진 타원형의 체형을 가지고 있다.

서식 및 현황

자연상태에서는 키가 작은 풀이 나 있는, 와디(Wadi)라고 불리는 건천(乾川, 비가 올 때만 생기는 강)지대에서 주로 서식한다. 기온이 높은 한낮에는 거의 활동하지 않고 은신처에서 지내다가, 비교적 기온이 떨어지는 이른 아침에 활동한다. 건기에는 하면에 들어가기도 한다.

현지에서 임신촉진제 등의 용도로 남획되거나, 반려용 판매를 목적으로 불법 포획되는 것이 개체 수 감소의 가장 큰 위협요인이다. 2009년 사이테스(CITES) 연례총회를 앞두고 국제자연보호단체인 세계야생동·식물기금(WWF)이 발표한 '세계 10대 멸종위기동물'에 아시아산 호랑이, 중국산 판다, 대모(玳瑁, 바다거북의 일종) 등과 함께 포함될 정도로 심각한 멸종위기에 처해 있다. 이집트에서는 94년 'IUCN거북보존위원회'에 힘입어 CITES I 등록과 함께 엄격한 수출입 제재가 이뤄지고 있다. 현재 유통되는 것은 거의 리비아에서 채집된 것이다.

일반적으로 사육이 용이하다고 알려져 있는데, 이는 단기간의 사육경험을 토대로 내린 평가인 경우가 많다. 현지의 건조하고 척박한 환경에 오랫동안 적응해 온 종이라 사육이 용이할 것으로 생각하지만, 오히려 이 점 때문에 성공적으로 사육하기가 쉽지 않은 종이라고 할 수 있다.

번식

인공번식이 불가능한 것은 아니지만, 체구가 작고 사육 난이도가 높기 때문에 번식되는 수는 그리 많지 않은 편이다. CB개체는 WC개체에 비해 상당히 겁이 없는 성격에다 사람에 대한 친화도도 높다고 알려져 있다.

이집트육지거북의 서식지 와디(Wadi)

사육환경

적정사육온도는 주간 30~32℃, 야간 20~22℃ 정도로 테스투도속(Testudo)의 다른 종에 비해 높은 온도를 제공해 주는 것이 바람직하며, 주간에 25℃ 이하로 떨어지는 것은 좋지 않다. 기본적으로 고온, 건조, 저습한 환경을 유지하며 사육해야 한다. 그러나 유체를 장기간 고온에서 사육할 경우, 저항력이 떨어지고 체질이 약해져서 돌연사하거나 잔병에 잘 걸리게 되므로 주간과 야간의 온도차를 10℃ 정도 두는 것이 좋다. 다행스럽게도 습도에는 그리 민감한 편은 아니지만, 기본적인 습도는 유지해 주는 것이 좋다. 해츨링 때는 물에 몸을 담그는 것을 좋아하므로 주기적으로 온욕을 시키면 체내의 수분유지에 도움이 된다.

자연상태에서 그늘진 곳이나 식물 아래의 바닥을 파고드는 경향이 강하므로 사육하에서도 이러한 행동을 할 수 있도록 바닥재를 충분히 깔아주는 것이 좋다. 사육장을 건조하게 유지하기 위해 건초를 깔아주는 것도 좋지만, 이 경우 건초가 항상 젖어 있는 일이 없도록 관리해야 한다. CB개체와 WC개체의 상태가 크게 차이 나는 종으로, 야생개체는 기생충과 상처 등을 가지고 있는 경우가 많으므로 반드시 CB개체를 선택해 사육하는 것이 좋다.

먹이급여

단기간 사육으로는 사육난이도를 느끼지 못할 정도로 활동적이고 먹이반응이 활발하지만, 오랜 기간 사육하면 사육자도 모르게 점차 약해지는 경우가 많다. 사육하에서는 오히려 자연상태에서와 같은 척박한 환경을 장기간 제공하기가 어렵기 때문이다. 먹이와 관련해서도, 원래 지방분섭취가 적은 종이라 사육하에서 지방을 과다급여할 경우 다른 종에 비해 문제가 발생하기 쉽다.

이집트육지거북의 사육환경은 기본적으로 고온과 건조, 저습을 유지해 줘야 한다.

합사

이집트육지거북은 오랜 기간 한정된 지역에서 안정된 생활을 하던 종이기 때문에 이종감염에 상당히 취약하다. 따라서 다른 종의 거북과 합사해 사육하는 것은 지양하는 것이 좋다. 절대 합사하지 않는 것이 바람직하며, 단독사육이 본종을 위한 최선의 방법이다.

그리스육지거북

- **학   명** : *Testudo graeca*
- **영어명** : Greek tortoise, Spur-thighed tortoise
- **한국명** : 그리스육지거북
- **서식지** : 북부 아프리카, 남유럽, 중동 및 구소련 서부
- **크   기** : 15cm 내외, 몸무게 1~3kg

그리스에도 분포돼 있기는 하지만, 그리스(Greek)라는 이름은 서식지에서 유래된 것이 아니라 배갑의 문양이 그리스 모자이크(Greek key pattern)를 닮았다고 해서 붙여진 것이다. 외관상 헤르만육지거북과 유사하게 보이지만, 뒷발 밑에 가시와 같은 큰 비늘이 있는 것으로 구별할 수 있다. 총 6개의 아종이 있으나, 서식지가 워낙 광범위하고 환경요건에 의해 크기나 체색 및 체형에서 매우 다양한 차이가 나타나기 때문에 분양받은 개체를 정확하게 동정하는 것은 어렵다. 지중해 육지거북 가운데 국내에 가장 많은 수가 들어와 있는 종이며, 상대적으로 분양가가 저렴하고 사육난이도도 높지 않아 지중해 육지거북 입문종으로 많이 선택된다.

그리스육지거북의 배갑과 복갑의 무늬는 매우 다양하다.

외형

골든그리스육지거북(Golden Greek tortoise, *Testudo graeca terrestris*; Israel/Lebanon)은 전체적으로 무늬가 거의 없이 노란색이 강하며, 기아종 그리스육지거북에 비해 가격이 상대적으로 더 높게 책정돼 있다. 성체급의 경우 뒤집어 보면 성별을 쉽게 구분할 수 있다. 수컷은 교미를 용이하게 하기 위해 복갑이 파여 있고, 수컷의 항갑판이 암컷에 비해 크고 넓다.

서식 및 현황

튼튼하고 기르기 쉬운 종으로, 지중해 인근의 광범위한 지역에 폭넓게 분포하고 있기 때문에 색상이나 무늬에 있어서 지역차가 다양하게 나타난다. 국내에는 기아종 그리스육지거북(*Testudo graeca graeca*; North Africa and South Spain) 외에도, 중동(이스라엘, 레바논, 요르단, 시리아 등)의 지중해 연안에 서식하는 아종인 골든그리스육지거북이 수입되고 있다.

번식

산란은 연 2회 이뤄지고 1회에 5개 정도의 알을 낳으며, 부화하는 데 2개월 정도 소요된다. 인공번식에 성공한 사례도 빈번하게 보고되는 등 번식이 어려운 종은 아니다. 성체급이 국내에 많이 수입됐으므로 조만간 국내 CB개체를 기대해 볼 수도 있으리라 생각한다.

사육환경

건조한 환경에서 사육하는 것이 좋으며, 강한 자외선 조사가 필요하다. 24~27℃ 정도의 온

그리스육지거북 사육장의 바닥재로는 모래를 선호한다.

도에서 사육하되, 유체는 사육온도를 조금 더 높게 설정한다. 골든그리스육지거북은 기아종 그리스육지거북에 비해 저온과 건조에 좀 더 취약하다고 알려져 있다. 바닥재는 모래를 선호하는데, 모래를 사용할 경우 어린 개체는 먹이섭취 시 바닥재를 함께 먹어 문제가 되는 사례가 많으므로 가급적이면 바닥재를 먹는 일이 없도록 각별히 주의해야 한다. 중간 굵기의 파충류용 모래를 베이스로 하고, 가용한 다른 소재를 혼합해 사용하는 것을 추천한다. 어린 개체는 온욕을 자주 시켜주면 장폐색으로 인한 폐사의 위험을 줄일 수 있다.

먹이급여

다른 종과 마찬가지로 초식성의 식성을 지닌 거북이지만, 그리스육지거북의 입양 가능한 개체는 거의 WC개체이므로 구충을 실시한 후에 사육을 시작해야 먹이반응이 회복되는 경우가 많다. 입양 후에 먹이반응이 괜찮더라도 구충은 실시하는 것이 안전하다.

합사

다른 종과의 합사는 가능하지만, 입수 가능한 개체가 거의 WC개체임을 감안하고 합사 여부를 결정한다. 구충 후 시간을 두고 상태를 충분히 확인한 뒤에 합사하는 것이 안전하다.

호스필드육지거북

- **학　명** : *Testudo horsfieldii*
- **영어명** : Horsfield's tortoise, Russian tortoise, Central Asian tortoise, Four-toed tortoise
- **한국명** : 호스필드육지거북, 러시아육지거북
- **서식지** : 중앙아시아 서부, 중국에서부터 우즈베키스탄과 카자흐스탄, 이란, 북부 파키스탄 등지의 사막
- **크　기** : 10~20cm

카자흐스탄, 투르크메니스탄, 우즈베키스탄에 3개의 아종이 분포돼 있으며, 지중해 육지
거북 5종(이집트육지거북, 헤르만육지거북, 마지네이트육지거북, 그리스육지거북, 호스필드육지거북) 가운데
가장 동쪽에 서식하고 있다. 현재도 어린 개체들이 간혹 수입되고 있기 때문에 어렵지 않
게 구할 수 있으며, 가끔 큰 개체들이 개인 분양으로 나오는 경우도 보인다. 처음 육지거북
을 사육하고자 하는 초보사육자에게 추천하기에 좋은 종으로 평가되고 있다. 특히 호스필
드육지거북은 야외방사를 하면 종 고유의 특징을 더욱 자세하게 관찰할 수 있다. 굴을 파
고 드나들며 활발한 먹이활동을 하고, 관리 면에서도 실내사육보다는 좀 더 용이하다.

외형

색상은 대부분 황갈색인 경우가 많지만, 밝은 노란색부터 검은색에 가까운 개체까지 비교적 다양하게 볼 수 있으며, 인갑의 끝부분에는 검은색 무늬가 나타난다. 입은 새의 부리처럼 갈고리 모양을 띠는데, 수컷일 경우에는 부리가 더욱 크게 발달하는 것을 확인할 수 있다. 배갑의 윗부분이 다른 거북에 비해 편평하다는 특징이 있고, 무엇보다 다른 거북과는 다르게 발가락이 4개라는 점이 호스필드육지거북의 가장 큰 특징이라고 할 수 있다.

서식 및 현황

건조한 환경에서 서식하며, 다른 거북에 비해 저온에 잘 적응한다. 자연에서 굴을 파고 생활하며, 동면하는 종이다. 구소련연방이 붕괴되면서 상업적 거래가 급격하게 증가했고, 현지에서는 식용으로도 이용되고 있다. 내전, 서식지파괴 등의 여러 가지 요인으로 인해 개체 수가 점차 줄고 있는 실정이다. 야외사육을 한다고 했을 때 육지거북 가운데 우리나라의 지역환경에 가장 적합한 종이라고 할 수 있다. 크기도 그리 크지 않고 매우 튼튼한 종으로, 환경변화에 대한 순응성도 높아 거북 사육 초보자도 어렵지 않게 기를 수 있다.

번식

암컷의 경우 약 5~8년, 수컷은 약 3~5년 정도는 자라야 번식이 가능하다. 예전에는 국내에서 볼 수 있는 개체는 거의 WC개체였으나 현재는 CB개체가 상당수 유통되고 있다. 인공번식이 어려운 종이 아님에도 불구하고 외국에서는 번식에 실패한 사례가 많은데, 재미있게도 그 이유가 개체를 정상적으로 성장시키지 못해서가 아니라 '탈출' 때문인 경우가 많다는 것이다.

수컷은 머리를 흔들고, 돌고, 앞다리를 깨물면서 암컷에게 구애행동을 한다. 암컷이 구애를 받아들이면 수컷이 암컷의 뒤로 올라타고 짝짓기가 이뤄지며, 짝짓기를 하는 동안 고음의 삐걱거리는 소리를 낸다. 조건이 맞는다면 일 년 내내 번식하며, 약 8주에서 5개월 동안 동면하고 연중 최대 9개월을 휴면상태로 보낼 수 있다.

수컷은 암컷에 비해 부리가 크게 발달한다.

사육환경

매우 활발한 종으로 활동량이 많기 때문에 충분히 넓은 사육공간을 제공하는 것이 필요하며, 땅 파는 것을 즐기는 습성이 있으므로 스트레스 방지를 위해 바닥재를 두껍게 깔아주는 것도 좋다. 그러나 건조한 지역에 서식하는 종이기 때문에 바닥재가 축축하고 오염돼 있을 경우 갑썩음병 등에 쉽게 노출될 수 있으므로 바닥재는 항상 청결하게 관리해야 한다.

저온저습한 환경에는 상당히 강한 체질이지만, 저온다습한 환경에서는 호흡기질환에 걸릴 위험이 매우 높으며, 바이러스가 원인이 되는 유행성 질병에 걸리기 쉬운 종으로 알려

져 있다. 따라서 습도는 낮게 유지해 줄 필요가 있고, 유체나 스트레스를 받은 개체의 경우 안정될 때까지 27~30℃ 정도의 고온에서 유지 관리하는 것이 좋다.

땅을 파는 데 능숙하고 등반도 잘하는 종이므로 사육하에서는 탈출에 대한 대비를 철저히 해야 한다. 특히 야외사육을 생각하고 있는 경우라면, 야외에 방사하기 전에 반드시 탈출방지시설을 확실하게 준비해야 한다.

먹이급여

식물성 사료를 충분히 급여하도록 한다. 초보자도 비교적 쉽게 기를 수 있는 종이라고 평가되고 있기는 하지만, 너무 쉽게 생각해서인지 건강하게 제대로 성장시키는 경우는 또 그리 많지 않은 편이다. 균형적이고도 충분한 영양공급에 신경 써서 관리하도록 하자.

어린 개체의 전형적인 체색(사진 맨 아래)

합사

다른 종의 거북과 합사하는 것은 좋지 않다. 호스필드 육지거북 수컷은 매우 공격적이며 암컷은 다른 종의 공격에 대비하는 능력이 부족하기 때문에, 합사할 경우 외상이 빈번하게 발생할 수 있다는 점을 기억하자.

엘롱가타육지거북

- **학　명** : *Indotestudo elongata*
- **영어명** : Elongated tortoise, Yellow-headed tortoise, Red-nosed tortoise
- **한국명** : 엘롱가타육지거북, 엘롱게이티드육지거북
- **서식지** : 인도 동부에서 동남아시아(태국, 인도, 네팔, 중국 나부, 라오스, 미얀마, 베트남, 말레이시아, 캄보디아 등지)에 이르는 넓은 지역의 습도가 높은 열대우림
- **크　기** : 30cm, 몸무게 3~5kg

엘로우 헤디드(Yellow-headed tortoise), 레드 노우즈(Red-nosed tortoise)라는 이름으로도 알려져 있지만, 국내에서는 엘롱가타육지거북(Elongated tortoise; 또는 엘롱게이티드육지거북)으로 불리고 있다. 성장하면서 체폭보다 체장이 길어져(elongate) 갑이 전후로 길쭉한 형태로 변하기 때문에 엘롱게이티드라는 이름이 붙여졌고, 성숙한 수컷의 경우 얼굴 앞쪽의 피부색이 약간 불그스름하게 변하는 특징이 있어 레드 노우즈라는 이름이 붙었다. 튼튼하고 사육이 쉬운 종이지만, 별다른 특징이 없어서인지 수입이 활발하지 않으며 국내에서 인기가 많지는 않다.

이름에서 알 수 있듯이, 엘롱가타육지거북의 체형은 길쭉한 타원형이다.

외형

엘롱가타육지거북은 다른 거북에 비해 배갑의 상부가 편평한 편이다. 배갑의 바탕색은 노란색에서 어두운 황갈색을 띠는데, 각 인갑의 중앙부에 선명한 검은색 무늬가 있는 개체가 많다. 이 무늬는 개체 차이가 상당히 심하게 나타나며, 아주 선명한 개체가 있는가 하면 거의 없는 개체도 볼 수 있다. 머리와 목은 어두운 노란색이며, 다리는 돌기가 있고 옅은 회색을 띠고 있다. 어린 개체의 경우 배갑은 베이지색 바탕에 검은색의 얼룩무늬가 선명하지 않지만, 성장하면서 점차 선명해지고 전체적인 체색도 조금 짙어진다. 복갑에도 검은색의 반점이 있는데, 크기나 형태 및 위치에 있어서 매우 다양한 차이를 보인다.

서식 및 현황

다른 거북들과 마찬가지로 새벽녘이나 일몰 후에 활발하게 움직이며, 서식지에서는 덤불이 있는 초원지대에서 매우 활동적으로 움직이기 때문에 시력이 다른 거북보다 좋고 눈도 크다. 특히 우기에 비가 내린 직후 매우 활발하게 활동하며, 선선한 기온보다는 높은 온도를 더 선호하는 경향이 있다. 식성은 잡식성에 가까운 초식성으로 나뭇잎이나 땅에 떨어진 과일을 주워 먹으며, 가끔 동물성 먹이도 섭취한다. 다른 거북에 비해 튼튼하고 생명력이 강한 종으로서 육지거북 사육에 입문하는 초보자에게 추천할 만한 거북이다.

번식

자연상태에서는 6~8월에 산란이 이뤄진다. 암컷은 크기가 15cm 이상은 돼야 번식이 가능

하다. 번식기에 1회당 1~9개의 타원형 알을 3회 정도에 걸쳐서 낳으며, 산란한 알은 100~
150일이 지나면 부화한다. 번식이 그다지 어렵지 않은 종으로 알려져 있으며, 외국에서는
사육하에서 번식에 성공하는 사례도 상당히 자주 볼 수 있다.

사육환경

사육온도는 26~30℃ 정도, 습도는 60~80% 정도가 좋으나, 전체적으로 축축한 사육장에서
사육하는 것은 좋지 않다. 사육자에 따라서는 따뜻한 시즌에는 실외사육을 하는 경우도 많
다. 야생개체는 정기적으로 구충을 실시하는 것이 안전하다. 열대우림에 서식하는 종으로,
강한 빛을 선호하지 않기 때문에 사육장의 조명은 너무 강하지 않은 것이 좋다. 또한, 지나
친 UV 조사도 필요치 않다. 어느 정도 습도가 있는 환경을 선호하므로 특히 겨울철에 열원
으로 인해 사육장 내부가 건조해지는 일이 없도록 습도조절에 주의해야 한다.

먹이급여

자연서식지에서 엘롱가타육지거북은 다양한 식물을 먹이로 삼으므로 사육하에서도 한 가
지 유형을 급여하는 것보다는 여러 가지 종류의 채소를 골고루 급여하는 것이 좋다. 보통
채소(잎채소 포함) 위주로 식단을 구성하게 되는데, 채소만으로는 영양이 충분하지 않기 때문
에 육류, 달팽이, 계란 및 기타 유형의 먹이도 섭취시킴으로써 식단을 보충해 주는 것도 좋
다. 초식을 기본으로 하되, 소의 간이나 강아지사료 같은 먹이를 가끔 함께 공급하도록 한
다. 또한, 다른 종에 비해 물을 많이 마시는 것으로 알려져 있는데, 하루 중에도 몇 시간씩
물통에 들어가 있기도 하므로 사육장 내에 깨끗한 물이
담긴 물그릇을 항상 비치해 주는 것이 좋다.

합사

성격이나 환경상 특별한 문제는 없으나, 본종이 특히 이
종감염에 취약하다고 알려져 있으므로 다른 종과는 합사
하지 않는 것이 좋다. 같은 종의 거북과 합사할 경우에는
전체적으로 구충을 실시한 후에 시도하는 것이 좋다.

엘롱가타육지거북의 전형적인 방어행동

셀레베스육지거북

- **학　명** : *Indotestudo forstenii*
- **영어명** : Forsten's tortoise, Celebes tortoise, Sulawesi tortoise
- **한국명** : 셀레베스육지거북, 트라반코르육지거북
- **서식지** : 인도네시아 술라웨시, 할마헤라섬, 인도 남서부 트라반코르의 삼림지대
- **크　기** : 30cm 내외

편평한 배갑과 황갈색 체색에 각 인갑마다 검은색 점이 있는 모습이 전체적으로 엘롱가타와 비슷한 느낌을 준다. 인도네시아의 개체군은 '셀레베스육지거북', 인도 남서부지역의 개체군은 '트라반코르육지거북'으로 불린다. 학자에 따라서는 인도네시아의 개체와 인도 남서부지역의 개체를 별개의 종으로 보아 전자는 포르스테니(*Indotestudo forstenii*, Celebes tortoise), 후자는 트라반코리카(*Indotestudo travancorica*, Travancore tortoise)로 분류하기도 한다.

엘롱가타와 비슷한 느낌이지만, 머리 바로 위에 있는 항갑판이 잘 발달해 있고 인갑의 검은색 무늬가 좀 더 큰 것이 엘롱가타와의 차이점이라고 할 수 있다. 또 어릴 때는 배갑의 가장자리가 가시처럼 튀어나와 있지만, 성장하면서 무뎌진다는 특징이 있다. 복갑에는 검은색의 무늬가 있으며, 성체가 되면서 전체적인 체형은 엘롱가타육지거북처럼 길쭉해진다.

분양받을 때 CB개체인지 WC개체인지 확인하는 것이 필요하다. WC개체의 경우 대부분의

개체가 기생충을 보유하고 있으므로 구충을 하고 사육하는 것이 좋다. 구충하지 않은 상태에서 사육환경이 불안정할 경우 급격하게 쇠약해지는 경향이 있다. 사육 시 엘롱가타보다는 좀 더 높은 26~30℃ 정도의 온도를 제공하는데, 엘롱가타와 마찬가지로 습도가 높은 환경을 선호하므로 보습성이 있는 바닥재를 사용하고 사육장에 뚜껑이 있는 것이 좋다.

국내에 소개된 지 얼마 안 된 종으로, 사육하에서 볼 수 있는 개체가 아직 손에 꼽을 정도다. 도입된 지 얼마 되지 않은 만큼 종 고유의 매력을 직접적으로 파악하기에는 아직 시간이 좀 걸릴 것으로 생각된다.

알다브라코끼리거북

- **학　명** : *Geochelone gigantea*
- **영어명** : Aldabra giant tortoise
- **한국명** : 알다브라코끼리거북
- **서식지** : 알다브라섬의 건조한 초원지대 및 반사막지대
- **크　기** : 1m 내외

알다브라는 인도양(지리적으로는 아프리카대륙과 마다가스카르섬 사이)에 위치한 알다브라제도의 산호초섬으로 세이셸의 영토에 속해 있으며, 유네스코에 의해 세계자연유산으로 지정돼 있다. 이 섬에는 약 15만 마리 정도의 알다브라코끼리거북이 서식하고 있는데, 알다브라코끼리거북은 육지거북 가운데 갈라파고스코끼리거북에 이어 세계에서 두 번째로 큰 종이다. 반려거북치고는 지나치게 크게 성장하는 것이 사실이지만, 희소성과 특유의 색감으로 인해 인기가 매우 많은 거북이라고 할 수 있다. 그러나 분양가가 굉장히 높기 때문에 다수가 수입되지도 않고, 현재 사육되고 있는 개체도 손에 꼽을 정도로 희소한 종이다.

외형

알다브라코끼리거북과 갈라파고스코끼리거북 두 종은 외형상 매우 비슷해 보이지만, 머리 모양, 특히 콧구멍의 형태로 갈라파고스코끼리거북과 구별하는 것이 가능하다. 머리를 옆에서 보면 좀 더 명확하게 구분할 수 있는데, 갈라파고스코끼리거북의 코는 둥근 데 비해 알다브라코끼리거북의 코는 튀어나와 있어 두상이 조금 뾰족한 느낌을 준다. 몸에는 별다른 무늬가 없으며, 전체적으로 검은색을 띠고 있다. 또한, 갈라파고스코끼리거북보다 알다브라코끼리거북의 체색이 평균적으로 좀 더 짙은 경향이 있다.

서식 및 현황

1971년 8월 창경궁이 창경원일 당시, 해방 이후 처음으로 일본으로부터 한 쌍이 국내에 도입된 기록이 있다. 현재 용인 에버랜드에 한 쌍이 있고, 2010년 3월 16일 대전의 O월드에 세이셸공화국 대통령이 기증한 한 쌍이 도입됐다. 반려동물로서는 가장 최근에 도입된 종 가운데 하나다. 커다란 덩치가 알다브라코끼리거북의 대표적 특징으로 실내에서 반려동물로 기르기에는 적합하지 않지만, 그 덩치와 색감 때문에 좋아하는 마니아도 많다.

갈라파고스코끼리거북이 상업적인 용도로 유통되지 않기 때문에 현재 개인이 사육할 수 있는 초대형 거북은 알다브라코끼리거북이 유일하다. 따라서 대형 거북을 기르고자 하는 사람들 사이에서는 선망의 대상이 되는 종이다. 하지만 아직은 국내에 많은 개체가 분양되고 있지는 않으며, 다른 육지거북에 비해 가격대도 상당히 높게 책정돼 있다. 동일한 크기를 기준으로 국내에서 분양되는 거북 가운데 가장 높은 몸값을 가지고 있는 종이라고 할 수 있다.

알다브라코끼리거북 어린 개체

국내에서 분양되고 있는 개체의 경우는 암수를 판별하기 힘들 정도의 해츨링 크기인데, 외국에서는 암컷이 특히 더 귀하기 때문에 수컷보다 훨씬 더 비싼 가격대에 분양된다고 알려져 있다. 상당히 육중한 크기로 성장하는 초대형 종이므로 섣불리 입양을 결정하지 않는 것이 좋겠다.

번식

2월에서 5월 사이에 얕은 깊이의 산란처를 만들고 9~25개의
알을 낳는다. 부화하기까지 약 100일 정도의 시간이 소요되
며, 10~12월경이면 부화한다. 산란은 연중 이뤄지는데, 수정
란이 100% 생산되는 경우는 드물다고 알려져 있다.

알다브라코끼리거북 준성체

사육환경

초식성의 식성을 지니고 있으며, 하루 중 대부분의 시간을 먹
이를 찾고 먹는 데 보낸다. 성장이 빠르고 엄청나게 활동적인
종이므로 넓은 사육장과 충분한 양의 먹이를 제공해 줄 필요
가 있다. 다소 고온다습한(습도 50% 이상) 사육환경에서 기르는
것이 좋으며, 특히 유체의 경우에는 성체보다 사육온도를 약간 높여주는 것이 좀 더 안전하
다. 물에 들어가 있는 것을 좋아하므로 사육장 내에 대형 물그릇을 비치해 두도록 한다.
국내의 인터넷 검색 엔진에 떠도는 거북 관련 자료들이 모두 100% 정확하다고 볼 수는 없
겠지만, 알다브라코끼리거북에 관련된 자료들은 특히 더 오류가 많은 편이다. 제목은 알
다브라코끼리거북이라고 기재돼 있지만, 내용에는 설카타육지거북에 대한 자료가 올라와
있는 경우가 아주 많으므로 관련 자료를 인용할 때 주의가 필요하다.

먹이급여

이른 아침이나 저녁에 먹이활동을 한다. 초식성 식성을 지닌 거북으로 주로 식물성 먹이를
찾지만, 가끔 곤충이나 동물의 사체를 먹기도 한다. 덩치가 크고 식욕 또한 왕성하기 때문
에 어느 정도 성장하고 나면 먹이비용에 대한 부담이 상당히 커진다고 볼 수 있다.

합사

타종과의 합사는 가능하지만, 어릴 때 성장이 빠른 종으로 크기 차이가 나기 시작하면 분
리사육하는 것이 다른 거북에게 안전하다. 본종은 CB개체가 주로 유통되기 때문에 WC인
다른 개체와의 합사는 가급적 지양하는 것이 폐사의 위험을 줄이는 방법이 될 수 있다.

갈라파고스코끼리거북

- **학 명** : *Chelonoidis niger*(이전 *Geochelone elephantopus*)
- **영어명** : Galápagos tortoise, Galápagos giant tortoise
- **한국명** : 갈라파고스코끼리거북, 갈라파고스자이언트거북
- **서식지** : 에콰도르령 갈라파고스군도에만 서식
- **크 기** : 1.2~1.5m, 몸무게 400~500kg

갈라파고스군도는 약 500만 년 전 화산폭발로 형성된 19개의 섬으로 이뤄져 있으며, 남아메리카 에콰도르에서 서쪽으로 약 1000km 떨어진 태평양의 동쪽에 위치한다. 1832년 에콰도르령으로 편입됐고 현재 약 1만 명의 인구가 살고 있는데, 육지로부터 멀리 떨어져 독특한 생태계를 이루고 있는 곳이다. 1959년 에콰도르로부터 국립공원으로 지정됐으며, 현재 갈라파고스의 모든 생명체가 에콰도르 정부에 의해 철저하게 보호되고 있다. 갈라파고스에는 각종 희귀한 생물이 서식하고 있는데, 갈라파고스를 대표하는 생명체 가운데 하나인 코끼리거북은 지구상에 서식하는 거북 중 몸집이 가장 큰 육지거북이다.

외형

체색은 전체적으로 짙은 갈색을 띠고 있고, 아무런 무늬가 없다. 배갑 인갑의 가운데가 약간 볼록하게 올라와 있는 것을 확인할 수 있다. 덩치나 체색에 있어서 전체적으로 알다브라코끼리거북과 비슷한 아종도 있지만, 코가 둥글고 목의 등 쪽으로 딱지가 없다는 것이 알다브라코끼리거북과의 차이점이다. 현존하는 갈라파고스코끼리거북의 가장 가까운 친척은, 성체의 크기가 20cm밖에 되지 않는 차코거북(Chaco tortoise, *Chelonoidis chilensis*; 볼리비아, 파라과이, 아르헨티나, 파타고니아의 건조한 저지대에 서식하고 있다)인 것으로 알려져 있다.

갈라파고스코끼리거북은 오래전 갈라파고스가 대륙과 단절되면서 육지와는 확연하게 달라진 자연환경으로 인해 독자적으로 진화해 차코거북과는 전혀 다른 형태로 변화됐다. 각 섬에 여러 개의 아종이 있으며, 배갑의 형태는 아종마다 독특하지만 기본적으로는 같은 종이다. '갈라파고스'는 스페인어로 '안장(saddle)'이라는 의미인데, 아종에 따라 마치 안장과 같은 형태의 배갑을 가진 종도 있다. 사지는 몸을 웅크리고 앉으면 배갑에 완전히 가려질 정도로 짧지만, 먹이를 찾아 하루에 약 6km의 거리를 이동할 수 있을 만큼 강하다.

서식 및 현황

하루에 약 16시간을 자고, 나머지 시간은 진흙목욕을 하거나 먹이를 찾는 데 보낸다. 서식지에서는 부채선인장 또는 과야비타(Guayabita)로 불리는 과일 등을 주로 먹고 살며, 아주 많은 양의 물을 마신다. 이 때문에 갈라파고스제도에 사는 주민들은 물이 없을 경우 갈라파고스코끼리거북의 방광을 갈라 그 속에 든 씁쓰레한 액체로 갈증을 풀기도 한다는 이야기가 전해진다.

본종은 진화론으로 유명한 다윈이 〈종의 기원〉을 쓰게 된 계기를 제공한 동물로도 유명하다. 다윈이 갈라파고스제도를 처음 찾았을 때만 해도 14개의 아종이 있었다고 하는데, 19세기 말 과도한 포획으로 인해 3종이 멸종되고, 핀타종(Pinta Island tortoise, *C. n. abingdonii*)은 현재 수컷 한 마리만 남아 있다. 원래 25만 마리까지 서식했다고 하지만, 현재는 1만 5000마리만이 자연상태에서 서식하고 있다.

갈라파고스코끼리거북 어린 개체

Tip 지구상에 홀로 남은 마지막 수컷, 고독한 조지

'세계에서 가장 희귀한 동물', 고독한 조지(Lone some George)는 이렇게 불린다. 고독한 조지는 갈라파고스 코끼리거북의 아종인 핀타섬거북(Pinta Island tortoise, *C. n. abingdonii*) 중에서 마지막 남은 수컷으로, 1972년 염소 떼로 황폐해진 핀타섬에서 완전히 성장한 상태로 발견됐다. 핀타섬은 상대적으로 접근하기 쉬운 위치에 있기 때문에 18~19세기까지 포경선들에 의해 급격하게 개발됐는데, 핀타섬에 살고 있던 육지거북들은 섬에 상륙한 해적이나 포경선원에 의해 잡아먹히고, 인간이 데려온 염소들이 급속하게 번식함에 따라 섬이 빠르게 황폐해지면서 절멸에 이르렀다.

고독한 조지는 처음 발견된 이후 핀타섬에 남은 마지막 거북으로 판단돼 즉시 다윈연구소로 옮겨졌고, 이후 현재까지 산타크루즈섬 다윈연구소 내에서 살고 있다. 처음 발견된 후 같은 종의 암컷이 있을 것으로 생각하고 1만 달러의 현상금까지 걸어 짝을 찾았지만, 결국 찾지 못하고 지금까지도 혼자 살고 있다. 2009년 유전자가 가장 비슷한 인근 섬의 다른 아종의 암컷과 짝짓기를 시도해 13개의 알을 낳았으나 부화에는 실패했다. 고독한 조지는 전 세계 야생동물보호가들의 대표적인 아이콘으로 멸종위기동물의 상징과도 같은 존재다. 만일 고독한 조지가 후손을 남기지 않고 죽으면 하나의 아종이 지구상에서 영원히 사라지게 되기 때문이다.

과거에는 스페인 항해자들과 해적들이 식용으로 사용하기 위해 남획했고, 현재는 외래종의 유입으로 멸종위기에 처해 있다. 현재 산타크루즈섬 아카데미만(Zaliv Akademii; 거북만이라고도 한다)의 찰스다윈연구소에서 복원프로그램이 실행되고 있다. CITES I에 등재돼 개인 사육은 금지돼 있다. 국내에서는 2001년 9월 경기도 과천서울대공원이 에콰도르의 키토동물원으로부터 다섯 살짜리 갈라파고스코끼리거북 두 마리를 기증받아 일반에 공개하면서 첫선을 보였다. 2011년 현재까지도 한국에는 이 두 마리밖에 없다.

번식

발정기가 되면 수컷은 크고 거친 소리를 내는데, 암수 모두 청각능력이 없어서 듣지는 못한다. 10월경 모래에 구덩이를 파고, 둘레길이 20cm 정도 되는 알을 여러 개 낳은 뒤 발을 이용해 구덩이를 덮는다. 갈라파고스코끼리거북알의 크기는 달걀의 크기와 비슷하며, 갓 부화한 새끼의 크기는 6cm 정도 된다. 성성숙에 도달하는 데는 20~25년 정도 소요된다.

차코거북

- **학 명** : *Chelonoidis chilensis*(이전 *Geochelone chilensis*)
- **영어명** : Chaco tortoise, Argentine tortoise
- **한국명** : 차코거북, 아르헨티나육지거북
- **서식지** : 남아메리카 볼리비아, 파라과이 동부, 아르헨티나의 건조한 암석지대
- **크 기** : 20cm 내외

차코거북은 주로 아르헨티나에서 발견되며, 차코(Chaco; 아르헨티나 북동부에 있는 주 이름) 및 몬테 생태지역과 더불어 볼리비아, 파라과이에서도 발견된다. 온도와 관련한 변수 및 번식기의 강수량에 의해 분포가 제한된다. 켈로노이디스속(*Chelonoidis*) 거북 가운데 가장 작은 종으로, 종명 킬렌시스(*chilensis*)는 칠레산이라는 의미지만 실제 칠레에서는 서식하지 않는다. 성체의 경우 20cm 남짓 되는 작은 크기지만, 같은 속의 최대종이자 가장 덩치가 큰 육지거북종인 갈라파고스코끼리거북과 유전적으로 가장 가까운 거북으로 알려져 있다. 서식지, 먹이 등의 생태적인 면에서도 갈라파고스코끼리거북과 유사한 점이 많다.

외형상 설카타육지거북과 비슷하게 보이는데, 동일한 크기일 때 설카타육지거북보다는 체고가 좀 더 낮고 체폭이 조금 더 넓다. 체색은 설카타와 마찬가지로 별다른 무늬가 없이 황갈색을 띠고 있으며, 설카타보다는 각 인갑 테두리의 색깔이 짙고 인갑의 가운데로 갈수록 색상이 밝아지는 특징이 있다. 1회에 1~6개 정도의 알을 낳고 부화는 4개월에서 최장 1년까지 걸리는데, 다른 종보다 처음 알을 낳을 때 에그 바인딩(egg binding)이 많이 발생한다고 알려져 있다.

사육 시의 온도는 일광욕 장소가 32℃ 정도를 유지하도록 조절한다. 특히 사육장은 절대 습하지 않게끔 관리하는 것이 매우 중요하다. 불균형적인 영양 공급이 이뤄질 경우 다른 종에 비해 피라미딩이나 골격 관련 질환이 발생할 가능성이 크므로 영양공급에 신경을 많이 써야 한다. 질병에 취약한 종이기 때문에 다른 종과의 합사는 피하는 것이 좋다.

© CC BY-SA 4.0

경첩거북

- **학 명** : *Kinixys spp.*
- **영어명** : Hinge-back tortoise, Hinged tortoise
- **한국명** : 경첩거북, 힌지백거북
- **서식지** : 중앙·서아프리카 나이지리아, 콩고의 열대우림, 늪지대
- **크 기** : 30~33cm

홈즈힌지백거북(Home's hinge-back tortoise, *Kinixys homeana*), 벨즈힌지백거북(Bell's hinge-back tortoise, *Kinixys belliana*), 포레스트힌지백거북(Forest hinge-back tortoise, *Kinixys erosa*) 정도가 알려져 있다. 육지거북 가운데서도 상당히 독특한 체형을 가지고 있는 종으로서 최근에서야 그 매력이 조금씩 국내에 알려지고 있는 거북이다. 국내에서는 홈즈힌지백거북과 벨즈힌지백거북이 주로 보이는데, 힌지백거북 아종이지만 외형에 있어서 완전히 다른 종의 거북처럼 보일 정도로 판이하다. 배갑의 형태에 따라 풍기는 이미지가 다르며, 홈즈힌지백거북이 야성적이고 남성적인 느낌이라면 벨즈힌지백거북은 좀 더 부드럽고 여성적인 느낌이다.

외형

힌지백거북은 배갑에 독특한 경첩이 달려 있어서, 뒤쪽에서 적으로부터 공격을 받을 경우 배갑의 뒷부분을 내려 몸을 보호할 수 있도록 진화한 종이다. 홈즈힌지백거북과 벨즈힌지백거북의 차이점을 비교해 보면, 홈즈힌지백거북은 상당히 각진 형태의 갑을 가지고 있고 배갑 뒤쪽이 급격한 경사를 이루고 있는 데 비해, 벨즈힌지백거북은 전체적인 체형은 홈즈힌지백거북과 비슷하지만 좀 더 둥글둥글하고 완만한 곡선을 이루고 있다.

서식 및 현황

키닉시스속(Kinixys)에 속한 거북은 배갑의 제4추갑판에 경첩이 달려 있어서, 뒤에서 적으로부터 공격을 받았을 때 배갑의 뒷부분을 아래로 내려 스스로를 보호할 수 있도록 독특한 방어법을 진화시킨 종이다. 모두 사바나 주위의 우림지역에 서식하며, 건기에는 습기가 남아 있는 흙 속에서 하면(夏眠, estivation; 여름잠)한다. 공통적으로 약간은 습한 환경을 선호하는 경향이 있다. 국내에서는 아직 아주 적은 개체만이 유통되고 있다. 어린 개체는 분양받기가 힘든데, 거의 야생개체이므로 입양하고자 할 때는 건강상태를 잘 확인하자.

번식

원서식지에서는 주로 우기 사이에 번식하지만, 사육하에서는 연중 번식행동을 볼 수 있다. 산란 수는 2~5개 정도이고, 산란한 알은 150일 내외로 부화한다. 해츨링의 크기는 4~5cm 정도 된다. 인큐베이팅 온도가 30℃를 넘으면 기형이 발생하기 쉽다는 보고도 있다.

홈즈힌지백거북

벨즈힌지백거북

1, 2. 홈즈힌지백거북 3, 4. 벨즈힌지백거북

사육환경

자연상태의 힌지백거북은 열대우림과 습지에서 서식하기 때문에 사육장의 습도를 70~80% 정도로 높게 유지해 주는 것이 좋으며, 거북이 파고들 수 있을 만큼 충분한 깊이의 바닥재를 제공해 주는 것이 좋다. 사육장에 적절한 습도를 제공해 주지 못할 경우 안구질환과 호흡기질환, 신장질환에 노출되기 쉽다. 사육자에 따라서는 반수생환경에서 사육하는 경우도 볼 수 있다.

사육장 내의 온도는 주간 23~27℃, 야간 18~23℃를 유지하며, 일광욕 장소는 28℃ 정도로 유지한다. 밝은 빛을 싫어하므로 될 수 있으면 일광욕을 위해 설치한 열원이 미치는 공간을 한정해 주는 것이 좋으며, 사육장 내의 광량을 낮춰주는 것이 필요하다. 저면열원의 사용도 고려해 볼 만하다. 대부분 WC개체이기 때문에 합사하기 전에 별도의 공간에서 축양기간을 갖고 구충을 실시한 후에 사육을 시작하는 것이 좋다.

먹이급여

원서식지에서는 주로 밤에 활발하게 활동하며 먹이를 찾는다. 잡식성의 식성을 지니고 있으며, 식물성부터 곤충, 연체동물, 동물의 사체 등 다양한 먹이를 먹는다.

합사

잡식 성향의 서식환경이 비슷한 개체와 합사가 가능하다. 단, 역시 유통되는 개체가 거의 WC개체임을 염두에 두고 구충을 실시한 후 합사 여부를 결정하는 것이 현명하다. 공격적인 성향을 지닌 종은 아니다.

갈색거북

- **학 명** : *Manouria emys*
- **영어명** : Brown tortoise, Asian forest tortoise, Asian giant tortoise, Black giant tortoise
- **한국명** : 갈색거북
- **서식지** : 미얀마, 인도, 태국 중남부, 방글라데시의 열대우림
- **크 기** : 50cm, 몸무게 20kg 내외

'아시아의 코끼리거북(Giant tortoise of Asia)'이라는 별명으로 불리는 갈색거북은 아시아에서 서식하는 육지거북 가운데 가장 큰 종이자 갈라파고스코끼리거북, 알다브라코끼리거북, 설카타육지거북에 이어 세계에서 네 번째로 큰 육지거북이다. 태국 남부, 말레이시아, 수마트라에 서식하는 아시아갈색거북(Asian brown tortoise, *Manouria emys emys*)과 태국 북서부에서 인도 동북부에 걸쳐 서식하는 버마갈색거북(Burmese brown tortoise, *Manouria emys phayrei*)의 아종이 있다. 두 아종 중 버마갈색거북의 덩치가 좀 더 크고 색상 역시 더 짙다.

어릴 때는 성체에 비해 색상이 조금 더 밝지만, 성장하면서 점점 어두워지고 성체가 되면 거의 검게 변한다. 배갑은 높이 솟아 있지만 윗부분은 평평하다. 앞발에는 네 개의 발가락이 있으며, 앞다리에 날카로운 비늘이 잘 발달돼 있다. 다습한 삼림의 낙엽층에 서식하며, 잡식성으로 과일, 지렁이, 벌레, 물고기 등을 잡아먹는다. 특이하게 암컷은 땅 위에 잎사귀를 모아 만든 둥지에 알을 낳는데, 앞다리와 뒷다리를 모두 사용해 둥지재료를 모은 다음, 그 안에 최대 50개의 알을 낳는다. 아시아갈색거북을 대상으로 온도에 따른 성별 결정(TSD)에 대한 연구가 수행된 적이 있으며, 기준온도는 29.29°C로 추정됐다. 부화온도가 이보다 높으면 암컷의 비율이 높아지고, 이보다 낮으면 수컷의 비율이 높아진다.

튼튼하고 사육이 그다지 어렵지 않으나 국내에서는 보기 힘든 종이며, 고온과 폭염에 약하다. 현재까지 국내에서 반려용으로 도입돼 길러지는 경우는 없으며, 동물원에나 가야 관찰할 수 있다.

임프레스육지거북

- **학 명**: *Manouria impressa*
- **영어명**: Impressed tortoise
- **한국명**: 임프레스육지거북, 육족(六足)거북
- **서식지**: 태국, 캄보디아, 미얀마, 베트남, 말레이시아, 중국 남부의 고지대
- **크 기**: 30cm 내외, 최대 35cm를 넘지 않는다.

어렸을 때는 배갑의 중앙 부분만 돌출돼 보이지만, 성체가 되면 배갑의 윗면이 다른 어떤 육지거북보다도 편평하게 변하는 것을 확인할 수 있다. 이 모습이 마치 작은 판자 조각을 이어 붙인 것처럼 보인다. 또한, 항갑판 양옆의 인갑은 약간 앞쪽으로 돌출돼 있어서 전체적인 이미지가 장갑차처럼 매우 공격적으로 보인다. 그러나 강해 보이는 외형과는 달리 성격은 다른 거북들처럼 겁이 많고 온순하다. 전체적인 체색은 황갈색이며, 인갑의 연결 부분은 조금 어두운 암갈색을 띠기도 한다. 개체에 따라 몸에 방사형의 무늬가 나타나기도 한다. 머리는 배갑과 비슷한 황갈색인데, 암갈색의 점무늬가 산재해 있는 것을 볼 수 있다. 다리는 암갈색이며, 다리 윗부분에 돌기와 같이 큰 비늘이 있는 것이 특징이다.

비교적 건조한 삼림지역에 서식한다. 대나무숲에도 서식하며 죽순을 먹이로 삼기도 하는데, 야행성 거북으로 해가 지고 난 후에 활동을 시작한다. 기본적인 생태가 잘 알려져 있지

않아 육지거북 가운데 사육이 가장 어려운 종으로 간주되고 있으며, 반려동물로는 거의 길러지지 않는 종이다. 사육하에서의 인공번식 사례도 없다. 적정사육온도는 26~30℃이며, 습도가 높은 환경을 선호하지만 고온과 무더위에는 취약하다.

필자가 생각하기에는 앞으로도 본종이 국내에서 관찰될 가능성은 상당히 희박하다고 본다. 입수 가능성이나 사육난이도 등을 고려해 볼 때, 웬만큼 큰 결심을 하지 않고서는 누구라도 국내에 도입하기가 쉽지 않은 종이기 때문이다. 그러나 식성이나 형태적으로 상당히 독특한 종이기에 소개한다.

가시자라

- **학 명** : *Apalone spinifera*
- **영어명** : Spiny softshell turtle
- **한국명** : 가시자라, 등갑가시자라, 무른갑가시자라
- **서식지** : 북아메리카 사우스캐롤라이나 동쪽의 모래가 많은 호수, 연못, 습지와 유속이 느린 강
- **크 기** : 수컷 20cm 내외, 암컷 40cm 내외로 암수의 크기 차이가 심하다.

북아메리카에 서식하는 담수거북 중 가장 큰 종으로, 납작하고 부드러운 갑을 가진 자라의 일종이다. 스파이니 소프트쉘 터틀(Spiny softshell turtle)이라는 이름은 배갑의 앞쪽 가장자리에 위치한 원뿔 형태의 작고 부드러운 돌기에서 유래됐는데, 다른 거북과는 다르게 이돌기는 각질이 아니라 육질로 이뤄져 있는 것을 확인할 수 있다. 현재 7개의 아종이 알려져있다. 자라류는 폐사율이 매우 높고 애호가들에게 그다지 인기가 없어서 수입이 잘 이뤄지지 않기 때문에, 국내에서 반려동물로 사육되고 있는 개체를 만나기는 상당히 어려운 것이사실이다. 그중에서도 본종이 그나마 가끔씩이라도 볼 수 있는 자라 가운데 하나다.

외형

개체에 따라 갈색이나 다갈색의 배갑에 테두리가 진한 작은 원형의 무늬가 산재해 있는 것도 관찰된다. 배갑의 질감으로도 성별의 구분이 가능한데, 수컷의 배갑은 거친 데 비해 암컷의 배갑은 매끈하고 부드럽다. 유체 때는 배갑의 테두리가 좀 더 선명한 갈색을 띠지만, 성장하면서 전체적인 색감이 비슷해진다. 머리 상부에는 테두리가 검은 갈색의 줄무늬가 코에서 눈을 지나 목뒤까지 이어져 있다. 몸의 다른 부분에도 동일한 색감의 줄무늬 혹은 점무늬가 산재해 있다. 다른 자라들과 마찬가지로 목이 유연하면서도 상당히 길며, 대롱 모양의 코를 지니고 있어 물속에서도 코만 내놓고 호흡을 할 수 있다. 성성숙에 도달하는 데는 8~10년 정도 소요되며, 암컷의 경우 50년 이상 살기도 한다.

서식 및 현황

미국 전역뿐만 아니라 북쪽으로는 캐나다의 온타리오주와 퀘벡주, 남쪽으로는 멕시코의 타마울리파스, 누에보레온, 코아우일라, 치와와주까지 광범위하게 분포한다. 보통의 자라처럼 유속이 느리고 부드러운 바닥이 깔린 늪이나 호수에 주로 서식한다. 자라는 일반 거북에 비해 피부병에 민감하고, 그로 인한 폐사율도 높기 때문에 수입업체에서 수입을 꺼리는 종 가운데 하나다. 따라서 반려동물로 자라를 사육하고 싶은 사람은 분양처가 보일 때 즉시 최대한 건강한 개체를 선별해서 입양하는 것이 좋다. 언제 다시 수입될지 기약하기 어렵기 때문이다. 이때 어린 개체의 경우는 다른 개체의 공격을 받아 배갑이나 기타 신체의 일부가 잘려 있는 것을 흔히 볼 수 있으므로 상처나 부절 없이 완전한 개체를 선별해 입양하는 것이 중요하다고 할 수 있겠다.

번식

번식이 가능한 크기의 개체를 보유하고 있다면 인공번식을 시키는 것도 어렵지는 않지만, 국내에 가시자라의 성체를 기르고 있는 사람은 거의 없을 것으로 추정된다. 어렸을 때 입양했다가 폐사시키는 경우가 생각보다 상당히 많기 때문이다.

Spiny softshell turtle의 아종

- Gulf coast spiny softshell turtle - *Apalone spinifera aspera*
- Black spiny softshell turtle - *Apalone spinifera ater*
- Texas spiny softshell turtle - *Apalone spinifera emoryi*
- Guadalupe spiny softshell turtle - *Apalone spinifera guadalupensis*
- Western spiny softshell turtle - *Apalone spinifera hartwegi*
- Pallid spiny softshell turtle - *Apalone spinifera pallida*
- Eastern spiny softshell turtle - *Apalone spinifera spinifera*

사육환경

수질에 민감하므로 수질 관리에 유의해야 하며, 진동이나 소리에도 민감하기 때문에 사육장을 조용하고 안정된 장소에 설치하는 것이 좋다. 어렸을 때 수질 및 수온을 잘 조절해 주지 않으면 폐사할 확률이 높다. 바닥을 파고드는 습성이 있는데, 베어 탱크에서 사육할 경우 그것만으로도 상당한 스트레스 요인이 되기 때문에 반드시 바닥재를 깔아줘야 한다.

수위는 헤엄을 칠 수 있을 정도로 높아야 하지만, 어린 개체의 경우 지나치게 높은 수위는 좋지 않으므로 성장 크기에 따라 적절하게 조절한다. 완전수생종으로 거의 물속에서 생활하지만, 일광욕도 즐긴다. 일광욕 공간을 마련해 주지 않았을 경우 여과기 등에 올라가 있는 모습도 자주 볼 수 있다. 대부분의 자라류는 물속에서 굉장히 빠르게 움직이며, 물 밖으로 나오면 아주 사나워지므로 핸들링 시 주의를 기울여야 한다.

먹이급여

자라는 육식 성향이 강하기 때문에 동물성 사료를 충분히 급여하는 것이 좋다. 가끔씩 생먹이를 급여해 사냥 본능을 회복시키고 운동량을 늘려주는 것도 괜찮지만, 이 경우 수질이 악화되지 않게끔 가급적이면 한입에 들어가는 크기를 선택해 급여하도록 한다.

합사

다른 종(자라류 포함)과 합사할 경우 공격적인 성향을 보이므로 절대 합사하지 않도록 한다. 거북과 합사한 경우에는 비교적 부드러운 부위인 다리나 목을 물어뜯는 사례가 많이 발생하고, 자라와 합사한 경우에는 부드러운 배갑을 물어 잘라먹는 사례가 많다.

플로리다자라

- **학 명** : *Apalone ferox*
- **영어명** : Florida softshell turtle
- **한국명** : 플로리다자라
- **서식지** : 북아메리카 동부의 플로리다, 캐롤라이나 남부, 조지아, 앨라배마
- **크 기** : 수컷 30cm 내외, 암컷 60cm 내외로 암수의 크기 차이가 심하다.

일반적으로 자라류는 반려동물로 길러지고 있는 종이 드물지만, 플로리다자라는 그 가운데서도 그나마 반려동물로 많이 유통되고 있는 종이다. 아팔로네속(*Apalone*)에 속하는 자라 가운데 가장 크게 성장한다. 어렸을 때는 상당히 예민해서 폐사될 확률이 높지만, 어느 정도 성장하면 사육난이도가 매우 낮아진다. 자라는 보통 거북과는 다른 특이한 행동패턴을 보이는 동물이므로 관심을 가지고 사육해 보는 것도 좋다. 모래를 파고들어 코만 내놓고 있는 자라를 찾는 것도 상당히 재미있다. 필자도 어릴 때 처음 기른 거북이 자라였는데, 보통 거북과는 다른 독특한 생태로 인해 발생했던 여러 가지 에피소드가 아직도 많이 기억난다.

외형

어린 개체는 녹색을 띠는 황색의 배갑에 갈색의 점무늬 혹은 그물무늬를 가지고 있으며, 머리에는 황색이나 연한 주황색의 짧은 줄무늬가 산재해 있다. 또한, 어릴 때 배갑의 테두리가 선명하게 나타난다. 그러나 성장하면서 체색은 점차 짙어지고 무늬는 흐릿해지는 것을 확인할 수 있다. 체형은 성장함에 따라 좀 길쭉해지며, 복갑은 흰색이나 상아색을 띤다.

서식 및 현황

아주 가끔, 부정기적으로 국내에서 입양이 가능한 종이다. 수입업체에서 많은 개체를 수입하더라도 보관하는 과정에서 폐사되는 개체 수가 상당히 많으며, 수량이 많아 개별사육이 불가능하기 때문에 합사 관리하면서 상품성을 잃는 경우도 많다. 따라서 수입량에 비해 실제로 분양돼 길러지고 있는 양에 있어서 엄청난 차이를 보이는 경우가 대부분이다. 아래 소개한 사진의 개체 역시 약간의 피부병 증상을 보이는 것을 확인할 수 있는데, 자라의 경우 사육주가 신경 써서 세심하게 기르지 않는 이상 정상적인 개체의 사진을 얻기란 매우 어렵다. 이 부분에 대해서는 독자 여러분의 너그러운 이해를 바란다.

번식

국내에 수입되는 것은 모두 인공번식된 개체들이지만, 아직 국내에서의 인공번식 사례는 보고된 것이 없다. 역시 번식이 가능한 크기의 완성체를 개인적으로 보유하고 있는 경우가 거의 없기 때문에 본종의 국내 번식에는 앞으로도 상당히 오랜 시간이 필요하리라 생각한다.

사육환경

자라류는 바닥을 파고드는 것을 좋아하므로 파우더 상태의 부드러운 바닥재를 충분히 깔아주는 것이 좋다. 다른 종의 자라보다 조금 낮은 22℃ 정도의 온도를 선호한다. 유체의 경우 질병의 발생을 방지하기 위해 소금기가 조금 있는 물에서 사육하는 것도 좋다. 약산성의 물을 선호하며, 수온에 급격한 변화가 생기면 쇼크를 받을 수 있으므로 환수 시 사용되는 물의 온도를 수조 내의 기존 물과 비슷하게 조절해 주는 것이 좋다. 보통 갓 부화한 개체를 분양하지만, 가급적 크기가 큰 개체를 입양하는 것이 안전하다는 점을 참고하길 바란다. 자라류는 최소한 5cm를 넘어야 큰 걱정 없이 무난하게 기를 수 있다.

먹이급여와 합사

육식성의 식성을 지닌 거북으로 동물성 인공사료에 대한 적응이 용이하며, 먹이반응도 상당히 활발한 편이다. 유체의 경우 합사하기도 하지만, 충분히 넓은 사육공간을 제공해야 하며 먹이급여량도 부족하지 않게끔 잘 조절하는 것이 필요하다. 환경이 부적절할 경우 서로의 갑이나 꼬리를 잘라 먹기도 한다. 이때 조금만 잘렸다면 금세 회복되기도 하지만, 외관상 상당히 보기가 좋지 않으므로 개인적으로 자라의 합사는 추천하지 않는다.

줄무늬목작은머리자라

- **학　명** : *Chitra chitra*
- **영어명** : Striped narrow-headed softshell turtle
- **한국명** : 줄무늬목작은머리자라, 가는머리연갑자라, 화살머리자라
- **서식지** : 태국, 미얀마, 말레이시아, 인도네시아의 자바섬과 수마트라섬
- **크　기** : 최대 130cm, 150kg까지 성장

줄무늬목작은머리자라는 세계에서 가장 크게 성장하는 자라로, 배갑의 기하학적인 무늬와 몸에 비해 터무니없이 작은 머리가 특징적이다. 목 부분이 상당히 굵은데, 이름처럼 목에는 진한 갈색의 줄무늬가 나 있으며, 몸 전체에도 특유의 굵은 줄무늬가 나타난다. 본종이 속한 키트라속(*Chitra*) 자라 3종 모두가 CITES II로 지정돼 있다. 생김새가 특이해 반려용이나 전시용을 목적으로 고가로 거래되기 때문에 현지에서 남획되고 있는 실정이다. 상당히 크게 자라는 종이기는 하지만, 비교적 성장이 더디고 조용한 성격이라 사육하기가 특별히 힘들지는 않다. 다른 종보다 조금 높은 28~30℃ 정도의 온도를 선호한다.

붉은귀거북(외래종)

- **학 명** : *Trachemys scripta elegans*
- **영어명** : Red-eared slider
- **분 류** : 거북목(Testudines) 늪거북과(Emydidae)에 딸린 담수거북
- **분 포** : 미국 인디애나주에서 뉴멕시코까지, 텍사스주에서 멕시코만까지
- **서식지** : 비교적 흐름이 약한 저수지나 강에서 주로 살고 물풀이 많은 곳을 선호

사실 외래종이라고 해서 모두 다 나쁜 것은 아니다. 고구마, 젖소, 무지개송어(Rainbow trout, *Oncorhynchus mykiss*) 등 우리가 이용하는 생물자원의 상당수가 외국에서 의도적으로 들여온 외래종이고, 그로 인해 오래전부터 많은 경제적 이익을 얻고 있기 때문이다. 그러나 돼지풀, 배스(Largemouth bass, *Micropterus salmoides*), 붉은귀거북 등의 외래종이 사회적으로 문제가 되는 이유는, 마땅한 천적이 없는 상태로 도입돼 국내의 생태계를 교란하거나 번식속도가 자생종보다 월등히 빨라 토종 생태계를 파괴함으로써 경제적·생태적 피해를 주고 있기 때문이다. 이런 종들은 '침입외래종(侵入外來種, invasive species)'이라고 한다.

형태

수컷은 15cm 내외, 암컷은 20cm까지 자라며, 최대 29cm까지 성장한다. 눈 뒤로 붉은색의 무늬(이름의 유래가 됨)가 나타나는 것이 특징이며, 아래쪽으로도 밝은 흰색의 줄무늬가 보인다. 배갑은 완만하게 구부러져 있고 보통 진초록의 색상에 노란색 줄무늬가 있으며, 복갑에는 점무늬가 산재해 있다. 반수생종으로 물갈퀴가 잘 발달돼 있는 것을 확인할 수 있다.

생태 및 먹이

원산지는 미시시피지만, 국내에도 반려용으로 많이 수입돼 흔히 청거북이라는 이름으로 유통되고 있다. 도입 당시 반려용으로 수입했으며, 방생용으로도 수입이 활발하게 이뤄졌다. 어릴 때의 모습이 귀여워서 상당수가 분양되는 편이지만, 성장하면서 냄새가 심해지고 물 관리도 어려워짐으로써 버려지는 개체 수도 많은 실정이다. 방생용으로 많이 이용됐기 때문에 국내 전역에서 볼 수 있으며, 거침없는 식성으로 생태계파괴의 원인이 되고 있다.

수생 경향이 강한 종으로 어릴 때는 육식성에 가까운 식성을 보이지만, 성장하면서 초식성이 두드러진다. 잡식성의 식성을 지닌 종으로 민물고기와 새우 따위의 갑각류, 다슬기 등을 주로 먹는다. 그 밖에 개구리를 비롯한 양서류, 달팽이, 지렁이, 곤충류, 수초 등도 먹는다. 번식기는 3~4월로, 5~22개의 알을 낳는다.

생태계교란야생동·식물

외국으로부터 인위적 또는 자연적으로 유입돼 생태계의 균형에 교란을 가져오거나 가져올 우려가 있는 야생동·식물, 유전자의 변형을 통해 생산된 유전자변형생물체 가운데 생태계의 균형에 교란을 가져오거나 가져올 우려가 있는 야생동·식물로 환경부령이 정하는 것을 말한다. 현재 다음과 같이 동물 4종, 식물 6종이 지정돼 있다.

- **양서·파충류** : 황소개구리, 붉은귀거북속 전 종
- **어류** : 파랑볼우럭(블루길), 큰입배스
- **식물** : 돼지풀, 단풍잎돼지풀, 서양등골나물, 털물참새피, 물참새피, 도깨비가지

보호현황

현재까지 우리나라에서 발견된 외래종 동·식물은 2653종이며, 이 중 37종이 '생태계교란야생동·식물'로 지정돼 있다. 거북류 중에서는 2001년 환경부로부터 붉은귀거북(Red-eared slider, *Trachemys scripta elegans*)이 '생태계교란야생동물'로 지정됐으며, 2005년 2월 10일부터 붉은귀거북이 속한 속의 전 종(*Trachemys spp.* 27종)이 '생태계교란야생동·식물'로 지정돼 이들에 대한 수입과 매매가 법률로써 제한되고 있다.

남생이(한국 고유종)

- **학 명** : *Mauremys reevesii*(이전 *Chinemys reevesii*) (Gray)
- **영어명** : Chinese three-keeled pond turtle, Chinese pond turtle, Golden turtle, Reeves' turtle
- **분 류** : 거북목(Testudines) 늪거북과(Emydidae)에 딸린 육지 담수거북
- **분 포** : 한국, 일본, 중국, 대만 등지
- **서식지** : 냇가나 연못, 강, 호수 등 담수에 서식

우리 조상들이 '거북(龜)'이라 부르던 종이 바로 남생이다. 예전에는 개체 수가 상당히 많았다고 전해지지만, 현재는 거의 보기 힘들어진 우리나라 고유종 거북이다. 식용 및 약용 목적으로 남획이 이뤄지고, 서식환경이 나빠지면서 개체 수가 크게 줄어들었다. 이제는 동강이나 우포늪 등 환경이 잘 보전된 곳에나 가야 적은 개체 수를 확인할 수 있다. 필자는 휴일에 카메라를 들고 자주 동물들을 찾아 나서는데, 그럼에도 불구하고 자연상태에서 남생이를 목격한 것이 겨우 손에 꼽을 정도다. 성장함에 따라 수컷은 체색이 검게 변하는 경향이 있다. 현재 환경부 '멸종위기야생동·식물' II급에 지정돼 법률로써 보호받고 있다.

형태

암컷은 25~30cm, 수컷은 15cm 내외로 성장하며, 최대 크기는 47cm(암컷, 1991)다. 전체적으로 갈색을 띠고, 명암의 정도는 개체마다 차이가 있으며 나이가 들수록 색이 짙어지는 경향이 있다. 머리와 네 다리는 진한 회갈색이다. 진한 갈색에 타원형인 배갑을 가지고 있고, 등에 있는 융기는 그다지 높지 않으며 양쪽의 두 개는 앞쪽에서 안쪽으로 휘어져 있다.

배갑(검은색 또는 흑갈색)을 살펴보면, 각 인갑의 가장자리 부분에 황색 혹은 흑색의 무늬가 있는 것을 확인할 수 있다. 머리 옆면에서 목 부분에 이르기까지 가장자리가 검은색인 황색의 불규칙한 세로줄이 다수 있으며, 목에도 같은 모양의 것이 있다. 참고로, 앞페이지 메인에 소개된 남생이는, 형태나 체색에 있어서 차이는 없으나 중국 원산의 개체임을 밝힌다.

생태 및 먹이

강이나 늪지역 등 물이나 물가에서 생활하는 반수생종이다. 일광욕을 좋아해 햇빛이 좋은 날이면 육지로 올라와서 볕을 쬔다. 가을에 교미해 다음 해 여름 6~8월경에 모래 속에 구멍을 파고 길쭉한 타원형의 알을 4~6개 낳는다. 양지바르고 습기가 있는 땅을 찾은 다음, 오줌을 조금씩 싸 뒷발로 흙을 적시면서 9cm 정도의 구멍을 판다. 다른 수생거북과는 달리 알을 낳기 위해 물에서 멀리 떨어진 곳까지 이동하는 경향이 있어서 로드킬로 희생되기도 한다.

잡식성으로 민물고기와 갑각류, 다슬기 등을 주로 먹고 양서류, 달팽이, 지렁이, 곤충 등을 먹는다. 죽은 물고기나 다른 동물의 사체를 먹기도 한다.

멸종위기야생동·식물

산업화, 도시화에 따른 각종 개발사업과 무분별한 자연자원에 대한 이용 및 훼손으로 말미암아 많은 야생동·식물이 그 서식처를 잃거나 생존의 위협을 당하고 있다. 자연생태계의 균형유지와 그 종이 멸종위기에 처하는 것을 방지하기 위해 법률로써 포획과 채취 등을 금지하고 있는 종을 말한다. 멸종위기야생동·식물 지정현황(양서·파충류)은 다음과 같다.

- **멸종위기야생동·식물 Ⅰ급(50종)** : 구렁이(뱀과, *Elaphe schrenckii-Strauch*)
- **멸종위기야생동·식물 Ⅱ급(171종)** : 맹꽁이(맹꽁이과, *Kaloula borealis-Barbour*), 금개구리(개구리과, *Rana chosenica Okada*), 남생이(남생이과, *Mauremys reevesii-Gray*), 표범장지뱀(장지뱀과, *Eremias argus*), 비바리뱀(뱀과, *Sibynophis collaris*)

보호현황

서식지파괴와 약재사용 등을 위한 남획으로 인해 그 개체 수가 급격히 줄어들었다. 천연기념물 제453호(2005.03.17 지정)로 지정돼 보호받고 있다. '멸종위기야생동·식물' Ⅱ급으로 지정돼 있으며, '멸종위기종증식복원대상종(2006년~2015년)'이다.

자라(한국 고유종)

- **학　명** : *Trionyx sinensis*
- **영어명** : Softshell turtle
- **분　류** : 거북목(Testudines) 자라과(Trionychidae) 자라속(*Torionyx*)에 딸린 담수거북
- **분　포** : 우리나라 전역
- **서식지** : 하천이나 연못, 바닥이 부드러운 흙이나 모래로 조성돼 있는 곳을 선호한다.

국내에 서식하는 거북 가운데 갑이 부드러운 유일한 종이며, 다른 지역의 자라와 마찬가지로 담수에 서식한다. 남생이보다는 그나마 개체 수가 조금은 많기 때문에 운이 좋으면 야외에서 가끔 관찰할 수 있다. 그러나 겁이 많고 소심해 실제로 잡히는 경우는 드물다. 전통적으로 식용 혹은 약용 목적의 수요가 많은 종이지만 1995년 이후로 포획량은 전무하며, 서식지파괴와 환경오염으로 자연상태의 개체 수가 점차 줄어들고 있다. 현재 자연상태의 자라는 '포획금지종'으로 지정돼 법률로써 보호되고 있다. 그러나 상업적 가치가 높기 때문에 국내 150여 곳의 양식장에서 연간 약 3~4백 톤의 식용자라가 생산되고 있다.

형태

30cm 내외까지 성장한다. 전체적으로 짙은 갈색 혹은 회색을 띠고 있으며, 배 부분은 흰색이다. 머리와 목을 갑 속으로 완전히 집어넣을 수 있다. 주둥이가 돌출돼 있고 위아래 입술은 육질로 이뤄져 있으며, 코는 관 모양(스노클 형태)으로 물속에서 코만 내밀고 숨을 쉰다. 완전수생종으로 물갈퀴가 잘 발달돼 있으며, 갑이 부드럽고 납작해 바닥에 몸을 숨기기 쉽도록 진화됐다. 크기에 있어서 성적 이형성을 보이며, 대체로 암컷이 수컷보다 크다.

생태 및 먹이

야행성으로 겁이 많고 경계심이 강해 물 밖으로 꺼내면 매우 공격적으로 변한다. 물속에서는 공격하기보다 도망가려는 습성이 강하므로 혹 물렸을 때는 강제로 입을 열려고 하지 말고 물속에 집어넣는다. 이렇게 하면 물던 입을 놓게 될 것이다. 동면에서 4월경에 깨어나 5~6월 초에 산란한다. 잡식성의 식성으로 아무것이나 가리지 않고 잘 먹지만, 민물고기와 새우, 양서류 등 동물성 먹이를 선호한다.

15~50개가량의 알을 3~5회에 나눠 산란하며, 산란주기는 2~3주다. 산란한 알은 50~90일이 지나면 부화한다. 부화된 새끼의 크기는 약 3cm, 몸무게는 3~4g 정도 된다.

🐟 TIP 먹는자처벌대상야생동물

'먹는자처벌대상야생동물'이라 함은 야생동물이나 이를 사용해 만든 음식물 또는 추출가공식품을 먹는 경우 법적 처벌을 받도록 환경부령이 정하는 종을 말한다. 자연상태의 자라에 한하며, 합법적으로 양식된 것은 제외된다. 먹는자처벌대상야생동물 지정현황(32종)은 다음과 같다.

- **포유류** : 수달, 반달가슴곰, 사향노루, 산양, 삵, 담비, 물개, 물범류, 맷토끼, 오소리, 너구리, 고라니, 노루, 멧돼지
- **조류** : 흑기러기, 큰기러기, 가창오리, 뜸부기, 쇠기러기, 청둥오리, 흰뺨검둥오리, 쇠오리, 고방오리
- **양서류** : 아무르산개구리, 계곡산개구리, 북방산개구리
- **파충류** : 자라, 살무사, 까치살무사, 능구렁이, 유혈목이, 구렁이

보호현황

자연상태의 개체는 '먹는자처벌대상야생동물(양식산은 제외)', '수출입허가대상야생동물'로 지정돼 법률로써 보호되고 있다. 그러나 경제동물로서의 가치가 매우 높기 때문에 중국을 포함한 여러 나라에서 양식이 이뤄지고 있는 상황이며, 우리나라에서도 많은 곳에서 양식을 하고 있다. 이렇게 양식된 개체를 이용하는 것은 법적인 규제를 받지 않는다.

세계의 거북

북중미 지역			
한국명	학명	이종	학명
악어거북	*Macrochelys temminckii*		
늑대거북	*Chelydra serpentina*	커먼늑대거북	*Chelydra serpentina serpentina*
		플로리다늑대거북	*Chelydra serpentina osceola*
		멕시코늑대거북	*Chelydra serpentina rossignoni*
플로리다자라	*Apalone ferox*	연갑자라	*Apalone muticus*
		걸프만연갑자라	*Apalone muticus calvatus*
		미국중부연갑자라	*Apalone muticus muticus*
가시자라	*Apalone spinifera*	걸프만가시자라	*Apalone spinifera aspera*
		텍사스가시자라	*Apalone spinifera emoryi*
		과달루페가시자라	*Apalone spinifera guadalupensis*
		서부가시자라	*Apalone spinifera hartwegi*
		창백한가시자라	*Apalone spinifera pallida*
		동부가시자라	*Apalone spinifera spiniferus*
멕시코검은자라	*Apalone ater*		
슬라이더류	*Trachemys scripta*	붉은귀거북	*Trachemys scripta elegans*
		큰굽이슬라이더	*Trachemys gaigeae*
		노란배슬라이더	*Trachemys scripta scripta*
		컴버랜드슬라이더	*Trachemys scripta troostii*
비단거북	*Chysemys picta*	동부비단거북	*Chysemys picta picta*
		중부비단거북	*Chysemys picta marginata*
		남부비단거북	*Chysemys picta dorsalis*
		서부비단거북	*Chysemys picta bellii*
점무늬거북	*Clemmys guttata*		
늪거북	*Glyptemys muhlenbergii*		
동부(커먼)진흙거북	*Kinosternon subrubrum*	동부진흙거북	*Kinosternon subrubrum subrubrum*
		플로리다진흙거북	*Kinosternon subrubrum steindachneri*
		미시시피진흙거북	*Kinosternon subrubrum hippocrepis*
줄무늬진흙거북	*Kinosternon baurii*		
노란진흙거북	*Kinosternon flavescens*	노란진흙거북	*Kinosternon flavescens flavescens*
		일리노이진흙거북	*Kinosternon flavescens spooneri*
		남서부진흙거북	*Kinosternon flavescens arizonense*
멕시코진흙거북	*Kinosternon hirtipes*	큰굽이진흙거북	*Kinosternon hirtipes murrayi*
소노란진흙거북	*Kinosternon sonoriense*	소노란진흙거북	*Kinosternon sonoriense sonoriense*
		소노이타진흙거북	*Kinosternon sonoriense longifemorale*
커먼사향거북	*Sternotherus odoratus*		
대사향거북	*Staurotypus salvinii*		
면도칼등사향거북	*Sternotherus carinatum*		
납작사향거북	*Sternotherus depressus*		
멍텅구리사향거북	*Sternotherus minor*	멍텅구리사향거북	*Sternotherus minor minor*
		줄무늬목사향거북	*Sternotherus minor peltifer*
나무거북	*Glyptemys insculpta*		
멕시코나무거북 (비단나무거북)	*Rhinoclemmys pulcherrima*		
병아리거북	*Deirochelys reticularia*	동부병아리거북	*Deirochelys reticularia reticularia*
		플로리다병아리거북	*Deirochelys reticularia chrysea*

(반)수생거북

	한국명	학명	이종	학명
			서부병아리거북	*Deirochelys reticularia miaria*
			부드러운거북	*Emydoidea blandingii*
	커먼지도거북	*Graptemys geographica*		
	외투지도거북	*Graptemys barbouri*		
	카글지도거북	*Graptemys caglei*		
	에스캄비아지도거북	*Graptemys ernsti*		
	노란반점지도거북	*Graptemys flavimaculata*		
	파스카고라지도거북	*Graptemys gibbonsi*		
	검은혹지도거북	*Graptemys nigrinoda*	삼각주지도거북	*Graptemys nigrinoda delticola*
			검은혹지도거북	*Graptemys nigrinoda nigrinoda*
	반지지도거북	*Graptemys oculifera*		
	오치타지도거북	*Graptemys ouachitensis*	오치타지도거북	*Graptemys ouachitensis ouachitensis*
			사빈지도거북	*Graptemys ouachitensis sabinensis*
	가짜지도거북	*Graptemys psuedogeographica*	미시시피지도거북	*Graptemys psuedogeographica kohni*
			가짜지도거북	*Graptemys psuedogeographica psuedogeographica*
	알라바마지도거북	*Graptemys pulchra*		
	텍사스지도거북	*Graptemys versa*		
	서부연못거북	*Emys marmorata*	서부연못거북	*Emys marmorata marmorata*
			남서부연못거북	*Emys marmorata pallida*
(반) 수 생 거 북	다이아몬드등테라핀	*Malaclemys terrapin*	북부다이아몬드등테라핀	*Malaclemys terrapin terrapin*
			캐롤라이나다이아몬드등테라핀	*Malaclemys terrapin centrata*
			미시시피다이아몬드등테라핀	*Malaclemys terrapin pileata*
			망그로브다이아몬드등테라핀	*Malaclemys terrapin rhizophorarum*
			플로리다다이아몬드등테라핀	*Malaclemys terrapin tequesta*
			화려한(오네이트)다이아몬드등테라핀	*Malaclemys terrapin macrospilola*
			텍사스다이아몬드등테라핀	*Malaclemys terrapin littoralis*
	강쿠터	*Pseudemys concinna*	동부강쿠터	*Pseudemys concinna concinna*
			리오그란데쿠터	*Pseudemys gorzugi*
			상형문자(히에로그리픽)강쿠터	*Pseudemys concinna hieroglyphica*
			미주리강쿠터	*Pseudemys concinna metteri*
			수와니강쿠터	*Pseudemys concinna suwanniensis*
	플로리다쿠터	*Pseudemys floridana*	플로리다쿠터	*Pseudemys floridana floridana*
			반도(페닌슈라)쿠터	*Pseudemys floridana peninsularis*
	텍사스강쿠터	*Pseudemys texana*		
	알라바마붉은배거북	*Pseudemys alabamensis*		
	플로리다붉은배거북	*Pseudemys nelsoni*		
	동부붉은배거북	*Pseudemys rubriventris*		
	동부상자거북	*Terrapene Carolina*	플로리다상자거북	*Terrapene Carolina bauri*
			일반상자거북	*Terrapene Carolina Carolina*
			걸프만상자거북	*Terrapene Carolina major*
			세발가락상자거북	*Terrapene Carolina truinguis*
	서부상자거북	*Terrapene ornata*	사막 혹은 소금분지상자거북	*Terrapene ornata luteola*
			화려한(오네이트)상자거북	*Terrapene ornata ornata*
	멕시코수생상자거북	*Terrapene coahuila*		
	커먼두꺼비머리거북	*Batrachemys nasutus*		
육 지 거 북	사막거북	*Gopherus agassizii*		
	텍사스거북	*Gopherus berlandieri*		
	멕시코큰거북(불손거북)	*Gopherus polyphemus*		

남미 지역

	한국명	학명	아종	학명
(반)수생거북	늑대거북	*Chelydra serpentina*	남미늑대거북	*Chelydra serpentina acutirostris*
	마타마타거북	*Chelus fimbriatus*		
	아마존큰머리옆목거북	*Peltocephalus dumerilianus*		
	차코옆목거북	*Acanthochelys pallidipectoris*		
	자오프로이옆목거북	*Phrynops geoffroanus*		
	힐레어옆목거북	*Phrynops hilarii*		
	호지옆목거북	*Ranacephala hogei*		
	붉은옆목거북	*Rhinemys rufipes*		
	사바나옆목거북	*Podocnemis vogli*		
	노란점옆목거북	*Podocnemis unifilis*		
	남미뱀목거북	*Hydromedusa tectifera*		
	꼬인(트위스트)목거북	*Platemys platycephala*		
	큰남미거북	*Podocnemis expansa*		
	깁바거북	*Phrynops gibbus*		
육지거북	갈라파고스큰거북	*Geochelone nigra*		
	붉은발거북	*Geochelone carbonaria*		
	노란발거북(브라질큰거북)	*Geochelone denticulate*		
	차코거북	*Geochelone chilensis*		
	아빙돈섬거북	*Geochelone nigra abingdonii*		

유럽 지역

	한국명	학명	아종	학명
(반)수생거북	유럽연못거북	*Emys orbicularis*		
	지중해거북(스페인 테라핀)	*Mauremys leprosa*		
육지거북	발톱달린넓적다리거북	*Testudo graeca*	지중해발톱달린넓적다리거북 (그리스육지거북)	*Testudo graeca graeca*
			중동발톱달린넓적다리거북	*Testudo graeca terrestris*
			아시아작은발톱달린넓적다리거북	*Testudo graeca ibera*
	헤르만육지거북	*Testudo hermanni*	서부헤르만육지거북	*Testudo hermanni hermanni*
			동부헤르만육지거북	*Testudo hermanni boettgeri*
	가장자리달린(마지네이티드)거북	*Testudo marginata*		
	호스필드육지거북	*Testudo horsfieldii*	중앙아시아거북	*Testudo horsfieldii horsfieldii*
			카자흐스탄거북	*Testudo horsfieldii kazachstanica*

아프리카 지역

	한국명	학명	아종	학명
(반)수생거북	아프리카자라(나일자라)	*Trionyx triunguis*		
	검은옆목거북	*Pelusios niger*		
	줄무늬등옆목거북	*Pelusios gabonensis*		
	마다가스카르옆목거북	*Erymnochelys madagascariensis*		
	아프리카용골진흙거북	*Pelusios carinatus*		
육지거북	알다브라큰거북	*Geochelone gigantea*		
	이집트육지거북	*Testudo kleinmanni*		
	벨경첩거북	*Kinixys belliana*		

한국명	학명	아종	학명
톱니경첩등거북	Kinixys erosa		
집경첩등거북	Kinixys homeana		
나탈경첩등거북	Kinixys natalensis		
팬케이크육지거북	Malacochersus tomieri		
아프리카발톱달린넓적다리거북(설카타거북)	Geochelone sulcata		
레오파드육지거북(표범거북)	Geochelone pardalis	표범거북 표범거북	Geochelone pardalis pardalis Geochelone pardalis babcocki
기움돛대(바우스프리트)거북	Chersina angulata		
앵무부리거북	Homopus areolatus		
베르거망토거북	Homopus bergeri		
보렝거망토거북	Homopus boulengeri		
고원(카루)망토거북	Homopus femoralis		
반점망토거북	Homopus signatus		
기하학적(지오메트릭)거북	Psammobates geometricus		
톱니별거북	Psammobates oculifera		
아프리카천막(텐트)거북	Psammobates tentorius		
방사거북	Geochelone radiata		
보습(쟁기가랫날)거북 (앙고노카거북)	Geochelone yniphora		
납작등거미거북 (납작뚜껑거북)	Pyxis planicauda		
마다가스카르거미거북	Pyxis arachnoids		
벨경첩등거북	Kinixys belliana		

아시아 지역

한국명	학명	아종	학명
남생이(한국원님거북)	Chinemys reevesii		
자라(한국자라)	Pelodiscus sinensis		
중국황금(노란)머리상자거북	Cuora aurocapitata		
중국상자거북 (노란가장자리상자거북)	Cuora flavomarginata		
중국초록상자거북	Cuora chriskarannarum		
윤난(윈난)상자거북	Cuora yunnanensis		
조우상자거북	Cuora zhoui		
말레이시아상자거북 (암보이나상자거북)	Cuora zhoui		
인도차이나(꽃등)상자거북	Cuora galbinifrons		
중국세줄무늬상자거북	Cuora trifaciata		
용골(톱니껍질)상자거북	Pyxidea mouhotii		
중국가짜눈거북	Sacalia psuedocellata		
아시아네눈거북	Sacalia quadriocellata		
아시아잎거북	Cyclemys dentata		
가시거북	Heosemys spinosa		
중국줄무늬목거북	Ocadia sinensis		
큰머리거북	Platystemon megacephalum		
중국자라	Pelodiscus sinensis		
돼지코거북 (플라이강거북, 인도네시아)	Carettochelys insculpta		

(육지거북 / 마다가스칼섬 / (반)수생거북)

	한국명	학명	이종	학명
(반) 수 생 거 북	로티섬뱀목거북 (오직 인도네시아)	*Chelodina mccordi*		
	뉴기니아뱀목거북(인도네시아)	*Chelodina novaeguineae*		
	파커뱀목거북(인도네시아)	*Macrochelodina parkeri*		
	레이멘뱀목거북(인도네시아)	*Chelodina reimanni*		
	지벤록뱀목거북(인도네시아)	*Macrochelodina siebenrocki*		
	큰아시아연못거북	*Heosemys grandis*		
	일본연못거북	*Mauremys japonica*		
	류큐(유구=오키나와)잎거북	*Geoemyda japonica*		
	말레이시아큰거북	*Orlitia borneensis*		
	노란머리쳇발(템플)거북	*Hieremys annandalii*		
육 지 거 북	이란발톱달린넓적다리거북	*Testudo graeca zarudnyi*		
	인도별거북(스리랑카별거북)	*Geochelone elegans*		
	미얀마(버마)별거북 (납작등거북)	*Geochelone platynota*		
	늘어난(엘롱게이티드)거북	*Indotestudo elongata*		
	셀레베스거북 (트라방코거북, 인도네시아)	*Indotestudo forstenii*		
	아시아갈색(브라운)거북	*Manouria emys*	아시아갈색거북 아시아검은거북	*Manouria emys emys* *Manouria emys phayrei*
	감명받은(임프레스드)거북	*Manouria impressa*		

오세아니아 지역

	한국명	학명	이종	학명
(반) 수 생 거 북	돼지코거북(플라이강거북)	*Carettochelys insculpta*		
	일반뱀목거북	*Chelodina longicollis*		
	큰뱀목거북	*Macrochelodina expansa*		
	좁은가슴뱀목거북	*Chelodina oblonga*		
	북호주뱀목거북	*Macrochelodina rugosa*		
	스타인대취너뱀목거북	*Chelodina steindachneri*		
	뉴기니아뱀목거북	*Chelodina novaeguineae*		
	파커뱀목거북	*Macrochelodina parkeri*		
	레이멘뱀목거북	*Chelodina reimanni*		
	지벤록뱀목거북	*Macrochelodina siebenrocki*		
	프릿차드뱀목거북	*Chelodina pritchardi*		
	호주큰머리거북	*Emydura australis*		
	벨링거강늑대거북	*Elseya georgesi*		
	매님강늑대거북	*Elseya purvisi*		
	나물강늑대거북	*Elseya bellii*		
	톱늑대거북	*Elseya latisternum*		
	북호주늑대거북	*Elseya dentata*		
	뉴기니아늑대거북	*Elseya novaeguineae*		
	뉴기니아큰자라	*Pelochelys bibroni*		
	빅토리아짧은목거북	*Emydura victoriae*		
	서부짧은목거북	*Psuedemydura umbrina*		

CITES종 거북목록

거북목 TESTUDINES / 사이테스(CITES) 목록		
부속서 I	부속서 II	부속서 III
돼지코거북과 Carettochelyidae		
	돼지코거북 *Carettochelys insculpta* Pig-nosed turtle	
뱀목거북과 Chelidae		
웨스턴늪거북 *Pseudemydura umbrina* Western swamp turtle	로티 섬 뱀목거북/맥코즈뱀목거북 *Chelodina mccordi* Roti island snake-necked turtle McCord's snake-necked turtle	
바다거북과 Cheloniidae		
바다거북과 전종 *Cheloniidae spp.*		
장수거북 *Dermochelys coriacea* Leatherback sea turtle		
늑대거북과 Chelydridae		
		악어거북 *Macrochelys temminckii* (United States of America) Alligator snapping turtle
강거북과 Dermatemydidae		
	중앙아메리카강거북 *Dermatemys mawii* Central American river turtle	
늪거북과 Emydida		
보그 터틀 *Glyptemys muhlenbergii* Bog turtle	우드 터틀 *Glyptemys insculpta* *Wood turtle*	미국의 맵터틀 전종 *Graptemys spp.* (United States of America) Barbour's map turtle Cagle's map turtle Escambia Bay map turtle Yellow-blotched map turtle Pearl River map turtle Southern black-knob sawback map turtle Black-knobbed map turtle Ringed map turtle Ouachita map turtle Sabine map turtle

		False map turtle Mississippi map turtle Alabama map turtle Texas map turtle
코아윌라상자거북 *Terrapene coahuila* Coahuila box turtle	상자거북속 전종 (부속서 I 에 포함된 종 제외) *Terrapene spp.* (Except the species included in Appendix I) Florida box turtle Eastern box turtle Mexican box turtle Three-toed box turtle Gulf Coast box turtle Yucatan box turtle Coahuila box turtle Mexican Spotted box turtle Nelson's Mexican Spotted box turtle Desert box turtle Ornate box turtle	

늘거북과 Geoemydidae		
리버 테라핀 *Batagur baska* River terrapin / Tuntong	페인티드 테라핀 *Callagur borneoensis* Painted terrapin	검은가슴잎거북/스팽글리 *Geoemyda spengleri* (China) Black-breasted leaf turtle
얼룩늘거북 *Geoclemys hamiltonii* Spotted pond turtle	큐오라속 전종 *Cuora spp.* Malayan box turtle Golden-headed box turtle The Chinese box turtle Flowerback box turtle Mccord's box turtle Pan's box turtle Serrated box turtle Golden coin turtle Chinese three-striped box turtle Yunnan box turtle(extinct) Zhou's box turtle	아이버슨늘거북 *Mauremys iversoni* (China) Iverson's pond turtle
아시아삼용골거북 *Melanochelys tricarinata* Tricarinate hill turtle /Asian three-keeled turtle	노랑머리늘거북 *Heosemys annandalii* Yellow-headed temple turtle	중국넓은머리거북 *Mauremys megalocephala* (China) Chinese broad-headed turtle
버마눈거북/버마공작거북 *Morenia ocellata* Burmese eyed turtle	아라칸숲거북 *Heosemys depressa* Akaran forest turtle	광둥강거북 *Mauremys nigricans* (China) Kwangtung River turtle

인도지붕거북/인디언루프 터틀 *Pangshura tecta* Indian roofed turtle	자이언트아시아늪거북 *Heosemys grandis* Giant Asian pond turtle	프리처드늪거북 *Mauremys pritchardi* (China) Pritchard's pond turtle
	가시늪거북/스피니(스파니)힐터틀 *Heosemys spinosa* Spiny hill turtle	남생이 *Mauremys reevesii* (China) Reeve s turtle
	카추가속 전 종 *Kachuga spp.* Three striped roof turtle Brown roof turtle Circled Indian tent turtle Yellow-bellied tent turtle Indian tent turtle Burmese roofed turtle	중국줄무늬목거북/보석 거북 *Mauremys sinensis* (China) Chinese stripe-necked turtle /Golden thread turtle
	술라웨시숲거북 *Leucocephalon yuwonoi* Sulawesi forest turtle	구앙자이줄목거북 *Ocadia glyphistoma* (China) Guangxi stripe-necked turtle
	말레이달팽이먹는거북 / 말레이스네일이팅터틀 *Malayemys macrocephala* Malayan snail-eating turtle	필리핀줄목거북 *Ocadia philippeni* (China) Philippen's stripe-necked turtle
	말레이 달팽이 먹는거북/ 말레이스네일이팅터틀 *Malayemys subtrijuga* Malayan snail-eating turtle	빌아이드터틀 *Sacalia bealei* (China) Beal's eyed turtle
	안남늪거북 *Mauremys annamensis* Annam pond turtle	비눈점거북 *Sacalia pseudocellata* (China) False-eyed turtle
	아시아노랑늪거북 *Mauremys mutica* Asian yellow pond turtle	네눈거북 *Sacalia quadriocellata* (China) Four-eyed turtle
	말레이납작등거북 *Notochelys platynota* Malayan flat-shelled turtle	
	말레이시아자이언트거북 / 보르네오강거북 *Orlitia borneensis* Malayasin giant turtle	
	Pangshura 전 종 (부속서 I 에 포함된 종 제외) *Pangshura spp.* (Except the species included in Appendix I) Brown roof turtle	

	Indian roofed turtle Circled Indian tent turtle Yellow-bellied tent turtle Indian tent turtle	
	말레이시안검정늪거북 *Siebenrockiella crassicollis* Smiling terrapin / Black terrapin / Black mud turtle / Malaysian black mud turtle	
	레이떼늪거북/필리핀늪거북 *Siebenrockiella leytensis* Leyte pond turtle	
큰머리거북과 Platystemidae		
	빅헤드터틀/큰머리거북 *Platysternon megacephalum* Big-headed Turtle	
가로목거북과 Podocnemididae(Pelomedusidae)		
	마다가스카르큰머리늪거북 *Erymnochelys madagascariensis* Madagascan big-headed turtle	
	큰머리아마존강거북 *Peltocephalus dumerilianus* Big headed Amazon River turtle	
	Podocnemis 전 종 *Podocnemis spp.* Red-headed Amazon River turtle Giant Amazonian River turtle Yellow-spotted Amazon River turtle Savanna side-necked turtle	
땅(육지)거북과 Testudinidae		
방사(상)거북 *Astrochelys radiata* Radiated Tortoise	육지거북 전 종 (부속서에 포함된 종 제외. 야생에서 포획된 설카타육지거북은 거래불가) *Testudinidae spp.* (Except the species included in Appendix I . A zero annual export quota has been established for Geochelone sulcata for specimens removed from the wild and traded for primarily commercial purposes)	

마다가스카르쟁기(날)거북 *Astrochelys yniphora* Madagascar ploughshare tortoise		
갈라파고스코끼리거북 *Chelonoidis nigra* Galapagos tortoise		
볼슨거북 *Gopherus flavomarginatus* Bolsen tortoise		
지도거북 *Psammobates geometricus* Geometric tortoise		
마다가스카르스파이더(거미)거북 *Pyxis arachnoides* Malagasy spider tortoise		
마다가스카르편미거북 *Pyxis planicauda* Malagasy flat-tailed tortoise		
이집트육지거북 *Testudo kleinmanni* Egyptian tortoise		
자라과 Trionychidae		
검은가시자라 *Apalone spinifera atra* Black spiny softshell turtle	아시아자라 *Amyda cartilaginea* Asian softshelled turtle	잔가지목자라 *Palea steindachneri* (China) Wattle-necked softshell turtle
인도자라 *Aspideretes gangeticus Indian* Soft-shelled turtle	가는머리연갑자라속 전종 *Chitra spp.* Striped Narrow Headed softshell turtle Narrow-headed softshelled turtle	중국자라 *Pelodiscus axenaria* (China) Chinese softshell turtle
공작자라/후룸자라 *Aspideretes hurum* Peacock softshell turtle	앤더슨상자자라 *Lissemys punctata* Anderson s flap-shelled turtle	중국자라 *Pelodiscus maackii* (China) Chinese softshell turtle
검정자라/박묵자라 *Aspideretes nigricans* Black softshell turtle	버마상자자라 *Lissemys scutata* Burmese flap-shelled turtle	중국자라 *Pelodiscus parviformis* (China) Chinese softshell turtle
	큰연갑자라속 전종 *Pelochelys spp.* Asian giant softshelled turtle New Guinea softshell turtle	중국자라 *Rafetus swinhoei* (China) Chinese softshell turtle

참고서적

- Tortoise of the world 陸龜全紀錄(1991)
  黃之陽 著 / 威智文化科技板有限公司

- 兩棲 · 爬蟲 動物世界(1984)
  上野洋一郎 張淳文 著 / 觀賞魚雜誌出版社

- 爬蟲兩生類 飼育入門(1998)
  ロバート・デイヴィス/ヴァレリー デイヴィス著 /
  (株)綠書房

- カナの 飼い方(2001)
  內山りゅう, 東山泰之, 小泉篤志 공저 / Pisces

- Reptile Medicine and Surgery(2005)
  Mader, Douglas R. / W.B. Saunders Company

- Reptile(2000)
  McCarthy, Colin · Shone, Karl · Burton, Jane / DK
  Publishing(Dorling Kindersley)

- Box Turtles(2001) 부제 Facts&Advice on Care and
  Breeding
  Bartlett, Richard D. · Bartlett, Patricia · Bartlett,
  Patricia Pope / Barron's Educational Series

- Tortoise(2005)
  피터영 지음 김한영 옮김 / 가람기획

- Turtle(2009)
  Fridell, Ron · Walsh, Patricia / Heinemann Library

- 양서 · 파충류 동물대백과 10(1992)
  T.R.Halliday,K.Adler 편저 / 윤일병 감수

- 爬蟲類 Life Nature Library(1979)
  타임라이프 북스 편집부 / (주) 한국일보 타임라이프

- 한국의 양서파충류(2010)
  김종범 · 송재영 공저 / 월드사이언스

- 꿈꾸는 푸른 생명 거북과 뱀(2001)
  심재한 / 다른 세상

- 남생이(Chinemys reevesii) 증식복원연구(2009)
  박대식 / 국립생물자원관

도움 주신 분들

- 대상수족관 김석순 사장님
- 그린아이즈 손정석 사장님
- 박수민님
- 거북테마공원 Turtle Land
- 테마동물원 ZooZoo
- 탑펫
- 가가동물원
- 명성아쿠아리움
- 삼성그린수족관
- 렙타일월드
- 렙타일리아
- 지호의 곤충농장
- 싸이펫
- 고미술 운당
- 고미술 산
- PureZanzibar
- 리비아에서 공간창조 박세원님
- 야생동물소모임 김현 선생님
- 야생동물소모임 김현태 선생님
- 유정양 아버지 황교풍님
- 차용길 선생님
- 한국생명과학연구소 이주성 선생님
- 한국생명과학연구소 이승준 선생님
- 생명과학박물관 김현기 연구원
- 생명과학박물관 과학해설사 김옥춘 선생님
- 한국생명과학연구소 김소중 선생님
- 한국생명과학연구소 Megan 선생님
- 생명과학박물관 인턴 김은우 양

- Tortoise of Chic17 조한철님
  (http://blog.naver.com/chc17)
- Ssogari's turtle Story Turtle&Turtle newtype_78님
  (http:// newtype_78.blog.me/100058764224)
- 코랄세상코랄아빠님
  (http://blog.daum.net/pet-dream)
- 진휘, 진언, 진호 어머니 김은님
  (http://blog.naver.com/babk33)
- 안경 쓴 거북이님
  (http://blog.naver.com/stomato2202)
- 개미님(http://hi8001.egloos.com)
- 포뇨와 난이의 블로그 김문정님
  (http://s2002s.blog.me.100157043309)

그 밖에 관심을 가져주시고 도움을 주신 많은 분들께 진심으로
감사드립니다.

낮은 시선 느린 발걸음 거북

2011년 01월 30일 초판 1쇄 펴냄
2023년 12월 10일 개정판 1쇄 펴냄

제작기획 | 씨밀레북스
책임편집 | 김애경
지은이 | 이태원 • 박성준
펴낸이 | 김훈
펴낸곳 | 씨밀레북스
출판등록일 | 2008년 10월 16일
등록번호 | 제311-2008-000036호
주소 | 서울시 서대문구 충정로53 골든타워빌딩 1318호
전화 | 02-3147-2220   **팩스** | 02-2178-9407
이메일 | cimilebooks@naver.com
웹사이트 | www.similebooks.com

ISBN | 978-89-97242-16-0 13490

이 책은 저작권법에 따라 보호받는 저작물이며,
무단전재와 무단복제는 법으로 금지돼 있습니다.
※값은 뒤표지에 있습니다.
※잘못된 책은 바꿔 드립니다.